高等学校计算机专业系列教材

信息论与编码

（第2版）

王　勇　编著

清华大学出版社
北京

内 容 简 介

本书对信息论的基本概念(熵、平均互信息量、信道容量、信息率失真函数)以及与此相对应的香农三大极限编码定理(无失真信源编码定理、限失真信源编码定理和信道编码定理)做了系统的介绍,并以信息论为基础,介绍了信源编码、信道编码和加密编码的基本原理和方法,对一些具体编码方法的现实应用和编程实现也做了简单介绍。最后,对相关领域的发展进行了概述和展望,在附录中还给出了一些科研与创新的相关经验。

本书注重启发式教学和创新能力的培养,对难以理解的信息论与编码的关键性问题给出了思考提示。在编写方式上进行了创新,采用不同字体区分不同内容,为读者留出了创新空间。

本书适用于高等院校信息工程、通信工程、雷达、信息安全、计算机、电子学、信息与计算科学等相关专业的本科生和研究生的教学,也适合作为教学、科研和工程的参考。

图书在版编目(CIP)数据

信息论与编码/王勇编著. —2 版. —北京:清华大学出版社,2022.8
高等学校计算机专业系列教材
ISBN 978-7-302-59437-6

Ⅰ.①信… Ⅱ.①王… Ⅲ.①信息论—高等学校—教材 ②信源编码—高等学校—教材
Ⅳ.①TN911.2

中国版本图书馆 CIP 数据核字(2021)第 219031 号

责任编辑:龙启铭
封面设计:何凤霞
责任校对:李建庄
责任印制:曹婉颖

出版发行:清华大学出版社
  网 址:http://www.tup.com.cn,http://www.wqbook.com
  地 址:北京清华大学学研大厦 A 座   **邮 编:**100084
  社 总 机:010-83470000   **邮 购:**010-62786544
  投稿与读者服务:010-62776969,c-service@tup.tsinghua.edu.cn
  质量反馈:010-62772015,zhiliang@tup.tsinghua.edu.cn
  课件下载:http://www.tup.com.cn,010-83470236
印 装 者:大厂回族自治县彩虹印刷有限公司
经 销:全国新华书店
开 本:185mm×260mm **印 张:**22.75   **字 数:**524 千字
版 次:2013 年 3 月第 1 版 2022 年 8 月第 2 版 **印 次:**2022 年 8 月第 1 次印刷
定 价:69.00 元

产品编号:069663-01

第2版前言

信息论与编码是一门比较理论化的科学,涉及大量的数学分析、论证和建模,对数学的要求高,涉及概率论、线性代数、微积分等。对于不善于领悟的同学,可能会觉得它枯燥无味;而对于善于领悟的同学,则会有如鱼得水的感觉。信息论是对信息问题的抽象,应用面和涉及面广,许多问题都可以归结为信息论问题,但是由于其中涉及数学建模太多,局限性也多。这对于学生特别是对于本科生而言,是具有一定难度的。当今的某些课程(包括数学等)经历课时数的压缩,课时也有所缩短。在这样的情况下,针对昔日本科生的教学大纲和教材对于经过扩招以后的大学生而言,显得更加枯燥无味、艰涩难懂。为了促进学生对于相关数学问题的理解,我们将信息论与编码中的关键性、全局性的问题进行了提炼,设计了一些全程问题,并且将复杂的问题分解为若干问题及其锦囊,通过逐步提示和启发的方式来促进学生的理解。当然对于一些问题的分解并不太让人满意,权当作为抛砖引玉。

虽然直观地看,书本上的数学公式枯燥无味,但是如果能够善于思考和洞察问题的本质,就会发现数学问题是那样美妙、有趣,数字的规律有时候也是严整有序的。

根据学生对以往的信息论与编码类教材的反馈意见,我们决定在前人的基础上改进信息论与编码教材,同时实践我们在一些教改论文中提出的教材改革、教学改革和提高学生创新能力的建议。我们在教学中发现学生有应试习惯,许多学生并不是通过自己的理解去做题,而是依葫芦画瓢,按照类似的题型去套,因此在课后习题中增加了一些比较灵活、自由的题目。本书第1版有些地方存在不尽如人意之处,也存在一些笔误,本次再版力图进一步进行改进,将编者分别放在初学者、自学者、研究人员、工程应用人员的角度来审视教材的合理性。编者在编纂的过程中始终记住去模拟一个读者的心路历程,扪心自问"读者会有什么样的疑问呢",并且力图去解答或启发。

我们在这本书中试图比前面版本更好地做到以下几点:

(1)充分重视启发性。本书将复杂的数学证明简化为若干小问题,变成若干锦囊以便于学生理解问题。通过极端的例子来启发学生发现和理解问题,并通过现实中经常用到的例子来加强理解。

(2)重视实用性。除了理论外,本书还对各种编码的具体实现中的问题进行了分析,并且给出了一些软件实现的具体指导,避免教材内容过于学术化，而没有考虑学生今后在工作中的实际需求。对于信息论与编码技术在现实中的各种应用书中也有不少介绍和展望。

（3）充分结合我们的研究和教学成果与经验，根据我们的分析和研究，提供一些新的理解或者证明相关结论的方法。

（4）注重各知识点的条理性、衔接性、前后关系和因果关系。

（5）详细叙述与方向指引并重。"吾生也有涯，而知也无涯。以有涯随无涯，殆已。"知识是无涯的，与此相对应的是教材篇幅是受到限制的，学生的时间也是有限的，即有涯。如何在有涯和无涯之间建立很好的平衡是一个教材的编者必须充分考虑的。在当今强调宽口径教学的背景下，一方面要突出重点，针对具有理论和应用价值的内容一般进行详细叙述；另一方面，由于篇幅所限，不可能面面俱到，在教材中指明学科的脉络、发展方向和前沿，对于某些应用面有限且烦琐的尖端枝末性知识，有可能只做简单介绍，但会推荐相应的教材和资源，以便读者可以根据指引找到相关资料，当然考虑到其他因素，也有例外。本书还提出了一些具有潜力的新问题研究方向。

（6）传授知识与传授方法并举。通过举例等让学生体验到利用新方法来解决实际问题的途径。以教材的课后习题诱导学生去探索现学现用甚至自己去搜集资料来解决问题的方法。本书不仅致力于让学生学会信息论与编码的相关知识，在许多时候通过启发的方式让学生学习信息论的基本方法，以及新理论的创新方法和技巧。在值得学生深思、借鉴和联想的地方做一定的标记和启发性提问，并提供通用的和针对信息论与编码的学习和研究的方法、技巧。

（7）对于重要的关键词提供对应的英文术语，达到一定的双语效果，便于读者进一步阅读英文文献。

（8）学术性与通俗性共存。在两者之间保持平衡，避免教材的曲高和寡与经院化，也避免教材一味追求实用却缺乏理论深度。目前一些教材存在着学术性很强但是缺乏通俗性的弊端。编者将更多地站在学生的角度去编写教材。第一，在编写教材时，考虑读者的基础，尽量对于专业术语给予解释。第二，不要采用模糊不清的表述，宁可多写，也要把问题写清楚；对于可能存在歧义的表述，通过各种方式让歧义消除，语意明确。为了达到通俗易懂，在一些地方不避烦冗，对于比较专业和自学能力强的读者，可能会觉得有些啰嗦，但这是为了表述得更加明确。第三，尽量少用抽象空洞的表述，同时配备通俗易懂的实例或者图表。第四，对于难以理解的问题，用形象的例子或者比拟来启发思维。第五，在描述问题时避免跨度太大或者跨越某些知识而造成理解上的困难，达到无须教师讲解依然具有很好可读性的效果，便于自学。第六，内容安排上要考虑实践中必须解决的一些问题，并且考虑现实中的各种因素。第七，一方面减少了某些意义不大、非常繁杂且数学推导过多的内容，但是同时也用一些启发式锦囊来引导读者自悟。对于较为复杂的问题，尽量同时给予专业性和通俗性表述。

（9）合理设计排版布局。为了保证对于不同读者和学生的适用性，并显示出教材内容的层次性，对于不同性质的内容采用不同的字体。对于比较难的选学内容，在其标题后加 * 号；对于一些启发性和评价性的内容、解题指导以及理论应用于实际方面的讨论内容、感想、启示以及启发性提问采用楷体；重要的内容采用加粗字体；必要的背景阐释和补充说明采用仿宋字体。

（10）重视对创新能力的激励和培养。第一，在合适位置预留读者发表自己看法的空间。为了启发和唤醒学生的创新思维，在教材的适当位置（比如编者认为某些内容还有很大的创新空间时）预留读者自己思考和创新的空白位置，并且用文字标示出来提醒读者。在描述具有启发意义的创新内容时，对于相关内容的重大创新给予点评来启发读者进行创新，并且在章节的末尾或者适当位置预留空间让读者自由表达思想，如可以容纳新思想、新假想、未被证实或未被完全证实的想法，以及简洁但是有用的想法等，或者让读者可以评阅、提出自己的困难与添加自己的观点、建议和改进意见，这样的提示有利于读者发挥主观能动性和养成独立思考的习惯，也有利于教师或者编者将这些学生的评阅和观点加以整理，以便于修改和完善教材。第二，信息论的许多模型都有自己的前提，是有局限性的，在描述编者认为非绝对正确的内容时，通过非肯定的描述，避免让读者对已有的理论产生正确无疑的看法，从而鼓励学生放开眼界，发散思考，甚至提示学生去发现这些潜在的前提。

（11）充分重视学生的数学基础。除了学生必须具备的高等数学、线性代数和概率论的基础外，对于其他的数学基础会在相应章节简要提及。教材的编写注重通俗性和易读性，让数学基础差的同学在没有教师指导的情况下能够自学，特别是需要考虑扩招带来的学生基础的影响。

（12）合理地设计习题。由于创新能力、自学能力和动手能力在产、学、研结合教育中的重要性，因此教材的习题也要考虑激发、提高或者检验学生的创新能力、现学现用能力、自学能力和动手能力。除了传统的答案相对固定的习题外，还应当有答案开放、促进思维发散的习题，让学生展开思维的翅膀去创新。在习题中引入了一些未使用书本中的概念描述的现实问题，促使学生现学现用，增强学生举一反三的能力，鼓励学生结合信息论去思考现实中的各种问题。

（13）先立后破。引导学生进入信息论的模型中，进而接受和相信信息论。在可能走向迷信的时候，打破这种迷信。在教材的最后，才开始讨论信息论的前提条件，让读者知道其局限性。

（14）对于一些比较困难的内容进行简化，仅仅提及相关的结论和基本的原理。

（15）在将科研成果融入教材的同时，试图化解教学之易与科研之难的矛盾。本书在将许多科研成果融入教材时尽量采用容易理解的方式简化相关内容。

本教材依然存在以下问题：对于信息论的各个模型和定义，有一些未明确说明的假定。在将具体的理论转向不同应用情形的时候，也存在一些未明确说明的问题，例如是否适用的问题。例如，当一个定理对单个符号适用时，将其转向应用于符号序列，没有说明其适用性。这是读者在阅读信息论与编码类教材时需要注意的。本教材对于其中一部分给出了说明，但是没有全部覆盖。

在本书的编写过程中参考了较多信息论与编码方面的教材、专著、论文和网络资源等，网络上关于信道编码的一些匿名的讨论都非常生动，具有启发意义和前瞻性，在此笔者对这些作者深表感谢。为了减少歧义，本书对一些题目和知识的条件进行了明确的阐述，对于可能不妥的说法也进行了改进，但是这些改进也可能存在不当之处。

信息论面对的现实中真实的模型、系统、对象和参数都是极其复杂、多样化和不确定的，在信息论中是存在许多简化和忽略的，这造成某些理论受到限制，并不普适，也不唯一，有些教材也存在不一致的说法。在本教材中，编者尽量对一些模糊的对象加以明确，对于一些前提加以限定，但是有时候鉴于考虑得越复杂、越细致就越会导致烦琐化和复杂化，因此有些地方依然保持现有教材的说法。

在不同的教材中，有些定义、术语、分类和划分等存在一定的不一致、不统一、不确定的情况，有些描述也未必严谨，有些内容本身也存在模糊性，有些划分要么过于庞杂，要么存在疏漏，甚至有些还存在重复现象。在本教材中采用以下原则：列举别名、明确问题、理清脉络、解释分歧、回避歧义、避免繁杂而无意义的内容，但是这些原则在针对实际情况时也存在欠缺，尚未做到完全令人满意。

本书力图做出多方面的改革和改进，希望这本书能够"上达思想与方法，下及实现与应用"，针对一些普适性的思想和方法在更广阔的范围内更深远地启发读者，同时也让学生知道如何学以致用，希望读者能够通于书内，达于书外。但是这些变革总是存在一定的难度，一部优秀的教材应该融合产、学、研，编者在有些方面心有余而力不足，加上时间有限，可能存在一定的欠缺。

在学习中，方法是非常重要的，甚至比书本上的死知识更重要，建议多读数学家和密码学家的故事，比如香农、王小云等。知识的启发价值可能远远超过知识的直接价值。这门课程的学习相对于其他的课程显得比较艰深抽象，需要较好的数学基础，固然做习题也是需要的，但这可能更多的是应付考试，而对于真正掌握和进一步应用信息论与编码的理论则意义不大，它最重要的还是理解。学习如果仅仅是会依葫芦画瓢，显然是不够的。著名数学家和教育家波利亚对学习的最佳途径的总结是："学习任何知识的最佳途径是由自己去发现，因为这种发现理解最深，也最容易掌握其中的规律、性质和联系。"我们也试图启发学生去发现和洞察问题。

书中有些地并没有用严格的方式进行非常详尽、确定的描述，一方面是由于篇幅有限，另一方面也是希望减少公式和完整的灌输，而是通过一些不确定的文字和比喻性描述，给予读者更大的启发和想象空间。书中介绍的许多算法可能在现实中不会使用，但是它们给予我们的启迪将是另外一种财富。有些方法虽然不常用，但是对于理解基本概念和后面的知识有帮助，我们也会使用较大的篇幅加以介绍，比如线性分组码。

本教材添加了一些实际应用方面的知识，也涉及许多思想与方法，相比一些教材更"厚"。在教学中如果课时受限，要根据需求合理取舍，并将一些内容留给学生自学。

根据编者的经验，自己独立去想通一个问题，或者实在想不通的时候看一些书本上的证明再继续独立思考，可能比完全看书本上的分析与证明效果更好。这一点可以总结为"学习得来终觉浅，绝知此事要自悟"。

编者认为，信息对于人类的利弊是中立的，它只是提供给我们更多的选择。但是这种选择到底是有益还是有害，人们是否会利用这种选择来危害社会，这在很大程度上是取决于使用信息的人。所以无论科技如何发达，永远都不能忽视人的道德问题，坏人掌握高科技，无异于助纣为虐。正如复旦大学校长所言："无德学生越有知识可能越祸害社会。"对于学生的道德要求应高于学业要求，德育更重于智育。

现在的大学教学中往往忽视德育,轻视方法与思想,而更侧重理论,但实际上这三者的重要性是递减的。

国外的一些大学教育水平为什么能够高出国内很多,我们参考国外的教材和教学安排以及习题就可以得出一部分答案:他们学生的压力更大,学习内容更多,但是教师讲得少,学生自学的内容多,题目更加灵活;他们的平时成绩在综合评价中的占比往往超过70%,平时的习题作业任务也非常重,而且非常严格;另外,他们的机制保证了学生更加勤奋,教师的要求更加严格。而在国内,在学习专业知识的大学阶段却反倒松懈下来。提升大学教育质量离不开严格管理,国外的做法值得借鉴。

本书共分 9 章。第 1 章是绪论,介绍信息、通信系统模型、离散与连续等内容。第 2 章介绍信息的统计度量,也是信息论的基本概念,包括自信息量、互信息量、平均自信息(熵)、平均互信息等,这一章是后续章节的基础。第 3 章讨论信道及其容量。第 4 章主要介绍编码的基本概念与无失真信源编码。第 5 章讨论信息率失真函数与限失真编码。第 6 章讨论信道编码。第 7 章讨论加密编码。第 8 章分析香农信息论的局限性,并且对信息论的发展进行展望。第 9 章介绍一些常用编码的实现方法和信息论的应用。

本书第 2 版在前一版的基础上进行了改进,控制篇幅是改进的一个主要原则,特别是对第 6 章和第 9 章进行了重新编写。许多地方进行了压缩,但是也依然对最新的理论和应用前沿技术进行了更新,这些更新也基本上是简要介绍,篇幅不大。

当然,本书详述的某些内容可能并不一定直接应用于实际中,但是它们比较容易理解,而且比较基础,对于理解相关的理论和应用具有价值,也是大多数相关教材沿袭的。对于一些实际应用的或者被认为有应用前景的理论和技术,考虑到篇幅等因素,我们可能只做简单介绍。

作者要特别感谢清华大学出版社的信任与支持!

本书在编写过程中得到广西高校中青年教师基础能力提升项目(编号 2017KY0211)、桂林市科技开发项目、广西密码学与信息安全重点实验室的大力支持,在此一并表示感谢。

本书的前修课程包括高等数学、概率论和线性代数,离散数学(数论、近世代数)也是某些编码理论的基础,本书在相关章节简要提及了这些基础。

本书试图更多地从理解的角度来启迪读者,也提出了许多具有启发性的思考问题,希望能够把这本书变成启迪思维、开启智慧的素材集,但是编者的理解是有限的,在信息论与编码领域的理论和实践方面存在一定的欠缺。限于作者水平有限,加上工作繁忙,编写时间受限,来不及对相关领域的论文、专利做很好的分析评述,书中错误和不当之处在所难免,欢迎各种批评和建议。我们倡导面向就业的教学方式,在教材的编写上也希望能够进一步贴近研究和应用的实践,我们欢迎(但是不限于)以下反馈意见:

(1)研究人员对教材的前瞻性提出批评指正。

(2)学习过信息论与编码相关课程的毕业生在从业多年后对教材的实用性进行评价。

(3)还未学习过信息论与编码相关课程(已经学过高等数学、线性代数和概率论)的本科生评价教材的通俗性和易读性,指出教材中跳跃度较大、艰涩难懂的地方。

(4)教师和学生对教材中出现的问题给予批评和指正,对教材的优缺点进行评价,针对教材中的一些改进点提出批评意见。

（5）产业界和广大的相关行业从业人士就教材的实用性提出自己的意见，以增强课程与实践的衔接。

本书做了一定的教材编写的创新示范和尝试，希望能够抛砖引玉，推动教材的改革。由于本教材的应用专业限制，在时间许可的情况下，我们可以采用类似本教材的编写方式来编写《线性代数》（这一计划很早就有了，一直没有足够时间，拖延至今），以在更大的范围内进行摸索，希望更多的图书和教材都能更好地注重图书本身的价值，包括理论、应用、思想、方法等多维度的价值。另外还要为读者提供便利，使图书通俗易懂，从理论到应用无缝衔接，易于自学。

在一个复杂的工程环境中，充分条件、必要条件、充要条件往往是很难存在的，许多结论也有不确定性。同样在本书中的一些结论中如果没有加"可能"之类的不肯定修饰词，应该是忘记了，敬请读者注意。

王 勇

2022 年 5 月于桂林电子科技大学

目录

第3章 信道及其容量   /87

第 6 章   信道编码   /189

第 1 章

绪　论

　　信息论的产生离不开当时的背景。在那个时代，一方面通信技术有了新的发展；另一方面通信成本相对高昂，即使是几十年前，通信的成本也比较高，电报的收费是以字来计算的，为了降低成本，人们习惯了用非常简短的报文。请在此背景下，思考信息的定义和信息的度量问题，这将有助于理解后面的内容。

　　我们生活在一个数字化和信息化的时代，以往在现实中采用传统方式进行处理的事务大都已经转向数字化的处理方式，比如以前的胶卷相机基本上被数码相机所取代，磁带、留声机等已经被 MP3 等所取代，电影、文件、记事本等无不正在经历或已完成了数字化的进程。信息技术(information technology)已经渗透到各个行业，并且引起了许多行业的根本性变革。信息论与编码(information theory and coding)技术则直接地或者隐含地应用在信息技术中，特别是在通信领域。催生信息论最重要的动力在于当时通信技术发展的需要，在通信的现实环境中，如何占用更少的带宽来传递更多的信息，并且要考虑通信中干扰和差错的影响，以及某些情况下在公开的、可以监听的信道上如何实现通信的保密。如今，信息论与编码的应用已经不限于通信，应用领域非常广泛。可能许多时候我们并没有察觉信息论与编码技术的存在和影响，但是实际上我们在不知不觉间已经使用了它们，或者从这些技术中受益。

　　信息论是在长期通信工程的实践中由通信技术、概率论、随机过程和数理统计等相结合而逐步发展起来的一门学科。通常人们公认信息论的奠基人是美国科学家香农(C.E. Shannon)，他于 1948 年发表的著名论文《通信的数学理论》为信息论的诞生和发展奠定了理论基础。

　　信息论在学术界引起了巨大的反响，在香农的信息论的指导下，为提高通信系统信息传输的有效性、安全性和可靠性，人们在信源编码、加密编码和信道编码等领域进行了卓有成效的研究，取得了丰硕的成果。随着信息论的迅猛发展和信息概念的不断深化，信息论所涉及的内容早已超越了通信工程的范畴，进入了信息科学这一更广、更新的领域，并渗透到许多学科，得到多个领域的科学工作者的重视。当然，信息论也有局限性，它并不能解决所有的信息问题，上述几类编码也只是从以上几个有限的角度来考虑问题，并不涵盖所有的编码领域。

1.1 信息技术的优势及其带来的根本变革

在编者看来,信息技术的应用面广、渗透性强,是源于信息技术的广泛需求及其功能的强大:一个局外人很难相信,我们现实中所做的大量工作都可以用数字(具体说是二进制)进行存储和处理。计算机程序可以完成大量的工作,甚至可以模仿人的智能,但是局外人同样也很难相信,计算机的基本操作单元仅依靠对于二进制数据的简单计算,就可以完成现实中大量的数据处理,而且计算机程序也是以二进制的形式存在的。计算机虽然是名副其实地做着计算的工作,但它的功能却远远超出了普通人眼中的"计算"的范畴。随着计算和通信技术的发展,计算机似乎越来越趋向于无所不能,这种"无所不能"首先依赖于对各种信息进行编码和处理。计算机所能处理的数据不仅仅有数字,更有文本、声音和视频等媒体信息,也有实现计算机各种功能的计算机软件代码和可执行程序,这些信息最终在计算机中处理时均要转换为二进制数据。以上所述均涉及一个问题:如何将现实中的信息用二进制数据来表示(编码),这种编码需要在什么样的原则下进行才是最合理的,如何来满足这些原则? 在这些过程中,还需要进行通信、存储和处理,需要考虑现实环境的不完美性。在许多情况下,还需要对信息进行保密处理,而实际上最初计算机的诞生本身就是为了破译密码,所以在编码的过程中如何达到保密的效果也是非常重要的一方面。

目前,各行各业的信息化受到了空前的重视,信息化(informatization)这个词或许并不名副其实,一些学者也提出异议,认为我们自古以来就一直在同信息打交道,信息本身无处不在,说"信息化"显得不太合适,所以编者认为将其称为数字化可能更合适。在信息技术兴起之前,我们虽然说同样与信息打交道,利用信息和处理信息,但是采用的是比较落后的、人工的方式,具有低效、通信困难、利用率低、无法处理复杂信息以及耗费人力等一系列缺点。

不过现在所提到的信息化却和信息论与编码密切相关,可以将信息化理解为:以信息论为基础,将现实中的各种信息和数据通过数字化的编码方法表示为二进制或者其他类型的数据,从而便于通信和处理。更重要的是,编码为二进制数据,可以便于计算机用最简单的计算方式进行各种各样的复杂处理。

控制论的创始人维纳对信息做了如下定义:信息就是信息,它不是物质,也不是能量。正因为信息不是物质和能量,所以不受相应的限制。它可以快速传播、广泛共享,并且可以进行高效处理。

信息化的重要意义在于,信息可以帮助我们做出更好的选择,更好地控制事物,更方便地处理各种事务。通过信息处理和编码,让我们可以将信息转换成它最适用的形式,在存储时使用最利于存储的形式,如磁信号;在传输时使用最有利于传输的形式(光纤),通过对现实中涉及的信息的问题进行抽象化,从而将现实中大量的事务变成了可以为信息技术处理的问题。一旦利用计算机,就可以进行各种智能的海量信息处理,而无须人工处理,而且相对于人工处理而言,计算机的处理有些时候可能更快、更可靠和更精确。既然所有的信息都可以转换为二进制或者其他的编码方式,对于信息进行有效的编码即成为信息化进程的一个根本性的问题。

在过去,我们很难相信信息技术可将所有的数据(信息)都变成统一的二进制形式。不仅仅是数值,还包括软件、图片、视频等所有的文件,更难以相信的是,还可以将几乎绝大多数数据的处理转换为CPU的计算。至此计算的概念已经大大扩展了,二进制数据组成的软件可以做许多我们想象不到的事情,而且理论上证明,一些计算和算法(如神经网络)可以具有很好的学习未知事务的能力,大多数的函数都是可以用这些逼近的。对于离散结果的函数,照样具有逼近能力。如果我们将处理当作函数,通过一些人工智能或神经网络的学习方法,依靠一些已知的前期数据去获得一个比较接近的函数,则机器将具有处理这些事务的能力。利用通信技术,可以将任意的二进制数据(包括指令)传递到远方,并且在远方根据二进制数据的约定执行,这种执行只需要用CPU和相应的控制器即可。现代通信技术传输速度快、带宽大,可以达到互联网联通、卫星覆盖、无线信号覆盖的地方,有着巨大的潜力。信息技术与其他技术结合,可以产生许多难以置信的功能。我们只需动动手指或者用语音指令,就可以在千里之外掀起轩然大波。一定程度上我们可以认为:机械化取代了人手(体力),信息化则取代人脑(脑力),而且还可以用脑去指挥机器。对比人脑,计算机的运算速度快,可以存储和处理的数据量大,更精确,而且信息可以被低成本地有效存储和复制。在未来,机器人(人工智能)一旦突破一些瓶颈,它们的进化速度将会进入一种良性循环(注意,可以认为人类几乎没有多少的进化),机器人将具有比人更快的学习能力、更大的记忆空间以及更快的判断速度,人工智能的发展也往往超出我们的想象,深度学习、迁移学习等这些能力是昔日我们不太相信人工智能会具备的,如今它已经具备,而且机器人似乎也慢慢具有感情之类我们曾经认定是人类独有的特质。目前,处于襁褓之中的人工智能和机器人就已经展示了其超人的本领,给我们带来了许多好处,展示了好的一面,在未来它们的发展将更难以估量。将来到底是人指挥机器,还是机器指挥人,我们很难轻易下结论。请神容易送神难,对人工智能应当有所戒备,更不能武断地假定我们到时候一定有能力关闭机器人程序或者给它断电,也要想到机器人也完全可以让人类断粮。大多数情况下,只在信息(数据)层面操作的计算机病毒都已经让人类头痛不已,而在物质、能量操控方面有更强能力的人工智能将会给我们带来什么,很难估量。正如随着信息技术的发展使得信息安全备受重视一样,未来人工智能安全也将是一个非常重要的课题。信息化已经催生了大量新概念、新事物和新行业,并且依然有很大发展空间。人们对信息技术的应用已经从简单的信息展示到越来越程序化、自动化,乃至于智能化,我们也无法为信息技术的发展设置极限。

现在,借助于信息技术以及电子技术等技术融合,除了味觉之类的少数信息有一定的困难外,绝大多数的信息都能非常容易而且廉价地记录、存储和复现。信息的作用不仅仅是告知、传递、存储,以及让人阅读和让人知晓,它还能对机器、设备进行同样的操作,更重要的是,它还可以用于驱动、控制、操控人类(乃至于各种动物)和机器以及与之交互。人类以及机器的活动也可以抽象化为信息、物质、能量的综合交互,这使得如果有了更有效的信息,许多活动就能得以优化和智能化。由于这些与人相似的特征,有了信息,机器人和计算机也可以在很大程度上取代人类的活动。

物质的转化和传递很困难，能量的转化和传递则稍微容易一些，而作为抽象事物的信息（数据）的转化和传递则非常容易，而且成本低廉、损失少。

信息论以及相关的编码技术自然是一个非常重要的基础理论。香农创立了信息论，并且由此衍生了信源编码、信道编码和加密（密码）编码技术。

1.2　信息论与编码的基本概念

1.2.1　信息的一般概念

人类自古以来都是生活在信息的海洋中。农民不知道利用农时、商情，就很难获得丰收；工人不掌握技术，就很难从事生产；商人不了解市场，就很难获取效益；军队不明敌情和我情，就很难取得战争的胜利。在古代，人们就采用结绳记事、击鼓传令、烽火、飞鸽传书等相对笨拙的方式存储和传递信息。在第二次工业革命到来后，由于电可以远距离传输，电报、电话相继出现，可以低成本、便捷、远距离地传递信息，这促进了信息技术的应用与发展。可见，信息这一抽象又复杂的概念与其他在实践中提出的科学概念一样，是在人类社会互通情报的实践过程中产生的，也为通信技术进步和社会发展的需要所推动。

当今社会，人们在各种生产、科学研究和社会活动中，无处不涉及信息的交换和利用。可以说，在我们周围充满了信息，我们正处在"信息社会"中。通过电话、电报、传真和电子邮件，人们可以自由地交流信息；通过报纸、书刊、电子出版物和互联网等媒介，人们可以有选择地获取大量信息；通过电台、电视台等视听媒体，人们可以"身临其境"地感受最新信息。但以上所述还远不能概括信息的全部含义，四季交替透露的是自然界的信息，而牛顿定律揭示的是物体运动内在规律的信息。信息含义之广，几乎可以涵盖整个宇宙，且内容庞杂，层次混叠，不易厘清。现代的信息技术使得我们能够快速、有效地获取有价值的信息，而信息的价值则体现在社会生活的方方面面，可以给我们带来无尽的益处。因此，迅速获取信息，正确处理信息，充分利用信息，既能促进科学技术和国民经济的飞跃发展，又能在各种形式的竞争中占得先机。

如今有关信息的新名词、新术语层出不穷，信息产业在社会经济中所占的份额也越来越大，信息基础设施建设速度之快已成为当今社会的重要特征之一，物质、能源、信息构成了现代社会生存和发展的三大基本支柱。

信息的价值在于它有助于人们能动地改造外部世界，因为信息所揭示的事物运动规律为人们应用这些规律提供了可能，而信息所描述的事物状态也便于人们推动事物向有利的方向发展。掌握的资源和能量越多，面对同样的信息时，人们能用以改造世界的可能性就越大。今天我们所掌握的物质力量比过去扩大了不知多少倍，因此信息对于当今社会发展和人们生活的重要性较之几百年前、几十年前甚至十几年前都有很大的提高。这是信息社会的一个重要特征。

信息的重要性不言而喻，那么如此神通广大、无处不在而又无所不能的信息究竟是什么呢？

信息是信息论中最基本、最重要的概念,既抽象又复杂。关于信息的科学定义,到目前为止国内外已提出近百种,它们从不同的侧面和不同的层次来揭示信息的本质。从本质上讲,信息是人类社会活动所产生的各种状态和消息的总称,它是人们对客观事物运动规律及其存在状态的认识。

在信息论和通信理论中经常会遇到信息(information)、消息(message)和信号(signal)这 3 个既有联系又有区别的名词。在现代信息理论形成之前,信息一直被看作通信中消息的同义词,没有被赋予严格的科学定义。到了 20 世纪 40 年代末,随着信息论这一学科的诞生,信息的含义才有了新的拓展。

在学习信息论与编码技术之前,先介绍下面 3 个基本概念。

对信息、消息和信号的定义比较如下。

信息:信息是各个事物运动状态及其变化方式的一种描述。人们在对周围世界的观察中获得信息,信息是抽象的意识或知识,它是看不见、摸不着的。信息仅仅与随机事件的发生相关,非随机事件的发生不包含任何信息。从这一点上可以得知,信息量的大小与随机事件发生的概率有直接的关系,概率越小的随机事件一旦发生,它所包含的信息量就越大;而概率越大的随机事件一旦发生,它所包含的信息量就越小。

消息:消息是信息的载体。它是指包含信息的语音、文字、数字和语言等。在世界各地的人们要想知道其他地方发生事情的内容,只能从各种各样的消息中得到,这些消息可以是广播中的语音、报纸上的文字、电视中的图像或互联网上的文字与图像等。可见,消息是具体的,它载荷信息,但它不是物理性的。信息只与随机事件的发生有关。每时每刻在世界上的每个地方都会有各种事件发生,它们绝大多数是随机的,对于许多人而言,不知道事件的结果,而当我们需要对这种不确定的事件予以确定的时候,就需要消息来告知我们答案。

信号:信号是消息的物理体现。为了在信道上传输(存储)消息,就必须把消息加载(调制)到具有某种物理特征的信号上。信号是信息的载体,是具有物理性的,如电信号、声信号、光信号等。以人类的语言为例,当人们说话时,发出声信号,这种声信号经过麦克风的转换变成了电信号,这里的声信号和电信号都是我们所指的信号。

按照信息论的观点,信息不等于消息。在日常生活中,人们往往对消息和信息不加区别,认为得到了消息,就是获得了信息。例如,当人们收到一封电报、接到一个电话、收听了广播或者观看了电视等以后,就认为获得了“信息”。的确,人们从接收到的电报、电话、广播和电视的消息中能获得各种信息,信息与消息有着密切的联系。但是,在信息论中,对它们的概念进行了明确界定,信息与消息并不等同。人们收到消息后,如果消息告诉了我们原来不知道的新内容,我们就会感到获得了信息;而如果消息是我们基本上已经知道的内容,那么我们得到的信息就不多,所以信息应该是可以测度的。

在网络、电报、电话、广播、电视(也包括雷达、导航、遥测)等通信系统中传输的是各种各样的消息,这些被传送的消息有着各种不同的形式,如文字、数据、语言和图像等。所有这些不同形式的消息一般能被人们的感官所感知。或者凭借某些设备测量和显示后可以感知到。人们通过通信接收到消息后，得到的是关于描述某事物状态的具体内容。例如，电视中转播球赛，人们从电视图像中看到了球赛进展情况，而电视的活动图像则是对球赛运动状态的描述。消息可以用于描述任意对象，既可以是客观的，也可以是主观的，比如消息也可用来表述人们头脑里的思维活动。例如，朋友给您打电话说"我想去北京"，您从这条消息得知了朋友的想法，该语言消息反映了人的主观世界（大脑物质的思维运动）所表现出来的思维状态。

因此，用文字、符号、数据、语言、音符、图形和图像等能够被人们的感官所感知的形式，把客观物质运动和主观思维活动的状态表达出来就成为消息。可见，消息中包含信息，是信息的载体，得到消息，进而获得信息。

同一则信息可用不同的消息形式来载荷，如前所述的球赛进展情况可用电视图像、广播语言和报纸文字等不同消息来表述。而一则消息也可载荷不同的信息，它可能包含非常丰富的信息，也可能只包含很少的信息。因此，信息与消息是既有区别又有联系的。

在各种实际通信系统中，为了克服时间或空间的限制而进行通信，必须对消息进行加工处理，把消息变换成适合于信道传输的物理量（如声、光、电等），这种物理量即为信号。信号携带着消息，它是消息的运载工具。如前例中，携带球赛进展情况的电视图像转换成电信号，电信号又经过调制变成高频调制电信号，才能在信道中传输；在通信系统的接收端，通过解调还原出原始电信号，在电视屏幕上呈现给观众，从而使观众获得信息。

同样，同一消息可用不同的信号来表示，同一信号也可表示不同的消息。例如，同样是发出声音"是"，由于针对的问题背景不一样，其含义就不一样。又如，在十字路口，红绿灯信号表示能否通行的信息；而在电子仪器面板上，红绿灯信号却表示仪器是否正常工作或者表示高低电压等信息。同样是警报声，可能是警车过来的信号，也可能是救护车过来的信号。同样一个消息，在磁盘上存储的时候采用的是磁信号，在计算机显示器上显示的时候是光信号。所以信息、消息和信号是既有区别又有联系的3个不同的概念。

从以上的讨论中可以看到，信息、消息和信号之间有着密切的关系。信息是一切通信系统所要传递的内容，而消息作为信息的载体可能是一种"高级"载体；信号作为消息的物理体现，是信息的一种"低级"载体。作为系统设计人员，我们所接触的只是信号，而这种信号最终要变成消息的形式才能被大众接收。对于我们学习的这一门课程，更多地是从消息载体的角度去探讨信息论，当然消息本身也与噪声和信号有关，所以在信息论中也会涉及噪声和信号。

信息的基本特征在于它的事前不确定性，任何已确定（已知）的事物都不含有信息。信息从某种角度上具有以下特征。

（1）信息是可以识别的。信息离不开物理载体，人们可以通过对这些物理载体的识别来获得信息。有些可以用人的感官直接识别信息，例如承载于语言、文字中的信息可以直接用耳、目接收进而识别；而有些则需借助于各种传感器间接识别信息，例如遥感测量要利用对电磁波敏感的传感器来间接进行。

（2）信息是可以存储的。信息可以用多种方式存储起来，在需要的时候把存储的信息调取出来。相同的信息可以用文字的形式记录在书刊和笔记中，也可以用录音、录像的方式存储在磁性介质中,或者利用计算机存储设备存储起来。

（3）信息是可以传递的。信息可以通过多种途径进行传递。人与人之间的信息传递既可以通过语言、文字进行,也可以通过体态、动作或表情进行;社会规模的信息传递常通过报纸、杂志、电话、广播、电视和网络等进行。从原则上来说,各种物质的运动形式都可以用于信息的传递。

（4）信息是可以量度的。从一些角度看,信息量有大小的差别。出现概率越大的随机事件一旦发生,它所包含的信息量就越小;反之,出现概率越小的随机事件一旦发生,它所包含的信息量就越大。

（5）信息是可以加工的。人们在收到各种原始信息之后,经过各种方式的加工可以产生新的信息,如研究人员通过收集资料或做实验获得原始信息,经过加工处理后可能提出新的见解;计算机对输入的信息进行加工处理,可为人们提供更有意义的结果。

（6）信息是可以共享的。信息可以像实物一样作为商品出售,但信息的知识特性使其交易又不同于一般的实物交易。信息交易后,信息出售者与信息购买者共同享有信息,共享的边际成本几乎为 0。

（7）信息的载体是可以转换的。同样内容的信息可以有不同的形态,也可以包含在不同的物体变化之中,还可以从一种形态转换到另一种形态。如我们用感官识别出来的声音、味道、颜色等信息可以转换成语言、文字等形式。在这种转换中,信息的物理载体发生了变化,但信息的内容可以保持完好无损。信息的这个特性为人们借助于仪器间接地识别信息提供了基础,也为信息的传递、存储和处理带来了方便。

信息的以上特征使得信息技术在现代社会中得以广泛应用。

考虑信息理论产生背景,通信成本昂贵的情况下,有节约成本的必要,我们认为的信息必然是最短的。另外,我们可以让一句话无限啰唆,但是却不能让它无限短,却又依然表达清楚原意,因此,信息的定义突出新,不能是已知的、确定的,而信息的度量突出短,尽量不要有浪费。

1.2.2　香农的信息定义

信息仅仅与随机事件的发生相关,用数学的语言来说,不确定性就是随机性,具有不确定性的事件就是随机事件。因此,可运用研究随机事件的数学工具即概率论和随机过程来测度不确定性的大小。从直观概念来说,可以将不确定性的大小直观地看作事先猜测某随机事件是否发生的难易程度。

某一事物状态的不确定性的大小与该事物可能出现的不同状态数目和各状态出现的概率大小有关。既然不确定性的大小能够测度,那么信息也是可以测度的。

那么信息如何测度呢? 当人们收到一封电报或者收听广播、观看电视后,到底能得到多少信息量? 由于信息量与不确定性消除的程度有关,我们用消除不确定性的多少来测度信息量。

比如,选择题有 A、B、C、D 四个选项,一个完全不懂的人对于答案是完全不确定的,此时如果有知道标准答案的人告诉他答案是 D,则他对答案的了解就是从不确定变成了确定的,提供答案信息的过程就可以理解为消除不确定性的过程。同样,假如有位成绩良好的学生,他可以确定 D 的概率为 99.99999999%,此时若被告知正确答案,则提供的信息量就很少;同样,假如有位成绩良好的学生,他完全可以确定答案是 D,此时再被告知答案,则他并不获得信息量。

一台机器出了故障,一个不懂的人 A 束手无策,另外一位师傅 B 过来告诉他要如何操作,这样他对于消除故障的处理方式就从不确定变成确定。如果把这个不懂的人换成一位技术相对熟练的师傅,他可能都差不多知道要如何操作了,这时候师傅 B 过来告诉他要如何操作,则他获得了一定的信息,但是比 A 要少。如果另外一个人技术非常娴熟,完全知道如何操作,此时再被告知如何操作,他获得的信息量就是 0。以上这些结论显然是直观上都可以接受的,所以简单地看,可以认为信息是消除不确定性的东西。

同样是考试题,同样是完全对答案一无所知,如果一个题目是判断题,另一个题目是选择题,要求四选一,显然选择题的不确定性更大。在被告知判断题的答案和选择题的答案后,我们感受到的信息量也是不一样的,显然选择题答案给出的信息量要大。

上述两个例子告诉我们:某一事物状态的不确定性的大小与该事物可能出现的不同状态数目和各状态出现的概率大小有关。某一事物状态出现的概率越小,其不确定性越大,一旦出现,带来的信息量就越大;反之,某一事物状态出现的概率接近于 1,即预料中肯定会出现的事件,那它的不确定性就接近于 0,如果出现,带来的信息量就很小。

以上例子告诉我们,可以直观地认为信息是消除不确定性的东西。后面会有一些更加严格的描述和结论,并会给出一部分证明,说明这一定义在一定条件下是正确的。香农提出的信息概念反映的就是事物的不确定性。在香农著名的论文《通信的数学理论》中,他根据概率测度和数理统计学系统地研究了通信中的基本问题,并给出了信息的定量表示,得出了带有普遍意义的重要结论,由此奠定了现代信息论的基础。

香农定义的信息概念是建立在一定的数学模型的基础上的,它有许多优点。

(1)香农定义的信息概念是一个相对科学的定义,有明确的数学模型,其信息度量在一定程度上是科学的。

(2)香农定义的信息概念与日常用语中的信息的含义并不矛盾。

(3)香农定义的信息概念排除了日常用语中对信息一词的某些主观上的含义。在相同背景、相同知识和相同问题下,同样一条消息对任何一个收信者来说所得到的信息量(互信息)都是一样的。

(4)与许多其他定义相比较,香农定义的信息概念具有可用数学表达的形式,而且依据一定的公理和假设,可以从数学上严格证明。

(5)香农定义的信息概念给出的相关度量在通信中有着非常重要的应用,由信息熵以及由此派生的平均互信息量分别构成无失真编码、限失真编码和信道通信能力的 3 个极限指标。

但是,香农定义的信息概念也有其局限性,存在如下一些缺陷。

(1)香农定义的信息概念的出发点是假定事物状态可以用一个以经典集合论为基础的概率模型来描述。它抛弃了一些其他的随机属性,而仅仅考虑单重的随机不确定性,另外经典集合论也有它本身的局限性。实际存在的某些事物运动状态要寻找一个合适的概率模型往往是非常困难的。对某些情况来讲,是否存在这样一种模型还值得探讨。

（2）香农关于信息的定义和度量没有考虑收信者的主观特性和主观意义,也撇开了事物本身的具体含义、具体用途、重要程度和引起后果等因素,这就与实际情况不完全一致。例如,当收到同一消息后,对不同的收信者来说常会引起不同的感情、不同的关心程度和不同的价值,这些都应认为是获得了不同的信息。因此,信息有很强的主观性和实用性。

由此可见,香农关于信息的定义和度量在一定程度上是科学的,在一定的假设下,可以通过严格的数学证明得出,而非香农个人的主观臆造,是能反映信息的某些本质的,但也是有局限的。

以上事例中隐含着什么样的前提?信息的定义是在什么样的制约下得出的?具有什么样的局限性?

1.2.3 信息的其他定义

目前的信息定义并不能够让人满意,中国科学院编写的《21 世纪 100 个交叉科学难题》一书中已把"信息是什么"列入 100 个难题之中。网上也到处都有信息定义的征集和讨论活动,这说明目前提出的信息定义都不能得到公认。关于信息的定义据说超过 100种,因为它没有实体,又包罗万象,所以对它下定义往往如盲人摸象,横看成岭侧成峰。

若对信息的定义加以归类,可把它分为如下几类,篇幅所限,下面仅罗列一部分定义。

1. 抽象型的信息定义

- 信息就是信息,既不是物质也不是能量(Wiener,1948)。
- 信息是人们在适应外部世界并且这种适应反作用于外部世界的过程中,同外部世界进行相互交换的内容的名称(Wiener,1948)。
- 信息是一种场(Eepr,1971)。
- 信息不是物质,它是物质状态的映射(张学文等)。
- 信息是与控制论系统相联系的一种功能现象。
- 信息是被反映的物质的属性(刘长林,1985)。
- 信息是选择的自由度(Hartley,1928)。
- 信息是通信传输的内容(Wiener,1950)。
- 信息是加工知识的原材料(Brillouin,1956)。
- 信息是控制的指令(Wiener,1950)。
- 信息是物质的普遍属性。
- 信息是事物相互作用过程的表征。
- 信息是结构的表达。
- 信息是人脑对客观事物属性的能动反映。
- 信息是物质与意识的中介,是认识的中介。
- 信息一般泛指我们所说的消息、情报、指令、数据、信号等有关周围环境的知识。

- 信息就是"意、文、义"三个范畴的总称(邹晓辉)。
- 信息并不是指事物本身,而是指用来表明事物或通过事物发出的消息、情报、指令。
- 信息既是主观与客观相互联系和作用的媒介,又是物质世界与精神世界相互作用和联系的桥梁。
- 信息是物质的普遍属性;它表述它所属的物质系统,在同任何其他物质系统全面相互作用(或联系)的过程中,以质、能波动的形式所呈现的结构、状态和历史(黎鸣)。
- 洪昆辉也定义了信息的体系:本体论的信息是事物及现象的存在方式之一,它是通过一定的媒介对事物及状态的一种显示(映射、反映),它标志事物及现象的间接存在。认识论层次的信息是指通过特定媒介,主体对主客体相互关系存在的映射、显示。

上面的这类定义中,有些反映了一部分的信息,有一定的片面性,体现了信息的一部分用途;有些则明显具有很宽的包容性,但是缺乏具体的内容,也缺乏数学上的可描述性。当然,这些定义也没有考虑到信息的可靠性问题,许多定义把信息当作一种完全可靠的反映,即使不是这样,也容易诱导人们认为信息是可靠的。而实际情况是,信息往往不反映真实情况,与实际情况有偏离,甚至是颠倒。

2. 以差异、有序性和不确定性等指标来定义的信息

- 信息是事物之间的差异(Longo,1975)。
- 信息是集合的变异度(Ashby,1956)。
- 信息是用以消除随机不确定性的东西(Shannon,1948)。
- 信息是物质和能量在时间和空间中分布的不均匀性(Eepr,1971)。
- 信息是系统组织程度的度量(Wiener,1948)。
- 信息是负熵(Brillouin,1956)。
- 信息是有序性的度量(Wiener,1948)。
- 信息是使概率分布发生变动的东西(特里比斯等,1971)。
- 信息是消息接收者预先不知道的报道。
- 信息是组织程度,能使物质系统有序性增强,并减少破坏、混乱和噪声。
- 信息是有秩序的量度。
- 信息就是相对于任何存在的相对变化,而这种相对变化是可以被分别、识别、了别的。一般而言,信息是以某种非决定性所表达的决定性(冯向军)。

这一类的定义具有可以度量、可以研究的优势,但是在笔者看来却天生具有很大的局限性。下面分析两个实例。

例 1-1　由于某学校纪律严明,一般学生来学校上课的时间都比较确定,都能提前到校,迟到概率为 0.01。但是甲从乙处得到消息:"丙同学是最不遵守纪律的(包括迟到)。"此消息对于"甲从乙处得到了什么消息"而言,或者对于乙告诉甲关于丙同学的什么情况而言,是消除了不确定性。但是本来根据前面已知的学校纪律严明的理由来推测,丙同学很可能上课的时间是比较确定的,丙不迟到的先验概率可能有 0.99,迟到的概率可能只有0.01;但是从乙处得到消息以后,丙不迟到的后验概率减少了(假设后验的丙不迟到的概率大于 0.01)。根据信息量的计算方法以及熵函数的上凸性,甲得到乙的消息以后,如果丙不迟到的概率为 0.01～0.99,我们以乙的消息为条件,关于丙是否迟到的信息量不仅没有增加,反而信息量减少了,后验熵大于先验熵。

例 1-2 某人的作息一般很有规律,大多数情况下(比如有 99% 的可能性)每天晚上 6 点要去某地散步,但是忽然得到明天要下暴雨的消息,得到该消息以后,此人明天出去散步的可能性会大大降低。如果其出来散步的可能性小于 99% 但是又不低于 1%,那么此人明天是否出来散步的不确定性是增加了的。

以上分析说明香农的"信息是消除随机不确定性的东西"的定义是有局限的,信息不能对任何事件都消除随机不确定性,只能从平均意义上消除随机不确定性,或者信息只能对自身任何时候都消除不确定性。

钟义信教授提出了一套完整的信息定义体系:为了得到清晰的认识,我们应当根据不同的条件区分不同的层次来给出信息的定义。最高的层次是普遍的层次,也是无条件约束的层次,我们把它称为本体论层次。在这个层次上定义的信息是最广义的信息,它的适用范围最广。然后,如果引入一个条件来约束一下,则最高层次的定义就变为次高层次的定义,而次高层次的信息定义的适用范围就比最高层次定义的范围要窄。所引入的约束条件越多,定义的层次就越低,它所定义的信息的适用范围就越窄。这样,根据引入的条件不同,就可以给出不同层次和不同适用范围的信息定义,这些不同的信息定义的系列就构成了信息定义的体系。钟教授据此提出了自己的信息定义体系:

- 本体论层次的信息,就是事物运动的状态和(状态改变的)方式。
- 认识论层次的信息,就是认识主体所感知或所表述的事物运动的状态和方式。
- 语法信息,就是认识主体所感知或所表述的事物运动状态和方式的形式化关系。
- 语义信息,就是认识主体所感知或所表述的事物运动状态和方式的逻辑含义。
- 语用信息,就是认识主体所感知或所表述的事物运动状态和方式相对于某种目的的效用。

钟义信教授同时也给出了相应的度量,有兴趣的读者可参阅《信息科学原理》以及钟教授的其他著作。但是除了和香农相同的度量之外,其他度量的物理意义和现实应用价值不太明确。

上面举出了历史上比较著名的关于信息的几乎所有的定义,可以看出,凡是这类反映差异、有序性和不确定性的定义中,都忽视了一个很重要的根本性因素,那就是信息的可靠度和完备程度。而信息的价值之所以存在,是因为它具有一定的可靠性,同时信息越是完备,也越能为决策提供可靠的资源,而是否确定则是次要的。一般情况下,人们不会有意去追求信息的确定性,但是会有意追求信息的可靠性和完备性。当然,完备性从另外一种角度可以归结为可靠性,把不完备的信息当作完备的本身就是不可靠的。目前的广义信息量、全信息量和统一信息理论都没有考虑到信息的可靠度这一根本性的问题。然而,信息之所以能够被利用并且受到重视,它的可靠性是前提。一旦信息非常不可靠,则信息的价值完全丧失,而且可能起反作用。香农对信息的定义和度量以及他的信息论基本上都是考虑用熵来计算的随机不确定性,并没有考虑信息的可靠度,后者最多是从信息传递过程中的失真进行了考虑。香农的信息定义在通信领域非常适用，因为在通信中，无须考虑信息的可靠性。那是发送者在发送之前或者是接收者在接收之后考虑的问题，在通信的过程中，一切的目的是如何快速、可靠地发送信息。接收信息的可靠与否和失真与否，与被发送信息的可靠性、完备程度和真实程度没有关系，它只需要接收的信息与发送的信息相比较是可靠真实的就达到了通信的目的，而通信量与信息的确定性有着密切的联系。

编者对信息的定义做一个修改，不能说尽善尽美，但是能够消除目前定义的一些缺陷，一方面尽量防止概念的狭隘性、片面性；另一方面也避免概念过于宽泛、过于空洞而不能提供可以测度和理解的"信息"。定义如下：信息是在受限制的条件下（比如编码长度限制、分析计算能力限制、分辨率限制等）和考虑各种代价的情况下，尽力追求更高的准确性和可靠性的前提下，通过各种被认可的条件、因素、事实和知识等，以各种被认为精确的或者近似的算法、理论等技术手段或者是人工手段（思考等），采用在一定程度上可信的方式直接或间接获得的（被信息处理者认为）对事物更加可靠的认识的东西。这一定义也有一定的局限性，但是它对处理现实中的大多数问题已经足够了。在这个定义中，我们还强调了信息的产生方式、产生信息的基础以及信息的处理方式。这为进行各种信息的获取、信息的处理、信息的融合和信息的运用奠定了一个基础，为信息论的推广应用做好了必要的准备。

模仿香农的定义，我们将上述信息定义简化为："（可靠的）信息（平均而言）是增强可靠性的东西。"当然这其中也有一定的前提条件，比如信息本身具有一定的可靠性，不是胡言乱语，至少从概率上来说是相对可靠的。

比较香农的消除不确定性和这里的增加可靠性，可以发现追求准确性、完备性和可靠性应该是信息论的目标和前提；而不确定性的消除是一种瓜熟蒂落的自然结果，可以说是一种副产品，不过有时候也可能会出现不确定性增加或者不变的情况。在不可靠但是确定的信息和可靠但是不确定的信息之间进行选择的时候，任何理智的人都会选择后者，说明可靠性比确定性更加重要。如果我们放弃可靠性这一目标，要消除不确定性是非常容易的，比如可以把最大的概率值改为1，其他的概率值变成0，信息就是确定的[11]。

新的基于可靠性的定义将会大大拓展信息论的研究领域，与人工智能和信息融合等技术接轨。

当然，关于信息的定义是仁者见仁，智者见智，在不同的角度看待信息的定义，结论可能不一样，比如从不同角度看待不同类型的不确定性，因此需要做进一步的探讨与分析。信息有不同的用处，有些定义已经涉及了一部分用途，对比当今信息的五花八门的应用，有些定义不能充分囊括所有的应用，在实践中我们总是在意想不到的信息应用中加深对信息的认识。

1.2.4　信息论与编码技术的发展历程

信息论从诞生至今已经历半个多世纪，目前已成为一门独立的学科。而编码理论与技术研究也有半个世纪的历史，并从刚开始时作为信息论的一个组成部分逐步发展成为比较完善的独立体系。回顾它们的发展历史，可以清楚地看到该理论是如何在实践中经过抽象、概括、提高而逐步形成和发展的。

信息理论与编码理论是在长期的通信工程实践和理论研究的基础上发展起来的。人们最初采用比较笨拙、人工化的方式来处理一些信息,比如结绳记事、烽火、语言、书本等,这些长期以来并没有推进信息技术的进步,实际上用这些方式处理信息一般也没有多大的必要去研究如何让通信和信息的处理更加有效、可靠的问题。但是最近一百多年来,物理学中的电磁理论以及后来的电子学理论一旦取得某些突破,很快就会促进电信系统的创造发明或改进。当法拉第于 1820 年到 1830 年间发现电磁感应规律后不久,莫尔斯就建立起人类第一套电报系统(1832—1835)。1876 年贝尔发明了电话系统,人类由此进入了非常方便的语音通信时代。1864 年麦克斯韦预言了电磁波的存在,1888 年赫兹用实验证明了这一预言,接着英国的马可尼和俄国的波波夫就发明了无线电通信。1907 年福雷斯特发明了能把电信号进行放大的电子管,之后很快就出现了远距离无线电通信系统。20 世纪 20 年代大功率超高频电子管发明以后,人们很快就建立起了电视系统(1925—1927)。电子在电磁场运动过程中能量相互交换的规律被人们认识后,就出现了微波电子管,接着在 20 世纪 30 年代末和 40 年代初,微波通信、雷达等系统就迅速发展起来。20世纪 60 年代发明的激光技术和 70 年代初光纤传输技术的突破使人类进入光纤通信的新时代,由于其带宽大、微损、成本低等优点,光纤通信已成为信息高速公路的主干道。

信息问题的理论化从而逐步形成信息论的历史可以上溯到 19 世纪 30 年代。

1832 年,莫尔斯电报系统中高效率编码方法对后来香农的编码理论是有启发的。

1885 年,凯尔文(L. Kelvin)曾经研究过一条电缆的极限传信率问题。

1917 年,坎贝尔(G. A. Campbell)申请了第一个关于滤波器的专利,为频分复用信道提供了条件。

1922 年,卡逊(J. R. Carson)对振幅调制信号的频谱结构进行了研究,开始明确上下边带的概念。

1924 年,奈奎斯特(H. Nyquist)发表了《影响电报速度的某些因素》一文,指出了电信信号的传输速率与信道频带宽度之间存在着确定的比例关系。他分析了电报信号传输中脉冲速率与信道带宽的关系,建立了限带信号的采样定理。带宽(band width)又叫频宽,是指在固定的时间内可传输的资料数量,即在传输管道中可以传递数据的能力。

哈特莱(Ralph Vinton Lyon Hartley,1888—1970)发展了奈奎斯特的工作,第一次从通信的观点出发对信息量下了定义,提出把消息考虑为代码或单语的序列。在 s 个代码中选 N 个代码即构成 s^N 个可能的消息,提出"定义信息量"$H = N\log s$,即定义信息量等于可能消息数的对数。其缺点是没有考虑不同符号概率的不等性。哈特莱的工作对后来香农的思想是有很大影响的。他在《信息传输》(*Transmission of Information*)(1928)一文中指出,信息是包含在消息(讯息)中的抽象量,消息是信息的载荷者;消息是具体的,信息是抽象的。但是,在传播中,传者传出讯息,并不意味着受者就一定收到讯息;受者收到讯息,也不能保证"翻译"并还原成传者意欲传递的那种信息。因为传者和受者共享信息的前提是拥有基本相同等级的符号系统和经验系统。他认为"信息是指有新内容、新知识的消息",将信息理解为选择通信符号的方式,并用选择的自由度来计量这种信息的大小。

哈特莱的这种理解在一定程度上能够解释通信工程中的一些信息问题，但它存在没有考虑各种可能选择方法的统计特性的局限性，正是这种缺陷严重地限制了它的适用范围。

从上面的这些进展可以看出，在 20 世纪 30 年代以前通信的主要目标还集中在如何使发送信号无失真地送到接收端，所用的方法还是分析确定性信号的方法，这是有局限性的。

1930 年，维纳（N. Wiener）开始把 Fourier 分析方法全面引入随机信号的研究中。

1936 年，兰德勒（V. D. Landon）发表了他的第一篇有关噪声的论文。

1936 年，阿姆斯特朗（E. H. Armstrong）提出频率调制，指出增加信号带宽可以使抑制噪声干扰的能力增强，使调频实用化，随之出现了调频通信装置。

1939 年，达德利（H. Dudley）发明了声码器（vocoder），用于记录和分析声音，基于此，提出了通信所需要的带宽至少应与所传送消息的带宽相同。达德利和莫尔斯都是研究信源编码的先驱者。

1939 年，瑞弗（H.Reeve）提出了具有强干扰能力的脉冲调制。

1943 年，维纳（Norbert Wiener，1894—1964）教授与别格罗和罗森勃吕特合写了《行为、目的和目的论》的论文，从反馈角度研究了目的性行为，找出了神经系统和自动机之间的一致性。这是第一篇关于控制论的论文。这时，神经生理学家匹茨和数理逻辑学家合作，应用反馈机制制造了一种神经网络模型。第一代电子计算机的设计者艾肯和冯·诺依曼认为这些思想对电子计算机设计十分重要，就建议维纳召开一次关于信息、反馈问题的讨论会。1943 年底在纽约召开了这样的会议，参加者中有生物学家、数学家、社会学家和经济学家，他们从各自的角度对信息反馈问题发表意见。以后又接连多次举行这样的讨论会，对控制论的产生起到了推动作用。

对噪声的研究到 1945 年时由莱斯（S. O. Rice）做了全面的总结。所以 20 世纪 40 年代中通信的理论已经全面走上统计分析的道路，抗干扰已经取代抗失真成为通信研究的中心问题。

1948 年和 1949 年，贝尔实验室电话研究所的美国著名数学家香农博士连续发表了两篇论文，即《通信的数学理论》（*Mathematical Theory of Communication*）和《在噪声中的通信》（*Communication in the Presence of Noise*），他提出了信息量的概念和信息熵的计算方法，并因此被视为现代信息论的创始人。在这两篇论文中，他利用概率测度和数理统计的方法系统地讨论了通信的基本问题，得出了几个重要而带有普遍意义的结论，并由此奠定了现代信息论的基础。香农信息理论的核心是：揭示了在通信系统中采用适当的编码后能够实现高效率和高可靠地传输信息，并得出了信源编码定理和信道编码定理。从数学观点看，这些定理是最优编码的存在定理。但从工程观点看，这些定理不是结构性的，不能从定理的结果直接得出实现最优编码的具体途径。然而，它们给出了编码的性能极限，在理论上阐明了通信系统中各种因素的相互关系，为人们寻找最佳通信系统提供了重要的理论依据。

香农的论文《通信的数学理论》发表后，不仅引起了与"信息"有关的应用领域的兴趣，同时也引起了一些知名数学家的兴趣，如柯尔莫哥洛夫、范恩斯坦（A. Feinstein）、沃尔夫维兹(J. Wolfowitz)等,他们将香农的基本概念和编码定理推广到更一般的信源模型、更一般的编码结构和性能度量,并给出严格的证明,使得这一理论具有更坚实的数学基础。

另外,在通信技术界,科学工作者将主要精力转到信源编码和信道编码的具体构造方法上,这方面取得了稳步的发展。信源编码分为无失真和限失真两类,一般无失真信源编码简称为无失真编码,限失真信源编码则简称为限失真编码。

1. 无失真信源编码

在香农编码方法提出后,许多科学家对无失真信源编码进行了大量研究。

1952 年,费诺(Fano)提出了一种费诺编码方法。同年,霍夫曼(D. A. Huffman)提出了 Huffman 编码方法,并证明它是一种最佳码。

1963 年,埃利斯(P. Elias)提出了算术编码方法。

1968 年,A. N. Kolmogorov 提出了通用编码方法。

这些编码方法经过改进都先后实用化。例如,Huffman 编码用于传真图像的压缩标准,算术编码用于二值图像的压缩标准 JBIG,通用编码用于计算机文件的压缩等。

2. 限失真信源编码

信源编码的研究由维纳于 1942 年就进行了开创性的工作,以均方量化误差最小为准则,建立最优预测原理,为后来的线性预测压缩编码铺平了道路。量化这一最古老的方法经过发展,现在已经成为语音和图像压缩的最重要的手段。例如,北美移动通信标准 IS-95 中语音压缩的标准算法就是矢量量化算法。

1955 年,埃利斯提出了预测编码方法。经过发展,该编码方法现已成为美国军用通信语音压缩的标准算法。

1959 年,香农发表了保真度准则下的离散信源编码定理,以后发展成为信息率失真理论。这一理论是信源编码的核心问题,是频带压缩和数据压缩的理论基础,直到今天它仍是信息论研究的课题。

为进一步提高有记忆信源的压缩效率,20 世纪 60 年代和 70 年代,人们开始将各种正交变换用于信源压缩编码,先后提出 DFT、DCT、WHT、ST 和 KLT 等多种变换,其中 KLT 为最佳变换,但其实用性不强。综合性能最好的是离散余弦变换(DCT),目前 DCT 已被多种图像压缩国际标准用作主要压缩手段,得到了极为广泛的应用。除了上述几类经典的信源压缩编码方法的研究外,从 20 世纪 90 年代初开始,主要针对图像类信源的特点,人们提出了多种新的压缩原理和方法,包括小波变换编码、分形编码和模型编码等。这些方法可有效地消除图像信源的各种冗余,在目前看来还有很大的发展空间,有关其实际应用问题,还在继续探讨中。

3. 面向数字信道的信道编码

在香农编码定理的指导下,信道编码理论和技术逐步发展成熟。另有一部分科学家从事寻找最佳编码(纠错码)的研究工作,并已经形成一门独立的分支——纠错码理论。

20 世纪 50 年代初期,汉明(R. W. Hamming)提出了一种重要的线性分组码——汉明码。此后人们把代数方法引入纠错码的研究,形成了代数编码理论。1957 年普兰奇(Prange)提出了循环码,在随后的十多年里,纠错码理论的研究主要是围绕着循环码进行的,并取得了许多重要成果。1959 年霍昆格姆(Hocquenghrm)以及 1960 年博斯(Bose)和查德胡里(Chaudhari)各自分别提出了 BCH 码,这是一种可纠正多个随机错误的码,是迄今所发现的最好的线性分组码之一。

分组码中的不少码(如汉明码、Golay 码、Fire 码和 BCH 码等)都在通信和计算机技术中获得广泛应用。

但是分组码的渐近性能很差,要实现或逼近香农信道编码定理所指出的结果需要付出的代价很大。因此,1955 年埃利斯提出了不同于分组码的卷积码,接着伍成克拉夫(J. M. Wozencraft)提出了卷积码的序列译码。1967 年维特比(Viterbi)提出了卷积码的最大似然译码法,该译码方法效率高、速度快、译码较简单,在目前得到了极为广泛的应用。1966 年福尼(Forney)提出级联码概念,用两次或更多次编码的方法组合成很长的分组码,以获得性能优良的码,尽可能接近香农极限。随后,Turbo 码和 LDPC 码被发现和提出,研究证明,它们具有逼近香农极限的优越性能。2008 年由土耳其毕尔肯大学 Erdal Arikan 教授首次提出的极化码同样具有优异的性能,能够逼近香农极限,也引发了广泛关注,并且被纳入标准。

随着科学的进步和工程实践的需要,纠错码理论还将进一步发展,它的应用范围也必将进一步扩大。

4. 面向模拟信道的信道编码

1974 年,J. L. Massey 提出将编码与调制统一考虑的概念。1982 年,这一想法在 G. Ungerboeck 等的研究下终于取得突破,这就是网格编码调制。网格编码调制在实际应用中发生的相位含糊问题在 1984 年被 L. E. Wei 所解决,这一方法随即被 CCITT(现为 ITU-T)所采纳,并成为一种标准。现在,网格编码调制正在向卫星通信和磁记录等领域扩展其应用范围。

在信息论的形成与发展的过程中,多用户信息的研究也取得很大的发展,使网络信息论的存在理论日趋完善。

1961 年,香农的论文《双路通信信道》开拓了多用户信息的研究。20 世纪 70 年代以来,随着卫星通信和计算机通信网的迅速发展,多用户信息理论的研究异常活跃,成为当前信息论的核心研究课题之一。

1971 年艾斯惠特(R. Ahlswede)和 1972 年廖(H. Liao)找出了多元接入信道的信道容量区。1973 年沃尔夫(J. K. Wolf)和斯莱平(D. Slepian)将其推广到具体公共信息的多元接入信道中。伯格曼斯(P. Bergmans)、格拉格尔(R. G. Gallager)、科弗尔(T. M. Cover)、马登(K. Marton)和范·德·缪伦(E. C. Van der Meulen)等分别在网络信息论方面做了大量的研究。

5. 加密编码

关于保密理论问题,香农在 1949 年发表的《保密通信的信息理论》论文中,首先用信息论的观点对信息保密问题做了全面的论述。由于保密问题的特殊性,直至 1976 年迪弗(Diffie)和海尔曼(Hellman)发表了《密码学的新方向》一文,提出了公钥密码体制后,保密通信才得到广泛研究。由于公钥密码学的出现,哈希函数和数字签名也随之出现。后来加密编码的内容也大大超出了加密的原意。人们把线性代数、初等数论和矩阵分析等引入保密问题的研究中,形成了密码学理论。基于数学的密码依然是当今世界的主流,但是随着量子计算机的出现,有可能许多密码在一定的条件下可以被很容易地破译,在数学领域的抗量子计算密码(后量子密码)的研究也成为当前的热门课题。而基于量子力学的量子密码具有不可复制、测不准等特别的性质,在当前的理论下可以认为是不可以攻破的,因此被认为即将取代传统的密码。目前量子密码除了可以进行密钥分配、加密之外,还可以进行数字签名等操作。我国发射的量子卫星也成功进行了卫星到地面的量子密钥分配。

三种编码的融合是一个难题,特别是由于信源冗余度的不规则性,压缩往往造成长度的改变,而导致与纠错和加密一般难以融合。不过在某些情况下,加密与纠错编码是可以融合的,比如靳蓉提出的复数旋转码就可以同时进行纠错和加密。

从上面所阐述的信息论形成及发展历程来看,信息论从最初形成时仅提供性能极限和进行概念方法性指导,发展到今天具体指导通信系统的结构组织和部件的设计,这种趋势势必会进行下去,而信息论也将在与通信理论和通信系统设计的理论日益融合的过程中得到进一步的发展。

随着信息论的发展,它不仅在通信、计算机以及自动控制等电子学领域中得到直接的应用,而且还广泛地渗透到社会学、生物学、医学、生理学、语言学和经济学等各领域,向多学科结合的方向发展。在信息论与电子计算机、自动控制、系统工程、人工智能和仿生学等学科互相渗透、互相结合的基础上,形成了一门综合性的新兴交叉学科——信息科学。信息科学是以信息作为主要研究对象,以信息的运动规律和利用信息的原理作为主要的研究内容,以信息科学方法论作为主要的研究方法,以扩大人的信息功能(特别是智力功能)为主要研究目标的一门新兴交叉学科。它的基本理论是信息论、控制论和系统论。显然,它的研究范围更为广阔,涉及的内容也更复杂、更深刻。

随着信息论和信息科学的发展,人们将会揭示出客观世界和人类主观世界更多的内在规律,从而使人们有可能创造出各种性能优异的信息获取系统、信息传输系统、信息控制系统以及智能信息系统,使人类更好地从自然力束缚下得到解放和自由。

目前,在香农信息论方面,值得注意的研究动向是信息概念的深化、多用户信道和多重相关信源编码理论的发展和应用、通信网的一般信息理论研究、磁记录信道的研究、信息率失真理论的发展及其在数据压缩和图像处理中的应用,以及信息论在大规模集成电路中的应用等问题。这些领域都是与当前信息工程的前景(空间通信、光通信、计算机网、语音和图像的信息处理等)密切相关的。

1.2.5　香农的生平和学术风格

克劳德·艾尔伍德·香农于 1916 年 4 月 30 日诞生于美国密歇根州的 Petoskey,母亲是镇里的中学校长,姓名是 Mabel Wolf Shannon。香农生长在一个有良好教育的环境,不过父母给他的科学影响好像还不如祖父的影响大。香农的祖父是一位农场主兼发明家,发明过洗衣机和许多农业机械,这对香农的影响比较直接。此外,香农的家庭与大发明家爱迪生(Thomas Alva Edison,1847—1931)还有远亲关系。

香农的大部分时间是在贝尔实验室和 MIT(麻省理工学院)度过的。1941 年他加入贝尔实验室数学部,工作到 1972 年。1956 年他成为麻省理工学院客座教授,并于 1958 年成为终身教授,1978 年成为名誉教授。香农于 1940 年在普林斯顿高等研究院(The Institute for Advanced Study at Princeton)工作期间开始思考信息论与有效通信系统的问题。经过 8 年的努力,香农在 1948 年 6 月和 10 月在《贝尔系统技术杂志》(Bell System Technical Journal)上连载发表了具有深远影响的论文——《通信的数学原理》。1949 年,香农又在该杂志上发表了另一篇著名论文——《噪声下的通信》。

香农有着非常好的学术眼光,他一生论文不算太多,但是不鸣则已,一鸣惊人,篇篇都是经典,许多都具有开拓性,他是信息时代的引路人和开拓者,被称为"信息论之父"。

人们这样描述香农的生活,白天他总是关起门来工作,晚上则骑着他的独轮车来到贝尔实验室。他的同事 D. Slepian 写道:"我们大家都带着午饭来上班,饭后在黑板上玩玩数学游戏,但克劳德很少过来。他总是关起门来工作。但是如果你要找他,他会非常耐心地帮助你。他能立刻抓住问题的本质。他真是一位天才,在我认识的人当中,我只对他一人使用这个词。"在漫长的岁月里,他思考过许多问题。除在普林斯顿高等研究院工作过一年外,他主要都是在 MIT 和贝尔实验室度过的。需要说明的是,在第二次世界大战期间,香农博士也是一位著名的密码破译者(这使人联想到比他大 4 岁的图灵博士)。他在贝尔实验室的破译团队主要是跟踪德国飞机和火箭,尤其是在德国火箭对英国进行闪电战时起了很大作用。1949 年香农发表了另一篇重要论文《保密系统的通信理论》(Communication Theory of Secrecy Systems),正是基于这种工作实践。

香农开拓了诸多的新领域,比如他的硕士论文题目是《继电器与开关电路的符号分析》(A Symbolic Analysis of Relay and Switching Circuits)。当时他已经注意到电话交换电路与布尔代数之间的类似性,即把布尔代数的"真"与"假"和电路系统的"开"与"关"对应起来,并用 1 和 0 表示。于是他用布尔代数分析并优化开关电路,这就奠定了数字电路的理论基础。在论文中他预言:"如果我们有一天能发明计算机,要使它能够思索的话,一定会是采用二元码和串在一起的开关并应用布尔(Boole)逻辑系统实现的结果。"哈佛大学的 Howard Gardner 教授说:"这可能是本世纪最重要、最著名的一篇硕士论文。"香农于 1948 年在《贝尔系统技术杂志》上发表了《通信的数学理论》(A Mathematical Theory of Communication),这篇论文开创了人们熟知的信息论和通信理论。1949 年香农公开发表了《保密系统的通信理论》,开辟了用信息论研究密码学的新方向,使他成为密码学的先驱和近代密码理论的奠基人。这篇文章是他在 1945 年为贝尔实验室所完成的一篇机密报告 A Mathematical Theory of Cryptography。《波士顿环球报》称此文"将密码从艺术变为科学"。香农于 1940 年在他的博士论文 An Algebra for Theoretical Genetics 中做了数字控制系统和计算机科学的先驱工作。他在人工智能方面也做过一些开拓性的工作。2001 年 2 月 24 日,香农在马萨诸塞州 Medford 辞世,享年 85 岁。贝尔实验室和 MIT 发表的讣告都尊崇香农为信息论及数字通信时代的奠基人。

香农的一生荣誉等身,但是却非常低调。香农并不急于发表自己的成果,他的许多成果都是经过长期积累出来的。他的论文中有大量的创新性成果,比如 1948 年的鸿篇巨制《通信的数学理论》,涉及信息论许多领域的诸多奠基性的理论和技术方面的成果,不仅在理论上显示出非常强的洞察能力,而且在技术细节上也有许多非常精妙的设计。1949 年的长文《保密系统的通信理论》也是如此。他也不提倡人们迷信权威,提醒人们不要滥用信息论,并且认为重要的工作往往是基于谨慎的批判。他反对对一些已有领域进行过度研究,而是强调转向有意义的研究领域。他反对跟风研究,强调自己在"自己的屋子里"做自己的一流的、最高科学水平的工作。实际上他也是这么做的,他的成果均具有很强的开拓性,并且涉及广泛的领域。后来他在不同的学科方面发表过许多有影响的文章,但是均没有什么枝末性的研究,在自己开创的这些领域中,还有许多后续的工作可以做,但是显然他不屑于去做。

香农平时兴趣广泛,不仅做了许多研究,而且也喜欢动手制作各种设备,一生有许多杰出的制作发明,如受控飞碟、会走迷宫的机器鼠等。他具有很强的工程素养,又精通数学,得天独厚的知识结构使他能把数学理论自如地运用于工程上。大数学家 Kolmogorov很好地总结了香农作为一个学者的才华,他说:"在我们的时代,当人的知识越来越专业化的时候,香农是科学家的一个卓越的典范。他把深奥而抽象的数学思想和对关键技术问题的理解结合起来。他被认为是最近几十年最伟大的工程师之一,同时也被认为是最伟大的数学家之一。"在科学研究方面,香农的研究风格是:什么问题最吸引他,他就研究什么问题。他能够随时变换研究方向,并且很快就有重要成果。从 1940 年到 1948 年,他进行通信基础理论研究,断断续续地经历了 8 年时间,才写成那篇信息论的奠基性文章,但是竟无草稿或部分底稿,因为他的脑子里已有了整篇文章的轮廓。每当有好的问题时,他总是坚持不断地去思考,直到理解并写出来为止。

香农善于建立各种模型,他建立了信息系统模型、密码系统模型、限失真编码模型和信道模型,并且成功地转换为数学模型,建立数学理论。香农对于他先前建立的理论能够融会贯通,举一反三。香农的三个极限定理和密码理论都与熵有着密不可分的联系,但是他也绝对不仅仅局限于已有的成就,在不同领域的理论研究中也总是有新发现。类似地,香农利用不同情况下的渐进等分性的性质来证明三个极限定理,也体现了他对许多方法信手拈来并运用自如的能力。

香农善于使复杂的问题简单化,在研究问题时善于建立好的近似模型,这是他解决问题的基本方法。在香农的各种理论中,我们可以发现他非常善于发现问题的本质和抓住问题的要害,并据此建立相应的模型,香农的研究风格和思维方法可以作为我们行为的参考。当我们想要用数学问题来描述一个现实问题的时候,模型往往是必需的,对问题进行简化也是必需的。当然这种处理会使得出的结论具有局限性。

香农有着非常好的直觉。哈代说:"数学家通常是先通过直觉来发现一个定理,这个结果对于他首先是似然的,然后他再着手去制造一个证明。"实际上香农就是如此,他的一些定理并没有非常严格的证明,有些只是给出了证明提纲,都是后人严格证明的。A.N. Kolmogorov 指出:香农定理的证明是非构造性的,而且也不够严格,但他的"数学直观出奇地正确"。香农的有些定理都是非常复杂的,需要非常强的洞察能力才能领悟。

古人云"授人以鱼不如授之以渔"，我们学习信息论，不仅仅要学习香农得出的信息论的相关概念，学习香农信息论给我们的启示，更重要的是，思考他是如何得出这些开拓性的成果的，它们对我们有什么启示，我们应该如何借鉴他的经验和做法。显然，他的许多做法和习惯在现代不会被认为是正统的学习和研究方法，但确实是许多成功人士（包括王小云）都采用的方法，比如闭门研究、独自思考、抓住本质、善于抽象。与伽罗华、阿贝尔和高斯相似，香农的有些结论也被证明过于简洁。香农的这些风格或许可以给现在的研究许多启示，当然，其他的学习、实践工作也应该能够从中得到启发。

1.2.6　若干基本问题及其锦囊

在本书中，我们提炼出信息论的若干基本问题，并且对这些问题设置一些提示性的锦囊，以启示对这些问题的理解与洞察。锦囊是取自古代的"锦囊妙计"的说法，在必要的时机打开锦囊以解决问题。本书中的锦囊并不是直接给出答案，而是通过逐步的提示，将问题分解与简化，并且给出一定的提示，从而帮助学生理解。在教学中，可以在相应的教学内容开始之前，提前逐步地向学生提出这些问题，而后续的问题是不公开的。由于这是编者自己初次公开的设计，而且设计合理的、衔接性好的提示问题存在一定难度，因此编者的设计可能存在一定的不合理之处，而且一些问题并不是在同一个角度进行切分，权当抛砖引玉，仅供参考。

1. 信息的定义及其度量

（1）什么是知道？什么是不知道？

（2）假如信息让我们确定了班上有30位同学，但是不知道是班上的哪位同学，后来知道是同学甲，知道前后有什么差异？是否与信息有关系？

（3）欲建立信息度量，必然要用数学方法。上述问题可以用哪一数学分支表达？用数学的模型或方法，比较一下上例中知道前后的差异。

（4）"完全不知道是班上的哪位同学"与"知道是班上某位同学的可能性很大，但是也不能确定是他"之间有差异吗？

（5）如果事先不知道肇事者，后来被告知肇事者是一个班上的同学，假如这个班上只有2位同学与这个班上有100位同学，两者提供的信息是否有差异？

（6）利用极端的例子思考问题。知道肇事者是一个班上的同学，假如这个班上有100位同学，后来更加确定甲肇事的概率达到99.9999%，两者提供的信息是否有差异？

（7）概率小的事情发生让人觉得惊奇，如范进中举。从消除不确定性的角度来说，它排除的不确定性是大还是小（以概率分布来计算，而不是以可能的消息来判断）？

（8）分析以下消息提供的信息量各自有多少？考虑洪水的例子：新闻播报某地发生了一年一遇（假如有这样的说法）、两年一遇、千年一遇、万年一遇的洪水，同样的汉字字数，它们的信息量有差异吗？思考信息如何来表达。

（9）我们认为信息量与概率有关系，概率越小，信息量越大，当一个事情确定的时候，即概率为1的时候，信息量为0，什么函数可以输入1得到0？

（10）一般认为，告诉我们两个独立事件，信息量是相加的关系，但是从概率上来说，两个独立事件同时发生时,其概率是相乘的关系,什么函数有这样的性质?

2. 关于两个事件互相提供信息量的大小

(1) 直观地看,两个事件在什么样的情况下给对方提供的信息量最大?

(2) 以下几类人说"狼来了"给我们提供的信息量相比较而言是怎样的? 我们已经事先知道他是:①诚实的人;②经常故意骗人和说反话的人;③故意吓唬人并且不考虑事实随便乱说话的人,不管狼来不来都乱说。

(3) 经常骗人的骗子能否给你提供有效的信息?

(4) 已知发送信号错误率太高,比如二进制每位的错误率超过了 50%,能否提供有效的信息?

3. 信息压缩的极限(与信息度量)

(1) 假如对 n 个事件可以进行任意长度的编码,则编码的影响因素有哪些? 当希望编码长度尽量短的时候应该怎么办?

(2) 假如要告知对方某种情况,而告知的情况只是 n 种情况之一,是否可以采用约定的编号和暗号等进行通信,这个编号的最小取值范围是多少?

(3) 我们希望对消息进行编码,以求编码的平均长度最短。假如 n 种情况中,某一情况发生的可能性极大,概率达到 99.999 999 9%,那么对于各种情况都采用相同长度的编码表示,是否存在浪费?

(4) 一个山头上的人 S 意欲将信息发布给对方山头上的人 R,双方通过五色旗传递信息,并且可以事先约定什么颜色代表什么信号,进而对应什么样的消息。双方通过多次举旗来传递信息,假如 S 只是想告诉 R 发生了 n 种情况之一,怎么样可以让举起旗的次数最少? 这个次数应该是多少? 这其中有哪些现实问题需要考虑?

(5) 对上面的问题进行简化,考虑事件可能的结果为等概率的情况,最初发生的概率均为 p,则相应的可能结果数为多少? 等概率事件是否应该进行等长度编码? 如果是,进而采用等长度的编码,则编码长度如何计算?

(6) 考虑事件可能结果不是等概率的情况,是否应该进行等长度编码? 如果不是,编码的长度与事件的概率应该成什么样的关系?

(7) 我们希望编码长度尽量短,如果要求编码可以还原为唯一的事件,请问是否能够无限制缩短编码长度?

(8) 如果不能无限缩短编码长度,那么编码的最短长度应该受到什么样的制约?

(9) 假如我们认为在一定的条件下可以进行编码的编码空间为 1,以所有的编码都不存在从第一个码元开始的互相包含关系(异前缀)为例,即不存在某个编码包含另外一个完整的编码,假设 n 进制并且长度为 L 的编码会占用多少编码空间?

(10) 这种编码占用编码空间的特点是否可以类推到非异前缀编码?

(11) 考虑编码空间为 1,则编码的各个码字长度受到什么样的制约?

(12) 考虑香农辅助定理,在以上制约的前提下,理论上的平均编码长度最短应该是多少(香农辅助定理:离散无记忆信源输出 q 个不同信息符号,当且仅当各个符号出现的概率相等的时候,信息熵最大)? 对于任意 n 维概率矢量 $P=(p_1,p_2,\cdots,p_n)$ 和 $Q=(q_1,q_2,\cdots,q_n)$,下列不等式成立:

$$-\sum p_i\log p_i\leqslant-\sum p_i\log q_i$$

4. 限失真编码问题

(1) 如何对失真进行度量?

(2) 如何建立限失真编码的模型? 以数字四舍五入为范例,建立数学模型。

(3) 能否通过转换将欲进行限失真压缩的信源 X 转变为 Y,然后利用这种对应关系进行编码?

(4) 考虑将长序列的信源 X 转变为长序列 Y 会呈现什么样的特征?

(5) 考虑信源符号间的相关性是冗余度的成因,是否可以建立相关的方式(如函数)来表征这种相关性,从而有利于压缩?

5. 信道编码问题

(1) 假设信源概率分布未知,一般会如何权宜地处理?

(2) 假设 n 进制系统错误率很高,比如二进制编码的错误率超过 0.5,是否可以进行一定的纠错和检错? 如果可以,如何进行?

(3) 对于监督码元和信息码元来说,在什么统计关系下监督码元对信息码元没有任何监督效果?

(4) 一般不能保证错误率完全等于 0,但是可以让错误率减少。在不能保证完全正确地纠错的时候,从概率统计的角度,纠错编码应该如何权宜地处理?

(5) 假设错误率小于 1,则使用每个监督码元监督一位消息码元是否存在浪费?

(6) 分别考虑一个小家庭的自我救济和一个社会大家庭的内部调节的救济,请问哪种救济更加有效? 其中小家庭的救济就是一个家庭内部积累一定的救济经费,平时不用,供各种灾难和风险到来的时候进行自我救济。而大家庭的救济则是许多人将同样比例的救济经费集中到一起,只有那些遇到灾难和风险的人才能使用救济经费以克服当前的灾难。大家庭越大(乃至于无穷大),救济的效果会有什么趋向? 大家庭的救济是否可以趋向于一个完全完美的救济,使得每个人都活着,或者是说达到必要的基本生活水平,任何人发生风险都可以几乎按需领取相应的救济费用? 是否存在一种相应的救济极限(考虑家庭可以趋向于无穷大)?

(7) 社会上的人可能犯罪,犯罪的人总是少数,少数警察也可能会被收买。当警察采用一对一的监督时,犯罪的人总是少数,警察的监督能力是否能够得到充分利用? 监督的代价是否比较大? 监督的效果如何? 考虑警察采用多对多的监督方式,一个警察可以监督多人,一个人受到多个警察的监督。这样,对于警察被收买而导致监督无效的情况,是否具有更好的效果? 罪犯买通多个警察的可能性是否会降低? 当监督者可能犯错误的时候,采用什么样的方法进行监督才能最大限度地纠正问题?

(8) 纠错编码和社会救济、警察监督社会治安是否有相似之处? 一个具体的单一收码发生错误的比例是随机的 0(全错)和 1(全对),一般不等于一个码元发生错误的比例,但一个具体的很长的收码序列发生错误的符号的比例(误码率)是否随着序列长度的增加而以高概率趋向于错误的概率。

(9) 考虑分组码且信源等概率分布的情形,当误码率可以很好地控制在一定量的时候,是否可能进行编码,使得即使发生错误(错误控制在一定量),也可以区分发码到底是哪个? 如何区分发码到底是哪一个? 码距与信道的错误率存在什么样的关系时,在序列长度足够大的时候,错误是可以纠正的?

(10) 如何选择编码的码字,使得在有干扰信道的通信时,即使发生错误,也可以最有效地区分发码是什么?

(11) 将几个分组合并的时候,码距具有累加的性质,而相关的概率却是乘积的关系;将相同的分组合并的时候,概率依分组个数而呈现幂的关系,码距则是乘积的关系。而对数恰好可以将幂降级为乘法,将乘法降级为加法。这对于我们有什么启示?

6. 如何进行加密编码

(1) 什么是信息? 密码学中有时需要提供信息,有时则不希望提供,怎么从信息论的角度实现?

(2) 如何让监听者不确定,而接收者确定?

(3) 将密码系统转换为加密 $C = E_K(M)$ 和解密 $M = D_K(C)$ 这样的数学模型,从哪些角度可以增加监听者的不确定性?

(4) 监听者可以利用哪些因素来确定明文和密钥? 根据信息论,如何避免监听者获取关于明文和密钥的信息?

(5) 对密码系统的各种因素的制约和限制或者这其中体现的某些规律性,对于破译是有利还是有弊?

(6) 当理论上可以确定的时候,是否可以构造在实际或者在计算上不可确定明文(密钥)的密码体制? 这种计算上的不可确定应该利用什么?

(7) 给定一个单向的难题,比如 $d = f(a,b)$,已知 a、b 求 d 很容易,而已知 d、a 求 b 很难。尝试用怎样的方式利用类似的难题来设计公钥密码算法或其他密码算法。

7. 质数在编码、密码算法和密码协议中的用途

(1) 质数的定义是不可分解的,请问对于这样的数,我们是否容易通过正面的证明得出一些定理或结论?

(2) 如果不能,采用反证法应该利用什么性质? 反证法一般要有意识地推导出什么样的矛盾?

(3) 这种证明方式可能应用于哪些领域?

8. 取模在编码中的用途和限制

(1) 取模对于编码有什么优点?

(2) 取模会给编码译码带来什么样的问题?

(3) 存在取模时,如何保证既能编码又能译码? 在什么情况下,取模会导致译码出现歧义? 如何避免?

9. 长序列对于编码的好处

（1）在信源编码中，长序列会呈现什么特征以利于压缩？

（2）在信道编码中，长序列会呈现什么特征以利于纠错率的提高？

（3）在加密编码中，对于长序列明文整体进行加密，可以从哪些方面增加破译的难度？

1.3　数字通信系统模型

对于各种通信系统，如电报、电话、电视、广播、遥测、遥控、雷达和导航等，虽然它们的形式和用途各不相同，但本质是相同的，都是信息的传输系统。为了便于研究信息传输和处理的共同规律，我们将各种通信系统中具有共同特性的部分提取出来，构成一个统一的通信系统模型，如图 1-1 所示。

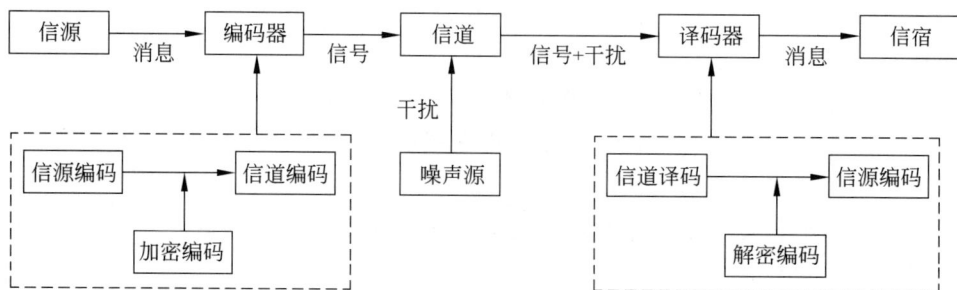

图 1-1　通信系统模型

事实上，这个通信系统模型同样适用于其他的信息流通系统，它主要由 5 部分组成。

1.3.1　信息源

顾名思义，信息源（简称信源，information source 或 source，一般忽略 information 一词）是产生消息或消息序列的源头。它可以是人、生物、机器或其他事物，也可以是事物各种运动状态或存在状态的集合。信源的输出是消息，消息是具体的，但它不是信息本身。消息携带着信息，它是信息的表达者。

另外，信源可能出现的状态（信源输出的消息）是随机的、不确定的，但又有一定的规律性。

在许多情况下，包括在本书中，信源实际上指的是从信源发出的消息。

1.3.2　编码器

广义地看，编码是为了某种目的用预先规定的方法将文字、数字或其他消息变换成其他数据或者将信息、数据转换成规定的某种数据或信号的过程，而译码则是编码的逆过程。编码器（encoder）是将信号（如比特流）或数据编制、转换为可用以通信、传输和存储的形式的设备。现实中，这个词不一定指实物设备，有时候软件、算法和模型也被当作编码器。在信息技术领域，有许多将这些"器"或设备名称虚拟化的称法。编码器输出的是适合于信道传输的信号，现实中的编码器设备是将一种信号变成另一种信号，但是虚拟编码器一般将一串数据变成另外一串数据，信号携带着消息，它是消息的载荷者。在本书中，涉及的编码主要是将一种数据变成另一种数据，以达到我们需要的目的。

编码器可分为两种，即信源编码器和信道编码器。信源编码（source encoding、information source coding、coding 和 encoding 都可以用，但是 encoding 一般不包含解码部分）是对信源输出的消息进行适当的变换和处理，以达到提高信息传输效率的目的。

信源编码有两个作用：

（1）将信源产生的消息变换为一个数字序列（通常为二进制数字序列）或代码组。

（2）压缩信源的冗余度（即多余度），以提高通信系统传输消息的效率。

要求在无失真的情况下，信源编码理论要回答以下两个问题：

（1）对给定的信源，可能达到的最小编码速率是多少？

（2）如何构造实现这一速率的最优编码？

这两个问题在信息论发展的最初年代里就已得以解决。

在允许一定失真（限失真）的情况下，也存在类似的问题。

（1）对给定的信源，在保证消息的平均失真不超过给定的允许限 D 的条件下，可能达到的最小编码速率是多少？

（2）如何构造实现这一速率的最优编码？

无失真编码（lossless coding）和限失真编码（也称为保真度准则下的信源编码，limited distorted coding）具有一定的相似性，也有不同之处。

可以用限失真编码来统一上述两种编码吗？

信道编码（channel coding、channel code 或 channel encoding，一般 coding、code 和 encoding 意义差别不大，几个词都可以用，后续的许多术语也是如此）是指为了提高信息传输的可靠性而对消息进行变换和处理。当然，对于各种实际的通信系统，编码器还应包括换能、调制、发射等各种变换处理设备。

信道编码理论要回答的问题是：

（1）对给定的信道，保证信道接近无误地传送信息所能达到的最大编码速率是多少？

（2）对给定的编码速率 R，其最优编码的译码错误概率随编码长度 N 的变化规律是怎样的？

（3）如何构造实现最大速率传输的最优编码？

加密（encryption）编码在通信系统中是可选的，它是密码学所研究的基本问题。密码术的研究和应用虽有很长的历史，但在信息论诞生之前，它还没有系统的理论，直到香农发表了信息论的奠基性工作之后，才产生了基于信息论的密码学理论。

加密编码一般由密钥控制，不同的密钥产生不同的加密编码。密文经信道编码后通过信道传到收端，同时密钥通过安全信道传到收端，使收端可以用同一密钥将密文译为明文，供接收者使用。

加密编码理论要回答的问题是：如何在保持计算复杂度等代价较低的情况下，即使对手获取了一些重要的信息，依然能够保证加密的理论或实际安全性？

加密编码是为了达到安全的目的，在加密编码和解密编码过程中，需要利用到密钥，因此需要有一个密钥源产生加密和解密的密钥。一般对称密钥只需要用较好的随机数发生器产生即可，它一般由发送方产生，而公钥密码体制的密钥需要由第三方或者私钥持有方随机地产生。

1.3.3　信道

信道（channel）是指通信系统把载荷消息的信号从甲地传输到乙地的媒介，即信号的通道。在狭义的通信系统中，信道可为明线、电缆、波导、光纤、无线电波传播空间等，这些都属于传输电磁波能量的信道。当然，对于广义的通信系统来说，信道还可以是其他的传输媒介以及某种转换形式。

信道除了传送信号以外，还有存储信号的作用。

在信道中引入噪声或干扰，是一种简化的表达方式。为了便于分析，把在通信系统其他部分产生的干扰或噪声（noise）都等效地折合成信道干扰，看作由一个噪声源（noise source 或 noisy source）产生的，它作用于所传输的信号上。这样，信道输出的是已叠加了干扰的信号。由于干扰或噪声往往具有随机性，所以信道的特性也可以用随机变量及其概率分布来描述，而噪声源的统计特性又是划分信道的依据。

1.3.4　译码器

译码是把信道输出的编码信号（可能叠加了噪声）进行反变换，以获得解码的消息。与编码器相对应，译码器（decoder 或 code translator）也可分成信源译码器和信道译码器。

1.3.5　信宿

信宿（destination）是消息传送的对象，一般为接收消息的人或机器。

信息论的目的就是要找到信息传输过程的共同规律，提高信息传输的可靠性、有效性以及安全性（保密性和认证性），从而使信息传输系统达到最优化。

所谓可靠性高，就是要使信源发出的消息经过信道传输以后尽可能准确地、不失真地再现在接收端。

信息传输的可靠性是所有通信系统努力追求的首要目标。要实现高可靠性的传输，可采取诸如增大发射功率、增加信道带宽、提高天线增益等传统方法，但这些方法往往难度比较大，有些场合甚至无法实现。而香农信息论指出：进行适当的信道编码后，同样可以提高信道的传输可靠性。

所谓有效性高，就是在一定的时间内如何传输尽可能多的信息量，或在每个传送符号内携带尽可能多的信息量。

信息传输的有效性是通信系统追求的另一个重要目标。这就需要对信源进行高效率的压缩编码，尽量去除信源中的冗余度。

在以后的学习中可以看到,提高可靠性和提高有效性常常会发生矛盾,这就需要统筹兼顾。例如,为了兼顾有效性,有时就不一定要求绝对准确地在接收端再现原来的消息,而是可以允许一定的误差或失真,或者说允许近似地再现原来的消息。

安全性(security)包括多种属性,其中最主要的是保密性和认证性(真实性)。

所谓保密性就是隐蔽和保护通信系统中传送的消息,使它只能被授权者接收和获取,而不能被其他未授权者接收和理解。

所谓认证性是指接收者能正确判断所接收消息的正确性,并验证消息的完整性,而不是伪造的或被篡改过的。

有效性、可靠性和安全性构成了现代通信系统对信息传输的最主要的要求。

信息是抽象的,但传送信息必须通过具体的媒介。例如两人对话,靠声波通过两人间的空气来传送,因而两人间的空气部分就是信道。邮政通信的信道是指运载工具及其经过的设施。无线电话的信道就是电波传播所通过的空间,有线电话的信道是电缆。每条信道都有特定的信源和信宿。在多路通信(例如载波电话)中,一个是电话机作为发出信息的信源,另一个是接收信息的信宿,它们之间的设施就是一条信道,这时传输用的电缆可以为许多条信道所共用。在理论研究中,一条信道往往被分成信道编码器、信道本身和信道译码器。人们可以变更编码器和译码器以获得最佳的通信效果,因此编码器和译码器往往是指易于变动和便于设计的部分,而信道就指那些比较固定的部分。但这种划分或多或少是随意的,可按具体情况规定。例如,调制解调器和纠错编译码设备一般被认为是属于信道编码器和译码器的,但有时把含有调制解调器的信道称为调制信道,而把含有纠错编码器和译码器的信道称为编码信道。

以上概括的有效性、可靠性和安全性需求是全面的吗?是否存在更多关于通信系统和信息的需求?

1.4　信息论与编码理论研究的主要内容和意义

1.4.1　信息论研究的主要内容

对于信息论研究的具体内容以前是有过争议的。一是认为信息论只是概率论的一个分支;二是认为信息论只是熵的理论。经过几十年的发展,目前关于信息论研究的内容一般有以下三种理解。

1. 狭义信息论

狭义信息论以客观概率信息为研究对象,它是从通信的信息传输问题中总结和开拓出来的理论,主要研究信息的度量、信道容量以及信源和信道编码理论等问题。这部分内容是信息论的基础理论,又称香农信息论,也称经典信息论。

2. 一般信息论

一般信息论主要研究信息的传输和处理问题。除了香农理论以外,还包括噪声理论、信号滤波和预测理论、统计检测与估计理论、调制理论以及信息处理理论等。后一部分内容以美国科学家维纳（N. Wiener）为代表。

虽然维纳和香农等人都是运用概率和统计数学的方法来研究准确地或近似地再现消息的问题，并且都是为了使消息传送和接收最优化，但他们之间却有一个重要的区别。维纳研究的重点是在接收端，研究消息在传输过程中受到干扰后，在接收端怎样把它恢复、再现，从干扰中提取出来。在此基础上，维纳创立了最佳线性滤波理论（维纳滤波器）、统计检测与估计理论、噪声理论等。而香农研究的对象则是从信源到信宿之间的全过程，是收、发端联合最优化问题，重点是编码。香农定理指出，只要在传输前后对消息进行适当的编码和译码，就能保证在有干扰的情况下最佳地传送消息，并准确或近似地再现消息。为此，香农发展了信息度量理论、信道容量理论和编码理论等。

3. 广义信息论

广义信息论是一门综合性的新兴学科，它不仅包括上述两方面的内容，而且包括所有与信息有关的自然和科学领域，如模式识别、计算机翻译、心理学、遗传学、神经生理学、语言学和语义学等有关信息的问题。概括来说，凡是能够用广义通信系统模型描述的过程或系统，都能用信息基本理论来研究。

综上所述，信息论是一门应用概率论、随机过程、数理统计和近世代数的方法来研究广义的信息传输、提取和处理系统中一般规律的科学。它的主要目的是提高信息系统的可靠性、有效性和安全性，以便达到系统最优化；它的主要内容（或分支）包括香农理论、编码理论、维纳理论、检测和估计理论、信号设计和处理理论、调制理论和随机噪声理论等。

由于信息论研究的内容极为广泛，而各分支又有一定的相对独立性，因此本书仅论述信息论的基本理论，即香农信息理论。

你认为信息论还有更多的尚未被上文列举的研究内容吗？

1.4.2　香农信息论对信道编码的指导意义

由于现实中的信道绝大多数都是存在干扰的，传输信号并不完全可靠，因此提高信息传输的可靠性是所有通信系统努力追求的首要目标。要实现高可靠性的传输，需要增加一定的冗余，可采取诸如增大发射功率、增加信道带宽、提高天线增益之类的传统方法，但要实现这些方法往往难度比较大，有些场合甚至无法实现。香农信息论研究的一个主要问题是信道编码问题，信道编码是在著名的信道编码定理指导下发展起来的。该定理指出：对信息序列进行适当的编码后可以提高信道传输的可靠性，对应的编码方法即为信道编码。

有噪信道编码定理（又称香农第二定理）是编码存在定理。它指出只要信息传输速率小于信道容量，就存在一类编码，使信息传输的错误概率可以任意小。该定理仅仅是一个存在性定理，它只告诉我们确实存在这样一种好码，但没有说明如何构造这样的好码，不过定理为寻找这种码指明了方向。香农第二定理打破了之前学界的一种误解，即认为在噪声信道上传输数据必然会存在失真（不可忽略的），这也使得信息论受到了重视。

根据香农1948年的陈述，本定理描述了在不同级别的噪声干扰和数据损坏情况下错误监测和纠正可能达到的最高效率。定理没有指出如何构造错误监测的模型,只是告诉大家有可能达到的最佳效果。香农定理可以广泛应用在通信和数据存储领域,它是现代信息论的基础理论。香农当时只是提出了证明的大概提纲。1954 年,艾米尔·范斯坦第一个给出了严密的论证。

鉴于香农信道编码定理证明中蕴含的一些思想,经过科学家的不懈努力,已发现许多性能优良的码和相应的译码方法,且所需信噪比越来越接近香农极限,而编码和译码的代价也可以为现实条件所接收。正是在香农指出的长序列的渐进等分性原理的指引下,打破了关于信道编码的一些错误认识,使得信道编码理论和技术研究取得了丰硕的成果。

1.4.3　香农信息论对信源编码的指导意义

存储和通信带宽总是有限的,信息传输的有效性是通信系统追求的另一个重要目标。有效性是指在一定的时间内传输尽可能多的信息量,或利用每个传送符号来携带尽可能多的信息量,这就需要对信源进行高效率的编码,尽量消除信源中的冗余(又称多余度、剩余度)。针对系统有效性问题,香农信息论研究在保证信息传输可靠性或传输错误概率小于某一给定值的条件下,如何最有效地利用信道的传输能力;研究在给定信源和信源编码有一定失真的条件下,信源编码的最低速率是多少,或者说,在给定信源编码速率的条件下,信源编码的最小失真是多少。这是信息论在信源编码方面所要研究的理论问题,与之对应的实际问题是寻找切实可行的和有效的信源编码与译码方法。香农信息论为我们寻找这种方法提供了理论依据和有价值的改进方向。

香农信息论描述的是事物的不确定性,因此,相应地,香农信息论讨论的冗余度是统计冗余度。这种统计冗余度包括信源中前后符号间相关性带来的冗余度和信源符号分布不均匀导致的冗余度。统计冗余度在各种信源中是普遍存在的,如何在无失真或限定失真的条件下对信源进行高效压缩编码是香农信息论研究的重点。香农第一定理和香农第三定理分别从理论上给出了无失真信源编码与限失真信源编码的压缩极限,对于压缩编码的研究具有重要的理论指导意义。香农给出了一种针对不同的概率采取差别对待的方法,对于概率小的要么抛弃,要么进行较长的编码,让编码更合理,以压缩冗余度。香农信息论对信源统计冗余度的透彻分析为各种具体压缩编码方法的研究提供了明确的思路,如变换编码、预测编码和统计编码等均是行之有效的信源压缩编码方法,且在目前的视频和音频压缩国际标准中得到广泛的采用。

需要说明的是:香农信息论仅讨论了统计冗余度的去除,而未涉及其他类型的冗余度,实际信源(如图像、语音和文本数据等)都存在着大量的冗余度。信源冗余度有多种形式,如统计冗余度、结构冗余度、视觉冗余度、时间冗余度和空间冗余度等,不同类型的冗余度要采用有针对性的方法来消除。当然,从本质上来说,它们大多数也可以归结为统计概率不均问题,从而可以采用熵编码方法。但是采用熵编码依然有它的局限性,特别是存在一定前提条件制约以及时间和空间复杂度,并不适合所有的冗余度的压缩。事实上,对不同类型的冗余度进行深入研究,利用其冗余特征,选择合理的编码方式,同样可以对提高压缩编码的效率起作用,这正是目前人们对小波变换、分形编码和模型编码等新压缩方法研究兴趣较高的原因。

1.4.4　香农信息论对加密编码的指导意义

1949 年香农公开发表了《保密系统的通信理论》，开辟了用信息论研究密码学的新方向，使他成为密码学的先驱和近代密码理论的奠基人。这篇文章是他在 1945 年为贝尔实验室所完成的一篇机密报告 *A Mathematical Theory of Cryptography*，文章发表后促使他被聘为美国政府密码事务顾问。这一工作的背景是他在 1941 年在贝尔实验室曾从事密码学研究工作，接触到 SIGSALY 电话，这是一种马桶大小的语言置乱设备，供丘吉尔和罗斯福进行热线联系。这一电话保密机所用的密码就是在今天也破解不了。香农借鉴了他的信息论的思想，从信息论的角度来分析密码系统，以概率统计的观点对消息源、密钥源、接收和截获的消息进行数学描述和分析，并精辟地阐明了关于密码系统的分析、评价和设计的科学思想。该文提出了保密系统的数学模型、随机密码、纯密码、完善保密性、理想保密系统、唯一解距离、理论保密性和实际保密性等重要概念，并提出评价保密系统的 5 条标准，即保密度、密钥量、加密操作的复杂性、误差传播和消息扩展。这篇论文开创了用信息理论研究密码的新途径，一直为密码研究工作者所重视。它不仅是分析古典密码（如单表代换和多表代换密码）的重要工具，而且也是探索现代密码理论的有力武器。文中所提出的破译密码的计算量理论已和计算机理论中的计算复杂性理论结合起来，成为评价密码安全性的一个重要准则，从而大大深化了人们对于密码学的理解。这使信息论成为研究密码学和密码分析学的一个重要理论基础，宣告了科学的密码学时代的到来。从信息论的角度一般只能进行理论安全的研究，实际上，现实中的密码体制很难达到理论安全指标，比如，由于明文的高度冗余，密码系统的唯一解距离都比较短，要想达到理论意义上的完善保密和理想保密是困难的。因此，香农从另外一个角度提出了构建计算安全的密码体制，他提出了混淆和扩散两个概念来实现计算安全的密码体制。现代分组密码设计中将输入分段处理并进行非线性变换，加上左、右交换和在密钥控制下的多次迭代等，完全体现了上述的香农构造密码的思想。可以说，香农在 1949 年发表的文章为现代分组密码设计提供了基本指导思想。香农在 1949 年就指出，"好密码的设计问题本质上是寻求一个困难问题的解，相对于某种其他条件，我们可以构造密码，使得破译它（或在过程中的某点上）等价于解某个已知数学难题。实际上，无论是对称密码、非对称密码还是哈希函数，均可以看成是充分利用这一思想，特别是非对称密码在这方面则非常明显，在已知公钥的时候求解私钥是困难的；而对称密码体制则在已知明文、密文对等的情况下，求解密钥必须是困难的；哈希函数则在已知哈希值时逆推明文消息是困难的。

可以说，香农信息论是从通信系统的多个角度的优化来研究信息的传递和处理问题的。其最大特点是将概率统计的观点和方法引入通信理论研究中，揭示了通信系统中传输的对象是信息，并对信息给出了科学和定量的描述，指出通信系统设计的中心问题是在噪声干扰下系统如何有效、安全和可靠地传递信息，实现这一目标的途径是信源编码、加密编码和信道编码。香农从理论上证明了编码方法可以达到的几个最佳性能极限，而这些证明中其实也蕴含了有关信道编码和信源编码的一些思路和思想。因此，香农信息论是信息论和编码技术的基础性理论。

1.5　香农信息论的重要观点与方法

香农信息论具有崭新的风貌,是通信科学发展史上的一个转折点,它使通信问题的研究从经验转变为科学。因此,它一出现就在科学界引起了巨大的轰动,许多不同领域的科学工作者对它都怀有浓厚的兴趣,并试图争相应用这一理论来解决各自领域的问题。从此,信息问题的研究进入了一个新的纪元。这其中的关键之处在于香农利用抽象化的方法,对现实中各种不同的通信背景下的根本问题进行了刻画和抽象,主要依赖以下 3 种观点和方法,即形式化假说、不确定性和非决定论。建立相对普适的关于通信的数学模型,用数学方法定量描述信息,从而得出了大量的定量的结论,特别是三大极限定理,均是对通信中重要问题的重要度量的极限结论。

1.5.1　形式化假说

香农说:"通信的基本问题是在消息的接收端精确地或近似地复制发送端所挑选的信息。通常消息是有意义的,也就是说,它按某种关系与某些物质或概念的实体联系着。通信的语义方面的问题与工程问题是没有关系的。"

可提出如下的假设:虽然信息的语义因素和语用因素对于广义信息来说并不是次要因素,但对于作为"通信的消息"来理解的狭义信息来说是次要因素。因此,在描述和度量作为"通信的消息"来理解的狭义信息时,可以先把语义和语用因素搁置起来,假定各种信息的语义信息量和语用信息量恒定不变,而只单纯考虑信息的形式因素。比如信息包含不同的语义,而且语义也存在远近等不同;有些信息可能是有益的,有些信息可能是有害的,但是信息论暂且不管这些,以放弃一些复杂的"包袱",这样才便于建立模型和减少参数。

这种通信工程的"形式化"假说对复杂的信息问题进行了分解,大胆地去掉了复杂、具有个性化特点且难以处理的消息的语义和语用因素,巧妙地保留了容易用数学描述的通用形式,因此这使应用数学工具定量地度量信息成为可能。此外,通过形式化的方法从通信问题中提取最简练的共性问题,这使得通信的问题升华为能够解决相对广泛的信息问题的理论,而不是单纯的个别应用,这种抽象同样使得所有的消息和数据都可以采用二进制数据的形式进行存储、传输和处理,使得信息化可以渗透到各行各业,给当今社会带来深远的影响。

1.5.2　非决定论

我们知道,在科学史上,直到 20 世纪初,拉普拉斯的决定论的观点始终处于统治的地位。这种观点认为,世界上一切事物的运动都严格地遵从一定的机械规律。因此,只要知道了它的原因,就可以唯一地确定它的结果;反过来,只要知道了它的结果,也就可以唯一地确定它的原因。或者,只要知道了某个事物的初始条件和运动规律,就可以唯一地确定它在各个时刻的运动状态。这种观点只承认必然性，而排斥和否认偶然性。

香农并没有墨守成规，他说："重要的是，一个实际的消息总是从可能发生的消息集合中选择出来的。因此，系统必须设计成对每种选择都能工作，而不是只适合于某一种选择。因为各种消息的选择是随机的，设计者事先无法知道什么时候会选择什么消息来传送。"这种"非决定论"观点是对通信活动的总的认识观，它从原则上回答了应采用什么样的数学工具来解决信息度量的问题，概率、集合的理论和方法由此得以在信息论中广泛应用。这也使得信息论可以解决给定参数下的一类问题。

1.5.3　不确定性

香农指出："人们只有在两种情况下有通信的需要。其一，是自己有某种形式的消息要告知对方，而估计对方不知道这个消息；其二，是自己有某种疑问要询问对方，而估计对方能做出一定的解答。"这里的不知道和疑问在一般情况下可以归结为存在某种知识上的"不确定"。对于第一种情况，是希望消除对方的不确定性，对于第二种情况，则是请求对方消除不确定性，所以通信的作用是通过消息的传递，使接收者从收到的消息中获取一样东西，因而消除了通信前存在的"不确定性"。这种东西就是信息。这样，我们就有理由给信息一个明确的定义："信息就是用来消除不确定性的东西。"进而可合理地推断：通信后接收者获取的信息在数量上等于通信前后"不确定性"的消除量。这就是信息理论中度量信息的基本观点。

那么很自然地接着要问这样一个问题："不确定性"本身是否可度量？是否可用数学方法来表示呢？我们知道，不确定性是与"多种结果的可能性"相联系的，而在数学上，这些"可能性"正是以概率来度量的。概率大，即"可能性"大；概率小，"可能性"小。显然，"可能性"大即意味着"不确定性"小；"可能性"小即意味着"不确定性"大。由此可见，"不确定性"与概率的大小存在着一定的联系，"不确定性"应该是概率的某一函数，那么"不确定性"的消除量（减少量）也就是狭义信息量也一定可由概率的某一函数表示。这样就完全解决了作为"通信的消息"来理解的"狭义信息"的度量问题。这一点与非决定论有相似性。

以上三个观点可以说是信息论的三大理论支柱。信息论的建立在很大程度上澄清了通信的基本问题。它以概率论为工具，刻画了信源产生信息的数学模型，导出了度量信息的数学公式，同时描述了信道传输信息的过程，给出了表征信道传输能力的容量公式。此外，它还建立了一组信息传输的编码定理，论证了信息传输的一些基本界限。这些成果的取得一方面使通信技术从经验走向科学，开辟了通信科学的新纪元，同时也为整个信息科学的形成和发展奠定了必要的理论基础。但是我们也应该看到，在形式化的各种假设和通信系统的各种模型中，均存在各种各样的前提和假定，致使信息论只适用于一定的范围，给这个理论带来一定的局限性。

你可以从香农的信息论中提炼出类似的观点和方法吗？

1.6　全程思考题

"学而不思则罔,思而不学则殆。"本课程的学习与讲授不宜只限于学到书本上的定理、公式和理论,由于其理论深度以及对于一些深入研究的意义,我们还需要用自己的思维去理解和洞察一些问题。如此,学习到的理论方能在该用的时候可以用上,在不宜使用的时候,我们也能够知道为什么。笔者经常向学生强调:"学习得来终觉浅,绝知此事要自悟。"特别是对于数学理论较多的课程则更是如此。因此,本书特意设定一些思考题,引导学生思考和领悟相关的一些问题,对于这些问题的思考应该贯穿学习的整个过程,其中有些是比较自由和发散的问题,不一定有固定的答案;有些问题涉及方方面面,横看成岭侧成峰,但是无论得出什么样的答案,我们都认为功夫不负有心人,有思即有得,哪怕是一些错误的想法也会有所启发。有些问题的设计目的则是鼓励大家随着学习的进度从某些角度进行有意义的思索,建议学生都准备一个创新日记本,专门写创新日记,将自己在学习过程中的心得、体会、灵感、理解以及从不懂到豁然开朗的领悟过程乃至失败的想法和对于失败的反思等记录下来。

(1) 思考一切信息都可以用二进制(或者其他进制)数据表示以及一切处理都可以用计算解决给我们的启示。

(2) 什么是信息? 信息如何度量?

(3) 现实的信源、信道和加密编码各自需要考虑哪些因素? 如果要开发一个相应的软件,需要考虑哪些因素? 需要增加书本上没有提到的哪些步骤?

(4) 纸质的和手写的文件针对现在的信息化环境有哪些局限性? 要完全取代纸质文件和手写签名,可以采用什么样的方法?

(5) 除了教材上提到的编码需求(压缩、纠错、安全)之外,现实中的编码还需要或可能考虑哪些需求?

(6) 面对信息化环境,你认为可以抽象出哪些问题,需要怎么解决(发散思维,不要局限于所学内容)?

(7) 在搜索引擎和各种电子资源库中检索每章的关键词,并将这些关键词联合"综述""发展""进展"等词进行检索,阅读最新的相关文献。

(8) 从本书中学习到的信息论与编码知识是否可以应用在新的领域?

(9) 当前所学习的理论给了我们哪些启示? 学习的过程中有哪些创新性的想法?

(10) 所学的知识有局限性吗? 是否可以据此进行改进或拓展?

(11) 利用学习到的信息论与编码知识可以做哪些对社会有益的事情? 可能会给社会带来一些什么样的危害?

思考题与习题

1. 信息论与编码技术研究的主要内容是什么？
2. 简述信息论与编码技术的发展史。
3. 简述信息、消息和信号的定义以及三者之间的关系。
4. 简述一个通信系统包括的各主要功能模块及其作用。
5. 你是否接触并考虑过信息与信息的测度问题？如何理解这些问题？
6. 什么是事物的不确定性？不确定性如何与信息的测度发生关系？
7. 对信息的各种定义有什么看法？是否可以提出自己对信息的定义？
8. 在你的日常生活中出现过哪些编码问题？能否用编码函数给予描述？
9. 信息和信息技术可以给我们带来哪些方面的好处？

第 2 章

信源及信息度量

课前先复习概率论,特别是条件概率、统计独立等概念,重点是条件概率与联合概率相关的公式。

面对信息问题,当人们需要对它进行各种定量分析和度量的时候,就需要用到数学工具。而要利用数学工具,首先需要建立相应的数学模型。顾名思义,信源是产生消息的源头,从数学的角度来说,它是产生随机变量、随机序列和随机过程的源。在这里信源指从信源发出的消息。信源具有不确定性,为了简化问题,实际上我们仅仅考虑比较单纯的随机不确定性。

2.1 信源的数学模型和分类

在前面提到过,信息可以看成是消除不确定性的东西。在通信系统中收信者在未收到消息以前对信源发出什么消息是不确定的,因此是随机的,所以可用随机变量、随机序列或随机过程来描述信源输出的消息,或者说用一个样本空间及其概率测度(随机变量及其概率分布)来描述信源。

信源的分类方法依信源特性而定,一般按照信源发出的消息在时间上和幅度上的分布情况把信源分为两种。

(1) 连续信源(continuous source):发出在时间上或幅度上是连续分布(只要满足其中之一)的连续消息的信源,如语音、图像等,可以认为是一个随机过程。

(2) 离散信源(discrete source):发出在时间上和幅度上都是离散分布的信源。消息符号的取值是有限的或可数的,且两两不相容,如文字、数据和电报等,可以认为是一个随机变量或者随机序列。

离散信源又可以细分为两种。

(1) 离散无记忆信源(discrete memoryless source):发出的各个符号之间是相互独立的,并且符号序列中的各个符号之间没有统计关联性,它们的出现概率是自身的先验概率。

(2) 离散有记忆信源(discrete source with memory):发出的各个符号之间不是相互独立的,并且它们出现的概率是有关联的。

也可以根据信源发出一个消息所用符号的多少,将离散信源分为两种。

(1) 发出单个符号的离散信源:信源每次只发出一个符号来代表一个消息。

（2）发出符号序列的离散信源：信源每次发出一组含有两个以上符号的符号序列来代表一个消息。

将以上两种分类相结合，主要有下面 3 种离散信源。

（1）发出单个符号的无记忆离散信源。

（2）发出符号序列的无记忆离散信源。

（3）发出符号序列的有记忆离散信源。

当有记忆信源的相关性涉及前面所有符号的时候，随着序列的增加，相关性的符号也会增加。当序列可能无限长的时候，记忆的长度也是无限的，这显然不利于研究。因此为了简化问题，人们提出了一类有限记忆、定长记忆或记忆是邻近的离散信源，即马尔可夫信源：某一个符号出现的概率只与前面一个或有限个符号有关，而不依赖更前面的那些符号。

由此，可将离散信源的分类表示为如图 2-1 所示。

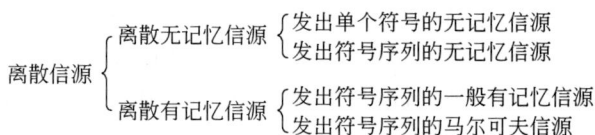

离散信源 { 离散无记忆信源 { 发出单个符号的无记忆信源 / 发出符号序列的无记忆信源；离散有记忆信源 { 发出符号序列的一般有记忆信源 / 发出符号序列的马尔可夫信源

图 2-1   离散信源的分类

为了描述概率特征与时间起点（位置）是否有关系，在信息论中有平稳（stationary）这一概念，平稳信源发出的符号序列的概率分布（概率、条件概率）与时间起点（位置）无关。

在以上分类中，哪些信源是很难处理的？是否存在一种简化路径或策略，将复杂的信息问题进行简化以便于处理？

时间和幅度连续的信源如果无记忆会怎么样，方便处理吗？

2.1.1   离散无记忆信源

例 2-1   扔骰子的每次试验结果必然是 1～6 点中的某一个面朝上。可以用一个离散型随机变量 X 来描述这个信源输出的消息：

$$\begin{bmatrix} X \\ p(x) \end{bmatrix} = \begin{bmatrix} x_1 & x_2 & x_3 & x_4 & x_5 & x_6 \\ \dfrac{1}{6} & \dfrac{1}{6} & \dfrac{1}{6} & \dfrac{1}{6} & \dfrac{1}{6} & \dfrac{1}{6} \end{bmatrix}$$

并满足：

$$\sum_{i=1}^{6} P(x_i) = 1$$

需要注意的是，大写字母 X 代表随机变量，指的是信源整体；带下标的小写字母 x_i 代表随机事件的某一具体的结果或信源的某个元素（符号）。在信息论教材中一般均如此约定。

在实际情况中，存在着很多这样的信源，例如投硬币、书信文字、计算机的代码、电报符号和阿拉伯数字码等。这些信源输出的都是单个符号（或代码）的消息，它们的符号集的取值是有限的或可数的。

我们可用一维离散型随机变量 X 来描述这些信息的输出,这样的信息称为离散信源,其数学模型就是离散型的随机变量及其概率分布。

$$\begin{bmatrix} X \\ p(x) \end{bmatrix} = \begin{bmatrix} x_1 & \cdots & x_i & \cdots & x_n \\ p(x_1) & \cdots & p(x_i) & \cdots & p(x_n) \end{bmatrix}, \quad 0 \leqslant p(x_i) \leqslant 1, \quad \sum_{i=1}^{n} p(x_i) = 1$$

其中,$p(x_i)$ 为信源输出符号 $x_i(i=1,2,\cdots,n)$ 的先验概率。

当信源给定时,其相应的概率分布就已给定;反之,如果概率分布给定,就表示相应的信息已给定。所以概率分布能表征离散信源的统计特性。

以上的信息表达方式存在局限性吗? 对于具体的信息,经过以上的表示,去掉了哪些因素?

上式表示信源可能的消息(符号)数是有限的,只有 n 个:$x_1,x_2,\cdots,x_n$,而且每次必定选取其中一个消息输出,满足完备集条件。这是最基本的离散信源。

有的信源输出的消息也是单个符号,但消息的数量是无限的,如符号集 A 的取值是介于 a 和 b 之间的连续值,或者取值为实数集 R 等。

连续信源是指输出在时间或幅度上都是连续分布的消息(为什么这里是"或"而不是"和"?)。

消息数是无限的或不可数的,且每次只输出其中一个消息。

我们可用一维的连续型随机变量 X 来描述这些消息,其数学模型是连续型的随机变量及其概率分布。

$$\begin{bmatrix} X \\ P \end{bmatrix} = \begin{bmatrix} (a,b) \\ p_X(x) \end{bmatrix} \quad \text{或} \quad \begin{bmatrix} R \\ p_X(x) \end{bmatrix}, \quad \text{并满足} \quad \int_a^b p(x)\mathrm{d}x = 1.$$

其中,$p(x)$ 是随机变量 X 的概率密度函数。

例如,随机取一节干电池,测量电压值作为输出符号。该信源每次输出一个符号,但符号的取值是 $[0,1.5]$ 的所有实数,每次测量值是随机的,可用连续型随机变量 X 来描述。

在有些情况下,可将符号的连续幅度进行量化,使其取值转换成有限的或可数的离散值,也就是把连续信源转换成离散信源来处理。

很多实际信源输出的消息是由一系列符号组成的,这种用每次发出 1 组含 2 个以上符号的符号序列来代表一个消息的信源称为发出符号序列的信源。需要用随机序列(随机矢量)$\underline{X}=(X_1 X_2 \cdots X_l \cdots X_L)$ 来描述信源输出的消息,并用联合概率分布来表示信源特件。

例如,扔骰子:

$$\begin{bmatrix} X \\ p(x) \end{bmatrix} = \begin{bmatrix} 000 & 001 & 010 & 011 & 100 & 101 \\ 1/6 & 1/6 & 1/6 & 1/6 & 1/6 & 1/6 \end{bmatrix}$$

符号序列信源是 L 为 3 的情况,此时信源 $X=(X_1 X_2 X_3)$,X_i 取自 $\{0,1\}$。

离散随机序列 X 的样值 x 可表示为 $x=(x_1 \cdots x_1 \cdots x_L)$。

$x \in n^L = n \times n \times \cdots \times n$(共 L 个 n),即每个随机变量取值有 n 种,那么对于 L 个随机

变量组成的随机序列,其样值共有 n^L 种可能取值。$l=1,2,\cdots,L$ 为离散消息序列的长度;$X_l=\{1,2,\cdots,n\}$,即每个离散随机变量消息都有 n 种可能的取值。

有时将这种由信源 X 输出的长度为 L 的随机序列 X 所描述的信源称为离散无记忆信源 X 的 L 次扩展信源。其对应的概率为:

$$
\begin{aligned}
p(x) &= p(x_1\cdots x_l\cdots x_L)\\
&= p(x_1)p(x_2\mid x_1)p(x_3\mid x_2x_1)\cdots p(x_L\mid x_{L-1}\cdots x_1)\\
&= p(x_1)p(x_2\mid x_1)p(x_3\mid x_1^2)\cdots p(x_L\mid x_1^{L-1})
\end{aligned}
$$

当信源无记忆时:

$$
p(x)=p(x_1x_2\cdots x_L)=p(x_1)p(x_2)\cdots p(x_L)=\prod_{l=1}^{L}p(x_l)
$$

扩展信源也满足完备性:

$$
\sum_{i=1}^{n^L}p(X=x_i)=1
$$

独立同分布信源(independently identical distribution,IID):在离散无记忆信源中,信源输出的每个符号是统计独立的,且具有相同的概率分布,又称为离散平稳无记忆信源。

2.1.2　离散有记忆信源

一般情况下,信源在不同时刻发出的符号之间是相互依赖的,也就是说在信源输出的平稳随机序列 X 中,各随机变量 X_l 之间是有依赖的。如在汉字序列中前后文字的出现是有依赖的,不能认为彼此是不相关的。

例 2-2　布袋中有 100 个球,其中有 80 个红球和 20 个白球。先取出一个球,记下颜色后不放回布袋,接着取另一个。而在取第二个球时取出布袋中的红球或白球的概率已与取第一个球时不同,此时的概率分布与第一个球的颜色有关。

- 若第一个球为红色,则取第二个球时的概率 $p(a_1)=79/99$,$p(a_2)=20/99$。
- 若第一个球为白色,则取第二个球时的概率 $p(a_1)=80/99$,$p(a_2)=19/99$。

即组成消息的两个球的颜色之间有关联性,是有记忆的信源,这种信源就称为发出符号序列的有记忆信源。例如由英文字母组成单词,字母间是有关联性的,不是任何字母的组合都能成为有意义的单词,同样不是任何单词的排列都能形成有意义的文章等。这些都是有记忆信源。

此时的联合概率表示比较复杂,需要引入条件概率来反映信源发出的符号序列内各个符号之间的记忆特征:

$$
p(x_1,x_2,\cdots,x_L)=p(x_1)\ p(x_2\mid x_1)\ p(x_3\mid x_2x_1)\cdots p(x_L\mid x_{L-1}\cdots x_1) \quad (2\text{-}1)
$$

表述的复杂度将随着序列长度的增加而增加。

实际上信源发出的符号往往只与前若干个符号有较强的依赖关系,随着长度的增加,依赖关系越来越弱,因此可以根据信源的特性和处理时的需要来限制记忆的长度,使分析和处理简化。

在实际应用中,还有一些信源输出的消息不仅在幅度上是连续的,在时间或频率上也是连续的,即所谓的模拟信号,如语音信号、电视图像信号等都是时间连续、幅度连续的模拟信号。模拟信号某一时刻的取值是随机的,通常用随机过程$\{x(t)\}$来描述。为了与时间离散的连续信源相区别,模拟信号有时也称为随机波形信源。这种信源处理起来就更复杂了。

就统计特性而言,随机过程可分为平稳随机过程和非平稳随机过程两大类,最常见的平稳随机过程为遍历过程。一般假设通信系统中的信号都是平稳遍历的随机过程(stationary ergodic random process)。

虽然受衰落现象干扰的无线电信号属于非平稳随机过程,但在正常通信条件下都近似地当作平稳随机过程来处理。因此,一般用平稳遍历的随机过程来描述随机波形信源的输出。

对于确知的模拟信号可进行采样、量化,使其变换成时间和幅度都是离散的离散信号。

离散信源的统计特性如下。

(1)离散消息是从有限个符号组成的符号集中选择排列组成的随机序列(组成离散消息的信源的符号个数是有限的)。

一篇中文文章不论多么优美,词汇多么丰富,一般所用的词都是从常用的 10 000 个汉字里选出来的。一本英文书不管有多厚,总是从 26 个英文字母选出来的,并按一定词汇结构和文法关系排列起来。

(2)在形成消息时,从符号集中选择各个符号的概率不同。

对大量的由不同符号组成的消息进行统计,结果发现符号集中的每个符号都是按一定的概率出现在消息中的。例如在英文中,每个英文字母都是按照一定概率出现的,字母 e 出现得最多,z 出现得最少。

(3)组成消息的基本符号之间有一定的统计相关特性。

每个基本符号在消息中通常是按一定概率出现的,但在具体的条件下还应做具体的分析。如英文中出现字母 h 的概率约为 0.04305,这是指对大量文章统计后所得到的字母 h 出现的可能性;但是,h 紧接在 t 后面的单词特别多,紧接在 y 后面的单词几乎没有。也就是说,在不同的具体条件下,同一个基本符号出现的概率是不同的。因此,在做信源统计工作时,不仅需要统计每个独立的基本符号出现的概率,还需要统计前几个符号出现后下一个符号为某一基本符号的概率。

一般情况下,常常只考虑在前一个符号出现的条件下下一个符号为某一基本符号的概率。

2.1.3　马尔可夫信源

下面讨论一类相对简单的离散平稳信源,该信源在某一时刻发出字母的概率除了与该字母有关外,只与此前发出的有限个字母有关。若把这有限个字母记作一个状态 S,则信源发出某一字母的概率除了与该字母有关外,只与该时刻信源所处的状态有关。在这种情况下,信源将来的状态及其送出的字母将只与信源现在的状态有关,而与信源过去的状态无关。

这种信源的一般数学模型就是马尔可夫过程(Markov process),所以称这种信源为马尔可夫信源(Markov source),可以用马尔可夫链(Markov chain)来描述。

定义 2-1   信源输出某一符号的概率仅与以前的 m 个符号有关,而与更前面的符号无关,则将信源称为 m 阶马尔可夫信源。

即有：

$$p(x_t \mid x_{t-1},x_{t-2},x_{t-3},\cdots,x_{t-m},\cdots,x_1) = p(x_t \mid x_{t-1},x_{t-2},x_{t-3},\cdots,x_{t-m}) \quad (2\text{-}2)$$

最简单的马尔可夫信源是一阶马尔可夫信源,如果是高阶马尔可夫信源,处理起来较为复杂。所以解决的办法是,将 m 个可能影响下一步的信源符号作为一个整体。将 m 阶马尔可夫信源的 m 个符号组成的序列称为状态。

具体的转换方法如下：

$$\text{令 } s_i = (x_{i_1} x_{i_2} \cdots x_{i_m}), \quad i_1,i_2,\cdots,i_m \in (1,2,\cdots,q)$$

$$\text{状态集 } S = \{s_1,s_2,\cdots,s_Q\}, \quad Q = q^m$$

信源输出的随机符号序列为 $x_1,x_2,\cdots,x_{i-1},x_i,\cdots$

信源输出的随机状态序列为 $s_1,s_2,\cdots,s_{i-1},s_i,\cdots$

例如,二元序列$\cdots01011100\cdots$为二阶马尔可夫信源,考虑 $m=2,Q=q^m=2^2=4$,则

$$s_1=00, \quad s_2=01, \quad s_3=10, \quad s_4=11$$

最开始是 01,对应 s_2；然后将首位的 0 挤出,移入后面的 0,即为 10,对应 s_3；接着挤出 1,移入 1,得到 01,对应 s_2；接着是 11,对应 s_4；接着又是 11,对应 s_4；接着是 10,对应 s_3；最后是 00,对应 s_1,所以变换成对应的状态序列为$\cdots s_2 s_3 s_2 s_4 s_4 s_3 s_1 \cdots$。

设信源在时刻 m 处于 s_i 状态(即 $S_m=s_i$),这里的 m 指时刻,而不是前面的阶数,它在下一时刻($m+1$) 状态转移到 s_j(即 $S_{m+1}=s_j$)的转移概率为：

$$p_{ij}(m) = p\{S_{m+1}=s_j \mid S_m=s_i\} = p\{s_j \mid s_i\}$$

$p_{ij}(m)$ 称为基本转移概率,也称为一步转移概率。

若 $p_{ij}(m)$ 与时刻 m 的取值(也可以理解为在序列中的位置)无关,则称为齐次(时齐)马尔可夫链。

$$p_{ij} = p\{S_{m+1}=s_j \mid S_m=s_i\} = p\{S_2=s_j \mid S_1=s_i\}$$

p_{ij} 具有下列性质：

$$p_{ij} \geqslant 0$$

$$\sum_j p_{ij} = 1$$

类似地,定义 k 步转移概率为：

$$p_{ij}^{(k)} = p\{S_{m+k}=s_j \mid S_m=s_i\}$$

由于系统在任一时刻可处于状态空间 $S=\{s_1,s_2,\cdots,s_Q\}$ 中的任意一个状态,因此状态转移时,转移概率是一个矩阵。

$$\boldsymbol{P} = p(s_j \mid s_i) = \begin{bmatrix} p_{11} & \cdots & p_{1Q} \\ \vdots & & \vdots \\ p_{Q1} & \cdots & p_{QQ} \end{bmatrix} \quad (2\text{-}3)$$

也可将符号条件概率写成如下矩阵：

$$\boldsymbol{P} = p(x_j \mid s_i) = \begin{bmatrix} p_{11} & \cdots & p_{1q} \\ \vdots & & \vdots \\ p_{Q1} & \cdots & p_{Qq} \end{bmatrix} \qquad (2\text{-}4)$$

以上两个矩阵在一般情况下是不同的。

齐次马尔可夫链可以用马尔可夫状态转移图（因为是香农提出的，所以又称香农线图）表示，图中每个圆圈代表一种状态，状态之间的有向线代表某一状态向另一状态的转移，有向线一侧的符号和数字分别代表发出的符号和条件概率。

例 2-3　设信源符号 $X \in \{x_1, x_2, x_3\}$，信源所处的状态 $S \in \{e_1, e_2, e_3, e_4, e_5\}$。各状态之间的转移情况如图 2-2 所示。

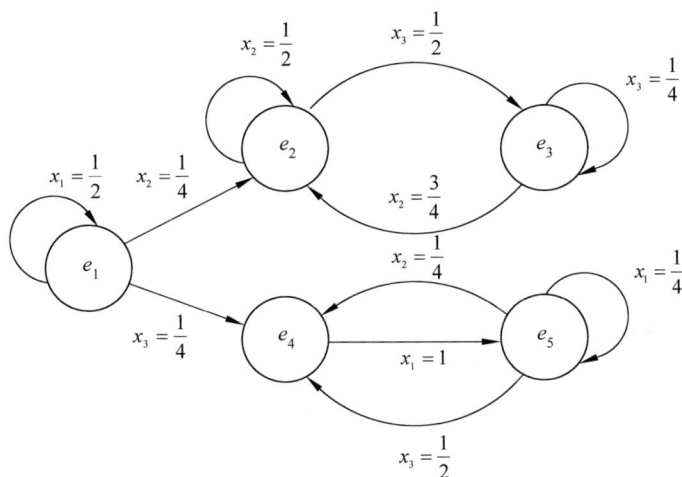

图 2-2　状态转移图

将图中信源在 e_i 状态下发出符号 x_k 的条件概率 $p(x_k/e_i)$ 用矩阵表示为：

$$\begin{array}{ccc} x_1 & x_2 & x_3 \end{array}$$

$$\begin{bmatrix} \dfrac{1}{2} & \dfrac{1}{4} & \dfrac{1}{4} \\ 0 & \dfrac{1}{2} & \dfrac{1}{2} \\ 0 & \dfrac{3}{4} & \dfrac{1}{4} \\ 1 & 0 & 0 \\ \dfrac{1}{4} & \dfrac{1}{4} & \dfrac{1}{2} \end{bmatrix}$$

由该矩阵可明显看出，$\sum\limits_{k=1}^{3} p(x_k \mid e_i) = 1, i = 1, 2, 3, 4, 5$。从图 2-2 中还可得：

$$\begin{cases} P(S_l = e_2/X_l = x_1, S_{l-1} = e_1) = 0 \\ P(S_l = e_1/X_l = x_1, S_{l-1} = e_1) = 1 \\ P(S_l = e_2/X_l = x_2, S_{l-1} = e_1) = 1 \\ P(S_l = e_1/X_l = x_2, S_{l-1} = e_1) = 0 \\ \cdots \end{cases}$$

所以信源在某时刻 l 所处的状态由当前的输出符号和前一时刻 $l-1$ 信源的状态唯一确定。

由图 2-2 还可得状态的进一步转移概率为：

$$\begin{array}{ccccc} e_1 & e_2 & e_3 & e_4 & e_5 \end{array}$$

$$\begin{bmatrix} \dfrac{1}{2} & \dfrac{1}{4} & 0 & \dfrac{1}{4} & 0 \\ 0 & \dfrac{1}{2} & \dfrac{1}{2} & 0 & 0 \\ 0 & \dfrac{3}{4} & \dfrac{1}{4} & 0 & 0 \\ 0 & 0 & 0 & 0 & 0 \\ 0 & 0 & 0 & \dfrac{3}{4} & \dfrac{1}{4} \end{bmatrix}$$

该信源是时齐的马尔可夫信源。

齐次马尔可夫链中的状态可以根据其性质进行如下分类：

- 如果状态 s_i 经若干步后总能到达状态 s_j，即存在 k，使 $p_{ij}^{(k)} > 0$，则称 s_i 可到达 s_j；如果两个状态相互可到达，则称此二状态相通。
- 过渡态：一个状态经过若干步以后总能到达某一其他状态，但不能从其他状态返回。
- 吸收态：一个只能从自身返回到自身而不能到达其他任何状态的状态。
- 常返态：经有限步后迟早要返回的状态。
- 周期性的：在常返态中，有些状态仅当 k 能被某整数 $d(>1)$ 整除时才有 $p_{ij}^{(k)} > 0$。
- 非周期性的（aperiodic）：对于 $p_{ij}^{(k)} > 0$ 的所有 k 值，其最大公约数为 1。
- 遍历状态：非周期的、常返的状态。
- 闭集：状态空间中的某一子集中的任何一种状态都不能到达子集以外的任何状态。
- 不可约的（irreducible）：闭集中除自身全体外再没有其他闭集的闭集。

对于一个不可约的、非周期的、状态有限的马尔可夫链，其 k 步转移概率 $p_{ij}^{(k)}$ 在 $k \to \infty$ 时趋于一个和初始状态无关的极限概率 $p(s_j)$，它是满足如下方程组的唯一解。

$$\begin{cases} p(s_j) = \sum_i p(s_i) p_{ij} \\ \sum_j p(s_j) = 1 \end{cases}$$

$p(s_j)$ 或 $W_j = \sum_i W_i p_{ij} = p(s_j)$ 称为马尔可夫链的一个平稳分布。

例 2-4　图 2-3 所示的马尔可夫链的周期为 2,因为从 s_1 出发再回到 s_1 所需的步数必为 $2,4,6,\cdots$。

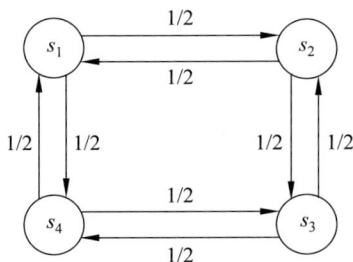

图 2-3　周期性马尔可夫链

$p_{ij}^{(n)}$ 为:

$$(P^{(k)}) = (P)^k = \begin{bmatrix} 0 & 1/2 & 0 & 1/2 \\ 1/2 & 0 & 1/2 & 0 \\ 0 & 1/2 & 0 & 1/2 \\ 1/2 & 0 & 1/2 & 0 \end{bmatrix}^k$$

当 k 为奇数时:

$$(P^{(k)}) = (P)^k = \begin{bmatrix} 0 & 1/2 & 0 & 1/2 \\ 1/2 & 0 & 1/2 & 0 \\ 0 & 1/2 & 0 & 1/2 \\ 1/2 & 0 & 1/2 & 0 \end{bmatrix} = (P)$$

当 k 为偶数时:

$$(P^{(k)}) = (P)^k = \begin{bmatrix} 1/2 & 0 & 1/2 & 0 \\ 0 & 1/2 & 0 & 1/2 \\ 1/2 & 0 & 1/2 & 0 \\ 0 & 1/2 & 0 & 1/2 \end{bmatrix} \neq (P)$$

若起始状态为 s_1,则经奇数步后,$s_k = s_j$ 的概率为:

$$p_j = \begin{cases} 0 & j=1 \\ 1/2 & j=2 \\ 0 & j=3 \\ 1/2 & j=4 \end{cases}$$

经过偶数步后:

$$p_j = \begin{cases} 1/2 & j=1 \\ 0 & j=2 \\ 1/2 & j=3 \\ 1 & j=4 \end{cases}$$

所以虽然方程组 $\sum_{i \in S} W_i p_{ij} = W_j$ 是有解的,为 $p_j = 1/4(j=1,2,3,4)$,但是达不到稳定状态。为使马氏链最后稳定,成为遍历的马氏链,还必须有不可约性(可达性)和非周期性。

　　是否可以采用这样的将 m 阶马尔可夫信源转换为一阶马尔可夫信源的方法,从信源的开始,以 m 个符号为单位进行等长的分组,以一个分组作为整体来对马尔可夫信源进行研究? 如果可以,建立相应的条件概率的过程应该是怎样的? 这样的转换方法和上述的状态转移的方法相比较,有什么样的优点和缺点?

2.1.4　连续信源

　　当信源在时间(或频率之类)和幅度上有其中之一是连续的时候,称为连续信源(continuous source)。如果进一步,两者都连续,则称为随机波形信源,比如模拟信号。

　　一个不严谨的例子是:可以假设某个量是一个无理数,则在进行直接的无损传输时,永远都传输不完;如果有一个这样的数要存储在世界上所有的硬盘中,也不可能存储下来;同样,这样的数进行任何无损的计算永远都不会终结。这还仅仅是一个无理数,如果有更多的数需要传递,则更是不可能传输完。或许可以采用类似于 π 对应圆周率的方法,将无理数转化为有限符号集中的符号,但是这要求所有可能的值是有限的,如果有无限个取值,则不可能用有限个符号(这些符号取自有限符号集)来编码。这就是为什么离散信源的取值要求可数或有限的原因。

　　为什么只要时间和幅度之一连续就称为连续信源? 就是因为只要有一个是连续的,就会遭遇类似上面的问题。注意,也有少数书籍将时间和幅度同时连续的信源定义为连续信源。

　　连续信源会遭遇上面的永远传递不完的问题,而且它们也很复杂,难以统一描述。可以采用三种方法来转换问题:第一,如果它们的状态是有限的,比如一个单一的正弦波形,在时域上看起来时间和幅度都连续,需要无数的参数来表述,但是它的波形具有很强的规律性,取值具有强烈的相关性,是受制约的。在频域上,可能只需要 2～3 个参数就可以表达。因此,如果连续信源的可能状态是有限的,则能够将连续信源转换为其他域上的有限集上的离散信源。第二,将信源进行离散化的近似处理。第三,把连续的随机过程信源按易于分析的已知连续过程信源处理。

　　随机波形信源通常用随机过程来表述,为了简化问题,一般近似地用平稳遍历的随机过程来处理。实际上,绝大多数连续随机波形信源都近似地满足限时、限频的条件。这时,连续的随机过程可以转化为有限项傅里叶级数或抽样函数的随机序列,而抽样函数表达式尤为常用。但这两种方式在一般情况下会使转化后的离散随机序列是相关的,即信源是有记忆的,这给进一步分析带来一定的困难。另外一种是将连续随机过程展开成相互线性无关的随机变量序列,这种展开称为卡休宁·勒维展开。由于实现困难,这种展开除具有一定理论价值外,实际上很少被采用。直接按随机过程来处理信源受到分析方法的限制,人们还是主要限于研究平稳遍历信源和简单的马尔可夫信源。

　　通过对连续变量的取值进行量化,可以将连续随机变量用离散随机变量来逼近。量化间隔越小,离散随机变量与连续随机变量越接近。当量化间隔趋于 0 时,离散随机变量就变成了连续随机变量。

　　随机波形信源用时域采样定理可以将随机波形信源转换为时间离散、幅度连续的序列,并且通过规定间隔的取样可以完全恢复原始的波形信源。同样,也可以类似地利用频域采样进行无损失的转换。

时域采样:对于频率受限于 f_m 的时间连续函数 $f(t)$,不失真采样频率 $f_s \geqslant 2f_m$,若时间上受限于 $0 \leqslant t \leqslant t_B$,采样点数为 $t_B \div (1/2f_m) = 2f_m t_B$。可见,对于频率受限于 f_m、时间受限于 t_B 的任何时间连续函数,完全可以由 $2f_m t_B$ 个采样值来描述。

频域采样:对于时间受限于 t_B 的频域连续函数,在 $0 \sim 2\pi$ 的数字频域上要采 L 点的条件是时域延拓周期 $LT \geqslant t_B$,若频率受限于 f_m,则采样点数 $L \geqslant t_B/T = t_B f_s \geqslant 2f_m t_B$。

但是,从理论上说对于任何时间受限的函数,其频谱是无限的;反之,对于任何频率受限的函数,其时间上是无限的。实际中,可认为函数在频率 f_m 和时间 t_B 以外的取值很小,不至于引起函数的严重失真。

所以,波形信号只要是时间上或频率上有限,都可通过采样变成时间上或频率上离散的连续符号序列。实际上,一般最终的幅度上也会进行离散量化,以便于数据传输、存储或计算等处理。如果原来的随机过程是平稳的,那么采样后的随机序列也是平稳的。

一般情况下,采样得到的 $2f_m t_B$ 个随机变量之间是线性相关的,也就是说这 $L = 2f_m t_B$ 维连续型随机序列是有记忆的,因此随机波形信源也是一种有记忆信源。

2.2　离散信源熵和互信息

当人们收到一份文件、接了一个电话或观看了电视时,这些不同性质的消息是否可以采用统一的方式进行度量? 如果能,那到底会得到多少信息量呢? 如前面所述,信息量与不确定性消除的程度有关,消除多少不确定性,就获得多少信息量。那么不确定性的大小能度量吗?

用数学的语言来讲,不确定性就是随机性,具有不确定性的事件就是随机事件。因此,可以应用研究随机事件的数学工具(概率论和随机过程)来度量不确定性的大小。简单地说,可以直观地将不确定性的大小看成事先猜测某随机事件是否发生的难易程度。

例如,假设有甲、乙两个布袋,各袋内装有大小均匀并且对人手感觉完全一样的球100 个。甲袋内红、白球各 50 个,乙袋内有红、白、蓝、黄 4 种球各 25 个。现随意从甲袋或乙袋中摸出一球,并猜测取出的是什么颜色的球,这个事件当然具有不确定性。显然,从甲袋中摸出红球要比从乙袋中摸出红球容易得多。这是因为在甲袋中只在"红"与"白"两种颜色中选择一种,而且"红"与"白"机会均等,即摸取的概率各为 1/2;但在乙袋中,红球只占 1/4,摸出红球的可能性就小。所以,"从甲袋中摸出红球"比"从乙袋中摸出红球"的不确定性要小。

同样是两种颜色的球,但是白球有 99 个,红球有 1 个,此时,当别人告诉你摸到的是白球时,我们感觉到的信息量比两种球都是 50 个的信息量要大。因为对于前者,我们已经可以猜测到很可能是白球,99% 离概率等于 1 的确定状态已经差不多了,即已经没有多大的不确定性了。

例 2-5　足球比赛的结果是不确定的。如果实力接近的两个队进行比赛,在比赛之前,我们很难预测谁能获得胜利,所以这个事件的不确定性很大。当得知比赛结果时,我们就会获得较大的信息量。如果实力相差悬殊的两个队进行比赛，一般结果是强队取得胜利，所以当得知比赛结果是强队获胜时，我们并不觉得奇怪，因为结果与我们的猜测是一致的，所以消除的不确定性较小，获得的信息量也较小；当得知比赛结果是弱队取胜时，我们会感到非常惊讶，认为出现了"黑马"，这时将获得很大的信息量。

由此可见，某一事物状态的不确定性的大小与该事物可能出现的不同状态数目以及各状态出现的概率大小有关。如何对信息进行度量呢？下面先理解 3 个基本概念：样本空间、概率测度和概率分布。

1. 样本空间

把某事物各种可能出现的不同状态（即所有可能选择的消息集合）称为样本空间，每个可能选择的消息是这个样本空间的元素。在离散情况下，X 的样本空间可写成：

$$[a_1, a_2, \cdots, a_q]$$

2. 概率测度

对于离散消息的集合，概率测度就是对每个可能选择的消息指定一个概率（非负的且总和为 1）。设样本空间中选择任意元素 a_i 的概率表示为 $p_X(a_i)$，其脚标 X 表示所考虑的随机变量是 X。如果不会引起混淆，脚标可以略去，写成 $p(a_i)$。

3. 概率分布

一个样本空间和它的概率测度可以用概率分布描述，在离散情况下，将概率分布表示为 X。

$$\begin{bmatrix} X \\ p(x) \end{bmatrix} = \begin{bmatrix} a_1 & a_2 & \cdots & a_q \\ p(a_1) & p(a_2) & \cdots & p(a_q) \end{bmatrix} \tag{2-5}$$

其中 $p(a_i)$ 就是选择符号 a_i 作为消息的概率，称为先验概率。在接收端，对是否选择这个消息（符号）a_i 的不确定性与 a_i 的先验概率成递降关系。

如果某个事件发生概率低，那么它一旦发生，会让我们惊讶，另外它还可以排除很大的可能性，所以提供的信息量大。

2.2.1　自信息量

信息应该如何度量呢？这似乎是一个难题，但是从上面的分析中，我们已经发现了一些线索，并且可以得出以下结论。

（1）信源的不确定程度与其可能的消息数和消息的概率分布有关系。

（2）信源的消息为等概率分布时，不确定度最大。

（3）信源的消息为等概率分布且其消息数目越多时，其不确定度越大。

（4）对于只发送一个消息的信源，其不确定度为 0，不发送任何信息。

（5）不确定性随着概率增加而递减，概率越小，信息量越大。

是否可以进一步用类似的特例和极端例子来寻求线索呢？

当别人告诉我们两个独立的事件时，我们得到的信息量应该是累加的。但是应该注意到，我们前面已经发现信息量与概率有关系，而独立事件的联合概率等于各自独立事件发生概率的乘积。

设信息量为 I，我们已经肯定 I 是 p_i 的函数，即 $I(p_i)$，根据前面的归纳做进一步引

申,可以得出以下性质:

(1) $p_i \downarrow$, $I(p_i) \uparrow$, 且当 $p_i \to 0$ 时, $I(p_i) \to \infty$。

(2) $p_i \uparrow$, $I(p_i) \downarrow$, 且当 $p_i \to 1$ 时, $I(p_i) \to 0$。

(3) $I(p_i) \geqslant 0$。

(4) 如果 $p_i < p_j$, 则 $I(p_i) > I(p_j)$。

信息量应具有可加性:对于两个独立事件,其信息量应等于各自信息量之和,即 $I(p_i p_j) = I(p_i) + I(p_j)$。

可以发现对数具有这样的性质,由于信息量和概率成反比例关系,所以应该取倒数后再取对数。

也可以从另外一个角度来考虑信息量,既然概率不等的时候信息量不一样,那么假设事件都是等概率的,取概率为 p,则事件数为 $N = 1/p$。

采用 k 进制表示这些事件,需要的符号数为:

$$\log_k N = \log_k \left(\frac{1}{p} \right)$$

这和哈特莱的公式相一致,以上都印证了信息量的表达式应该是:

$$I(a_i) = \log \frac{1}{p(a_i)} \tag{2-6}$$

$I(a_i)$ 称为消息(符号) a_i 的自信息(量)(又译为信息本体,self-information)。

● 以 2 为底,单位为比特(bit:binary unit)。

● 以 e 为底,单位为奈特(nat:nature unit),1nat=1.433b。

● 以 10 为底,单位为笛特(det:Decimal Unit)或哈特(Hart,Hartley),1det=3.322b。

如果计算中的对数 log 是以 2 为底的($k=2$),那么计算出来的信息熵就以比特为单位。今天在计算机和通信中广泛使用的字节(B)、KB、MB 和 GB 等都是从比特演化而来的。"比特"的出现标志着人类知道了如何计量信息量。香农的信息论为明确什么是信息量的概念做出了决定性的贡献。香农在进行信息的定量计算时,明确地把信息量定义为随机不确定性程度的减少。这就表明了他对信息的理解:信息是用来减少随机不确定性的东西;反过来说就是:信息是确定性的增加。

自信息量与先验概率的关系如图 2-4 所示。

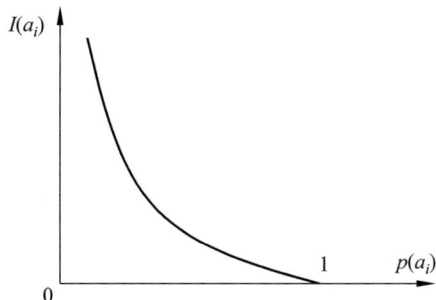

图 2-4　自信息量与其对应的先验概率的关系

以上对于信息量公式的分析对我们有什么启示，这样的思想可以用于解决身边哪些看起来似乎不可能解决的问题？

具体地说，如信源发送某一符号 a_i，由于信道中噪声的随机干扰，收信者收到的一般是 a_i 的某种变型 b_i。收信者收到 b_i 后，从 b_i 中获取关于 a_i 的信息量以 $I(a_i;b_i)$ 表示，则有 $I(a_i;b_i)$ 为收到 b_i 前收信者对 a_i 存在的不确定性（先验不定度）与收到 b_i 后收信者对 a_i 仍然存在的不确定性（后验不定度）之差，即收信者收到 b_i 前、后对 a_i 存在的不确定性的消除。

为了便于引出一个重要的结果，不妨假定信道中没有噪声的随机干扰（即无噪信道）。这时，显然有 $b_i = a_i$，收信者确切无误地收到信源发出的消息。那么收到 b_i 后，对 a_i 仍然存在的不确定性为 0。同时，收到 b_i 后从 b_i 中获取关于 a_i 的信息量 $I(a_i;b_i)$ 就变成收到 a_i 后从 a_i 中获取关于 a_i 的信息量 $I(a_i)$，这个 $I(a_i)$ 也就是 a_i 本身所含有的信息量，即能提供的全部信息量，我们称为 a_i 的"自信息量"。

根据上述的一般原则，有：

$I(a_i)=$ 收到 a_i 前，收信者对信源发出 a_i 的不确定性。

$I(a_i)=$ 收到 a_i 后，收信者消除的对信源发出 a_i 的不确定性。

这就是说，信源符号 a_i 的自信息量在数量上等于信源发出符号 a_i 的不确定性。这样，a_i 的度量问题就转变为信源发出符号 a_i 的不确定性的度量问题。

香农的信息度量是建立在哈特莱的信息度量的基础上的，他对原有的公式在考虑概率差异的基础上进行了合理的改进。自信息量和由此派生的信源熵公式的得来是非常难以理解的，在此应该保留足够的时间进行思考。

香农发表的论文中都没有对自信息量和熵的公式形式进行严格的数学证明。实际上直观看来，要从数学上证明一个看不见、摸不着的抽象的信息量公式似乎是不可能的。后人给出的证明是建立在一定的公理和假设的基础上的，证明较为复杂，在此不赘述，有兴趣的同学可以参考傅祖芸、王育民和姜丹等编写的相关教材。

由于在信道中存在干扰，假设接收端收到的消息（符号）为 b_j，这个 b_j 可能与 a_i 相同，也可能不同，则条件概率 $p(a_i|b_j)$ 反映接收端收到消息 b_j 而发送端发出的是 a_i 的概率，此概率称为后验概率。这样，接收端收到 b_j 后，发送端发送的符号是否为 a_i 尚存在的不确定性应是后验概率的函数，即

$$I(a_i \mid b_j) = \log \frac{1}{p(a_i \mid b_j)} \tag{2-7}$$

$I(a_i|b_j)$ 称为条件自信息量。

于是，收信者在收到消息 b_j 后，已经消除的不确定性为先验的不确定性减去尚存在的不确定性，即收信者获得的信息量为：

$$I(a_i \mid b_j) = \log \frac{1}{p(a_i)} - \log \frac{1}{p(a_i \mid b_j)} \tag{2-8}$$

定义 $I(a_i;b_j)$ 为发送 a_i 且接收 b_j 的互信息（mutual information）。

如果信道没有干扰，信道的统计特性使 a_i 以概率 1 传送到接收端。这时，收信者接到消息后尚存在的不确定性就等于 0，即

$$p(a_i/b_j)=1$$

$$\log\frac{1}{p(a_i/b_j)}=0$$

不确定性全部消除,此时互信息 $I(a_i;b_j)=I(a_i)$。

例 2-6　(1) 一个以等概率出现的二进制码元(0、1)所包含的自信息量为:

$$I(0)=I(1)=-\log_2\left(\frac{1}{2}\right)=\log_2 2=1\text{ b}$$

(2) 若是一个 m 位的二进制数,因为该数的每一位可从 0 和 1 两个数字中任取一个,因此有 2^m 个等概率的可能组合,所以 $I=-\log_2\left(\frac{1}{2}\right)^m=m$,即需要 m 比特的信息来指明这样的二进制数。

类似地,也可以得出联合自信息量。

对于涉及两个随机事件的离散信源,其信源模型为 XY。

$$\begin{bmatrix}XY\\P(XY)\end{bmatrix}=\begin{cases}x_1y_1 & \cdots & x_1y_m & x_2y_1 & \cdots & x_2y_m & x_ny_1 & \cdots & x_ny_m\\p(x_1y_1) & \cdots & p(x_1y_m) & p(x_2y_1) & \cdots & p(x_2y_m) & p(x_ny_1) & \cdots & p(x_ny_m)\end{cases}$$

其中 $0\leqslant p(x_iy_j)\leqslant1(i=1,2,\cdots,n;j=1,2,\cdots,m)$, $\sum_{i=1}^{n}\sum_{j=1}^{m}p(x_iy_j)=1$。 其自信息量是二维联合集 XY 上元素对 x_iy_j 的联合概率 $p(x_iy_j)$ 的对数的负值,称为联合自信息量,用 $I(x_iy_j)$ 表示,即

$$I(x_iy_j)=-\log_2 p(x_iy_j) \tag{2-9}$$

当 X 和 Y 相互独立时, $p(x_iy_j)=p(x_i)p(y_j)$,代入式(2-9),有:

$$I(x_iy_j)=-\log_2 p(x_i)-\log_2 p(y_j)=I(x_i)+I(y_j) \tag{2-10}$$

式(2-10)说明两个随机事件相互独立时,同时发生得到的自信息量等于这两个随机事件各自独立发生得到的自信息量之和。

联合自信息量和条件自信息量也满足非负和单调递减性,同时它们也都是随机变量,其值随着变量 x_i 和 y_j 的变化而变化。

容易证明,自信息量、条件自信息量和联合自信息量之间有如下关系:

$$I(x_iy_j)=-\log_2 p(x_i)p(y_j\mid x_i)=I(x_i)+I(y_j\mid x_i)$$
$$=-\log_2 p(y_j)p(x_i\mid y_j)=I(y_j)+I(x_i\mid y_j)$$

是否可能存在其他的度量方法呢? 实际上我们可以不用对数,而采用幂的形式,但是这样的形式存在诸多的问题,香农对此也做过分析。

The logarithmic measure is more convenient for various reasons:

(1) It is practically more useful. Parameters of engineering importance such as time,bandwidth,number of relays,etc.,tend to vary linearly with the logarithm of the number of possibilities. For example,adding one relay to a group doubles the number of possible states of the relays. It adds 1 to the base 2 logarithm of this number. Doubling the time roughly squares the number of possible messages,or doubles the logarithm,etc.

(2) It is nearer to our intuitive feeling as to the proper measure. This is closely

related to (1) since we intuitively measures entities by linear comparison with common standards. One feels, for example, that two punched cards should have twice the capacity of one for information storage, and two identical channels twice the capacity of one for transmitting information.

(3) It is mathematically more suitable. Many of the limiting operations are simple in terms of the logarithm, but would require clumsy restatement in terms of the number of possibilities.[5]

以上几点可以概括为：对数更加符合人的直观，更适合于计算和分析，在数学上更简洁。对数可以将幂和乘积运算进行"降级"，极大地简化计算，比如可以通过对数查表来计算非常复杂的幂和乘积运算。

信息量的大小不同于信息作用的大小，两者不是同一个概念。信息量只表明不确定性的减少程度；而对接收者来说，所获得的信息可能事关重大，也可能无足轻重，这是信息作用的大小。信息论抛开了这些复杂的因素。

2.2.2 信源熵

香农理论的重要特征是熵（entropy）的概念，"熵"这个名词是香农从物理学中的统计热力学借用过来的，在物理学中称之为热熵，它是表示分子混乱程度的一个物理量。这里，香农引用它来描述信源的平均不确定性，其含义是类似的。但是在热力学中已知任何孤立系统的演化，热熵只能增加而不能减少；而在信息论中，信息熵正相反，只会减少而不会增加。所以有人称信息熵为负热熵。为了区别于热熵，有时候也称为信息熵，当信息熵是信源的度量时，也称为信源熵。熵曾经是波尔兹曼在热力学第二定律中引入的概念，我们可以把它理解为分子运动的混乱度。信息熵也有类似意义，例如在处理中文信息时，汉字的静态平均信息熵比较大，中文是 9.65 比特，而英文是 4.03 比特。这表明中文的复杂程度高于英文，反映了中文词义丰富、行文简练，但处理难度也大。信息熵大，意味着不确定性也大，因此我们应该深入研究，以寻求中文信息处理的深层突破。不能盲目认为汉字是世界上最优美的文字，从而引申出汉字最容易处理的错误结论。

众所周知，质量、能量和信息量是 3 个非常重要的量。人们很早就知道用秤或者天平计量物质的质量，而热量和功的关系则是到了 19 世纪中叶随着热功当量的明确和能量守恒定律的建立才逐渐为人所知。能量一词就是它们的总称，能量的计量则通过卡、焦耳等新单位的出现而得到解决。然而，关于文字、数字、图画和声音的知识已有几千年历史了。但是它们的总称是什么？它们如何统一地计量？这些问题的答案直到 19 世纪末还没有被正确地提出来，更谈不上如何去解决了。20 世纪初期，随着电报、电话、照片、电视、无线电和雷达等的发展，如何计量信号中信息量的问题被隐约地提上日程。

1928 年哈特莱（R. V. H. Harley）考虑到从 D 个彼此不同的符号中取出 N 个符号并且组成一个"词"的问题。如果各个符号出现的概率相同，而且是完全随机选取的，就可以得到 D^N 个不同的词。从这些词里取了特定的一个就对应一个信息量 I。哈特莱建议用 $N \log D$ 这个量表示信息量，即 $I = N \log D$。这里的 log 表示以 10 为底的对数。后来，1949 年控制论的创始人维纳也研究了度量信息的问题，还把它引向热力学第二定律。但是就信息传输问题给出基本数学模型的核心人物还是香农。1948 年香农的论文《通信的数学理论》成了信息论正式诞生的里程碑。在他的通信数学模型中,清楚地提出信息的度量问题,他把哈特莱的公式扩大到概率 p_i 不同的情况,得到了著名的计算信息熵 H 的公式:

$$H = \sum - p_i \log p_i \tag{2-11}$$

式(2-11)实际上是自信息量依照概率进行加权平均的结果,也可以说是自信息量的期望。

信息熵公式的证明请查阅信源(信息)熵的唯一性定理的证明。

例 2-7 一个布袋内放 100 个球,其中 80 个球是红色的,20 个球是白色的,若随机摸取一个球,猜测其颜色,求平均摸取一次所能获得的自信息量。

解:依据题意,这一随机事件的概率分布为:

$$\begin{bmatrix} X \\ P \end{bmatrix} = \begin{bmatrix} x_1 & x_2 \\ 0.8 & 0.2 \end{bmatrix}$$

其中:x_1 表示摸出的球为红球事件,x_2 表示摸出的球为白球事件。

(1) 如果摸出的是红球,则获得的信息量是:

$$I(x_1) = -\log_2 p(x_1) = -\log_2 0.8 \text{b}$$

(2) 如果摸出的是白球,则获得的信息量是:

$$I(x_2) = -\log_2 p(x_2) = -\log_2 0.2 \text{b}$$

(3) 如果每次摸出一个球后又放回袋中,再进行下一次摸取。如此摸取 n 次,红球出现的次数为 $np(x_1)$ 次,白球出现的次数为 $np(x_2)$ 次。随机摸取 n 次后总共所获得信息量为:

$$np(x_1) I(x_1) + np(x_2) I(x_2)$$

(4) 平均随机摸取一次所获得的信息量为:

$$\begin{aligned} H(X) &= \frac{1}{n} [np(x_1) I(x_1) + np(x_2) I(x_2)] \\ &= -[p(x_1) \log_2 p(x_1) + p(x_2) \log_2 p(x_2)] \\ &= 0.72 \text{b} \end{aligned}$$

说明:

自信息量 $I(x_1)$ 和 $I(x_2)$ 只是表征信源中各个符号的不确定度。一个信源总是包含着多个符号消息,各个符号消息又按先验概率分布,因而各个符号的自信息量是不同的,所以自信息量不能作为信源总体的信息量。

因为 X 中各符号 x_i 的不确定度 $I(x_i)$ 为非负值,$p(x_i)$ 也是非负值,且 $0 \leqslant p(x_i) \leqslant 1$,故信源的平均不确定度 $H(X)$ 也是非负量。

平均不确定度 $H(X)$ 的定义公式与热力学中熵的表示形式相似,所以又把 $H(X)$ 称为信源 X 的熵。熵是在平均意义上来表征信源的总体特性的,可以表征信源输出前的平均不确定度。

离散信源熵有不同的名称,比如平均不确定度、平均信息量、平均自信息量、信息熵、香农熵或熵函数。

定义 2-2　信源各个离散消息的自信息量（即不确定度）的数学期望（即概率加权的统计平均值）为信源的信源熵，简称熵，为了区别于热力熵，也称为信息熵，又由于是香农得来的，又称香农熵，记为 $H(X)$。

$$H(X) = E[I(x_i)] = E\left[\log_2 \frac{1}{p(x_i)}\right] = -\sum_{i=1}^{n} p(x_i) \log_2 p(x_i) \qquad (2\text{-}12)$$

它实质上是无记忆信源平均不确定度的度量。一般熵的单位为"比特/符号"或者"比特/符号序列"，实际上要根据对数的底以及符号（或符号序列）的形式来确定。信源熵 $H(X)$ 也是非负值。$H(X)$ 的定义公式与统计热力学中熵的表示形式相同，这就是信源熵名称的由来。

信源熵 $H(X)$ 的几种物理含义如下：

（1）表示信源输出后每个离散消息所提供的平均信息量。

（2）表示信源输出前信源的平均不确定度。

（3）反映了变量 X 的随机性。

（4）熵为信源无损压缩的极限。

对于某一信源，不管它是否是输出符号，只要这些符号具有某些概率特性，必有信源的熵值。

信息量则只有当信源输出符号被接收者收到后才有意义，这就是给予接收者的信息度量，该值本身可以是随机量，也可以与接收者的情况有关。

注意：当某一符号 x_i 的概率 $p(x_i)$ 为 0 时，$p_i \log_2 p_i$ 在熵公式中无意义。但是当 p_i 趋向于 0 时，$p_i \log_2 p_i$ 的值也趋向于 0，为此规定这时的 $p_i \log_2 p_i$ 也为 0。

当信源 X 中只含一个符号 X 时，必定有 $p(x) = 1$，此时信源熵 $H(X)$ 为 0。

信源熵是某个具体单个消息的平均自信息量，是描述信源统计的一个客观物理量。它是 1948 年由香农首次给出的，后来 Feinstein 等人又从数学上严格地证明了当信息满足对概率递降性和可加性等条件下，信息熵的表达形式是唯一的。证明过程比较复杂，这里不再赘述。

例 2-8　电视屏上约有 $500 \times 600 = 3 \times 10^5$ 个格点，按每格点有 10 个不同的灰度等级考虑，则共能组成 $n = 10^{3 \times 10^5}$ 个不同的画面。按等概率 $1/10^{3 \times 10^5}$ 计算，平均每个画面可提供的信息量为：

$$H(X) = -\sum_{i=1}^{n} p(x_i) \log_2 p(x_i) = -\log_2 10^{-3 \times 10^5} = 3 \times 10^5 \times 3.32 (\text{b}/\text{画面})$$

有一篇千字文章，假定每字可从万字表中任选，则共有不同的千字文 $N = 10\,000^{1000} = 10^{4000}$ 篇，仍按等概率 $1/10\,000^{1000}$ 计算，平均每篇千字文可提供的信息量为：

$$H(X) = \log_2 N = 4 \times 10^3 \times 3.32 = 1.3 \times 10^4 (\text{b}/\text{篇})$$

可见，一个电视画面平均提供的信息量远远超过一篇千字文章提供的信息量。

例 2-9　设信源符号集 $X = \{x_1, x_2, x_3\}$，每个符号发生的概率分别为 $p(x_1) = 1/2$，$p(x_2) = 1/4$，$p(x_3) = 1/4$。

则信源熵为：

$$H(X) = \frac{1}{2} \log_2 2 + \frac{1}{4} \log_2 4 + \frac{1}{4} \log_2 4 = 1.5 (\text{b}/\text{符号})$$

例 2-10 该信源 X 的输出符号只有两个,设为 0 和 1。输出符号发生的概率分别为 p 和 q,$p+q=1$。即信源的概率分布为:

$$\begin{bmatrix} X \\ P \end{bmatrix} = \begin{bmatrix} 0 & 1 \\ p & q \end{bmatrix}$$

则二元信源熵为:

$$H(X) = -p\log_2 p - q\log_2 q = -p\log_2 p - (1-p)\log_2(1-p) = H(p)$$

从图 2-5 中可以看出,如果二元信源的输出符号是确定的,即 $p=1$ 或 $q=1$,则该信源不提供任何信息。反之,当二元信源符号 0 和 1 以等概率发生时,信源熵达到极大值,等于 1 比特信息量。

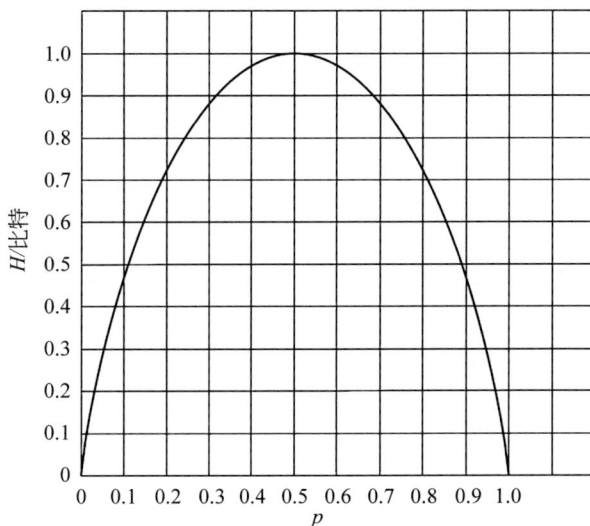

图 2-5 $H(p)$ 曲线图

2.2.3 条件熵

信源熵也称为无条件熵,是在没有其他条件下的熵,当存在某些条件影响事件的概率分布时,会影响事件的不确定度,所以存在条件熵(conditional entropy)。

定义 2-3 在给定某个 y_j 条件下,x_i 的条件自信息量为 $I(x_i|y_j)$,X 集合的条件熵 $H(X|y_j)$ 为条件自信息量的期望,即

$$H(X \mid y_j) = \sum_i p(x_i \mid y_j) I(x_i \mid y_j) \tag{2-13}$$

在给定 Y 条件下,X 集合的条件熵 $H(X|Y)$ 为不同 y_j 的条件熵的期望(加权平均),即

$$H(X \mid Y) = \sum_j p(y_j) H(X \mid y_j) = \sum_{i,j} p(y_j) p(x_i \mid y_j) I(x_i \mid y_j)$$
$$= \sum_{i,j} p(x_i y_j) I(x_i \mid y_j) \tag{2-14}$$

相应地,在给定 X(即各个 x_i)的条件下,Y 集合的条件熵 $H(Y|X)$ 定义为:

$$H(Y \mid X) = \sum_{i,j} p(x_i y_j) I(y_j \mid x_i) = -\sum_{i,j} p(x_i y_j) \log p(y_j \mid x_i) \qquad (2\text{-}15)$$

以上的条件熵有针对一个确定的条件 y_j 的条件熵 $H(X \mid y_j)$，也有以随机变量 X 作为条件的条件熵 $H(Y \mid X)$，均是条件自信息量的依照概率的加权平均（期望）。

注意：权重之和应该为 1，在信息论中对其他的加权平均也满足权重之和为 1。

条件熵是一个确定值，在通信中，可以表示信宿在收到 Y 后信源 X 仍然存在的不确定度。这是传输失真所造成的。有时称 $H(X \mid Y)$ 为信道的疑义度（equivocation），顾名思义，它是在接收到消息后对发送的消息依然存在的疑义（不确定性），也称为损失熵，即通过信道后损失的关于信源的不确定性。条件熵 $H(Y \mid X)$ 可以视为是噪声造成的，所以也称为噪声熵。

以地名为例，某个地名按照省市规则来填写，其中省是贵州省，市为贵阳市，当已知贵阳的时候，省就已经确定了，说明市已经完全提供了省的信息。同样如果知道了省，市的选择性也降低了，所以省提供了一部分关于市的信息。对于其他省市而言，市基本上都可以确定省，省则可以缩小市的范围。

2.2.4 联合熵

前面讨论的是单个事件的熵和条件熵，当将不同事件作为一个整体时，就存在联合的信源熵，即联合熵（joint entropy）。

定义 2-4 联合熵是联合符号集合 XY 上的每个元素对 $x_i y_j$ 的自信息量的概率加权统计平均值，表示 X 和 Y 同时发生的不确定度。

$$H(XY) = \sum_{i,j} p(x_i y_j) I(x_i y_j) = -\sum_{i,j} p(x_i y_j) \log p(x_i y_j) \qquad (2\text{-}16)$$

联合熵与条件熵有下列关系式：

$$H(XY) = H(X) + H(Y \mid X) \qquad (2\text{-}17)$$
$$H(XY) = H(Y) + H(X \mid Y) \qquad (2\text{-}18)$$

证明如下：

$$p(x_i y_j) = p(x_i) p(y_j \mid x_i) = p(y_j) p(x_i \mid y_j)$$
$$\sum_{i,j} p(x_i y_j) = \sum_i p(x_i) = \sum_j p(y_j)$$

所以：

$$H(XY) = \sum_{i,j} p(x_i y_j) I(x_i y_j) = -\sum_{i,j} p(x_i y_j) \log p(x_i y_j)$$
$$= -\sum_{i,j} p(x_i y_j) \log p(x_i) p(y_j \mid x_i)$$
$$= -\sum_{i,j} p(x_i y_j) \log p(x_i) - \sum_{i,j} p(x_i y_j) \log p(y_j \mid x_i)$$
$$= -\sum_i p(x_i) \log p(x_i) - \sum_{i,j} p(x_i y_j) \log p(y_j \mid x_i)$$
$$= H(X) + H(Y \mid X)$$

同理可证式(2-17)。

以上的各种熵可以推广到两个以上事件的情况。

上述关于联合熵的公式可以进一步推广如下。

$$H(X_1, X_2, \cdots, X_N) = H(X_1) + H(X_2 \mid X_1) + \cdots + H(X_N \mid X_1, X_2, \cdots, X_{N-1})$$

$$(2\text{-}19)$$

2.2.5 熵的性质

1. 非负性

$$H(X) \geqslant 0$$

信源熵是自信息量的数学期望,自信息量是非负值,所以信源熵一定满足非负性。

2. 对称性

$$H(x_1, x_2, \cdots, x_n) = H(x_2, x_1, \cdots, x_n) = H(x_n, x_1, \cdots, x_{n-1})$$

这是由于熵函数只涉及概率,这些概率在公式中是对称的和累加的。

3. 确定性

$$H(X) = H(0, 0, \cdots, 1, \cdots, 0) = 0$$

这意味着只要有一个 $p(x_i)$ 是 1,则熵函数一定是 0。在这种情况下,随机变量已失去了随机性,变成了确知量。换句话说,信源虽含有许多消息,但只有一个消息必然出现,而其他的消息几乎都不出现。显然,这是一个确知信源,从熵的不确定度概念来讲,确知信源的不确定度应为 0。

4. 香农辅助定理(极值性)

定理 2-1　对于任意两个 n 维概率矢量 $P = (p_1, p_2, \cdots, p_n)$ 和 $Q = (q_1, q_2, \cdots, q_n)$,如下不等式成立:

$$H(p_1, p_2, \cdots, p_n) = -\sum_{i=1}^{n} p_i \log p_i \leqslant -\sum_{i=1}^{n} p_i \log q_i \qquad (2\text{-}20)$$

5. 最大熵定理

$$H(X) \leqslant H\left(\frac{1}{n}, \frac{1}{n}, \cdots, \frac{1}{n}, \frac{1}{n}\right) = \log n \qquad (2\text{-}21)$$

定理 2-2　信源 X 中包含 n 个不同离散消息时,信源熵 $H(X)$ 有 $H(X) \leqslant \log_2 n$,当且仅当 X 中各个消息出现的概率全相等时,上式取等号。

证明: 自然对数具有性质 $\ln x \leqslant x - 1 (x > 0)$,当且仅当 $x = 1$ 时,该式取等号。

$$H(X) - \log_2 n = \sum_{i=1}^{n} p(x_i) \log_2 \frac{1}{p(x_i)} - \sum_{i=1}^{n} p(x_i) \log_2 n = \sum_{i=1}^{n} p(x_i) \log_2 \frac{1}{n p(x_i)}$$

令 $x = \dfrac{1}{n p(x_i)}$,引用 $\ln x \leqslant x - 1 (x > 0)$ 的关系,并注意 $\log_2 x = \ln x \log_2 e$,得:

$$H(X) - \log_2 n \leqslant \sum_{i=1}^{n} \left[\frac{1}{n} - p(x_i)\right] \log_2 e = \left[\sum_{i=1}^{n} \frac{1}{n} - \sum_{i=1}^{n} p(x_i)\right] \log_2 e = 0$$

故有 $H(X) \leqslant \log_2 n$,式中 $\sum_{i=1}^{n} p(x_i) = 1$。当且仅当 $x = \dfrac{1}{n p(x_i)} = 1$ 即 $p(x_i) = \dfrac{1}{n}$ 时,$H(X) = \log_2 n$,即等号成立。

上述定理说明:当信源 X 中各个离散消息以等概率出现时,可得到最大的信源熵:

$$H(X)_{\max} = \log_2 n$$

这个结果称为离散信源的最大熵定理。它表明最大熵的值取决于信源的消息个数，消息个数越多，熵越大。

例 2-11 计算分析某二元数字通信系统中输出 1 和 0 两个消息信元的信源熵。

等概率条件下，$H(X)=1$(b/符号)。这里的单位可以根据实际情况来决定，b 有时候也记为比特。

$p(0)=0,p(1)=1,H(X)=0$(b/符号)。

$p(0)=1,p(1)=0,H(X)=0$(b/符号)。

6. 条件熵小于无条件熵

(1) 条件熵小于信源熵：

$$H(X/Y) \leqslant H(X)$$

证明：

$$
\begin{aligned}
H(X \mid Y) &= -\sum_i \sum_j p(y_j) p(x_i \mid y_j) \log_2 p(x_i \mid y_j) \\
&= -\sum_j p(y_j) \Big[\sum_i p(x_i \mid y_j) \log_2 p(x_i \mid y_j) \Big] \\
&\leqslant -\sum_j p(y_j) \Big[\sum_i p(x_i \mid y_j) \log_2 p(x_i) \Big] \\
&= -\sum_i \Big[\sum_j p(y_j) p(x_i \mid y_j) \Big] \log_2 p(x_i) \\
&= -\sum_i p(x_i) \log_2 p(x_i) = H(X)
\end{aligned}
$$

其中，$\sum_j p(y_j) p(x_i \mid y_j) = \sum_j p(x_i \mid y_j) = p(x_i)$。

从概念上说，已知 Y 时，X 的不确定度应小于对 Y 一无所知时 X 的不确定度。这是因为已知 Y 后，从 Y 得到了一些关于 X 的信息，从而使 X 的不确定度下降。同理有 $H(Y \mid X) \leqslant H(Y)$。

(2) 两个条件下的条件熵小于一个条件下的条件熵：

$$H(Z \mid XY) \leqslant H(Z \mid Y)$$

7. 联合熵小于信源熵之和

$$H(XY) \leqslant H(X) + H(Y)$$

2.2.6 互信息与平均互信息量

在通信中，我们希望通过信道传递信息，一般来说，信道是有干扰的，即发出的 X 和接收到的 Y 是不同的。在图 2-6 中，信源发出某一符号 $x_i (i=1,2,\cdots,n)$ 后，对方接收到 $y_j (j=1,2,\cdots,m)$，问题是通过收到的 y_j 能够获得多少关于 x_i 的信息量？

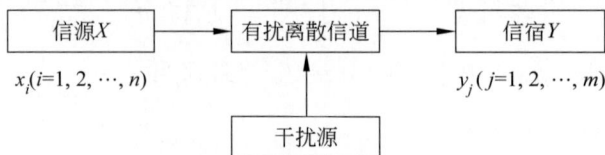

图 2-6 一般有扰通信系统

前面已经提及互信息量等概念。在通信的一般情况下，收信者所获取的信息量在数量上等于通信前后不确定性的消除（减少）的量。

这里用 $I(x_i;y_j)$ 表示收到 y_j 后从 y_j 中获取关于 x_i 的信息量。

$I(x_i;y_j)$ 为收到 y_j 前收信者对 x_i 存在的不确定性（先验不定度）与收到 y_j 后收信者对 x_i 仍然存在的不确定性（后验不定度）之差，即收信者收到 y_j 前、后对 x_i 存在的不确定性的消除，可表示为 $I(x_i)-I(x_i|y_j)$。

$$I(x_i;y_j)=\log\frac{p(x_i\mid y_j)}{p(x_i)}$$
$$=\log\frac{\text{后验概率}}{\text{先验概率}}\quad(i=1,2,\cdots,n,j=1,2,\cdots,m)$$

所以有：

$$I(x_i;y_j)=-\log p(x_i)+\log p(x_i\mid y_j)=I(x_i)-I(x_i\mid y_j)$$
$$I(x_i;y_j)=\log\frac{p(x_i\mid y_j)p(y_j)}{p(x_i)p(x_j)}$$
$$=I(x_i)+I(y_j)-I(x_iy_j)$$

类似于条件熵，我们可以对互信息量取期望（加权平均），得到平均互信息量。

互信息量 $I(x_i;y_j)$ 在随机变量 X 集合上的期望为：

$$I(X;y_j)=\sum_i p(x_i\mid y_j)I(x_i;y_j)=\sum_i p(x_i\mid y_j)\log\frac{p(x_i\mid y_j)}{p(x_i)}$$

进一步求上述 $I(X;y_j)$ 在随机变量 Y 集合上的概率加权统计平均值：

$$I(X;Y)=\sum_j p(y_j)I(X;y_j)=\sum_{i,j}p(y_j)p(x_i\mid y_j)\log\frac{p(x_i\mid y_j)}{p(x_i)}$$
$$=\sum_{i,j}p(x_iy_j)\log\frac{p(x_i\mid y_j)}{p(x_i)}\tag{2-22}$$

平均互信息量（average mutual information）又称交互熵。

说明：

（1）在通信系统中，若发端的符号是 X，而收端的符号是 Y，$I(X;Y)$ 就是在接收端收到 Y 后所能获得的关于 X 的信息。

（2）若干扰很大，Y 基本上与 X 无关，或者说 X 与 Y 相互独立，那就收不到任何关于 X 的信息。

（3）若没有干扰，Y 是 X 的确定的一一对应函数，那就能完全收到 X 的信息 $H(X)$。

例 2-12　如图 2-7 所示，某二元通信系统发送 1 和 0 的概率分别为 $p(1)=1/4$，$p(0)=3/4$。由于信道中有干扰，通信不能无差错地进行，即有 1/6 的 1 在接收端错成 0，1/2 的 0 在接收端错成 1。试问信宿收到一个消息后获得的平均信息量是多少？

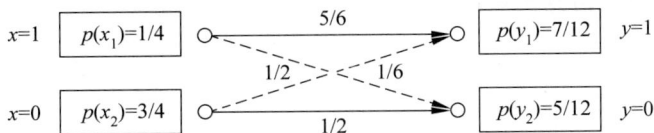

图 2-7　通信系统参数

解：

$$p(x_1) = p(1) = 1/4$$

$$p(x_2) = p(0) = 3/4$$

根据题意确定 $p(y_j | x_i)$：

$$p(y_1 | x_1) = p(1 | 1) = 5/6, \quad p(y_2 | x_1) = p(0 | 1) = 1/6$$

$$p(y_2 | x_2) = p(0 | 0) = 1/2, \quad p(y_1 | x_2) = p(1 | 0) = 1/2$$

这就称为信道特性，如果列成矩阵，就叫作信道矩阵。

先用公式 $p(x_i) p(y_j | x_i) = p(x_i y_j)$ 来计算，$p(x_i y_j)$ 称为联合概率。

$$p(x_2 y_1) = p(01) = p(0) p(1 | 0) = 3/4 \times 1/2 = 3/8$$

$$p(x_2 y_2) = p(00) = p(0) p(0 | 0) = 3/4 \times 1/2 = 3/8$$

$$p(x_1 y_2) = p(10) = p(1) p(0 | 1) = 1/4 \times 1/6 = 1/24$$

$$p(x_1 y_1) = p(11) = p(1) p(1 | 1) = 1/4 \times 5/6 = 5/24$$

再计算信宿端 $p(y_j)$：

$$p(y_1) = p(1) = 1/4 \times 5/6 + 3/4 \times 1/2 = 7/12$$

$$p(y_2) = p(0) = 3/4 \times 1/2 + 1/4 \times 1/6 = 5/12$$

再利用公式 $p(x_i | y_j) = p(x_i | y_j)/p(y_j)$ 来计算后验概率 $p(x_i | y_j)$：

$$p(x_1 | y_1) = \frac{p(x_1 | y_1)}{p(y_1)} = \frac{5}{24} \div \frac{7}{12} = \frac{5}{14}$$

$$p(x_2 | y_1) = 1 - \frac{5}{14} = \frac{9}{14}$$

$$p(x_1 | y_2) = \frac{p(x_1 | y_2)}{p(y_2)} = \frac{1}{24} \div \frac{5}{12} = \frac{1}{10}$$

$$p(x_2 | y_2) = 1 - \frac{1}{10} = \frac{9}{10}$$

现在可以计算信宿收到一个消息后所获得的信息量：

$$I(发\,0;收\,0) = I(X_2; Y_2) = \log_2 \frac{p(x_2 | y_2)}{p(x_2)} = \log_2 \frac{9}{10} - \log_2 \frac{3}{4} = \log_2 \frac{5}{6}$$

$$= 0.263(\text{b/ 消息})$$

$$I(发\,1;收\,1) = I(X_1; Y_1) = \log_2 \frac{p(x_1 | y_1)}{p(x_1)} = \log_2 \frac{5}{14} - \log_2 \frac{1}{4} = \log_2 \frac{10}{7}$$

$$= 0.515(\text{b/ 消息})$$

$$I(发\,1;收\,0) = I(X_1; Y_2) = \log_2 \frac{p(x_1 | y_2)}{p(x_1)} = \log_2 \frac{1}{10} - \log_2 \frac{1}{4} = \log_2 \frac{2}{5}$$

$$= -1.322(\text{b/ 消息})$$

在某些情况下，互信息量可能为负值。

$$I(发\,0;收\,1) = I(X_2; Y_1) = \log_2 \frac{p(x_2 | y_1)}{p(x_2)} = \log_2 \frac{9}{14} - \log_2 \frac{3}{4} = \log_2 \frac{6}{7}$$

$$= -0.222(\text{b/ 消息})$$

信宿收到一个消息所获得的平均信息量如下（以概率加权平均）：

$$I_{平均} = p(x_2 y_2) I(x_2; y_2) + p(x_1 y_1) I(x_1; y_1) + p(x_1 y_2) I(x_1; y_2) + p(x_2 y_1) I(x_2; y_1)$$
$$= 3/8 \times 0.263 + 5/24 \times 0.515 - 1/24 \times 1.322 - 3/8 \times 0.222$$
$$= 0.067(b/消息)$$

数学上可以证明平均信息量是非负的。

如果信源发出 n 个 2 元数字消息序列(例如由 1 和 0 组成),可能存在排列数 $N = 2^n$,设所有可能的排列都是等概率的,则每种先验概率为 $p = 1/2^n$;假设信道中无噪声干扰,则后验概率 $p(x_i | y_j)$ 为 1,可得:

$$I_{平均} = \log_2 \frac{1}{先验概率} = \log_2 2^n = n \text{ 比特}$$

若不是等概率分布,则 $I_{平均}$ 就会小于 n 比特。

2.2.7　互信息与平均互信息量的性质

互信息具有如下性质。

(1) 对称性。

$$I(x_i; y_j) = I(y_j; x_i); \quad \left(\log \frac{p(x_i | y_j) p(y_j)}{p(x_i) p(y_j)} = \log \frac{p(y_j | x_i) p(x_i)}{p(y_j) p(x_i)} \right)$$

(2) 当 X 和 Y 相互独立时,互信息为 0。

$$I(x_i; y_j) = I(x_i) + I(y_j) - I(x_i y_j) = I(x_i) + I(y_j) - [I(x_i) + I(y_j)] = 0$$

(3) 互信息量可为正值或负值。

互信息经过加权平均后的平均互信息量具有以下性质。

(1) 对称性。

$$I(X; Y) = I(Y; X)$$

平均互信息量的对称性说明:对于信道两端的随机变量 X 和 Y,从 Y 中提取到的关于 X 的信息量与从 X 中提取到的关于 Y 的信息量是一样的和相互作用的。$I(X; Y)$ 和 $I(Y; X)$ 只是观察者的立足点不同,是对信道两端的随机变量 X 和 Y 之间的信息流通的总体测度的两种不同的表达形式而已。

(2) 非负性。

$$I(X; Y) \geqslant 0$$

平均互信息量的非负性说明:从整体和平均的意义上来说,信道每通过一条消息,总能传递一定的信息量,或者说接收端每收到一条消息,总能提取到信源 X 的信息量,等效于总能使信源的不确定度有所下降。也可以说,从一个事件提取关于另一个事件的消息时,最坏的情况是 0,不会由于知道了一个事件,反而使另一个事件的不确定度增加。

回顾第 1 章锦囊中的例子,即使是一个骗子,如果我们知道他经常说反话的话,也可以从中获得信息。同样,对于一个二进制对称信道,如果其错误率达到 0.99,也可以获得关于信源的信息,因为可以根据这种对应关系反过来译码。

(3) 极值性。

$$I(X; Y) \leqslant H(X)$$
$$I(Y; X) \leqslant H(Y)$$

平均互信息量的极值性说明：从一个事件提取关于另一个事件的信息量，至多是另一个事件的熵，不会超过另一个事件自身所含的信息量。

（4）凸函数性。

① 平均互信息量 $I(X;Y)$ 是输入信源概率分布 $p(x_i)$ 的上凸函数，这一点是研究信道容量的理论基础。

② 平均互信量 $I(X;Y)$ 是信道转移概率 $p(y_j|x_i)$ 的下凸函数，这一点是研究信源的信息率失真函数的理论基础。

平均互信息和各种熵间的关系如下：

$$I(X;Y) = H(X) - H(X \mid Y)$$

$$I(X;Y) = H(X) + H(Y) - H(XY)$$

$$I(Y;X) = H(Y) - H(Y \mid X) = H(X) + H(Y) - H(XY) = I(X;Y)$$

如图 2-8 所示，这种关系图类似于集合关系中的维纳图。该图可以推广到多个随机变量的熵的关系上。

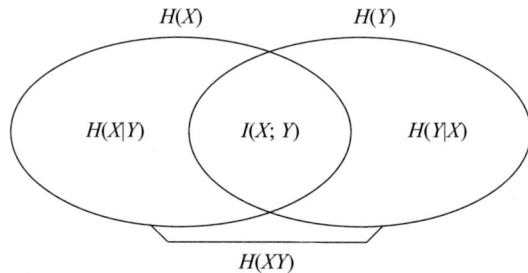

图 2-8　互信息量与熵之间的关系图

证明：

（1） $\displaystyle I(X;Y) = \sum_{i,j} p(y_j) p(x_i \mid y_j) \log \frac{p(x_i \mid y_j)}{p(x_i)}$

$\displaystyle \qquad\qquad = \sum_{i,j} p(y_j) p(x_i \mid y_j) \log P(x_i \mid y_j)$

$\displaystyle \qquad\qquad = \sum_{i,j} p(x_i \mid y_j) \log P(x_i \mid y_j) - \sum_i p(x_i) \log P(x_i)$

$\qquad\qquad = H(X) - H(X \mid Y)$

（2） 由 $H(XY) = H(Y) + H(X|Y) = H(X) + H(Y) - I(X;Y)$ 可得。

（3） 证明一：由（2）可知，$I(Y;X)$ 和 $I(X;Y)$ 均等于 $H(X) + H(Y) - H(XY)$，所以有 $I(Y;X) = I(X;Y)$。

证明二：

$$I(X;Y) = \sum_{x,y} p(xy) \log \frac{p(x \mid y)}{p(x)} = \sum_{x,y} p(xy) \log \frac{p(y \mid x)}{p(y)} = I(Y;X)$$

以下用各种熵和平均互信息量来分析有噪声信道的通信问题。

信源为 X，信宿为 Y，接收到 Y 后，由于信道上的干扰和噪声造成对信源符号 X 的平均不确定度 $H(X|Y)$，表示在输出端收到全部输出符号 Y 集后对于输入端的符号集 X

尚存在的不确定性(存在疑义),故称为疑义度。

$I(X;Y)$是有扰离散信道上能传输的平均信息量,而 $H(X|Y)$ 可以看作由于信道上存在干扰和噪声而损失的平均信息量。

条件熵 $H(Y|X)$ 表示发出 X 后对 Y 仍然存在的平均不确定度。这主要是由于噪声的影响,可看成确定信道噪声所需要的平均信息量,故又称噪声熵或散布度。

可以从图 2-9 看出它们之间的关系。

以下是几类特殊信道的性质。

(1) 全损离散信道：$H(X|Y)=H(X)$,$I(X;Y)=0$,当 X 和 Y 独立时,它们之间的平均互信息量为 0。

(2) 无扰离散信道：$H(Y|X)=0$,$I(X;Y)=H(Y)$,当 X 可以确定 Y 时,平均互信息量为 $H(Y)$。

(3) 无损无扰离散信道：$H(Y|X)=0$,$H(X|Y)=0$,$I(X;Y)=H(X)=H(Y)$,此时,X 和 Y 一一对应,平均互信息量为 $H(X)$。

例 2-13　二进制信源 X 发出符号集$\{0,1\}$,经过离散无记忆信道传输,信道输出用 Y 表示。由于噪声的存在,接收端除了收到 0 和 1 以外,还有不确定的符号,用"?"来表示,如图 2-10 所示。已知 X 的先验概率 $p(x=0)=2/3$,$p(x=1)=1/3$,图 2-10 所示的转移概率符号的转移概率为 $p(y=0|x=0)=3/4$,$p(y=?|x=0)=1/4$,$p(y=1|x=1)=1/2$,$p(y=?|x=1)=1/2$,其余为 0。求 $H(X)$、$H(Y)$、$H(Y|X)$ 和 $H(X,Y)$。

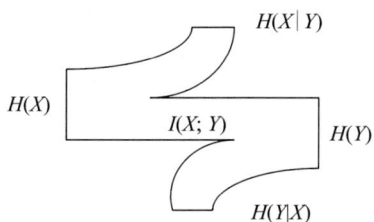

图 2-9　收发两端的熵关系　　　　图 2-10　转移概率

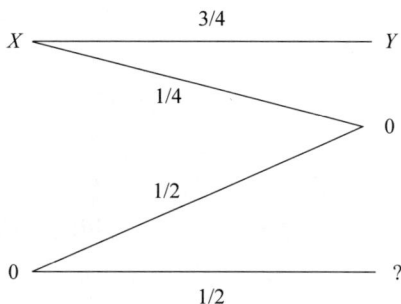

解：已知 $\begin{bmatrix} X \\ P \end{bmatrix} = \begin{bmatrix} 1 & 0 \\ 1/3 & 2/3 \end{bmatrix}$

直接求出：

$$H(X)=H(1/3,2/3)=0.92(\text{比特／符号})$$

联合概率为：

$$p(x=0,y=0)=p(y=0/x=0)\,p(x=0)=1/2$$

同理可求：

$$p(x=0,y=?)=1/6,\quad p(x=0,y=1)=0,\quad p(x=1,y=0)=0,$$
$$p(x=1,y=?)=1/6,\quad p(x=1,y=1)=1/6$$

则条件熵为：

$$H(Y \mid X) = -\sum_{i=1}^{2} \sum_{j=1}^{2} p(x_i, y_j) \log p(y_j \mid x_i) = 0.88 \text{（比特／符号）}$$

联合熵为：

$$H(X, Y) = H(X) + H(Y \mid X) = 1.8 \text{（比特／符号）}$$

另外：

$$p(y=0) = p(x=0, y=0) + p(x=1, y=0) = 1/2$$
$$p(y=1) = p(x=0, y=1) + p(x=1, y=1) = 1/6$$
$$p(y=?) = p(x=0, y=?) + p(x=1, y=?) = 1/3$$

则可求得：

$$H(Y) = H(1/2, 1/3, 1/6) = 1.47 \text{（比特／符号）}$$

可以求出后验概率：

$$p(x=0 \mid y=0) = \frac{p(x=0, y=0)}{p(y=0)} = \frac{1/2}{1/2} = 1$$
$$p(x=1 \mid y=0) = 0$$
$$p(x=0 \mid y=1) = 0$$
$$p(x=0 \mid y=?) = 1/2$$
$$p(x=1 \mid y=1) = 1$$
$$p(x=1 \mid y=?) = 1/2$$

可以求出损失熵：

$$H(X \mid Y) = \sum_{i=1}^{2} \sum_{j=1}^{3} p(x_i, y_j) \log p(x_i \mid y_j) = 0.33 \text{（比特／符号）}$$

同样，可以求出联合熵（可以用于验算结果是否正确）：

$$H(X, Y) = H(Y) + H(X \mid Y) = 1.8 \text{（比特／符号）}$$

下面讨论多个变量的互信息量。

符号 x_i 与符号对 $y_j z_k$ 之间的互信息量定义为：

$$I(x_i; y_j, z_k) = \log \frac{p(x_i \mid y_j, z_k)}{p(x_i)} \tag{2-23}$$

定义 2-5　$I(x_i; y_j \mid z_k)$ 是在给定 z_k 条件下，x_i 与 y_j 之间的条件互信息量。

$$I(x_i; y_j \mid z_k) = \log \frac{p(x_i \mid y_j, z_k)}{p(x_i \mid z_k)} \tag{2-24}$$

则有：

$$I(x_i; y_j, z_k) = I(x_i; z_k) + I(x_i; y_j \mid z_k)$$

证明：

$$\begin{aligned} I(x_i; y_j \mid z_k) &= \log \frac{p(x_i \mid y_j z_k)}{p(x_i)} = \log \frac{p(x_i \mid y_j z_k)}{p(x_i)} \cdot \frac{p(x_i \mid z_k)}{p(x_i \mid z_k)} \\ &= \log \frac{p(x_i \mid y_j z_k)}{p(x_i \mid z_k)} + \log \frac{p(x_i \mid z_k)}{p(x_i)} \\ &= I(x_i; z_k) + I(x_i; y_j \mid z_k) \end{aligned}$$

说明： 一个联合事件 $y_j z_k$ 出现后所提供的有关 x_i 的信息量 $I(x_i; y_j, z_k)$ 等于 z_k 事

件出现后提供的有关 x_i 的信息量 $I(x_i;z_k)$，加上在给定 z_k 条件下再出现 y_j 事件后所提供的有关 x_i 的信息量 $I(x_i;y_j|z_k)$。

同理，还有以下公式：

$$I(x_i;y_jz_k)=I(x_i;y_j)+I(x_i;z_k|y_j)$$
$$I(x_i;y_j,z_k)=I(x_i;z_k,y_j)$$

三维联合集 XYZ 上的平均互信息量为：

$$I(X;Y,Z)=I(X;Y)+I(X;Z|Y)$$
$$I(X;Y,Z)=I(X;Z)+I(X;Y|Z)$$
$$I(Y,Z;X)=I(Y;X)+I(Z;X|Y)$$

证明：

$$I(X;y_jz_k)=\sum_i P(x_i|y_jz_k)I(x_i,y_jz_k)$$
$$=\sum_i P(x_i|y_jz_k)\left[I(x_i;y_j)+I(x_i;z_k|y_j)\right]$$
$$=\sum_i p(x_i|y_jz_k)\left[\log\frac{p(x_i|y_j)}{p(x_i)}+\log\frac{p(x_i|y_jz_k)}{p(x_i|y_j)}\right]$$
$$=\sum_i p(x_i|y_jz_k)\log\frac{p(x_i|y_j)}{p(x_i)}+$$
$$\sum_i p(x_i|y_jz_k)\log\frac{p(x_i|y_jz_k)}{p(x_i|y_j)}$$
$$I(X;Y,Z)=\sum_{i,j,k} p(y_jz_k)p(x_i|y_jz_k)\log\frac{p(x_i|y_j)}{p(x_i)}+$$
$$\sum_{i,j,k} p(y_jz_k)p(x_i|y_jz_k)\log\frac{p(x_i|y_jz_k)}{p(x_i|y_j)}$$
$$=\sum_{i,j} p(x_iy_j)\log\frac{p(x_i|y_j)}{p(x_i)}+\sum_{i,j,k} p(x_iy_jz_k)\log\frac{p(x_i|y_jz_k)}{p(x_i|y_j)}$$
$$=I(X;Y)+I(X;Z|Y)$$

以上的关系可以从图 2-11 看出。

注意：作为条件的信源是被排除的，如果是求平均互信息量，则是求两者的公共部分。

以公式 $I(X;Y,Z)=I(X;Y)+I(X;Z|Y)$ 为例，以上数字表示其所在位置的线条内的最小区域，则：

$$I(X;Y,Z)=区域\ 2+区域\ 6+区域\ 8$$
$$I(X;Y)=区域\ 6+区域\ 8$$
$$I(X;Z|Y)=区域\ 2$$

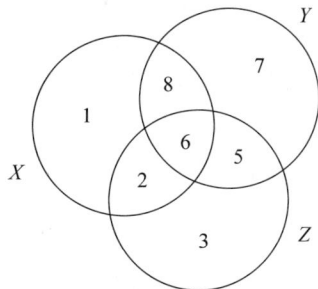

图 2-11　3 个信源的熵与互信息量关系图

2.2.8　数据处理中信息的变化

定理 2-3　数据处理定理。当消息通过多级处理器（串联）时，随着处理器数目的增多，输入消息与输出消息之间的平均互信息量趋于变小。

注意：这里蕴含一定的假设，信息在处理过程中的噪声是随机的，并与在其前面的原始信源和中间信源是相互独立的，因此在条件 Y 下 X 和 Z 独立。

在图 2-12 中，X 是输入消息，Y 是第一级处理器的输出消息，Z 是第二级处理器的输出消息。则有下列不等式成立：

$$I(X;Z) \leqslant I(Y;Z)$$
$$I(X;Z) \leqslant I(X;Y)$$

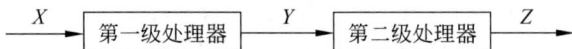

图 2-12   级联处理系统

证明：在条件 Y 下 X 和 Z 独立，即：

$$I(X;Z \mid Y) = 0$$

根据 2.2.7 节的结论，有：

$$I(X;Y,Z) = I(X;Y) + I(X;Z \mid Y)$$
$$I(X;Y,Z) = I(X;Z) + I(X;Y \mid Z)$$

所以有：

$$I(X;Z) = I(X;Y) + I(X;Z \mid Y) - I(X;Y \mid X)$$
$$I(X;Z) = I(X;Y) - I(X;Y \mid Z)$$

所以有 $I(X;Z) \leqslant I(X;Y)$。

该定理说明数据处理过程中只会失掉一些信息，而绝不会创造出新的信息，即所谓信息不增性。将其应用于通信系统中，则可以说明信息经过编码和译码处理后一般不可能增加，而只会减少。

以上的关系可以从图 2-11 看出（注意，$I(X;Z|Y)=0$ 代表区域 2 为 0）。

如果想从测量结果 Y 中得到越来越多的关于 X 的信息，就必须付出代价，通常的方法就是经过多次测量。从图 2-11 中也可以看出，$I(X;Y) \leqslant I(X;Y,Z)$，即区域 8 加上区域 6 小于或等于区域 8 加上区域 6 加上区域 2。如果对 X 进行 Y 和 Z 的测量，获得的平均互信息量更大，尤其是当各次测量相互独立时效果更加显著，即当区域 5 加上区域 6 为 0 时，特别是区域 6 等于 0 时影响更大。如果经过无数次测量，平均互信息量可能会接近 X 的信源熵。

注意：数据处理定理存在前提，是否可以存在破例？

2.2.9   相关公式的理解和记忆

考虑到许多读者认为公式难以理解和记忆，我们这里做一些启发。本来不应该在如何记忆上下功夫，但是它也能促进对公式的理解，在这里我们不是做严格的证明，而是给予一种理解的思路。

首先，最基本的是我们应该理解公式中对数的得来，相关的证明非常复杂。但是我们知道这样的原理，概率大的应该编码短，概率小的应该编码长，概率为 0 的应该不占用编码。这样我们为了公平起见，假设符号都是等概率，它们的合理编码长度应该是相同的，

此时符号数为 $1/p$，如果采用 k 进制编码，需要的编码长度至少为 $\log_k(1/p)$，因为对于长度为 l 的 k 进制编码，不同码为 k^l，由此可以得出自信息量，其他条件自信息量和联合自信息量以此类推。互信息量则是自信息量与条件自信息量之差。

其次，凡是涉及大写的 X、Y 之类的随机变量(不确定的、抽象的)，均是涉及不同的具体值，所以计算信息量的时候应当求平均值。公式的形式为概率值乘以某个信息量求积，概率值为具体的信息量发生的概率，所以与大写的随机变量是有关的。如果有个量 X 是大写的随机变量，而另一个是小写的具体值 y_j，则该事件发生的概率为 y_j 作为条件的条件概率，如果 X、Y 均为大写，则为联合概率，后面的信息量根据前面的来确定。

2.3　离散序列信源的熵

前面讨论的是单符号离散信源(即信源每次输出单个符号)及其各种熵。然而实际信源往往输出的消息是时间和空间上的一系列符号。例如，电报系统发出的是一串有、无脉冲的信号序列。这类信源每次输出的不是单个符号，而是一个符号序列。通常，一个消息序列的每位出现哪个符号都是随机的，而且一般前后符号之间的出现是有统计依赖关系的，这种信源称为离散序列信源(或多符号离散信源)。

2.3.1　离散无记忆信源的序列熵

设信源输出的随机序列(随机矢量)为 X，$X=(X_1 X_2 \cdots X_l \cdots X_L)$，序列中的单个符号变量 $X_l \in \{x_1, x_2, \cdots, x_n\}$，$l=1,2,\cdots,L$，即序列长为 L。

设随机序列的概率为：

$$p(X=x_i) = p(X_1=x_{i_1} \cdots X_l=x_{i_l} \cdots X_L=x_{i_L})$$
$$= p(x_{i_1})p(x_{i_2} \mid x_{i_1})p(x_{i_3} \mid x_{i_1}x_{i_2}) \cdots p(x_{i_L} \mid x_{i_1}x_{i_2}\cdots x_{i_{L-1}})$$
$$= p(x_{i_1})p(x_{i_2} \mid x_{i_1})p(x_{i_3} \mid x_{i_1}^2) \cdots p(x_{i_L} \mid x_{i_1}^{L-1})$$

其中 $x_{i_1}^{L-1} = x_{i_1}x_{i_2}\cdots x_{i_{L-1}}$。

下面分类讨论其序列熵。

为了简化问题，假设信源无记忆(即符号之间无相关性)，$p(x_i) = p(x_{i_1}x_{i_2}\cdots x_{i_L}) = \prod_{l=1}^{L} p(x_{i_l})$。

$$H(X) = -\sum_{i=1}^{n^L} p(x_i)\log p(x_i) = -\sum_i \prod_{l=1}^{L} p(x_{i_l})\log \prod_{l=1}^{L} p(x_{i_l})$$
$$= -\sum_{l=1}^{L}\sum_i \prod_{l=1}^{L} p(x_{i_l})\log p(x_{i_l}) = \sum_{l=1}^{L} H(X_l)$$

其中，$H(X_l) = -\sum_i \prod_{l=1}^{L} p(x_{i_l})\log p(x_{i_l})$。

在以上条件的基础上，进一步假设信源的序列满足平稳特性(与序号 l 无关)时，有 $p(x_{i_1}) = p(x_{i_2}) = \cdots = p(x_{i_L}) = p$，$p(x_i) = p^L$，则信源的序列熵又可表示为 $H(X) = LH(X)$。

平均每个符号熵为：

$$H_L(X) = H(X)/L = H(X)（单个符号的信源的符号熵） \tag{2-25}$$

可见，对于平稳无记忆信源平均每个符号的符号熵 $H_L(X)$ 等于单个符号的信源熵 $H(X)$。

平稳无记忆信源又称独立同分布信源，可以看成由单个符号扩展而成，又称扩展信源。

平稳无记忆信源随着序列长度的增加而体现出渐进等分性（又称渐进等分割性或渐进均分性，Asymptotic Equipartition Property，AEP）的性质，这种性质在后面的等长信源编码定理、限失真编码定理和有扰信道编码定理的证明中都有着非常重要的作用。其性质为：信源可以分为典型序列（一般又称为 ε 典型序列）和非典型序列，其中典型序列随着序列长度的增加而逼近 1，并且出现均等特点；而非典型序列则趋向于 0。

考虑对以下信源进行扩展，显然，其扩展后是独立同分布序列信源。

$$\begin{bmatrix} X \\ P(X) \end{bmatrix} = \begin{Bmatrix} x_1 & x_2 \\ 3/4 & 1/4 \end{Bmatrix}$$

二次和三次扩展信源的概率分布特点如下。

（1）二次扩展信源的概率分布：

$$P(a_1) = P(x_1 x_1) = P(x_1)P(x_1) = \frac{3}{4} \times \frac{3}{4} = \frac{9}{16}$$

$$P(a_2) = P(x_1 x_2) = P(x_1)P(x_2) = \frac{3}{4} \times \frac{1}{4} = \frac{3}{16}$$

$$P(a_3) = P(x_2 x_1) = P(x_2)P(x_1) = \frac{1}{4} \times \frac{3}{4} = \frac{3}{16}$$

$$P(a_4) = P(x_2 x_2) = P(x_2)P(x_2) = \frac{1}{4} \times \frac{1}{4} = \frac{1}{16}$$

（2）三次扩展信源的概率分布：

$$P(a_1) = P(x_1 x_1 x_1) = \frac{3}{4} \times \frac{3}{4} \times \frac{3}{4} = \frac{27}{64}$$

$$P(a_2) = P(x_1 x_1 x_2) = \frac{3}{4} \times \frac{3}{4} \times \frac{1}{4} = \frac{9}{64}$$

$$P(a_3) = P(x_1 x_2 x_1) = \frac{3}{4} \times \frac{1}{4} \times \frac{3}{4} = \frac{9}{64}$$

$$P(a_4) = P(x_1 x_2 x_2) = \frac{3}{4} \times \frac{1}{4} \times \frac{1}{4} = \frac{3}{64}$$

$$P(a_5) = P(x_2 x_1 x_1) = \frac{1}{4} \times \frac{3}{4} \times \frac{3}{4} = \frac{9}{64}$$

$$P(a_6) = P(x_2 x_1 x_2) = \frac{1}{4} \times \frac{3}{4} \times \frac{1}{4} = \frac{3}{64}$$

$$P(a_7) = P(x_2 x_2 x_1) = \frac{1}{4} \times \frac{1}{4} \times \frac{3}{4} = \frac{3}{64}$$

$$P(a_8) = P(x_2 x_2 x_2) = \frac{1}{4} \times \frac{1}{4} \times \frac{1}{4} = \frac{1}{64}$$

从以上扩展信源可知,随着 N 的增加,从绝对值上来说概率分布虽然发生了两极分化,但是相对而言,概率出现了均等化的趋势,特别是中间概率的可能性比较大,即序列中各个可能符号出现的比例(该符号数目除以该序列中所有符号数目的值)趋向于其概率。所以可以将符号序列分为两组,某些小概率序列作为一组,其概率之和趋向于 0,称为非典型序列;而其他的构成一组,称为典型序列,其概率趋向于 1,而且这个典型序列组内概率出现均等化倾向。

补充以下概率论知识。

设 $\{X_n, n \geqslant 1\}$ 是概率空间 (Ω, F, P) 上的随机变量序列,从随机变量作为可测函数看,本章涉及以下两种收敛。

- 以概率 1 收敛:若 $p(\lim\limits_{n\to\infty} X_n = X) = 1$,则称 $\{X_n, n \geqslant 1\}$ 以概率 1 收敛于 X。强大数律(见大数律)就是阐明事件发生的频率和样本观测值的算术平均分别以概率 1 收敛于该事件的概率和总体的均值。以概率 1 收敛也常称为几乎必然(简记为 $a.s.$)收敛,它相当于测度论中的几乎处处(简记为 $a.e.$)收敛。

- 依概率收敛:若对任一正数 ε,都有 $\lim\limits_{n\to\infty} P(|X_n = X| \geqslant \varepsilon) = 0$,则称 $\{X_n, n \geqslant 1\}$ 依概率收敛于 X。它表明随机变量 X_n 与 X 发生较大偏差($\geqslant \varepsilon$)的概率随 n 无限增大而趋于零。

弱大数定律(weak law of large numbers):考虑随机试验 E 中的事件 A,假设其发生的概率为 $p(0 < p < 1)$,现在独立重复地做试验 n 次——n 重贝努里试验。令:

$$\xi_i = \begin{cases} 1, & A \text{ 在第 } i \text{ 次试验中出现} \\ 0, & A \text{ 在第 } i \text{ 次试验中不出现} \end{cases}$$

其中 $1 \leqslant i \leqslant n$。

则 $P(\xi_i = 1) = p$,$P(\xi_i = 0) = 1 - p$,$S_n = \sum\limits_{i=1}^{n} \xi_i$ 是做 n 次试验 E 后 A 发生的次数,可能值 $0, 1, 2, \cdots, n$ 是随着试验结果而定的随机变量,不过其期望 $E\left(\dfrac{S_n}{n}\right) = p$,当 $n \to \infty$ 时,频率 $\dfrac{S_n}{n}$ 收敛于其期望,即概率 p。

对于平稳同分布序列信源 A,以随机方式依概率选取一个序列 $a_i = s_1 s_2 \cdots s_N$,其自信息量 $I(a) = I(s_1) + I(s_2) + \cdots + I(s_N)$,序列 a_i 中 $s_1, s_2, \cdots, s_N$ 都是取值于一个集合 $\{b_1, b_2, \cdots, b_m\}$,如果取 N 趋向于一个大数乃至于无穷,实际上这构成了一个 $I(a)$ 内部的大数。当 N 趋向于无穷时,序列 a_i 中 $b_1, b_2, \cdots, b_m$ 的个数趋向于各自的概率乘以 N,即 $N p(b_1), N p(b_2), \cdots, N p(b_m)$,这样 $I(a)/N = (I(s_1) + I(s_2) + \cdots + I(s_N))/N$ 趋向于 $-(N p(b_1) \log p(b_1) + N p(b_2) \log p(b_2) + \cdots + N p(b_m) \log p(b_m))/N = H(S)$。

从另外一个角度来看,序列中各个符号是随机的,但是随着序列的增加,各个序列中各种符号的频率趋向于其概率，所以就会出现大多数序列有等分性的特点。

定理 2-4　渐进均分性定理。对于 N 维平稳无记忆信源，任意给定 $\varepsilon > 0$，当 N 足够大时有：

$$\left| \frac{I(a_i)}{N} - H(X) \right| \leqslant \varepsilon$$

由香农辅助定理可知：

$$H(p_1, p_2, \cdots, p_n) = -\sum_{i=1}^{n} p_i \log p_i \leqslant -\sum_{i=1}^{n} p_i \log q_i$$

对于自信息量进行加权平均时，依照对应的概率进行加权平均（此时的值恰好为信源熵）时，其值最低。但是定理 2-4 告诉我们，典型序列的直接取平均值（权重都等于 N 分之一）趋向于以单个符号依照概率进行加权平均（权重为概率）累加的结果。这是因为，随着 N 的增加，大量序列的概率出现了均等化的趋向，而另外某些概率则趋向于 0，这些小的值可以趋向于 0，这种可以忽略的部分在考虑编码错误的时候也是可以忽略的，从而信源编码和信道编码提供了可以忽略的失真。

推论 1　记 $P(a_i)$ 为典型集 A_ε^N 中的符号序列（典型序列）的概率，有：

$$2^{-N[H(X)+\varepsilon]} \leqslant P(a_i) \leqslant 2^{-N[H(X)-\varepsilon]}$$

$$\left| \frac{I(a_i)}{N} - H(X) \right| = \left| \frac{\log P(a_i)}{N} + H(X) \right| \leqslant \varepsilon$$

$$-\varepsilon \leqslant \frac{\log P(a_i)}{N} + H(X) \leqslant \varepsilon$$

$$-N[H(X)+\varepsilon] \leqslant \log P(a_i) \leqslant -N[H(X)-\varepsilon]$$

推论 2　记 $|A_\varepsilon^N|$ 为典型集 A_ε^N 中的符号序列（典型序列）的数量，有：

$$(1-\varepsilon)2^{N[H(X)-\varepsilon]} < |A_\varepsilon^N| \leqslant 2^{N[H(X)+\varepsilon]}$$

$$2^{-N[H(X)+\varepsilon]} \leqslant P(a_i) \leqslant 2^{-N[H(X)-\varepsilon]}$$

$$1 = \sum_{i=1}^{n^N} P(a_i) \geqslant \sum_{a_i \in A_\varepsilon^N} P(a_i) \geqslant \sum_{a_i \in A_\varepsilon^N} P_{\min}(a_i) = |A_\varepsilon^N| 2^{-N[H(X)+\varepsilon]}$$

$$|A_\varepsilon^N| \leqslant 2^{N[H(X)+\varepsilon]}$$

$$1 - \varepsilon < \sum_{a_i \in A_\varepsilon^N} P(a_i) \leqslant \sum_{a_i \in A_\varepsilon^N} P_{\max}(a_i) = |A_\varepsilon^N| 2^{-N[H(X)-\varepsilon]}$$

$$|A_\varepsilon^N| > (1-\varepsilon)2^{N[H(X)-\varepsilon]}$$

$$(1-\varepsilon)2^{N[H(X)-\varepsilon]} < |A_\varepsilon^N| \leqslant 2^{N[H(X)+\varepsilon]}$$

渐进等分性定理及其证明方法可以给我们什么启示？

以上利用大数定律的方法是否可以推广到其他的信源和信道的情形？

2.3.2　离散有记忆信源的序列熵

对于有记忆信源，则不像无记忆信源那样简单，它必须引入条件熵的概念，而且只能在某些特殊情况下才能得到一些有价值的结论。

对于由两个符号组成的联合信源，有下列结论：

$$H(X_1X_2) = H(X_1) + H(X_2 \mid X_1) = H(X_2) + H(X_1 \mid X_2)$$

$$H(X_1) \geqslant H(X_1 \mid X_2)$$

$$H(X_2) \geqslant H(X_2 \mid X_1)$$

当前、后符号无依存关系时,有下列推论:

$$H(X_1X_2) = H(X_1) + H(X_2)$$

$$H(X_1) = H(X_1 \mid X_2)$$

$$H(X_2) = H(X_2 \mid X_1)$$

下面讨论由有限个有记忆序列信源符号组成的序列。

设信源输出的随机序列为 X , $X = (X_1X_2\cdots X_L)$,则信源的序列熵定义为:

$$H(X) = H(X_1X_2\cdots X_L)$$
$$= H(X_1) + H(X_2 \mid X_1) + \cdots + H(X_L \mid X_1X_2\cdots X_{L-1})$$

记作:

$$H(X) = H(X^L) = \sum_{l=1}^{L} H(X_l/X^{l-1})$$

平均每个符号的熵为:

$$H_L(X) = H(X)/L$$

当信源退化为无记忆时,有:

$$H(X) = \sum_{l=1}^{L} H(X_l)$$

若进一步满足平稳性,则有:

$$H(X) = LH(X)$$

为了便于研究,假设随机矢量 X 中随机变量的各维联合概率分布均不随时间的推移而变化,换句话说,信源所发出的符号序列的概率分布与时间的起点无关,则将这种信源称为离散平稳序列信源。

对离散平稳序列信源,有下列性质:

(1) 时间不变性。

$$p\{X_{i_1} = x_1, X_{i_2} = x_2, \cdots, X_{i_L} = x_L\} = p\{X_{i_1+h} = x_1, X_{i_2+h} = x_2, \cdots, X_{i_L+h} = x_L\}$$

(2) $H(X_L \mid X_{L-1})$ 是 L 的单调递减函数。

(3) $H_L(X) \geqslant H(X_L \mid X_{L-1})$ 。

(4) $H_L(X)$ 是 L 的单调递减函数。

(5) $H_\infty(X) = \lim\limits_{L\to\infty} H_L(X) = \lim\limits_{L\to\infty} H(X_L/X_1X_2\cdots X_{L-1})$ 。

$H_\infty(X)$ 称为极限熵或者极限信息量,注意,它是序列的平均符号熵,而不是序列熵。

(6) 设信源发出的符号只与前面的 m 个符号有关,而与更前面出现的符号无关,则有:

$$H_\infty(X) = H(X_{m+1} \mid X_1X_2\cdots X_m) = H_{m+1}(X)$$

说明：

（1）如何计算极限熵是一个十分困难的问题。

（2）在实际应用中常取有限 L 下的条件熵 $H(X_L|X_{L-1})$ 作为 $H_\infty(X)$ 的近似值。

（3）当平稳离散信源输出序列的相关性随着 L 的增加迅速减小时，其序列熵的增加 $H(X_L|X_{L-1})$ 与相关性有关，相关性很弱时，则 $H(X_L|X_1 X_2 \cdots X_{L-1}) \approx H(X_L|X_2 \cdots X_{L-1}) = (X_{L-1}|X_1 \cdots X_{L-2})$，增加量不再变小，所以平均符号熵也几乎不再减小。

2.3.3 马尔可夫信源的序列熵

设一个马尔可夫信源处在某一状态 e_i，当它发出一个符号后，所处的状态就变了，即从状态 e_i 变到了另一状态。任何时刻信源处在什么状态完全由前一时刻的状态和此刻发出的符号决定。

工程上可以用状态转移图、条件概率 $(p(x_k|e_i))$ 矩阵以及状态的一步转移概率矩阵 $(p(x_k|e_i))$ 来描述马尔可夫信源。

如果马尔可夫信源的状态符号数为 m，即信源为 m 阶马尔可夫信源，其熵可由无限阶条件熵经限制相关长度为 $m+1$ 后推得。

$$H_\infty(X) = H(X_{m+1}|X_1 X_2 \cdots X_m) = H_{m+1}(X)$$

以上简化使得求无限熵的问题变成了简单的求 m 阶条件熵问题，即：

$$H_\infty(X) = H(X_{m+1}|X_1 X_2 \cdots X_m)$$

$$= -\sum_{k_1=1}^{n} \cdots \sum_{k_{m+1}=1}^{n} p(x_{k_1} x_{k_2} \cdots x_{k_m} x_{k_{m+1}}) \log_2 p(x_{k_{m+1}}|x_{k_1} x_{k_2} \cdots x_{k_m})$$

$(x_{k_1} x_{k_2} \cdots x_{k_{m-1}} x_{k_m})$ 可表示为状态 $e_i (i=1,2,\cdots,n^m)$。信源处于状态 e_i 时，再发下一个符号 $x_{k_{m+1}}$（也写为 x_k），则信源从状态 e_i 转移到状态 e_j，即 $(x_{k_2} x_{k_3} \cdots x_{k_m} x_{k_{m+1}})$，所以：

$$p(x_{k_{m+1}}|x_{k_1} x_{k_2} \cdots x_{k_m}) = p(x_k|e_i)$$

因为 e_i 转移到 e_j 的包含关系，所以有：

$$p(x_k|e_i) = p(e_j|e_i)$$

又可以表示为：

$$H_\infty = H_{m+1} = -\sum_{i=1}^{n^m} \sum_{j=1}^{n^m} p(e_i) p(e_j|e_i) \log_2 p(e_j|e_i)$$

$p(e_i)$ 表示马尔可夫稳定后状态的极限概率（求），$p(e_j|e_i)$ 为状态的一步转移概率（给定）。

定理 2-5 各态遍历定理。对于有限齐次马尔可夫链。若存在一个正整数 $r \geq 1$，对一切 $i,j=1,2,\cdots,n^m$ 都有 $p_r(e_j|e_i) > 0$，则对每个 j 都存在不依赖于 i 的极限。

$$\lim_{r \to \infty} p_r(e_j|e_i) = p(e_j) \quad (j=1,2,\cdots,n^m)$$

称这种马尔可夫链是各态遍历的。其极限概率是以下方程组的唯一解。

$$p(e_j) = \sum_{i=1}^{n^m} p(e_i) p(e_j|e_i) \quad (j=1,2,\cdots,n^m)$$

满足条件：

$$p(e_j) > 0, \qquad \sum_{j=1}^{n^m} p(e_j) = 1$$

这就是有限齐次马尔可夫链的各态遍历定理。

下面做一下说明：

- 有限：符号相关个数为有限。
- 齐次：稳定后各个状态发出符号的概率是稳定的，也就是与时间是无关的。

所谓各态遍历性是指经过若干时间 r 后处于各个状态 e_j 的概率与初始状态无关，即已经稳定下来了。

凡具有各态遍历性的 m 阶马尔可夫信源，其状态极限概率 $p(e_i)$ 可由上述方程组求得，有了 $p(e_i)$ 和测定的 $p(e_j|e_i)$，就可求出 m 阶马尔可夫信源的熵 H_{m+1}。

例 2-14　对于某二元二阶马尔可夫信源，原始信源 X 的符号集为 $\{X_1=0, X_2=1\}$，其状态空间共有 $n^m = 2^2 = 4$ 个不同的状态 e_1、e_2、e_3 和 e_4，即

$$E = \{e_1 = 00, e_2 = 01, e_3 = 10, e_4 = 11\}$$

其状态转移图如图 2-13 所示，求该马尔可夫信源的熵。

解：由图 2-13 可知：

$$\begin{cases} p(0 \mid 00) = p(x_1 \mid e_1) = p(e_1 \mid e_1) = 0.8 \\ p(1 \mid 00) = p(x_2 \mid e_1) = p(e_2 \mid e_1) = 0.2 \\ p(0 \mid 01) = p(x_1 \mid e_2) = p(e_3 \mid e_2) = 0.5 \\ p(1 \mid 01) = p(x_2 \mid e_2) = p(e_4 \mid e_2) = 0.5 \\ p(0 \mid 10) = p(x_1 \mid e_3) = p(e_1 \mid e_3) = 0.5 \\ p(1 \mid 10) = p(x_2 \mid e_3) = p(e_2 \mid e_3) = 0.5 \\ p(0 \mid 11) = p(x_1 \mid e_4) = p(e_3 \mid e_4) = 0.2 \\ p(1 \mid 11) = p(x_2 \mid e_4) = p(e_4 \mid e_4) = 0.8 \\ p(e_j \mid e_i) = 0, \quad i, j = 其他 \end{cases}$$

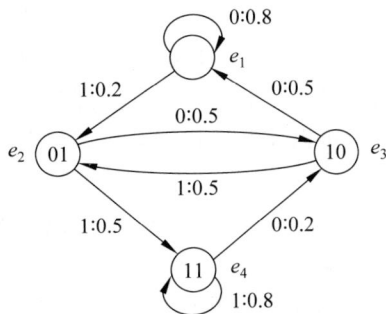

图 2-13　二元二阶马尔可夫信源的状态转移图

条件概率矩阵			状态一步转移概率矩阵			

	0	1
e_1	0.8	0.2
e_2	0.5	0.5
e_3	0.5	0.5
e_4	0.2	0.8

	e_1	e_2	e_3	e_4
e_1	0.8	0.2	0	0
e_2	0	0	0.5	0.5
e_3	0.5	0.5	0	0
e_4	0	0	0.2	0.8

由

$$p(e_j) = \sum_{i=1}^{4} p(e_i) p(e_j \mid e_i) \quad j = 1, 2, 3, 4$$

可列下列方程组：

$$\begin{cases} p(e_1)=0.8p(e_1)+0.5p(e_3) \\ p(e_2)=0.2p(e_1)+0.5p(e_3) \\ p(e_3)=0.5p(e_2)+0.2p(e_4) \\ p(e_4)=0.5p(e_2)+0.8p(e_4) \end{cases}$$

解得：

$$p(e_1)=p(e_4)=5/14$$
$$p(e_2)=p(e_3)=2/14$$

求出该马尔可夫信源的熵：

$$H_\infty = H_{2+1} = -\sum_{i=1}^{4}\sum_{j=1}^{4} p(e_i)p(e_j\mid e_i)\log_2 p(e_j\mid e_i)=0.8(\text{b/符号})$$

这就表明马尔可夫信源的熵可以表示为各个状态的概率与各个状态的熵的乘积之和。我们可以看到有记忆马尔可夫信源的熵转化为无记忆的离散信源熵的和，这是很重要的。

无记忆信源通过信源概率分布来研究熵；有记忆信源通过信源概率分布和条件概率分布来研究熵；而马尔可夫信源在稳定以后由上述方法来研究熵，但是原来的状态转移并不是稳定的而是变化的，经过一定时间以后才稳定下来，而马尔可夫信源各状态的概率在起始时与稳定时可以完全不相同。许多复杂的序列信源往往简化为马尔可夫信源来进行处理。

2.4　连续信源的熵和互信息

连续信源是一类比较难以处理的信源，逐步分解和简化是处理它们的常用方法。可以先将连续信源在时间上离散化，再对连续变量进行量化分层，并用离散变量来逼近连续变量。量化间隔越小，离散变量与连续变量越接近，当量化间隔趋近于零时，离散变量就等于连续变量。

下面对后续出现的一些概念进行补充说明：

高斯分布（Gaussian distribution），又名正态分布（normal distribution）。概率密度函数曲线的形状由两个参数决定：概率密度函数均值为 μ，方差为 σ^2（或标准差 σ）。简单来说，以平均值为中心对称分布，离中心越近，概率分布密度越高，好比一个对称的沙堆，方差决定土堆的高度，即对于中间平均值的集中程度。如果一个随机变量 X 服从这个分布，我们写作 $X\sim N(\mu,\sigma^2)$，它的概率密度函数为：

$$2f(x;\mu,\sigma)=\frac{1}{\sigma\sqrt{2\pi}}\exp\left[-\frac{(x-\mu)^2}{2\sigma^2}\right]$$

其中 exp 代表以自然常数 e 为底的指数。

白噪声（white noise）如同白光一样。白光是所有颜色的光叠加而成，不同颜色的光本质区别是它们的频率各不相同（如红色光波长长而频率低，紫色光波长短而频率高）。白噪声是指功率谱密度（Power Spectral Density，PSD）在整个频域内均匀分布的随机噪声。白噪声在功率谱上（若以频率为横轴，信号幅度的平方为功率）趋近于常值，即噪声频率丰富，在整个频谱上从低频到高频都均匀分布。

与白色噪声相对应,有色噪声是指任意一个具有非白色频谱的宽带噪声。对于大多数的音频噪声,如移动汽车的噪声、计算机风扇的噪声、电钻的噪声和周围人们走路的噪声等,其频谱主要都是非白色低频段频谱。而且,通过信道的白噪声受信道频率的影响而变为有色的。

高斯白噪声(White Gaussian Noise,WGN)是指幅度分布服从高斯分布且功率谱密度服从均匀分布的噪声(即白噪声)。

功率谱密度是对于具有连续频谱和有限平均功率的信号或噪声用以表示其频谱分量的单位带宽功率的频率函数。

在物理学中,信号通常是波的形式,例如电磁波、随机振动或者声波。当波的频谱密度乘以一个适当的系数后将得到每单位频率波携带的功率,这称为信号的功率谱密度或者谱功率分布(Spectral Power Distribution,SPD)。功率谱密度的单位通常用每赫兹的瓦特数(W/Hz)表示,或者使用波长而不是频率即每纳米的瓦特数(W/nm)来表示。这里功率可以是实际物理上的功率,也经常用于表示抽象的信号,被定义为信号数值的平方,也就是当信号的负载为 1Ω 时的实际功率。由于平均值不为零的信号不是平方可积的,所以在这种情况下就没有傅里叶变换。幸运的是维纳-辛钦定理(Wiener Khinchin theorem)提供了一个简单的替换方法,如果信号可以看作平稳随机过程,那么功率谱密度就是信号自相关函数的傅里叶变换。当且仅当信号是广义的平稳过程时信号的功率谱密度才存在。如果信号不是平稳过程,那么自相关函数一定是两个变量的函数,这样就不存在功率谱密度,但是可以使用类似的技术估计时变谱密度。

2.4.1 幅度连续的单个符号的信源熵

连续信源用概率分布密度函数 $p_X(x)$ 来表示。

随机变量 X 的概率分布如下:

$$\begin{bmatrix} X \\ P \end{bmatrix} = \begin{bmatrix} (a,b) \\ p_X(x) \end{bmatrix} \quad \text{或} \quad \begin{bmatrix} R \\ p_X(x) \end{bmatrix}$$

满足:

$$p_X(x) \geqslant 0, \int_a^b p_X(x)\mathrm{d}x = 1 \quad \text{或者} \quad \int_R p_X(x)\mathrm{d}x = 1$$

$$\Delta = \Delta x = (b-a)/n$$

利用中值定理,可以知道 x 落入第 i 个区间的概率:

$$p(a+(i-1)\Delta \leqslant X \leqslant a+i\Delta) = p(x_i) = \int_{a+(i-1)\Delta x}^{a+i\Delta x} p_X(x)\mathrm{d}x = p_X(x_i)\Delta x$$

$$H_n(X) = -\sum_{i=1}^n p(x_i)\log p(x_i) = -\sum_{i=1}^n p_X(x_i)\Delta x \log p_X(x_i)\Delta x \tag{2-26}$$

当 $n \to \infty$ 时,即 $\Delta x \to 0$ 时,由积分定义得:

$$H_n(X) = -\int_a^b p_X(x_i)\log p_X(x_i)\mathrm{d}x - \lim_{\Delta x \to 0}\log\Delta x \int_a^b p_X(x_i)\mathrm{d}x$$

$$= -\int_a^b p_X(x_i)\log p_X(x_i)\mathrm{d}x - \lim_{\Delta x \to 0}\log\Delta x$$

上式的第一项具有离散信源熵的形式，它是定值，第二项为无穷大。

不考虑第二项即无穷大项，因此，连续信源熵（也称为相对熵或差熵）定义为：

$$H_c(X) = -\int_{-\infty}^{\infty} p_X(x) \log p_X(x) \mathrm{d}x \tag{2-27}$$

可以看到相对熵和绝对熵之间（信息量）相差一个无穷大。可以这样理解：连续信源采样点需要无穷多，才能变为离散信源，每个点都带有信息量，所以差一个无穷大。这好像没有意义了。在工程上，主要是比较信源熵，将无穷项约去，就有意义了。一般将相对熵简称为熵。

例 2-15 计算图 2-14 所示的连续信源的熵。

计算原始信号连续信源熵为：

$$H_c(X) = -\int_{-\infty}^{\infty} p(x) \log p(x) \mathrm{d}x = -\int_{1}^{3} \log_2 \frac{1}{2} \mathrm{d}x = 1（比特／采样）$$

现在用一个放大倍数为 2 的放大器接在输出端进行放大，放大后的信号的概率分布密度如图 2-15 所示，$p(x)$ 变为 1/4，以保持矩形面积为 1。

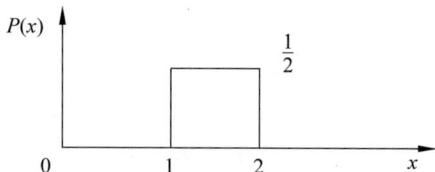

图 2-14 概率分布密度图 1

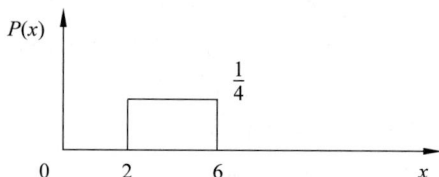

图 2-15 概率分布密度图 2

我们进行幅度放大，横轴代表幅度，而面积还要保持为 1（概率）。

放大后的熵为：

$$H_c(X) = -\int_{-\infty}^{\infty} p(x) \log p(x) \mathrm{d}x = -\int_{2}^{6} \frac{1}{4} \log_2 \frac{1}{4} \mathrm{d}x = 2（比特／采样）$$

我们发现好像信源的熵增加了，其实不是这样的，就好像听广播，一个人用耳机，另一个人用喇叭，但是两个人获得的信息应该是一样的。之所以差了 1 比特，主要因为：前者的无穷大（∞）比后者的无穷大（∞）大 1 比特，而两者的绝对熵却是一样的。比较图 2-14 和图 2-15，可以发现 $\mathrm{d}x_2$ 是 $\mathrm{d}x_1$ 的两倍。所以：

$$\log_2 \frac{1}{\mathrm{d}x_2} = \log_2 \frac{1}{2\mathrm{d}x_1} = \log_2 \frac{1}{2} + \log_2 \frac{1}{\mathrm{d}x_1} = -1 + \log_2 \frac{1}{\mathrm{d}x_1}$$

我们推测放大后的无穷大小了 1 比特，于是放大后熵的相对值自动大 1 比特，以保持绝对熵不变。

连续信源的相对熵 $H_c(X)$ 是一个过渡性的概念，它虽然也具有可加性，但不一定满足非负性，它可以不具有信息的全部特征。比如，对一个均匀分布的连续信源 U，按照定义有：

$$H_c(U) = -\int_{a}^{b} \frac{1}{b-a} \log \frac{1}{b-a} \mathrm{d}u = \log(b-a)$$

显然，当 $b-a < 1$ 时，$H_c(U) < 0$，这说明它不具备非负性。但是连续信源输出的信息量由于有一个无穷大的存在，$H_n(X)$ 仍大于 0。将 $H_c(X)$ 定义为连续信源的熵，理由

有二：一是由于它在形式上与离散熵相似；另一个更重要的原因是在实际处理问题时，比如平均互信息量、信道容量和信息率失真函数等可涉及的仅是熵的差值，即平均互信息量。这时，只要相差的两个连续熵在逼近时可取的 Δ 是一致的，两个同样的无限大的部分就可以互相抵消。可见，$H_c(X)$ 具有相对性，它是为了介绍平均互信息量等重要概念而引入的一个过渡性的概念。

为了方便，一般将连续信源的相对熵(差熵)直接简称熵。

类似于离散信源，下面定义连续信源的联合熵和条件熵。

连续信源的联合相对熵：

$$H_c(XY) = -\int_{-\infty}^{\infty}\int_{-\infty}^{\infty} p(xy)\log p(xy)\mathrm{d}x\mathrm{d}y \tag{2-28}$$

连续信源的条件相对熵：

$$H_c(Y\mid X) = -\int_{-\infty}^{\infty}\int_{-\infty}^{\infty} p(xy)\log p(y/x)\mathrm{d}x\mathrm{d}y \tag{2-29}$$

$$H_c(XY) = H_c(X) + H_c(Y\mid X) = H_c(Y) + H_c(X\mid Y) \tag{2-30}$$

平均互信息量(又称互信息)定义为：

$$I(X;Y) = I(Y;X) = H_c(X) - H_c(X\mid Y) = H_c(X) + H_c(Y) - H_c(XY)$$
$$= H_c(Y) - H_c(Y\mid X) \tag{2-31}$$

由于它决定于熵的差值，所以连续信源的互信息与离散信源的互信息一样，仍具有信息的一切特征。

连续信源的熵、联合熵和条件熵也存在如下关系：

$$H(XY) \leqslant H(X) + H(Y)$$
$$H(X\mid Y) \leqslant H(X)$$
$$H(Y\mid X) \leqslant H(Y)$$

上面的公式在信源彼此独立时取等号。

对于多元联合信源也有如下结论：若其概率密度为 $p(x,y,\cdots,z)$，则其共熵为：

$$H(X,Y,\cdots,Z) = -\iint\cdots\int p(x,y,\cdots,z)\log p(x,y,\cdots,z)\mathrm{d}x\mathrm{d}y\cdots\mathrm{d}z \tag{2-32}$$

以及

$$H(X,Y,\cdots,Z) \leqslant H(X) + H(Y) + \cdots + H(Z)$$

上述不等式在信源彼此独立时取等号。

条件熵也有类似于二元的公式。

三角函数(如正弦函数、余弦函数和正切函数等)是一类常见的周期性函数，人们发现许多周期性函数都可以用三角函数的线性组合来逼近。请问这对于编码(特别是连续信源的编码)可能会存在什么样的价值？

2.4.2　波形信源熵

前面讨论的是单符号的连续信源，然而实际上，大多数的连续信源的输出和输入都是幅度连续并且时间或频率也连续的波形，比如在通信中，模拟信号(如语音、图像)未经数字化处理以前均属于连续信源。其输出消息可以用随机过程 $\{x(t)\}$ 来表示。随机过程

$\{x(t)\}$可以看成由一族时间函数$\{x_i(t)\}$组成,称为样本函数。每个样本函数是随机过程的一个实现。

波形信源在概念上与离散信源是不同的,但也有不少类似之处。对连续信源的分析,也可以采用与离散信源类似的方法从单个连续消息(变量)开始,再推广至连续消息序列。对于连续随机变量可采用概率密度来描述,对于连续随机序列可采用相应的序列概率密度来描述;而对于连续的随机过程一般也可以按照取样定理分解为连续随机变量序列来描述。取样之后还要对取值进行离散化。取样和量化才使随机过程变换成时间的取值都是离散的随机序列。量化必然带来量化噪声,引起信息损失。

就统计特性的区别来说,随机过程大致可分为平稳随机过程和非平稳随机过程两大类。如果是平稳的随机过程,则熵也可以转换为平稳随机序列的熵。对于平稳随机过程,其$\{x(t)\}$和$\{y(t)\}$可以通过取样分解成取值连续的无穷平稳随机序列来表示,所以平稳随机过程的熵就是无穷平稳随机序列的熵。

$$H_c(X) = H_c(X_1 X_2 \cdots X_N) = -\int_R p(x)\log p(x)\mathrm{d}x$$

$$H_c(Y \mid X) = H_c(Y_1 \cdots Y_N \mid X_1 \cdots X_N) = -\int_R \cdots \int_R p(xy)\log p(y \mid x)\mathrm{d}x\,\mathrm{d}y$$

$$H_c(X) = H_c(X_1 \cdots X_2) = H_c(X_1) + H_c(X_2 \mid X_1) + H_c(X_3 \mid X_1 X_2) + \cdots + H_c(X_N \mid X_1 X_2 \cdots X_N)$$

$$H_c(X) = H_c(X_1 X_2 \cdots X_N) \leqslant H_c(X_1) + H_c(X_2) + \cdots + H_c(X_N)$$

当且仅当随机序列中各变量统计相互独立时,上面的第 4 个式子才成立。

下面讨论两种特殊连续信源的差熵。

1. 均匀分布连续信源的熵值

一维连续随机变量 X 在$[a,b]$区间内均匀分布时,基本连续信源的熵为:

$$H_c(X) = \log(b-a)$$

对于 N 维连续平稳信源,若其输出 N 维矢量 $X=(X_1 X_2 \cdots X_N)$,其分量分别在$[a_1, b_2], \cdots, [a_N, b_N]$的区域内均匀分布,则 N 维连续平稳信源的差熵为:

$$H_c(X) = \log \prod_{i=1}^{N}(b_i - a_i) = \sum_{i=1}^{N} H_c(X_i) \tag{2-33}$$

2. 高斯信源的熵值

基本高斯信源是指信源输出一维随机变量 X 的概率密度分布是正态分布,即

$$p(x) = \frac{1}{\sqrt{2\pi\sigma^2}}\exp\left[-\frac{(x-m)^2}{2\sigma^2}\right]$$

单符号的连续信源的熵为:

$$h(X) = -\int_{-\infty}^{\infty} p(x)\log p(x)\mathrm{d}x = -\int_{-\infty}^{\infty} p(x)\log\left\{\frac{1}{\sqrt{2\pi\sigma^2}}\exp\left[-\frac{(x-m)^2}{2\sigma^2}\right]\right\}\mathrm{d}x$$

$$= \log\sqrt{2\pi\sigma^2} + \frac{1}{2}\log e = \frac{1}{2}\log 2\pi e\sigma^2$$

可见,正态分布的连续信源的熵与数学期望 m 无关,只与其方差 σ^2 有关。

当均值 $m=0$ 时，X 的方差 σ^2 就等于信源输出的平均功率 P，所以有：

$$h(X) = \frac{1}{2}\log 2\pi eP \qquad (2\text{-}34)$$

如果 N 维连续平稳信源输出的 N 维连续随机矢量 $X=(X_1 X_2 \cdots X_N)$ 是正态分布，则称此信源为 N 维高斯信源。

其相对熵为：

$$h(X) = \frac{1}{2}\log (2\pi e)^N \mid C \mid \qquad (2\text{-}35)$$

当各变量之间统计相互独立时，则 C 为对角线矩阵，并有：

$$\mid C \mid = \prod_{i=1}^{N} \sigma_i^2$$

所以，N 维无记忆高斯信源的熵即 N 维统计独立的正态分布随机变量的相对熵为：

$$h(X) = \sum_{i=1}^{N} h(X_i) \qquad (2\text{-}36)$$

2.4.3　最大熵定理

离散信源在等概率时熵值最大。那么在连续信源中，当概率密度函数满足什么条件时才能使连续信源相对熵最大？通常我们最感兴趣的是两种情况：一种是信源的输出值受限，另一种是信源的输出平均功率受限。

1. 峰值功率受限条件下信源的最大值

若某信源输出信号的峰值功率受限，它等价于信源输出的连续随机变量 X 的取值幅度受限，限于 $[a,b]$ 内取值，在约束条件 $\int_b^a p(x)\mathrm{d}x = 1$ 下信源具有最大相对熵。

定理 2-6　若信源输出的幅度被限定在 $[a,b]$ 区域内，则当输出信号的概率密度均匀分布时，信源具有最大熵，其值等于 $\log(b-a)$。当 N 维随机矢量取值受限时，也只有随机分量统计独立并均匀分布时具有最大熵。

2. 平均功率受限条件下信源的最大值

定理 2-7　若一个连续信源输出信号的平均功率被限定为 P，则当其输出信号幅度的概率密度分布是高斯分布时，信源有最大熵，其值为 $\frac{1}{2}\log 2\pi eP$。

对于 N 维连续平稳信源来说，若其输出的 N 维随机序列的协方差矩阵 C 被限定，则 N 维随机矢量为正态分布时信源的熵最大，N 维高斯信源的熵最大，其值为 $\frac{1}{2}\log \mid C\mid + \frac{N}{2}\log 2\pi eP$。

这一结论说明，当连续信源输出信号的平均功率受限时，只有信号的统计特性与高斯统计特性一样时，才会有最大的熵值。

设随机变量 X 的概率密度分布为：

$$p_X(x) = \frac{1}{\sqrt{2\pi\sigma^2}}\exp\left\{-\frac{(x-m)^2}{2\sigma^2}\right\}$$

其中,m 为均值,σ^2 为方差。

则连续熵为:

$$H_c(X) = \frac{1}{2}\ln(2\pi e\sigma^2)$$

其中,σ^2 一般表示信号的交流功率,所以连续熵随平均功率加大而增大。

若噪声满足正态分布,则噪声熵最大,可见这是一种危害最大的噪声。

在设计通信系统时,常以高斯白噪声作为标准,以使系统在最坏的情况下获得可靠的结果。

2.5 冗　余　度

某事件的概率为 0,如果通过编码对它赋予一个符号,是否存在浪费? 某事件的概率为 0.000 001,另一事件的概率为 0.1,如果对这两个事件都赋予相同长度的符号,是否存在浪费?

香农第一编码定理(又称无失真信源编码定理)告诉我们,对于信源进行无失真信源编码压缩的极限为信源熵,由它给定了信源压缩的极限,所以又称香农第一极限定理,属于香农三大极限定理之一。而香农三大极限定理不仅与中心极限定理在名称上相似,还与之有一定的内在联系。

是否可以证明香农第一极限定理?

既然信息可以被压缩,而且压缩还存在一个可以定量的极限值,说明它可能存在多余的东西。

冗余度(也称为多余度或剩余度,redundancy)表示给定信源在实际发出消息时所包含的多余信息。

冗余度来自两个因素。其中一个因素是信源符号间的相关性。由于信源输出符号间的依赖关系使得信源熵减小,这就是信源的相关性。相关程度越大,信源的实际熵越小,趋于极限熵 $H_\infty(X)$;反之相关程度减小,信源的实际熵就增大。

另一个因素是信源符号分布的不均匀性。当信源符号等概率分布时信源熵最大。而实际应用中信源符号大多是不均匀分布,使得实际熵减小。

以上两种因素是否可以合并为一种? 符号间的相关性是否会导致序列的概率分布更加分化?

举几个很直观的例子,当我们随便从汉字中挑选几个字拼在一起,一般来说是无意义的,这是语言冗余度的一种极端体现。如果将语言视为一种编码,这说明汉字中的许多编码序列都没有利用上,编码是稀疏的。如果能够利用上这些,就可以让消息的平均长度更短。这体现了信源序列概率不均等达到了一种极致,概率直接等于 0。汉字中"尴尬""乒乓"这些字都是一直在一起出现的,理论上说我们可以去掉"尴尬"中的"尬"或者"乒乓"中的"乓"字,这说明语言存在冗余度。这种冗余度是信源序列相关性的一种极端体现,"尴"后面必然是"尬",即"尴"后面紧接着出现"尬"的概率为 1。

当信源输出符号间彼此不存在依赖关系且为等概率分布时,信源实际熵趋于最大,即

最大熵 $H_m(X) = H_0(X)$,这里的下标 0 表示当只有 0 个符号时的平均符号熵,由于 0 个符号没有概率分布特征,所以取等概率的概率分布。

我们定义信息效率为:

$$\eta = \frac{H_\infty(X)}{H_m(X)}, \quad 0 \leqslant \eta \leqslant 1 \tag{2-37}$$

$H_m(X)$ 是等概率分布时的熵,即最大熵,$H_\infty(X)$ 为极限熵。$H_m(X) = \log n$,其中 n 为信源符号的可能取值数目。

信息效率表示对信源的不肯定的程度,它代表对信源荷载信息能力的利用率。

定义冗余度为:

$$\gamma = 1 - \eta = 1 - \frac{H_\infty(X)}{H_m(X)} \tag{2-38}$$

在某种角度上,可以认为它表示对信源分布的肯定性的程度,因为肯定性不含有信息量,因此是冗余的。

在实际通信系统中,为了提高传输效率,往往需要把信源的大量冗余进行压缩,即所谓信源编码。但是考虑通信中的抗干扰问题,则需要信源具有一定的冗余度。因此在传输之前通常加入某些特殊的冗余度,即所谓信道编码,以达到通信系统中理想的传输有效性和可靠性。

例 2-16　若二元信源的符号 0 和 1 等概率分布,且符号间无相关性,则其信源熵达到最大值: $H_m(X) = 1$(比特/符号)。

当符号间有相关性时,实际熵为:

$$H(X) = H_\infty(X) = 0.8(比特/符号)$$

信息效率为:

$$\eta = \frac{H_\infty(X)}{H_m(X)} = 0.8$$

(相对)冗余度为:

$$\gamma = 1 - \eta = 1 - \frac{H_\infty(X)}{H_m(X)} = 0.2$$

它表征信源信息率的多余程度,是描述信源客观统计特性的一个物理量。

为了更经济有效地传送信息,需要尽量压缩信源的冗余度,其方法就是尽量减小符号间的相关性,并且尽可能地使信源符号等概率分布。

从提高信息传输效率的观点出发,人们总是希望尽量消除冗余度。但是从提高抗干扰能力的角度来看,却希望增加或保留信源的冗余度,因为冗余度大的消息具有纠错能力,抗干扰能力强。对应地,信源编码通过减少或消除信源的冗余度以提高信息的传输效率,而信道编码则通过增加冗余度来提高信息传输的抗干扰能力。

以上方法计算出来的冗余度与实际的冗余度存在差异吗?有哪些影响因素造成了这种差异?现实中是否具有平稳性以及稳定的相关性?

例 2-17　以英文为例,信源为 26 个英文字母和 1 个空格构成的序列,计算文字信源的冗余度。

给出英文字母(含空格)出现的概率(见表2-1)。

表 2-1 英文字母概率表

字　　母	P_i	字　　母	P_i	字　　母	P_i
空格	0.2	S	0.0502	Y、W	0.012
E	0.105	H	0.047	G	0.011
T	0.072	D	0.035	B	0.0105
O	0.0654	L	0.029	V	0.008
A	0.063	C	0.023	K	0.003
N	0.059	F、U	0.0225	X	0.002
I	0.055	M	0.021	J、Q	0.001
R	0.054	P	0.0175	Z	0.001

下面,首先求得独立等概率情况 H_0:

$$H_0 = \log_2 27 = 4.76\text{b}$$

其次,计算独立不等概率情况 H_1:

$$H_1 = -\sum_{i=1}^{27} p_i \log p_i = 4.03\text{b}$$

再次,若仅考虑字母有一维相关性,求 H_2:

$$H_2 = 3.32\text{b}$$

还可进一步求出:

$$H_3 = 3.1\text{b}$$

最后,利用统计推断方法求出 H_∞。如果采用的逼近方法和所取的样本不同,推算值也有所不同,这里采用香农的推断值。

$$H_\infty \approx 1.4\text{b}$$

这样,可以计算出 $\eta = 0.29, R = 0.71$。

这一结论说明,英文信源从理论上看71%是多余成分。直观地说,100页英文书从理论上看仅有29页是有效的,其余71页是多余的。正是由于这一多余量的存在,才有可能对英文信源进行压缩编码。

对于其他文字,也有不少人做了大量的统计工作,如表2-2所示。

表 2-2 各种语言的熵、冗余度和信息效率

语　言	H_0	H_1	H_2	H_3	H_∞	η	R
英文	4.7	4.03	3.32	3.1	1.4	0.29	0.71
法文	4.7				3	0.63	0.37
德文	4.7				1.08	0.23	0.77
西班牙文	4.7				1.97	0.42	0.58
中文	13	9.41	8.1	7.7	4.1	0.315	0.685

其中对于汉字,考虑其字符集合是不确定的,这里按 8000 个汉字计算。

前面提到,为了简化问题,我们将语言当作一种平稳的、有限记忆的马尔可夫信源来处理,从而才可能计算出极限熵。但是显然语言既不平稳,又不是有限记忆的信源。

以上估计得到的极限熵、信息效率和冗余度均是非常粗糙的权宜结果。

此外,对于冗余度的理解,从不同的角度也会有不同的看法,信息论考虑了概率的不均等性和相关性。但是在某些场合,比如密码破译的场合,我们通过对密文尝试所有的密钥来解密它,得到各种明文,这时候我们关心的是明文是否有意义,其概率则并不是非常重要,此时,可能更应该考虑概率是等于 0 还是大于 0,将概率大于 0 的消息一视同仁对待,或者折中对待。

2.6　最大熵原理

在投资时常常讲,不要把所有的鸡蛋放在一个篮子里,这样可以降低风险。在信息处理中,这个原理同样适用。在数学上,这个原理称为最大熵原理(maximum entropy principle)。

最大熵原理是在 1957 年由杰尼斯(E.T.Jaynes)提出的,其主要思想是,在只掌握关于未知分布的部分知识时,应该选取符合这些知识但熵值最大的概率分布。因为在这种情况下,符合已知知识的概率分布可能不止一个。我们知道,熵实际上定义的是一个随机变量的不确定性,熵最大的时候,说明随机变量最不确定,换句话说,也就是随机变量最随机,对其行为做准确预测最困难。

从这个意义上讲,最大熵原理的实质就是,在已知部分知识的前提下,关于未知分布最合理的推断就是符合已知知识最不确定或最随机的推断,这是我们可以做出的唯一不偏不倚的选择,任何其他的选择都意味着增加了其他的约束和假设,而这些约束和假设是根据我们掌握的信息所无法做出的。

早期的信息论的中心任务就是从理论上认识一个通信的设备(手段)的通信能力应当如何去计量以及分析该通信能力的规律性。但是信息论研究很快就发现:利用信息熵最大再附加上一些约束,就可以得到诸如统计学中著名的高斯分布(即正态分布)。这件事提示我们高斯分布又多了一种论证的方法,也提示了把信息熵最大化是认识客观事物规律性的新角度。把熵最大(对应复杂程度最大)作为一种原则或者方法应用于各个科技领域的旗手是杰尼斯。他从 1957 年就在这个方向做了开创性的工作。他给出了利用最大熵方法定量求解问题的一般技术途径;论证了统计力学中一些著名的分布函数从信息熵最大的角度也可以得到证明,这不仅使信息论知识与统计物理知识实现了连通,也使熵概念和熵原理走出了热力学的领域。

20 世纪 60 年代,Burg 在时间序列的分析中提出了用信息熵最大求频谱的技术。用这种方法得到的谱的准确性比过去的方法好,人们把它称为最大熵谱。20 世纪 80 年代这个方法在我国也得到了广泛应用。40 多年以来,尽管"利用最大熵的方法解决科技问题"在信息论的理论中不是主流,但是利用信息熵最大方法帮助解决很多科技问题已经形成了一股独立的学术和技术力量，而且硕果累累。20 世纪 80 年代以来，在美国等地每年都召开一次讨论最大熵方法应用的学术会议，并且有一册会议文集出版。这成为该领域的重要学术活动形式。

最大熵方法的特点是：在研究的问题中，尽量把问题与信息熵联系起来，再把信息熵最大作为一个有益的假设（或原理），用于所研究的问题中。由于这个方法得到的结果或者公式往往更符合实际，它就推动这个知识在前进和拓展。

把最复杂原理与信息论中的最大熵方法联系起来，既是自然的逻辑推论，也显示出最复杂原理并不孤立。这样，最大熵方法过去取得的一切成就都在帮助人们理解最复杂原理的合理性。而最复杂原理的引入也使人们摆脱了对神秘的熵概念和熵原理的敬畏。在理解了最复杂原理来源于概率公理以后，我们终于明白，神秘的熵原理本质上仅是"高概率的事物容易出现"这个再朴素不过的公理的一个推论。

最大熵方法是信息缺失时的一种权宜的方法。在应用这种方法时，必须优先满足已知的约束条件。

2.7　关于熵的概念理解与题意解读

信息论比较抽象，书本上的专业概念在现实中对应的说法是不一样的。同样，信息论的一些作业也可能不直接告知是求什么熵和什么量，而是换一个通俗的说法，这时候可能有人连题意都不懂，更不用说解题了。我们对以下几个主要的熵相关概念加以诠释，以促进理解。

熵是信息论中最重要的概念，也贯穿了整个香农信息论。

（1）熵可以从以下角度来诠释：

猜测一个事件需要的信息量。

该事件未被告知时，事件本身的不确定性。

知道该事件后消除的不确定性：知道前，具有不确定性 $H(X)$；知道后，不确定性为 0，所以消除的不确定性即为 $H(X)$。

告诉我们某事件后提供的信息量。

要告诉我们这个事件，需要发送的最短消息长度。

条件熵 $H(X|Y)$，$H(X|y_i)$ 是在已知某条件（这个条件可以是具体的 y_i，也可以是随机变量 Y）后的平均不确定性，在以上我们讨论 X 是否已知的前后，y_i 和 Y 均为已知的。事件 X 本身的不确定性为 $H(X)$，但是知道事件 Y 或 y_i 后，X 的不确定性减少为 $H(X|Y)$ 或 $H(X|y_i)$。

（2）条件熵可以从以下角度来诠释：

在事件 X 未被告知之前，在知道条件的情况下 X 的平均不确定度。

条件是前提的情况下，告诉你关于 X 的信息所获得的信息量。

条件是前提的情况下，告诉你关于 X 的信息所消除的平均不确定度。

其他的诠释可以类似于熵,比如猜测时的信息量,只不过是增加了一个条件。

平均互信息量是无条件熵和条件熵之差,类似于条件熵。这里的两个事件可以都是随机变量,也可以一个是随机变量,另一个是确定的量。

(3) 平均互信息量可以从以下角度来诠释:

已知事件 Y 后,X 的不确定性由 $H(X)$ 减少为 $H(X|Y)$,所以在知道 Y 的情况下,告诉你关于 X 的信息量为 $H(X)-H(X|Y)$,这个量即为平均互信息量。

通信中获得的关于另一端的信息量。

此外,平均互信息量也是冗余的一种体现。

和条件熵一样,可以参考对熵的诠释来理解平均互信息量。

当然我们强调:"学习得来终觉浅,绝知此事要自悟。"要能够从现实问题去抽象和升华问题,从现实角度去理解信息论,只有真正地理解它,才能当理论问题换一个马甲出现的时候,依然能够学以致用,这样就不会出现只能应试而不能应用的高分低能的状况。以上讨论无须死记硬背,需要的是真正的理解和洞察。

思考题与习题

1. 同样的山,却横看成岭侧成峰,如何从信息论的角度来解释与理解?

2. 请问想知道以下几种情况时获得的信息量:

(1) 是否下雨?

(2) 是小雨、中雨、大雨,还是无雨?

(3) 以 mm 为单位的某天降水量的值(精确到小数点后面 5 位)是多少?

(4) 以 mm 为单位的某天降水量的值(精确到小数点后面 2 位)是多少?

(5) 以 mm 为单位的某天降水量的值(精确到小数点后面 5 位)是多少? 是否伴随打雷? 以上信息量为什么会不同? 从中得到什么启发?

3. 普通视频和同等情况下 3D 视频的信息量哪个大? 为什么?

4. 从信息量的角度来解释为什么"学习不如实践,耳闻不如目睹"(虽然可能有多种原因)?

5. 从信息论的角度分析:为什么图像很难描述? 为什么声音不容易描述,而说的话中那几个字却容易描述? 为什么音频文件远远大于同等情况下的声音内容的文本文件?

6. 为什么一般不采用一进制?

7. 设离散无记忆信源 $\begin{bmatrix} X \\ P(X) \end{bmatrix} = \begin{bmatrix} x_1=0 & x_2=1 & x_3=2 & x_4=3 \\ 3/8 & 1/4 & 1/4 & 1/8 \end{bmatrix}$,其发出的消息为:200212013021300120321011032101002103201112232100。求:

(1) 此消息的自信息量是多少?

(2) 在此消息中平均每个符号携带的信息量是多少?

8. 同时扔一对均匀的骰子,当得知"两骰子面朝上的点数之和为 2""面朝上的点数之和为 8"或"面朝上的点数分别是 3 和 4"时,试问这 3 种情况下分别会获得了多少信息量?

9. 如果你在不知道今天是星期几的情况下问你的朋友"明天是星期几?",则答案中含有多少信息量? 如果你在已知今天是星期四的情况下提出同样的问题,则在别人的回答中你能获得多少信息量(假设已知星期一至星期日的排序)?

10. 居住某地区的女孩中有25%是大学生,在女大学生中有75%身高为1.6m以上,而女孩中身高为1.6m以上的占总数的一半。我们知道其中有一位身高为1.6m以上的女孩,有人告诉我们该女孩是大学生,请问从该人口中获得了多少信息量?

11. 如有6行8列的棋型方格,若有2个质点 A 和 B 分别以等概率落入任意方格内,且它们的坐标分别为 (X_A, Y_A) 和 (X_B, Y_B),但 A、B 不能落入同一方格内。

(1) 若仅有质点 A,求落入任一格子内的平均自信息量。

(2) 若已知 A 已落入,求 B 落入的平均自信息量。

(3) 若 A、B 是可辨的,求 A、B 都落入方格内的平均自信息量。

12. 从大量统计资料知道,男性中红绿色盲的发病率为7%,女性为0.5%。如果你问一位男性:"你是否是色盲?"他的回答可能是"是",也可能是"否",请问这两个"是""否"回答中各含多少信息量? 平均每个回答中含有多少信息量? 如果问一位女性,答案中含有的平均自信息量为多少?

13. 一个信源有6种输出状态: $P_A = 0.5$, $P_B = 0.25$, $P_C = 0.125$, $P_D = P_E = 0.05$, $P_F = 0.025$。试计算 $H(X)$,然后求消息 $ABABBA$ 和 $FDDFDF$ 中的信息量(设信源先后发出的符号相互独立)。

14. 设信源为 X,且 $\begin{bmatrix} X \\ p(x) \end{bmatrix} = \begin{bmatrix} x_1 & x_2 & x_3 & x_4 & x_5 & x_6 \\ 0.20 & 0.1 & 0.15 & 0.12 & 0.2 & 0.12 \end{bmatrix}$,是否可以求出这个信源的熵,如果将它们代入熵公式,为什么会出现大于 log6(即不满足信源熵的极值性)的情况? 从概率论的角度对此进行分析。

15. 设有一个随机变量,其概率分布为 $\{p_1, p_2, \cdots, p_q\}$,并有 $p_1 > p_2$。若取 $p_1' = p_1 - \varepsilon$, $p_2' = p_2 + \varepsilon$,其中 $0 < 2\varepsilon < p_1 - p_2$,而其他概率值不变。试证明由此所得的新随机变量的熵是增加的,并用熵的物理意义加以解释。

16. 有以下两种电视机系统:

(1) 为了使电视图像获得良好的清晰度和规定的适当对比度,需要用 5×10^5 个像素和10种不同的亮度电平,求传递此图像所需的信息率(设每秒传送30帧图像,所有像素是独立变化的,且所有亮度电平等概率出现)。

(2) 设某彩色电视系统除了满足对于黑白电视系统的上述要求外,还要有30种不同的色彩度,试证明传输这一彩色系统的信息率约是黑白系统的信息率的2.5倍。

17. 有一个可以旋转的圆盘,盘面上被均匀地分成38份,用 $1, 2, \cdots, 38$ 的数字标示,其中有2份涂绿色,18份涂红色,18份涂黑色。圆盘停转后,盘面上的指针指向某一数字和颜色。求:

(1) 如果仅对颜色感兴趣,则计算平均不确定度。

(2) 如果同时对颜色和数字感兴趣,则计算平均不确定度。

(3) 如果颜色已知,则计算条件熵。

(4) 如果数字已知,用不同的方法计算颜色的条件熵,并且分析其特点和成因。上述计算结果有哪些启示?

18. 设有一批电阻,按阻值分,70%是 2kΩ,30%是 5kΩ;按功耗分,64%是 1/8W,其余是 1/4W。现已知 2kΩ 阻值的电阻中 80%是 1/8W。问通过测量阻值可以平均得到的关于瓦数的信息量是多少?

19. 设 X、Y 是两个二元随机变量,其取 0 或 1 的概率为等概率分布。定义另一个二元随机变量 Z,而且 $Z=XY$(一般乘积)。联合概率如下所示。

Y	X	
	0	1
0	1/8	3/8
1	3/8	1/8

试计算:

(1) $H(X)$、$H(Y)$、$H(Z)$。

(2) $H(XY)$、$H(XZ)$、$H(YZ)$、$H(XYZ)$。

(3) $H(X|Y)$、$H(X|Z)$、$H(Y|Z)$、$H(Z|X)$、$H(Z|Y)$。

(4) $H(X|YZ)$、$H(Y|XZ)$、$H(Z|XY)$。

(5) $I(X;Y)$、$I(X;Z)$、$I(Y;Z)$。

(6) $I(X;Y|Z)$、$I(Y;X|Z)$、$I(Z;X|Y)$、$I(Z;Y|X)$。

(7) $I(XY;Z)$、$I(X;YZ)$、$I(Y;XZ)$。

20. 设有一个信源,它在开始时以 $p(a)=0.6$,$p(b)=0.3$ 和 $p(c)=0.1$ 的概率发出 X_1。X_1 为 a 时,X_2 为 a、b、c 的概率都是 1/3;X_1 为 b 时,X_2 为 a、b、c 的概率都是 1/3;X_1 为 c 时,X_2 为 a、b 的概率是 1/2,为 c 的概率是 0。而且后面发出 X_i 的概率与 X_{i-1} 有关。又当 $i>3$ 时,$p(X_{i-}|X_{i-1})=p(X_{2-}|X_1)$。试用马尔可夫信源的图示法画出状态转移图,并计算信源熵 H_∞。

21. 一阶马尔可夫信源的状态如图 2-16 所示,信源 X 的符号集为 {0,1,2},并定义 $\bar{p}=1-p$。

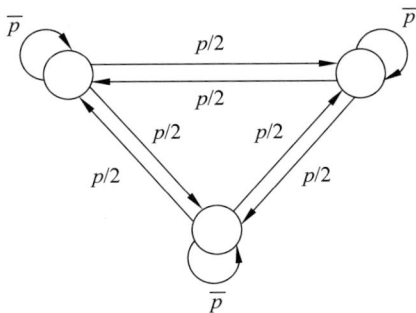

图 2-16　状态转移图

(1) 求信源平稳后的概率分布 $p(0)$、$p(1)$ 和 $p(2)$。

（2）求此信源的熵。

（3）当近似认为此信源为无记忆时，符号的概率分布等于平稳分布。求近似信源的熵 $H(X)$ 并与 H_∞ 进行比较。

（4）对一阶马尔可夫信源 p 取何值时 H_∞ 取最大值？当 $p=0$ 和 $p=1$ 时结果如何？

22. 设某班学生在一次考试中获优(A)、良(B)、中(C)、及格(D)和不及格(E)的人数相等。当教师通知学生甲："你没有不及格。"甲获得了多少比特信息？为确定自己的成绩，甲还需要多少信息？

23. 设有一个信源，它产生 0 和 1 序列的信息。不论以前发出过什么符号，它在任意时间均按 $P(0)=0.4$ 和 $P(1)=0.6$ 的概率发出符号。

（1）试问这个信源是否是平稳的？

（2）试计算 $H(X^2)$、$H(X_3|X_1X_2)$ 及 H_∞。

第3章

信道及其容量

　　信道(channel)顾名思义是通信的通道,具体而言,它是信号传输的媒介,是传送信息的载体——信号所通过的通道,也是通信系统的重要部分。其任务是以信号作为载体来传输和存储信息。在物理信道一定的情况下,人们总是希望传输的信息越多越好。这不仅与物理信道本身的特性有关,还与载荷信息的信号形式和信源输出信号的统计特性有关,因此研究信道的目的就是研究在仅仅限定信道特征(考虑干扰源特征)的情况下信道上传输或存储的信息量的最大值,这个传输能力的极限称为信道容量(channel capacity)。这些研究依赖于对信道的问题建立一定的数学模型,并选择合理、简化的数学模型,从而需要首先对信道通信问题建立简化的数学模型,选择必要的参数来描述信道的通信过程,以此为基础来度量和分析各种类型的信道,计算在不同约束条件下的信道容量,并且分析相应的特征。信道一般指的是物理信道,它一般是指依托物理媒介传输信息的通道,比如电话线、光纤、同轴电缆和微波等。与之相对的还有逻辑信道,它一般是指人为定义的信息传输信道。实际上许多时候提到的信道是广义的、非物理的,比如可以将信道编码、译码和信道看成一个广义的信道,也可以将加密、解密和信源编码、解码当作信道。

3.1　信道的数学模型与分类

3.1.1　信道的分类

　　可以从不同的角度对信道进行分类。

1. 根据输入输出随机信号的特点分类

- 离散信道:输入、输出随机变量都取离散值。电报信道和数据信道属于这一类。
- 连续信道:输入、输出随机变量都取连续值。电视和电话信道属于这一类。
- 半离散/半连续信道:输入变量取离散值而输出变量取连续值,或反之。连续信道加上数字调制器或数字解调器后就是这类信道。

　　在连续信道中,如果输入和输出的信号在时间和幅度上均连续,称为波形信道,可以用随机过程来描述,一般将它分解为离散信道、时间或幅度之一上离散的连续信道、半离散半连续信道来研究。

2. 据输入输出随机变量个数分类

- 单符号信道:输入和输出端都只用一个随机变量来表示。

- 多符号信道：输入和输出端用随机变量序列/随机矢量来表示。

3. 根据信道用户的多少（输入输出个数）分类

- 单用户信道：只有一个输入端和一个输出端，比如点对点的单向通信。注意，信息只能向一个方向传递。
- 多用户信道：至少有一端有两个以上的用户合用一个信道，并进行双向通信，比如一般的通信网。

4. 根据输入端和输出端的关联分类

- 无反馈信道：无反馈就是输出端的信号不反馈到输入端，即输出信号对输入信号没有影响。
- 有反馈信道：输出信号通过一定途径反馈到输入端，致使输入端的信号发生变化的信道。

5. 根据信道参数与时间的关系分类

- 固定参数（恒参、平稳）信道：信道的统计特征不随时间而变化，比如卫星通信信道可以近似地认为是固定参数信道。
- 时变参数（随参、非平稳，time varying）信道：信道的统计特征随时间而变化，比如短波通信。

6. 根据信道上有无干扰分类

- 有干扰信道（noisy discrete channel，discrete channel with noise）：存在噪声或干扰的信道，或者同时存在两者的信道。
- 无干扰信道：不存在噪声和干扰或者可以忽略它们的信道。

7. 根据信道有无记忆特性分类

- 有记忆信道（channel with memory）：某个时间的输出 y 不仅仅与相应时间的输入 x 有关，还与前后的输入、输出相关。类似于马尔可夫信源，输出只与前面有限个输入有关时，可称为有限记忆信道。当与前面无限个输入有关但关联性随间隔加大而趋于零时，可称为渐近有记忆信道。条件概率是相同的函数时，称为平稳信道，即变量的下标顺序推移时，条件概率的函数形式不变。
- 无记忆信道（memoryless channel）：某个时间的输出 y 只与相应时间的输入 x 有关，而与前后的输入、输出无关。

还可以根据载荷消息的介质和信号的形式不同进行分类。

实际上，有时候信道划分是人为的，比如图 3-1 中进行不同的划分。由于信号在不同的位置进行不同的处理和转换，可以认为对应的信源和信宿是不一样的，所以可以得出不同的信道类型。

其中：

- $C1$ 段信号一般是连续的，所以该段为连续信道、调制信道。
- $C2$ 为离散信道、编码信道。
- $C3$ 为半离散半连续信道。
- $C4$ 为半连续半离散信道。

狭义的信道仅仅包括传输介质，而广义的信道可以包括传输介质、各种信号变换、编

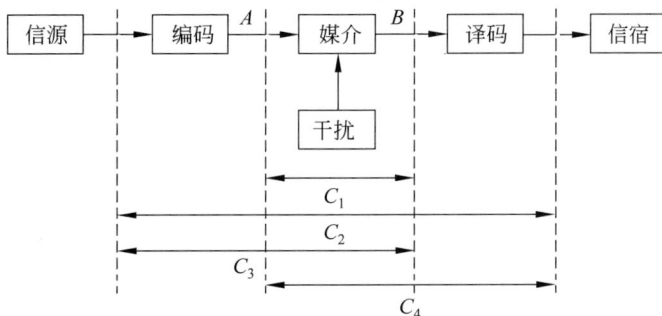

图 3-1　不同的信道划分

码和耦合装置等。通信系统中的广义信道通常也可分成两种：调制信道和编码信道。

（1）调制信道。调制信道是从研究调制与解调的基本问题出发而构成的，它的范围是从调制器输出端到解调器输入端，从调制和解调的角度来看，我们只关心解调器输出的信号形式和解调器输入信号与噪声的最终特性，并不关心信号的中间变化过程。因此，定义调制信道对于研究调制与解调问题是方便和恰当的。

补充相关概念：调制即把数字信号转换成电话线上传输的模拟信号；解调即把模拟信号转换成数字信号。将两种功能合并在一起的设备合称调制解调器，即通常所称的"猫"（Modem）。它能把计算机的数字信号翻译成可沿普通电话线传送的脉冲信号，而这些脉冲信号又可被线路另一端的另一个调制解调器接收，并译成计算机可理解的语言。

（2）编码信道。在数字通信系统中，如果仅着眼于编码和译码问题，则可得到另一种广义信道——编码信道。这是因为从编码和译码的角度看，编码器的输出仍是某一数字序列，而译码器的输入同样也是一个数字序列，它们在一般情况下是相同的数字序列。因此，从编码器输出端到译码器输入端的所有转换器及传输媒介可用一个完成数字序列变换的方框加以概括，此方框称为编码信道。

当然，广义信道是一个非常广泛、可以人为设定的概念，根据研究对象和关心问题的不同，还可以定义其他形式的广义信道。

3.1.2　信道的数学模型与参数

实际中的信道一般存在噪声和干扰，使输出信号与输入信号之间没有固定的函数关系，而只有统计依赖的关系。因此可以通过研究分析输入输出信号的统计特性来研究信道。

首先来看一般信道的数学模型，这里采用一种"黑箱"法来操作。在通信系统模型中，信道编码器和信道解码器之间相隔着许多其他部件，如调制解调、放大、滤波、均衡等器件，以及各种物理信道。信道遭受各类噪声的干扰，使有用信息遭受损伤。从信道编码的角度看，我们对信号在信道中具体如何传输的物理过程并不感兴趣，而仅对传输的结果感兴趣：送入什么信号？得到什么信号？如何从得到的信号中恢复出送入的信号？差错概率是多少？故将中间部分全部用信道来抽象，可以认为输入信源 X 经过信道变成 Y。实际信道的带宽总是有限的，所以输入 X 和输出 Y 总可以分解成随机序列来研究。为了简化问题，以下只研究无反馈、固定参数的单用户离散信道。

如果要建立信道的模型，应该有哪些参数？哪些是信道的固有参数？哪些是需要涉及的参数？

信道的基本特征包括输入、输出以及输入和输出之间的关系。可以假设输入矢量为 $X=(x_1,x_2,\cdots,x_N)$，输入的矢量分量取自符号集 $A=\{a_1,a_2,\cdots,a_r\}$；输出矢量 $Y=(y_1,y_2,\cdots,y_N)$，输出的矢量分量取自符号集 $B=\{b_1,b_2,\cdots,b_s\}$。它们之间的统计关系用条件概率 $p(Y|X)$ 来表示（有时候用小写 x 和 y，或者用 x_i 和 y_j，我们可以等同看待这些不同写法，它们均为对 X 和 Y 所有可能情况的相应条件概率的一种整体表征），在信息论中称为转移概率或者传递概率（transition probability）。

1. 无干扰（无噪）信道的参数

首先讨论简单的情形，即没有干扰（噪声）的信道。由于没有噪声，所以输入可以决定输出，即存在确定的函数 f，$Y=f(X)$。

$p(y|x)$ 的取值只有 0 和 1。当 $y\neq f(x)$ 时，条件概率 $p(y|x)$ 为 0；当 $y=f(x)$ 时，条件概率 $p(y|x)$ 为 1。

对于离散信道，如果信道转移概率矩阵（transition probability matrix，简称转移矩阵（transition matrix），偶尔称为概率转移矩阵（Probabilistic Transfer Matrix，PTM））的每行中只包含一个 1，其余元素均为 0，说明信道无干扰，称为无扰离散信道。

2. 单符号离散信道的参数

多个符号序列存在有记忆和无记忆之分，我们先从简单的单符号信道入手，由于是单符号，无须考虑信道是否有记忆，可以认为是无记忆的。假设给定以下参数：

输入单符号变量 X，取自符号集 $A=\{a_1,a_2,\cdots,a_r\}$。

输出单符号变量 Y，取自符号集 $B=\{b_1,b_2,\cdots,b_s\}$。

由于信道的干扰使输入符号 x 在传输中发生错误，这种错误是随机发生的，所以可以用条件概率（转移概率）来表示噪声的干扰：$p(y|x)=P(y=b_j|x=a_i)=p(b_j|a_i)$。

这一组条件概率称为信道的传递概率或转移概率，可以用来描述信道干扰影响的大小。显然，对于任一给定的 a_i，条件概率累加满足归一性，即 $\sum p(b_j|a_i)=1$。

因此，一般简单的单符号离散信道可以用 $[X,P(y|x),Y]$ 三者加以描述。当然，对于输入和输出，不仅仅图 3-2 所示的单符号离散信道需要知道其取值范围，还希望有更加确切的了解，而输入和输出本身是不确定的，所以只能用它们的随机变量描述。因此信道的数学模型可以用随机变量及其概率分布 $[X,P(y|x),Y]$ 描述，也可以用图 3-2 表示。

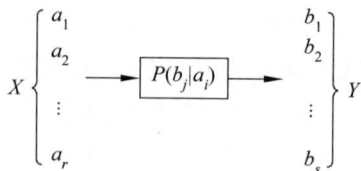

图 3-2　单符号离散信道

单符号离散信道的转移概率通常用信道转移概率矩阵表示：

$$P = \begin{bmatrix} p(b_1 \mid a_1) & \cdots & p(b_s \mid a_1) \\ \vdots & & \vdots \\ p(b_1 \mid a_r) & \cdots & p(b_s \mid a_r) \end{bmatrix} \tag{3-1}$$

一般为了简化，记 $p_{ij} = p(b_j \mid a_i)$，则信道转移概率矩阵可以表示为

$$P = \begin{bmatrix} p_{11} & \cdots & p_{1s} \\ \vdots & & \vdots \\ p_{r1} & \cdots & p_{rs} \end{bmatrix} \tag{3-2}$$

注意：偶见在少数资料中记为 $p_{ij} = p(b_j \mid a_i)$。

这个转移概率矩阵完全描述了信道的统计特征，又称为信道矩阵，其中有些概率是信道干扰引起的错误概率，有些概率是信道正确传输的概率。可以看到，信道矩阵 P 既表达了输入符号集 $A = \{a_1, a_2, \cdots, a_r\}$，又表达了输出符号集 $B = \{b_1, b_2, \cdots, b_s\}$，同时还表达了输入与输出之间的传递概率关系。信道的输入和输出所取的符号集(取值范围)与信道的性质有关系，但是输入 X 和输出 Y 的概率分布只是一种伴随的参数，与信道的性质无关，信道矩阵本身已经隐含了信道的输入输出的取值数(对应于矩阵的行数和列数)，因此，信道矩阵 P 也可以作为单符号离散信道的另一种数学模型的最简形式。

例 3-1　二进制信道是最简单也是最常用的信道，当 $r = s = 2$ 时即为二进制信道，如果信道还满足对称性，则称为二元对称信道(Binary Symmetrical Channel，BSC)，如图 3-3 所示。

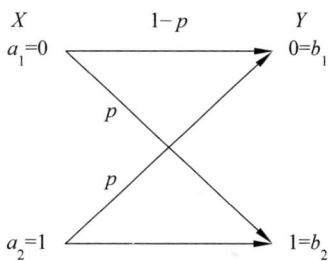

图 3-3　二元对称信道

BSC 信道的输入符号 X 取值于 $\{0,1\}$，输出符号 Y 取值于 $\{0,1\}$，$r = s = 2$，$a_1 = b_1 = 0$，$a_2 = b_2 = 1$，传递概率为：

$$p(b_1 \mid a_1) = p(0 \mid 0) = 1 - p = \bar{p}$$
$$p(b_2 \mid a_2) = p(1 \mid 1) = 1 - p = \bar{p}$$
$$p(b_1 \mid a_2) = p(0 \mid 1) = p$$
$$p(b_2 \mid a_1) = p(1 \mid 0) = p$$

其中，$p(1|0)$ 表示信道输入符号为 0 而接收到的符号为 1 的概率，$p(0|1)$ 表示信道输入符号为 1 而接收到的符号为 0 的概率，它们都是单个符号传输发生错误的概率，通常用 p 表示。而 $p(0|0)$ 和 $p(1|1)$ 是无错误传输的概率，通常用 $1 - p = \bar{p}$ 表示。

显然，这些传递概率满足归一性，即满足下式：

$$\sum_{j=1}^{2} P(b_j \mid a_1) = \sum_{j=1}^{2} P(b_j \mid a_2) = 1$$

用矩阵来表示，即得二元对称信道的传递矩阵为：

$$\begin{array}{cc} & \begin{array}{cc} 0 & \quad 1 \end{array} \\ \begin{array}{c} 0 \\ 1 \end{array} & \begin{bmatrix} 1 - p & p \\ p & 1 - p \end{bmatrix} \end{array}$$

3. 有干扰无记忆离散信道的参数

信道无记忆指的是输出只与当前输入有关，而与非该时刻的输入信号和输出信号都无关，它与信源的无记忆具有相似性，但是不同于信源的记忆性。这种情况使得问题得以简化，无须采用矢量形式，只要分析单个符号的转移概率即可。

有干扰无记忆信道有以下性质：

$$p(Y \mid X) = p(y_1 y_2 \cdots y_N \mid x_1 x_2 \cdots x_N)$$
$$= \prod p(y_i \mid x_i), \quad (i = 1, 2, \cdots, N) \tag{3-3}$$

假设信道编码器的输入是 n 元符号，即输入符号集由 n 个元素 $X = \{x_1, x_2, \cdots, x_n\}$ 构成，而检测器的输出是 m 元符号，即信道输出符号集由 m 个元素 $Y = \{y_1, y_2, \cdots, y_m\}$ 构成，且信道和调制过程是无记忆的，那么信道模型黑箱的输入输出特性可以用一组共 nm 个条件概率来描述：$p(Y = y_j / X = x_i) \equiv p(y_j / x_i)$。式中 $i = 1, 2, \cdots, n; j = 1, 2, \cdots, m$。这样的信道称为离散无记忆信道（Discrete Memoryless Channel，DMC）。

$$p(Y_1 = y_1, Y_2 = y_2, \cdots, Y_n = y_n / X_1 = x_1, \cdots, X_n = x_n) = \prod_{k=1}^{n} p(Y_k = y_k / X_k = x_k)$$

$p(y_j / x_i)$ 构成的矩阵为 P 矩阵（信道矩阵）。

在信道输入为 x_i 的条件下，由于干扰的存在，信道输出不是一个固定值，而是概率各异的一组值，这种信道就称为有干扰离散信道。

4. 有干扰有记忆离散信道的参数

有干扰有记忆离散信道是更一般的情况，实际上大多数的信道严格意义上说属于有干扰有记忆信道。例如在数字信道中，由于信道滤波使频率特性不理想时会造成码字之间的干扰。

在这一类信道中，某一瞬间的输出符号不但与对应时刻的输入符号有关，而且与此以前其他时刻信道的输入符号及输出符号有关，这样的信道称为有记忆信道。由于有记忆信道的转移概率计算涉及的参数较多，因此对它的分析和计算更加复杂。提倡采用以下两种方法进行简化处理。

（1）将记忆性较强的 N 个符号当作一个 N 维矢量进行整体的处理，而各个矢量之间当作无记忆的。

（2）把信源序列的转移概率当作马尔可夫链的形式，即假设信道为有限记忆的。以上方法都是进行了简化和近似处理，会带来一定的误差。

5. 离散输入连续输出信道

补充知识：加性噪声一般指热噪声、散弹噪声等，它们与信号的关系是相加，不管有没有信号，噪声都存在。而将乘性噪声一般由信道不理想引起，它们与信号的关系是相乘，信号在它在，信号不在它也就不在。一般通信中把加性随机性看成是系统的背景噪声，而将乘性随机性看成是由系统的时变性（如衰落或者多普勒）或者非线性所造成的。前者相对容易分析，而后者则比较困难。

与此相对应，就有加性信道等概念。

加性高斯白噪声在通信领域中指的是一种各频谱分量服从均匀分布（即白噪声）且幅

度服从高斯分布的加性噪声信号。因其可加性、幅度服从高斯分布且为白噪声的一种而得名。

由于该噪声在一定的条件下造成的影响最为显著,所以该噪声信号为一种便于分析的理想噪声信号,实际的噪声信号往往只在某一频段内可以用高斯白噪声的特性来进行近似处理。由于加性高斯白噪声信号易于分析和近似,因此在信号处理领域,对信号处理系统(如滤波器、低噪音高频放大器、无线信号传输等)的噪声性能的简单分析(如信噪比分析)中,一般可假设系统所产生的噪音或受到的噪音信号干扰在某频段或限制条件之下是高斯白噪声。

假设信道输入符号选自一个有限的、离散的输入字符集 $X = \{x_1, x_2, \cdots, x_n\}$,而信道输出未经量化($m \to \infty$),这时的译码器输出可以是实轴上的任意值,即 $y = \{-\infty, \infty\}$。这样的信道模型为离散时间无记忆信道。

这类信道中最重要的一种是加性高斯白噪声(AWGN)信道,对它而言 $Y = X + G$,式中 G 是一个零均值、方差为 σ^2 的高斯随机变量,$X = x_i$,$i = 1, 2, \cdots, n$。当 X 给定后,Y 是一个均值为 x_i、方差为 σ^2 的高斯随机变量。

$$p(y \mid x_i) = \frac{1}{\sqrt{2\pi}\sigma} e^{-(y-x_i)^2/2\sigma^2}$$

6. 波形信道的参数

信道的输入和输出都是随机过程 $\{x(t)\}$ 和 $\{y(t)\}$,称为波形信道,通俗地说,其输入和输出都是模拟波形,可以用随机过程来表述。在实际的模拟通信系统中,信道都是波形信道。为了便于分析,我们将来自各部分的噪声和干扰都集中在一起,且认为都是信道加入的。同时可以假设随机过程是平稳的。

因为实际波形信道的频宽总是受限的,在有限观察时间 T 内能满足限时限频条件。因此可以根据取样定理把波形信道的输入 $x(t)$ 和相应的输出是 $y(t)$ 的平稳随机过程信号离散化成 $N = 2FT$ 个时间离散、取值连续的平稳随机序列 $X = X_1 X_2 \cdots X_N$ 和 $Y = Y_1 Y_2 \cdots Y_N$。从而可以将波形信道问题转化为多维连续信道问题进行研究。信道转移概率密度函数为:

$$p_Y(y \mid x) = p_Y(y_1, y_2, \cdots, y_N \mid x_1, x_2, \cdots, x_N)$$

显然以上转移概率密度函数也满足归一化条件。

如果多维连续信道的转移概率密度函数满足独立性条件:

$$p_Y(y \mid x) = \prod_{l=1}^{N} p_Y(y_l \mid x_l)$$

则称此信道为连续无记忆信道,即在任一时刻输出变量只与对应时刻的输入变量有关系,而与此前的输入输出无关,也与以后的输入变量无关。

反之,如果连续信道任何时刻的输出变量与其他时刻的输入输出变量有关,则称此信道为连续有记忆信道。

根据噪声对信道中信号的作用不同,可以将噪声分为加性噪声和乘性噪声,即噪声与输入信号是相加或相乘得到输出信号。一般分析较多的而且也容易从理论上进行分析的是加性噪声信道。单个符号的加性噪声信道可以表示为 $y(t) = x(t) + n(t)$,式中的 $n(t)$

是加性噪声过程的一个样本函数。一般在这种信道中,噪声和信号通常相互独立,所以:

$$p_{X,Y}(x,y) = p_{X,n}(x,n) = p_{X,n}(x)p_n(n) \tag{3-4}$$

则

$$p_Y(y \mid x) = \frac{p_{X,Y}(x,y)}{p_X(x)} = \frac{p_{X,n}(x,n)}{p_X(x)} = p_n(n) \tag{3-5}$$

即加性信道的传递概率密度函数就等于噪声的概率密度函数,这也进一步说明了信道的传递概率是由于噪声所引起的。

以后还可以证明,在加性信道中条件熵是由于信道中的噪声引起的,它完全等于噪声信源的熵,所以称为噪声熵。以后主要讨论的是加性信道,噪声源主要是高斯白噪声。

以上只讨论了一些常见信道模型的参数,并没有完全讨论所有类型的信道。在不同的研究中,会用到不同的信道模型。

(1) 设计和分析离散信道编码器和解码器的性能,从工程角度出发,最常用的是 DMC 信道模型或其简化形式即 BSC 信道模型。

(2) 如果要分析性能的理论极限,则多选用离散输入、连续输出信道模型。

(3) 如果要设计和分析数字调制器和解调器的性能,则可采用连续的波形信道模型。

本书的主题是信道编码和解码,因此主要使用 DMC 信道模型。

3.2　信道疑义度与平均互信息量

在第 2 章中,提过平均互信息量和疑义度的概念。信道通信的目的就是要给接收者提供信息,然而信道的干扰使得在实际的通信中不可能实现完全可靠的传输。接收者能够得到的是信宿 Y,而他所希望知道的却是信源 X,鉴于 X 和 Y 之间的统计相关性,他可以试图通过 Y 获得关于 X 的信息,因此这涉及已知 Y 的时候 X 的不确定度,即信道的疑义度,以及 Y 和 X 之间的平均互信息量。

疑义度和平均互信息量是研究信道的重要参数,相关的分析和性质参见第 2 章,在此不赘述。

3.3　信息传输率与信道容量

信道的容量实际上是由香农信道编码定理所证明的,本书的后面会有相关的证明,在这里经过简单的分析直接给出定义。

信道的输入 $X \in \{x_1, x_2, \cdots, x_i, \cdots, x_n\}$,输出 $Y \in \{y_1, y_2, \cdots, y_j, \cdots, y_m\}$。如果信源熵为 $H(X)$,希望在信道输出端接收的信息量就是 $H(X)$,由于干扰的存在,一般只能接收到 $I(X;Y)$。输出端 Y 往往只能获得关于输入 X 的部分信息,这是由平均互信息性质决定的:$I(X;Y) \leqslant H(X)$。

将信道中平均每个符号所能传送的信息量定义为信道的信息传输率 R,它的值就是平均互信息量,即 $R = I(X;Y) = H(X) - H(X|Y)$ 比特/符号,后面的单位是以 2 为底的对数计算所对应的结果,如果是其他底,应该换成相应的 det(以 10 为底)、nat(以 e 为底)等,

每个符号是因为这是单个符号的互信息量,有时候也用 symbol 或 channel use 代替。

$I(X;Y)$ 是信源无条件概率 $p(x_i)$ 和信道转移概率 $p(y_j|x_i)$ 的二元函数,当信道特性 $p(y_j|x_i)$ 固定后,$I(X;Y)$ 随信源概率分布 $p(x_i)$ 的变化而变化。调整 $p(x_i)$,在接收端就能获得不同的信息量。由平均互信息的性质已知,$I(X;Y)$ 是 $p(x_i)$ 的 $\bigcap$ 型上凸函数,因此总能找到一种概率分布 $p(x_i)$(即某一种信源),使信道所能传送的信息率为最大。信道容量 C(channel capacity)是指在信道中最大的信息传输率,单位是比特/信道符号。

$$C = \max_{p(x_i)} R = \max_{p(x_i)} I(X;Y)（比特 / 信道符号） \tag{3-6}$$

单位时间的信道容量 C_t 是指若信道平均传输一个符号需要 t 秒钟,则单位时间的信道容量为:

$$C_t = \frac{1}{t} \max_{p(x_i)} I(X;Y)(\text{b/s}) \tag{3-7}$$

C_t 实际上是信道的最大信息传输速率,单位为比特/秒(b/s)。有时候 C_t 仍称为信道容量。

单位时间的信息传输速率:若信道平均传输一个符号需要 t 秒钟,则信息传输速率为 $R_t = I(X;Y)/t(\text{b/s})$。有时候其单位也可以用每秒千比特数(kb/s)或每秒兆比特数(Mb/s)来表示(此处 k 和 M 分别为 1000 和 1 000 000,而不是涉及计算机存储器容量时的 1024 和 1 048 576)。

信道容量是信道的固有属性,但是传输的信息量能否让互信息量达到最大值则是由信源决定的,因此信源对信道的匹配也是一个影响因素。平均互信息量达到最大值时,信源的概率分布称为最佳输入分布。

在讨论信息传输率的时候,也常常会涉及波特率(Baud rate)和比特率的概念,区别如下:

比特率是指二进制数码流的信息传输速率,单位是 b/s 或 bps,它表示每秒传输多少个二进制元素(每一个二进制的元素称为比特)。

波特率又称调制速率,是针对模拟数据信号传输过程中从调制解调器输出的调制信号每秒钟载波调制状态改变的数值,即单位时间内载波参数变化的次数。它是对信号调制环节传输速率的一种度量,是对符号(而不是信息)传输速率的一种度量,1 波特即指每秒传输 1 个符号。单位"波特"本身就已经是代表每秒的调制数,以"波特每秒"(Baud per second)为单位是一种常见的错误。

比特率是对信息传输速率(传信率)的度量。波特率可以理解为单位时间内传输码元符号的个数(传符号率),通过不同的调制方法可以在一个码元上负载多个比特信息。波特率与比特率的关系为:比特率=波特率×单个调制状态对应的二进制位数。

3.4　离散单个符号信道的信道容量

前面讨论了多种信道,本节从最简单的单个符号的离散信道开始来分析信道容量。通过计算单个符号信道的信道容量,可以为序列信道的信道容量计算提供一定的简化方法。

3.4.1　特殊离散信道

下面介绍 3 种最简单的理想信道。

1. 具有一一对应关系的无噪信道

具有一一对应的无噪信道如图 3-4 所示。

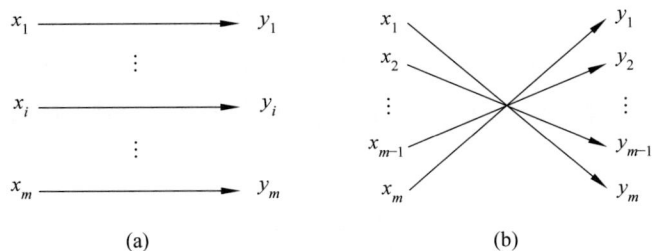

$$(a) \qquad\qquad (b)$$

图 3-4　一一对应的无噪信道

对应的信道矩阵是：

$$\begin{bmatrix} 1 & 0 & 0 & \cdots & 0 \\ 0 & 1 & 0 & \cdots & 0 \\ 0 & 0 & 1 & \cdots & 0 \\ \vdots & \vdots & \vdots & \ddots & \vdots \\ 0 & 0 & 0 & \cdots & 1 \end{bmatrix} \qquad \begin{bmatrix} 0 & \cdots & 0 & 0 & 1 \\ 0 & \cdots & 0 & 1 & 0 \\ 0 & \cdots & 1 & 0 & 0 \\ \vdots & \ddots & \vdots & \vdots & \vdots \\ 1 & \cdots & 0 & 0 & 0 \end{bmatrix}$$

因为信道矩阵中所有元素均是 1 或 0，X 和 Y 有确定的对应关系。已知 X 后 Y 没有不确定性，噪声熵 $H(Y|X)=0$。反之，收到 Y 后，X 也不存在不确定性，信道疑义度（损失熵）$H(X|Y)=0$。

这是一种无噪无损信道，故有：

$$I(X;Y)=H(X)=H(Y)$$

当信源呈等概率分布时，具有一一对应确定关系的无噪信道达到信道容量。

2. 具有扩展性能的离散有噪声信道

$$\begin{bmatrix} p(y_1/x_1) & p(y_2/x_1) & p(y_3/x_1) & 0 & 0 & 0 & 0 & 0 \\ 0 & 0 & 0 & p(y_4/x_2) & p(y_5/x_2) & p(y_6/x_2) & 0 & 0 \\ 0 & 0 & 0 & 0 & 0 & 0 & p(y_7/x_3) & p(y_8/x_3) \end{bmatrix}$$

虽然信道矩阵中的元素不全是 1 或 0，但由于每列中只有一个非零元素，已知 Y 后，X 不再有任何不确定度，信道疑义度 $H(X|Y)=0$。

$$I(X;Y)=H(X)-H(X|Y)=H(X)$$

例如，输出端收到 y_2 后可以确定输入端发送的是 x_1，收到 y_7 后可以确定输入端发送的是 x_3，等等，如图 3-5 所示。

信道容量为：

$$C=\max_{p(x_i)}I(X;Y)=\max_{p(x_i)}H(X)=\log_2 n$$

与一一对应信道不同的是，此时输入端符号熵小于输出端符号熵，即 $H(X)<H(Y)$，

这是一种无损有噪信道。

3. 具有归并性能的无噪信道

具有归并性能的无噪信道如图 3-6 所示。

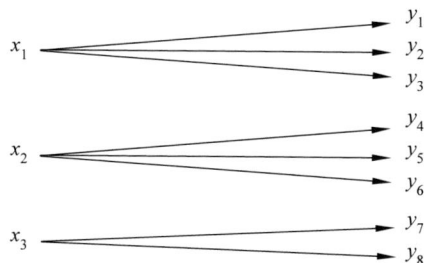

图 3-5　具有扩展性能的无噪信道　　　　　图 3-6　具有归并性能的无噪信道

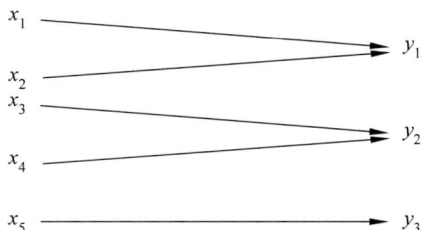

其转移概率矩阵（信道矩阵）为：

$$P = \begin{bmatrix} 1 & 0 & 0 \\ 1 & 0 & 0 \\ 0 & 1 & 0 \\ 0 & 1 & 0 \\ 0 & 0 & 1 \end{bmatrix}$$

信道矩阵中的元素非 0 即 1，每行仅有一个非零元素，但每列的非零元素个数大于 1。已知某一个 x_i 后，对应的 y_j 完全确定，信道噪声熵 $H(X|Y)=0$。但是收到某一个 y_j 后，对应的 x_i 不完全确定，信道疑义度 $H(X|Y) \neq 0$。这是一种无噪有损信道。信道容量为：

$$C = \max_{p(x_i)} I(X;Y) = \max_{p(x_i)} H(Y) = \log_2 m$$

结论：无噪信道的信道容量 C 只取决于信道的输入符号数 n 或输出符号数 m，而与信源无关。

4. 输入输出独立信道（全损信道）

这种信道的输入端 X 与输出端 Y 完全统计独立，此时有：

$$H(X|Y) = H(X)$$
$$H(X|Y) = H(Y)$$
$$I(X;Y) = H(X) - H(X|Y)$$

所以：

$$I(X;Y) = 0$$

信道的输入和输出没有依赖关系，信息无法传输，信道容量为 0，称为全损信道。

接收到 Y 后不可能消除有关输入端 X 的任何不确定性，所以获得的信息量等于 0。同样，也不能从 X 中获得任何关于 Y 的信息量。

平均互信息 $I(X;Y) = 0$，表明了信道两端随机变量的统计约束程度等于 0。

3.4.2　对称 DMC 信道

如果转移概率矩阵 P 的每一行都是第一行的置换（包含同样元素），称该矩阵是输入对称的；如果转移概率矩阵的每一列都是第一列的置换（包含同样元素），称该矩阵是输出对称的；如果输入、输出都对称，则称该信道是对称信道（symmetric channel）；如果针对DMC，则称为对称的DMC信道（由于是单符号，所以是否无记忆都无所谓，可以推广到仅仅考虑单个符号的有记忆信道，以此类推）。

$$
\begin{bmatrix} \frac{1}{3} & \frac{1}{3} & \frac{1}{6} & \frac{1}{6} \\ \frac{1}{6} & \frac{1}{6} & \frac{1}{3} & \frac{1}{3} \end{bmatrix}
\qquad
\begin{bmatrix} \frac{1}{2} & \frac{1}{3} & \frac{1}{6} \\ \frac{1}{6} & \frac{1}{2} & \frac{1}{3} \\ \frac{1}{3} & \frac{1}{6} & \frac{1}{2} \end{bmatrix}
$$

以上两个转移概率矩阵即对应于对称信道。

假设输入的符号集中有 n 个符号，输出的符号集中有 m 个符号，由于对称信道的转移概率矩阵中每行元素都相同，所以 $\sum_j p(b_j \mid a_i) \log p(b_j \mid a_i)$ 的值与 i 无关，则条件：

$$
\begin{aligned}
H(Y \mid X) &= \sum_i p(a_i) \sum_j p(b_j \mid a_i) \log p(b_j \mid a_i) \\
&= \Big(\sum_j p(b_j \mid a_i) \log p(b_j \mid a_i) \Big) \cdot \sum_i p(a_i) \\
&= \sum_j p(b_j \mid a_i) \log p(b_j \mid a_i) = H(Y \mid a_i)
\end{aligned}
\tag{3-8}
$$

显然这个值与信道输入符号的概率分布 $p(a_i)$ 无关，在信道的转移概率确定的情况下，这个值是一个确定值，所以信道容量为：

$$
\begin{aligned}
C &= \max_{p(a_i)} I(X;Y) = \max_{p(a_i)} [H(Y) - H(Y \mid X)] \\
&= \max_{p(a_i)} H(Y) - H(Y \mid X)
\end{aligned}
\tag{3-9}
$$

要求 C，只需求 $\max\limits_{p(a_i)} H(Y)$。而如果条件许可，则当 Y 是等概率分布时，其熵取最大值，即只要 X 的某一概率分布使得收到的符号 Y 是等概率，则：

$$
C = \log m - H(Y \mid X) = \log m + \sum_{j=1}^{m} p_{ij} \log p_{ij}
\tag{3-10}
$$

我们可以通过举例证实其存在，当输入符号 X 等概率分布时，$p(a_i) = 1/n$，可得：

$$
p(b_j) = \sum_i p(a_i) p(b_j \mid a_i) = \frac{1}{n} \sum_i p(b_j \mid a_i)
$$

由于列对称，所以该值与 j 无关，此时的信道输出符号也是等概率的。由于矩阵建立的方程是可逆的，因此如果输出符号是等概率的，则对称信道的输入符号也是等概率分布的。因此，要 $H(Y)$ 可以达到最大值 $\log m$，此时输入的符号也是等概率的。因此，单符号的对称离散信道的信道容量的值即为上述的公式。

例 3-2　已知 P 矩阵如下，求 C。

$$
P = \begin{bmatrix} 1/3 & 1/3 & 1/6 & 1/6 \\ 1/6 & 1/6 & 1/3 & 1/3 \end{bmatrix}
$$

解：根据上述公式（3-10），

$$C = \log_2 4 - H\left(\frac{1}{3}, \frac{1}{3}, \frac{1}{6}, \frac{1}{6}\right) = 0.082(\text{b}/\text{符号})$$

对称信道有如下定理。

定理 3-1　对于单个消息离散对称信道,当且仅当信道输入输出均为等概率分布时,信道达到容量值。

例 3-3　求信道容量。

$$P = \begin{bmatrix} \dfrac{1}{2} & \dfrac{1}{3} & \dfrac{1}{6} \\[2mm] \dfrac{1}{6} & \dfrac{1}{2} & \dfrac{1}{3} \\[2mm] \dfrac{1}{3} & \dfrac{1}{6} & \dfrac{1}{2} \end{bmatrix}$$

解：根据公式有:

$$C = \log_2 3 - H\left(\frac{1}{2}, \frac{1}{3}, \frac{1}{6}\right) = 0.126(\text{b}/\text{符号})$$

代入公式只是一种捷径,我们还可以利用定理 3-1 的性质,代入平均互信息量公式求解信道容量,另外还可以利用高等数学中求极值的方法。

考虑更为理想的情形,在对称信道条件的基础上,假设信道输入与输出消息(符号)数相等,即 $m=n$,正确的概率都是相同的,正确的传输概率为 $1-\varepsilon$。而且错误都是均匀分布的,错误概率 ε 被对称地均分给 $n-1$ 个输出符号,则称为强对称信道或均匀信道。

$$P = \begin{bmatrix} 1-\varepsilon & \dfrac{\varepsilon}{n-1} & \cdots & \dfrac{\varepsilon}{n-1} \\[2mm] \dfrac{\varepsilon}{n-1} & 1-\varepsilon & \cdots & \dfrac{\varepsilon}{n-1} \\[2mm] \vdots & \vdots & \ddots & \vdots \\[2mm] \dfrac{\varepsilon}{n-1} & \dfrac{\varepsilon}{n-1} & \cdots & 1-\varepsilon \end{bmatrix}$$

二进制对称信道的 C 值如下:

$$P = \begin{bmatrix} 1-p & p \\ p & 1-p \end{bmatrix}$$

则

$$C = \log 2 - H(p, 1-p) = 1 - H(p)$$

图 3-7 显示了二进制对称信道中 p 与 C 的关系。

例 3-4　设有两个离散 BSC 信道串接,这两个 BSC 信道的转移矩阵如下,求信道容量。

$$P_1 = P_2 = \begin{bmatrix} 1-\varepsilon & \varepsilon \\ \varepsilon & 1-\varepsilon \end{bmatrix}$$

$$P = P_1 P_2 = \begin{bmatrix} 1-\varepsilon & \varepsilon \\ \varepsilon & 1-\varepsilon \end{bmatrix}\begin{bmatrix} 1-\varepsilon & \varepsilon \\ \varepsilon & 1-\varepsilon \end{bmatrix} = \begin{bmatrix} (1-\varepsilon)^2 + \varepsilon^2 & 2\varepsilon(1-\varepsilon) \\ 2\varepsilon(1-\varepsilon) & (1-\varepsilon)^2 + \varepsilon^2 \end{bmatrix}$$

所以有：

$$I(X;Y) = 1 - H(\varepsilon), \quad I(X;Z) = 1 - H[2\varepsilon(1-\varepsilon)]$$

图 3-8 展示了单级和多级信道 ε（见右边）与 I 的关系。

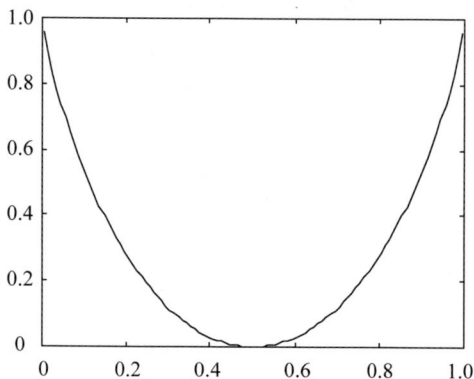

图 3-7　二进制信道 p-C 关系图

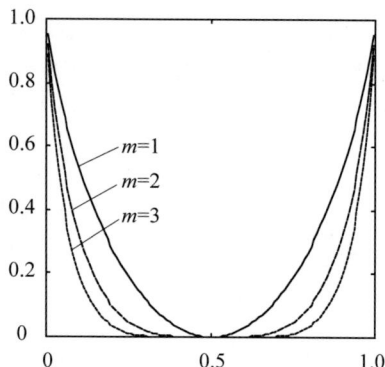

图 3-8　ε 与 I 的关系

3.4.3　准对称 DMC 信道

如果转移概率矩阵 $\boldsymbol{P}$ 是输入对称而输出不对称，即转移概率矩阵 $\boldsymbol{P}$ 的每一行都包含同样的元素，而各列的元素可以不同，则称为准对称 DMC 信道（para-symmetry DMC）。准对称 DMC 信道是对称信道的推广。

例如：

$$\boldsymbol{P}_1 = \begin{bmatrix} 1/3 & 1/3 & 1/6 & 1/6 \\ 1/6 & 1/3 & 1/6 & 1/3 \end{bmatrix} \quad \boldsymbol{P}_2 = \begin{bmatrix} 0.7 & 0.1 & 0.2 \\ 0.2 & 0.1 & 0.7 \end{bmatrix}$$

以上两个例子都是行具有对称性，而列不满足对称性。但是这样的信道始终可以分解为若干个行和列都对称的对称子矩阵的形式。

由于转移概率矩阵的每行元素相同，所以式（3-8）成立，但是每一列元素不一定相同，所以信道输入输出的概率分布可能不等，此时 $H(Y)$ 的最大值可能小于 Y 等概率的熵 $\log m$，因此准对称 DMC 信道的容量为：

$$C = \max_{p(a_i)} H(Y) - H(Y \mid X) \leqslant \log m - H(Y \mid X) = \log m + \sum_{j=1}^{m} p_{ij} \log p_{ij} \quad (3-11)$$

直接求解它的信道容量较为复杂，以下定理有助于求解信道容量。

定理 3-2　当输入分布为等概率分布时，互信息量达到最大值，所以对于单消息离散准对称信道，当且仅当信道输入为等概率分布时信道达到容量值。

例 3-5　已知如下的转移概率矩阵，求信道容量。

$$\boldsymbol{P} = \begin{bmatrix} 0.5 & 0.3 & 0.2 \\ 0.3 & 0.5 & 0.2 \end{bmatrix}$$

解：信道的输入符号有两个，可设 $p(a_1) = \alpha$，$p(a_2) = 1-\alpha$；信道的输出符号有三个，分别用 b_1、b_2、b_3 表示。

方法一：

$$p(b_j) = \sum_i p(a_i) p(b_j \mid a_i)$$

$$\begin{cases} p(b_1) = 0.5\alpha + 0.3(1-\alpha) = 0.3 + 0.2\alpha \\ p(b_2) = 0.3\alpha + 0.5(1-\alpha) = 0.5 - 0.2\alpha \\ p(b_3) = 0.2\alpha + 0.2(1-\alpha) = 0.2 \end{cases}$$

$$I(X;Y) = H(Y) - H(Y \mid X)$$
$$= -\sum_j p(b_j) \ln p(b_j) + \sum_i p(a_i) \sum_j p(b_j \mid a_i) \ln p(b_j \mid a_i)$$

$$\frac{\partial I(X;Y)}{\partial \alpha} = 0$$

$$C = \max I(X;Y) = 0.036(\text{b/符号})$$

方法二：

当 $p(a_1) = p(a_2) = 1/2$ 时，

$$p(b_1) = p(b_2) = (1 - 0.2)/2 = 0.4$$
$$C = H(Y) - H(Y \mid X) = 0.036(\text{b/符号})$$

方法三：

可以证明，如果将转移概率矩阵划分成若干个互不相交的对称的子集，则信道容量：

$$C = \log n - H(p'_1, p'_2, \cdots, p'_s) - \sum_{k=1}^r N_k \log M_k \tag{3-12}$$

其中 n 为输入符号集个数；$p'_1, p'_2, \cdots, p'_s$ 是转移概率矩阵 P 中一行的元素，即 $H(p'_1, p'_2, \cdots, p'_s) = H(Y/a_i)$；$N_k$ 是第 k 个子矩阵中行元素之和，M_k 是第 k 个子矩阵中列元素之和，r 是互不相交的子集个数。

证明略。

$$P = \begin{bmatrix} 0.5 & 0.3 & 0.2 \\ 0.3 & 0.5 & 0.2 \end{bmatrix}, \text{可分解为} \begin{bmatrix} 0.5 & 0.3 \\ 0.3 & 0.5 \end{bmatrix}, \begin{bmatrix} 0.2 \\ 0.2 \end{bmatrix}$$

$$C = \log_2 2 - H(0.5, 0.3, 0.2) - 0.8\log_2 0.8 - 0.2\log_2 0.4 = 0.036(\text{b/符号})$$

例 3-6　已知如下转移概率矩阵，求信道容量。

$$P_1 = \begin{bmatrix} 1/3 & 1/3 & 1/6 & 1/6 \\ 1/6 & 1/3 & 1/6 & 1/3 \end{bmatrix}$$

解：

$$C = \log_2 2 - H(1/3, 1/3, 1/6, 1/6) - (1/3 + 1/6)\log_2(1/3 + 1/6) -$$
$$1/3\log_2(1/3 + 1/3) - 1/6\log_2(1/6 + 1/6)$$
$$= 0.041(\text{b/符号})$$

* 3.4.4　具有可逆矩阵的信道

若信道的转移矩阵 P 的逆矩阵 P^{-1} 存在，这类信道就称为具有可逆矩阵的信道。对于这类信道，理论上其信道容量是可以用求极值的方式得到的。

这类信道由于要求信道转移矩阵的逆矩阵存在，就必然要求信道输入输出具有相同数量的元素，即 $n=m$，$\boldsymbol{P}$ 为方阵，且为正则方阵。

具有可逆矩阵的信道的信道容量为：

$$C=\log\sum_j \exp\left[\sum_i\sum_j R_{ik}P_{ji}\log P_{ji}\right] \quad \boldsymbol{P}=(P_{ji}), \quad \boldsymbol{P}^{-1}=(R_{ik}) \qquad (3\text{-}13)$$

证明略。

*3.4.5　一般 DMC 信道

为使 $I(X;Y)$ 最大化以便求取 DMC 容量，输入概率集 $\{p(x_i)\}$ 必须满足的充分和必要条件是：

$I(x_i;Y)=C$，对于所有满足 $p(x_i)>0$ 条件的 i；

$I(x_i;Y)\leqslant C$，对于所有满足 $p(x_i)=0$ 条件的 i。

当信道平均互信息量达到信道容量时，输入符号概率集 $\{p(x_i)\}$ 中每一个符号 x_i 对输出端 Y 提供相同的互信息量，只是概率为零的符号除外。以上约束条件只是给出充分必要条件，但是并没有给出具体值，因此还需要采用计算机迭代的方法求解，一般情况下，最佳输入概率分布不一定是唯一的。

3.5　离散无记忆序列信道的信道容量

现实中信道的输入输出一般不是单个符号，往往是空间和（或）时间上离散的随机序列，或者可近似认为信道是无记忆的信道，但是更多的却是明显有记忆的，即序列的转移概率之间存在相关性。离散序列信道的类型划分如图 3-9 所示。

其中最简单的是平稳无记忆信道；有记忆信道一般较为复杂，有时会简化为平稳的、记忆有限的信道。

定义 3-1　多符号离散信源矢量 $X=X_1X_2\cdots X_L$ 在 L 个不同时刻分别通过单符号离散信道 $\{X,P(Y|X),Y\}$，则在输出端出现相应的随机序列 $Y=Y_1Y_2\cdots Y_L$，这样形成一个新的信道，称为离散序列信道 $\{X,P(Y|X),Y\}$。由于新信道相当于单符号离散信道在 L 个不同时刻连续运用了 L 次，所以也称为单符号离散信道 $\{X,P(Y|X),Y\}$ 的 L 次扩展。

如图 3-10 所示，设信源矢量 X 的每一个随机变量分量 X_l（$l=1,2,\cdots,L$）均取自并取遍于信道的输入符号集 $\{a_1,a_2,\cdots,a_n\}$，则信源共有 n^L 个不同的元素 a_i（$i=1,2,\cdots,n^L$）。则输出矢量 Y 是由 L 个随机变量分量组成的输出序列 $Y=Y_1Y_2\cdots Y_L$，它的每一个随机变量 Y_l 均取自并取遍于信道的输出符号集 $\{b_1,b_2,\cdots,b_m\}$。

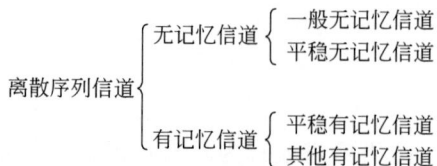

图 3-9　离散序列信道分类

图 3-10　离散序列信道模型

序列信道的信道容量计算较为复杂，这里考虑较为简单的序列信道。

对于一般的单个符号的离散无记忆信道，其信道容量的计算需附加许多条件，并通过复杂的迭代运算才能求得。不过一旦得到了离散无记忆信道的信道容量，它的序列信道的信道容量就较容易求得。

设离散无记忆序列信道的输入符号取自集合 $A=\{a_1,a_2,\cdots,a_r\}$，输出符号集合为 $B=\{b_1,b_2,\cdots,b_s\}$，假设信道输入序列为 $x=(x_1,x_2,\cdots,x_N)$，输出序列为 $y=(y_1,y_2,\cdots,y_N)$。由于无记忆，可得相应转移条件概率为 $p(y\mid x)=\prod_{i=1}^{N}p(y_i\mid x_i)$。

信道矩阵为：

$$[\boldsymbol{P}]=\begin{bmatrix} p_{11} & p_{12} & \cdots & p_{1s} \\ p_{21} & p_{22} & \cdots & p_{2s} \\ \vdots & \vdots & & \vdots \\ p_{r1} & p_{r2} & \cdots & p_{rs} \end{bmatrix}$$

且满足：

$$\sum_{j=1}^{s}p_{ij}=1 \quad i=1,2,\cdots,r$$

则此离散无记忆序列信道的数学模型可用图 3-11 表示。

$$\begin{array}{cc} X^N & Y^N \\ \left\{\begin{array}{l} (a_1a_1\cdots a_1)=\partial_1 \\ (a_1a_1\cdots a_2)=\partial_2 \\ \quad\vdots \\ (\underbrace{a_ra_r\cdots a_r}_{N个})=\partial_{r^N} \end{array}\right. & \left.\begin{array}{l} \beta_1=(b_1b_1\cdots b_1) \\ \beta_2=(b_1b_1\cdots b_2) \\ \quad\vdots \\ \beta_{s^N}=(\underbrace{b_sb_s\cdots b_s}_{N个}) \end{array}\right\} \end{array}$$

图 3-11　离散无记忆序列信道模型

离散无记忆序列信道的输入矢量 X 的可能取值有 r^N 个，而输出矢量 Y 的可能取值有 s^N 个。其信道转移矩阵为：

$$[\boldsymbol{\pi}]=\begin{bmatrix} \pi_{11} & \pi_{12} & \cdots & \pi_{1s^N} \\ \pi_{21} & \pi_{22} & \cdots & \pi_{2s^N} \\ \vdots & \vdots & & \vdots \\ \pi_{r^N1} & \pi_{r^N2} & \cdots & \pi_{r^Ns^N} \end{bmatrix}$$

且满足矩阵每一行的元素之和为 1，即 $\sum_{h=1}^{s^N}\pi_{kh}=1 \quad (k=1,2,\cdots,r^N)$。

$$\begin{aligned} \pi_{kh} &= p(\beta_h/\partial_k)=p(b_{h_1}b_{h_2}\cdots b_{h_N}/a_{k_1}a_{k_2}\cdots a_{k_N}) \\ &= \prod_{i=1}^{N}p(b_{h_i}/a_{k_i}) \quad (k_i=1,2,\cdots,r^N,h_i=1,2,\cdots,s^N) \end{aligned}$$

计算平均互信息量：

$$I(X;Y)=I(X^N;Y^N)=H(X^N)-H(X^N\mid Y^N)=H(Y^N)-H(Y^N\mid X^N)$$

$$=\sum_{X^N,Y^N}p(\partial_k\beta_h)\log\frac{p(\partial_k\mid\beta_h)}{p(\partial_k)}=\sum_{X^N,Y^N}p(\partial_k\beta_h)\log\frac{p(\beta_h\mid\partial_k)}{p(\beta_h)}$$

对于离散序列信道,可以证明:

(1) 当信道无记忆时,有:

$$I(X;Y)\leqslant\sum_{i=1}^{N}I(X_i;Y_i)$$

上式在信源无记忆时等号成立。

理解:如果信源有记忆,信道传递的信息必然存在冗余度,这会使得整体传递的信息量减少。

要最有效地传输信息,以上结论对于我们有什么启示? 在编码中有什么应用?

(2) 当输入矢量的各个分量独立(信道不一定无记忆)时,有:

$$I(X;Y)\geqslant\sum_{i=1}^{N}I(X_i;Y_i)$$

该公式在信道无记忆时等号成立。

理解:如果信道有记忆,那么在输出端接收到的符号序列中,后面收到的符号带有前面符号的信息,可以将相关的符号作为一个整体编码来获取关于发送的序列的信息,这种整体编码使得我们可以获得关于输入符号序列的更多信息。

这对于纠错编码有什么启示?

如果信道无记忆,并且输入矢量的各个分量独立(信源也无记忆)时有:

$$I(X;Y)=\sum_{i=1}^{N}I(X_i;Y_i)$$

对于离散无记忆序列信道,信道容量等于平均互信息量的最大值,所以:

$$C^N=\max_{p(x)}I(X;Y)=\max_{p(x)}\sum_{i=1}^{N}I(X_i;Y_i)=\sum_{i=1}^{N}\max_{p(x_i)}I(X_i;Y_i)=\sum_{i=1}^{N}C_i$$

离散无记忆序列(多符号)信道的信道容量等于单个符号的信道容量之和。

当信道平稳时,单个符号信道的平均互信息量为:

$$I(X;Y)=I(X_1;Y_1)=I(X_2;Y_2)=\cdots=I(X_N;Y_N)$$

$$C_1=C_2=\cdots=C_N$$

进而:

$$\sum_{i=1}^{N}I(X_i;Y_i)=NI(X;Y)$$

可得,如果信道无记忆且平稳时:

$$I(X;Y)\leqslant\sum_{i=1}^{N}I(X_i;Y_i)=NI(X;Y)$$

当信源无记忆时等式成立,根据信道容量定义有:

$$C^N=\sum_{i=1}^{N}C_i=NC_1 \tag{3-14}$$

所以离散平稳无记忆的 N 个符号的序列信道的信道容量等于单个符号的信道容量

的 N 倍。信源无记忆时,信息传输率才能达到信道容量。

最典型的离散无记忆序列信道就是扩展信道,即将单个符号的信道进行 N 次扩展。这里定义离散无记忆 N 次扩展信道满足信道无记忆而且平稳的特点。

式(3-14)说明离散无记忆 N 次扩展信道的信道容量等于原单符号离散信道的信道容量的 N 倍,且只有当输入信源是无记忆的并且每一输入变量 X_i 的分布 $p(x)$ 各自达到最佳分布时,才能达到这个信道容量值 NC。

离散无记忆 N 次扩展信道的定义没有明确给定,不同教材和文献似乎存在一定的不同之处。但是可以这样认为:首先,对于参数的制约应该仅限于信道的参数,即转移概率,而不涉及信源是否有记忆等;其次,由于是扩展,所以序列的各个位置的"单"信道应该是相同的,所以是平稳的;最后,由于是扩展,所以信道无记忆。

改变名称不会改变事物的本质,对一个事物赋予什么样的名称是无所谓的,扩展信道也是如此。但是,通信的双方应该对于一个名称的所指有统一的认识和约定,这样才不会带来歧义。类似的问题还有许多专业术语存在多种中文译名。有时候为了美化或者丑化一个事物而对其改名,但是实际上,只要人们对这个事物真正有了解,改名也只有短期效果,长期而言是无济于事的。

例 3-7 BSC 信道的转移概率矩阵为 $\boldsymbol{P} = \begin{bmatrix} 1-p & p \\ p & 1-p \end{bmatrix}$,求 BSC 二次扩展信道。

解:二次扩展的转移概率如下:

$$p(00/00) = p(0/0)p(0/0) = (1-p)^2$$
$$p(01/00) = p(0/0)p(1/0) = p(1-p)$$

对应的转移概率矩阵如下:

$$\boldsymbol{P} = \begin{bmatrix} (1-p)^2 & p(1-p) & p(1-p) & p^2 \\ p(1-p) & (1-p)^2 & p^2 & p(1-p) \\ p(1-p) & p^2 & (1-p)^2 & p(1-p) \\ p^2 & p(1-p) & p(1-p) & (1-p)^2 \end{bmatrix}$$

这是一个对称 DMC 信道,当输入序列等概率分布时,容量为:

$$C_2 = \log 4 - H\left[(1-p)^2, p(1-p), p(1-p), p^2\right]$$

3.6 串联信道和并联信道的信道容量

3.6.1 串联信道及其信道容量

实际的通信中,常常会出现串联(cascade)信道,比如,联网的计算机就是由一段段信道连接起来,最终连接到对应的服务器,从而可以访问服务器。整个互联网就是一个由许多信道连接起来的如图 3-12 所示的串联信道的网络。

一般来说,两个串联的离散信道可以等

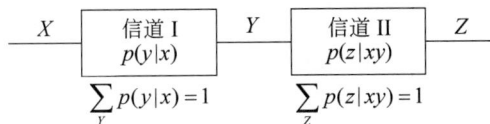

图 3-12 串联信道

价为一个总的离散信道。

假设有如图 3-12 所示的串联信道。

根据概率论有：

$$p(z\mid x)=\sum_Y p(y\mid x)p(z\mid xy)\quad(x\in X,y\in Y,z\in Z)$$

如果有：

$$p(z\mid xy)=p(z\mid y)\quad(\text{对所有 }x\text{、}y\text{、}z)$$

则有：

$$p(z\mid x)=\sum_Y p(y\mid x)p(z\mid y)\quad(x\in X,y\in Y,z\in Z)$$

可得：

$$I(X;Z)\leqslant I(X;Y)$$
$$I(X;Z)\leqslant I(Y;Z)$$

所以信道串联后，根据信道容量定义，信道作为一个整体的信道容量等于输入和输出的最大的平均互信息量。

可以证明整体的信道容量 C_{12} 不大于其中任一段的信道容量，即 $C_{12}\leqslant C_1$ 且 $C_{12}\leqslant C_2$，所以这里体现了消息的非增性。串接的信道越多，其信道容量可能会越小；当串接信道数无限大时，信道容量就有可能趋于零。

例 3-8　现在有两个信道串联，转移概率矩阵分别为：

$$\begin{bmatrix}\dfrac13&\dfrac13&\dfrac13\\[2mm]0&\dfrac12&\dfrac12\end{bmatrix}\quad\text{和}\quad\begin{bmatrix}1&0&0\\[1mm]0&\dfrac23&\dfrac13\\[2mm]0&\dfrac13&\dfrac23\end{bmatrix}$$

根据：

$$p(z\mid x)=\sum_Y p(y\mid x)p(z\mid y)$$

$$p(c_k\mid a_i)=\sum_j p(b_j\mid a_i)p(c_k\mid b_j)$$

$$p(z\mid x)=\begin{bmatrix}\dfrac13&\dfrac13&\dfrac13\\[2mm]0&\dfrac12&\dfrac12\end{bmatrix}\times\begin{bmatrix}1&0&0\\[1mm]0&\dfrac23&\dfrac13\\[2mm]0&\dfrac13&\dfrac23\end{bmatrix}=\begin{bmatrix}\dfrac13&\dfrac13&\dfrac13\\[2mm]0&\dfrac12&\dfrac12\end{bmatrix}$$

$p(y\mid x)=p(z\mid x)$ 对所有 x、y、z 都成立，所以：

$$I(X;Z)=I(X;Y)$$

信道容量不变。

注意：串联信道的整体转移概率矩阵实际上等于所有转移概率矩阵依次相乘，即

$$\boldsymbol{P}_{总}=\boldsymbol{P}_1\boldsymbol{P}_2\cdots\boldsymbol{P}_N=\prod_{i=1}^N\boldsymbol{P}_i$$

例 3-9　二进制对称信道转移概率矩阵如下：

$$\boldsymbol{P}_0 = \begin{pmatrix} 1-\varepsilon & \varepsilon \\ \varepsilon & 1-\varepsilon \end{pmatrix}$$

当 N 个相同的信道串联时：

$$P = P_0^N$$

设

$$\boldsymbol{T} = \frac{\sqrt{2}}{2}\begin{pmatrix} 1 & 1 \\ -1 & 1 \end{pmatrix} = \boldsymbol{T}^{-1}$$

则

$$\boldsymbol{T}^{-1}\boldsymbol{P}_0\boldsymbol{T} = \boldsymbol{\Lambda} = \begin{bmatrix} 1 & 0 \\ 0 & 1-2\varepsilon \end{bmatrix}$$

$$\boldsymbol{P} = \boldsymbol{P}_0^N = \boldsymbol{T}\boldsymbol{\Lambda}^N\boldsymbol{T}^{-1} = \boldsymbol{T}\begin{bmatrix} 1 & 0 \\ 0 & (1-2\varepsilon)^N \end{bmatrix}\boldsymbol{T}^{-1}$$

$$= \frac{1}{2}\begin{bmatrix} 1+(1-2\varepsilon)^N & 1-(1-2\varepsilon)^N \\ 1-(1-2\varepsilon)^N & 1+(1-2\varepsilon)^N \end{bmatrix}$$

$$C_N = 1 - H\left[\frac{1-(1-2\varepsilon)^N}{2}, 1 - \frac{1-(1-2\varepsilon)^N}{2}\right]$$

当 N 趋向无穷时，有：

$$\lim_{N\to\infty}\boldsymbol{P} = \begin{pmatrix} \dfrac{1}{2} & \dfrac{1}{2} \\ \dfrac{1}{2} & \dfrac{1}{2} \end{pmatrix}$$

串联信道的整体信道容量为：

$$\lim_{N\to\infty} C_N = 1 - H\left(\frac{1}{2}, \frac{1}{2}\right) = 0$$

图 3-13 所示的是更一般的串联信道，如果同样满足当前信道的输出只与当前信道的输入有关系，类似地可以得出：

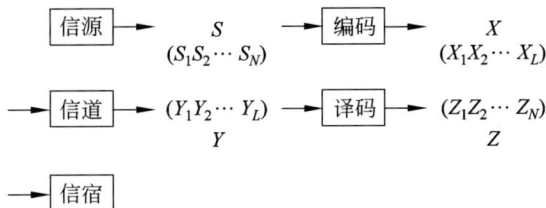

图 3-13　一般的通信系统

即串联信道的平均互信息量的信道容量要低于其中的任意一段，以及其中一部分的信道容量。由此可以得出串联信道的信道容量也满足不增性。

*3.6.2　并联信道及其信道容量

并联(parallel)信道存在不同的类型，如图 3-14 所示。其中图 3-14(a)称为输入并接信道,可以看成一个单输入多输出的信道,或者可以认为将相同的消息通过多个信道发送给对方;图 3-14(b)称为并用信道,也称为独立并联信道,它将 N 个符号通过 N 个信道独立地发送给对方;图 3-14(c)称为和信道,它每次只单独地使用其中的一个信道传递信息。

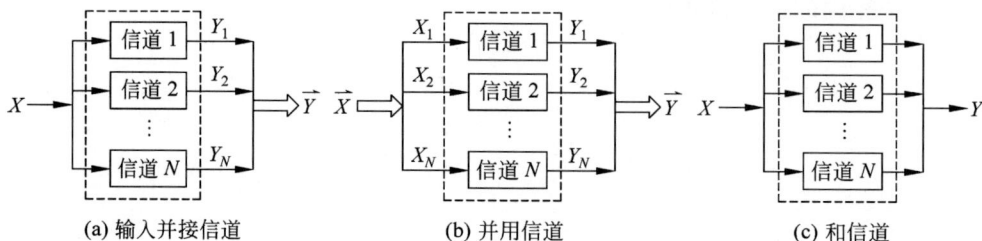

| (a) 输入并接信道 | (b) 并用信道 | (c) 和信道 |

图 3-14 并联信道分类

1. 输入并接信道

显然,对于输入并接信道有:

$$I(X;Y_1Y_2\cdots Y_N) = I(X;Y_1) + I(X;Y_2\mid Y_1) + \cdots + I(X;Y_N\mid Y_1Y_2\cdots Y_{N-1})$$
$$= I(X;Y_2) + I(X;Y_1\mid Y_2) + I(X;Y_3\mid Y_1Y_2) + \cdots +$$
$$I(X;Y_N\mid Y_1Y_2\cdots Y_{N-1})$$
$$= \cdots$$
$$= I(X;Y_N) + I(X;Y_1\mid Y_N) + \cdots + I(X;Y_{N-1}\mid Y_1Y_2\cdots Y_{N-2}Y_N)$$

$$I(X;Y_1Y_2\cdots Y_N) = H(X) - H(X\mid Y_1Y_2\cdots Y_N) \leqslant H(X)$$

$$C \leqslant \max_{p(x)} H(X)$$

可以看出,并联后的信道容量 C 要大于任意的单个信道的信道容量,但是小于信息的最大熵 $\log m$（m 为输入符号集中的符号数目）。

2. 并用信道

对于独立并用信道,由于信道的独立性,有:

$$p(y_1y_2\cdots y_N/x_1x_2\cdots x_N) = \prod_{i=1}^{N} p(y_i/x_i)$$

输入输出矢量的平均互信息量为:

$$I(X;Y) = H(Y) - H(Y\mid X) = H(Y) - \sum_{i=1}^{N} H(Y_i\mid X_i)$$

输出矢量的熵为:

$$H(Y) = H(Y_1) + H(Y_2\mid Y_1) + \cdots + H(Y_N\mid Y_1Y_2\cdots Y_{N-1}) \leqslant \sum_{i=1}^{N} H(Y_i)$$

所以有:

$$I(X;Y) \leqslant \sum_{i=1}^{N} [H(Y_i) - H(Y_i\mid X_i)] = \sum_{i=1}^{N} I(X_i;Y_i)$$

当且仅当输入 $X_i(i=1,2,\cdots,N)$ 相互独立时,有:

$$H(Y) = \sum_{i=1}^{N} H(Y_i)$$

和

$$I(X;Y) = \sum_{i=1}^{N} I(X_i;Y_i)$$

所以并用信道的信道容量为:

$$C = \max_{p(x)} I(X;Y) = \max_{p(x)} \sum_{i=1}^{N} I(X_i;Y_i) = \sum_{i=1}^{N} C_i \qquad (3-15)$$

即并用信道的信道容量为所有被并联的信道容量之和。当输入符号相互独立且每一个信道的输入达到各自信道对应的最佳概率分布时,平均互信息量才能达到信道容量。

对于并用信道的信道容量,一些文献上的说法存在差异,有些结论为并用信道的信道容量小于或等于被并联的信道容量之和,只有当输入 $X_i(i=1,2,\cdots,N)$ 相互独立时取等号。或许均有各自的考虑,但是考虑到信道容量不宜涉及信源参数的特征,所以这里取上述相等的结论。

3. 和信道

和信道的信道容量计算较为复杂,需要考虑各个信道的利用率,限于其应用及价值,在这里不再赘述,若有兴趣请参考曲炜、朱诗兵所著的《信息论基础及应用》。

3.7 连续信道及其容量

在连续信源的情况下,如果取两个相对熵之差,则连续信源具有与离散信源一致的信息特征;而互信息量就是两个熵的差值,类似于离散信道,可定义互信息量的最大值为信道容量。因此,连续信道具有与离散信道类似的信息传输率和信道容量的表达式。一般连续信道的容量并不容易计算,下面仅介绍较为简单的加性信道的信道容量。

3.7.1 连续单符号加性信道

先考虑最简单也最为常见的幅度连续的单符号加性信道,输入和输出随机变量都取值于连续集合的信道。其传递特性用条件转移概率密度函数 $p(y|x)$ 表示,信道模型可以用 $\{X, p(y|x), Y\}$ 来表示,图 3-15 所示为连续单符号信道模型。

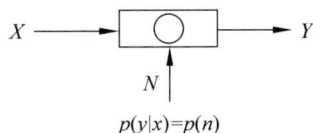

连续随机变量之间的平均互信息量满足非负性,并可以证明它是信源概率密度函数 $p(y|x)$ 的上凸函数。

类似于离散信道的信道容量,我们可以定义连续信道的信道容量。

定义 3-2 信源 X 等于某一概率密度函数 $p(x)$ 时,信道平均互信息量的最大值即 $C = \max_{p(x)} \{I(X;Y)\}$ 为连续信道的信道容量 C。

一般连续信道的容量不容易计算,当信道为加性信道时,情况要简单一些。

加性噪声对信道的干扰如图 3-16 所示。

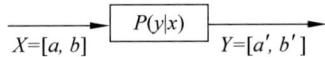

图 3-15 连续单符号信道模型

图 3-16 加性噪声的干扰信道模型

噪声为连续随机变量 N，且与 X 相互统计独立。这种信道的噪声对输入的干扰作用表现为噪声和输入线性叠加，即 $Y=X+N$。加性连续信道的条件熵等于其噪声熵说明 $H_c(Y|X)=H_c(N)$，证明略。

下面讨论加性连续信道的信道容量。

加性噪声 N 和信源 X 相互统计独立，X 的概率密度函数 $p(x)$ 的变动不会引起噪声熵 $H_c(N)$ 的改变，所以加性信道的容量 C 就是选择 $p(x)$，使输出熵 $H_c(Y)$ 达到最大值：$C=\max\limits_{p(x)}\{H_c(Y)\}-H_c(N)$。下面讨论比较简单的高斯加性信道的信道容量。

高斯噪声为 N，均值为 0，方差为 σ^2，噪声功率为 P；概率密度函数为 $p_n(N)=N(0,\sigma^2)$，噪声的连续熵为 $H_c(N)=\dfrac{1}{2}\log_2 2\pi e\sigma^2$。

所以，高斯加性连续信道的容量为：

$$C=\max_{p(x)}\{H_c(Y)\}-H_c(N)=\max_{p(x)}\{H_c(Y)\}-\frac{1}{2}\log_2 2\pi e\sigma^2 \tag{3-16}$$

根据最大连续熵定理，要使 $H_c(Y)$ 达到最大，Y 必须是一个均值为 0、方差为 $\sigma_Y^2=P$ 的高斯随机变量。

若限定输入平均功率 S，噪声平均功率 $P_N=\sigma^2$，对于高斯加性信道，输出 Y 的功率 P 也限定了，$P=S+P_N$，因为 $p_Y(y)=N(0,P)$，$p_n(N)=N(0,\sigma^2)$，所以有：$p_x(x)=N(0,S)$，即输入 X 满足正态分布时，$H_c(Y)$ 达到最大值，即信道容量。

$$\max_{p(x)}\{H_c(Y)\}=\frac{1}{2}\log_2 2\pi e(\sigma_X^2+\sigma^2)=\frac{1}{2}\log_2 2\pi e P_Y$$

因此，高斯加性信道的信道容量为：

$$C=\frac{1}{2}\log_2 2\pi e P-\frac{1}{2}\log_2 2\pi e\sigma^2=\frac{1}{2}\log_2\left(\frac{S+\sigma^2}{\sigma^2}\right)=\frac{1}{2}\log_2\left(1+\frac{S}{\sigma^2}\right) \tag{3-17}$$

注意：由于是加性信道，因此 $P=S+\sigma^2$。

天电、工业干扰和其他脉冲干扰属于加性干扰，它们是非高斯型分布。实际系统中噪声不是高斯型的，但若为加性的，均值为 0，平均功率为 σ^2。当信道输出平均功率 P 一定时，则实际非高斯噪声信道的容量要大于高斯噪声信道的容量，所以在处理实际问题时，可以通过计算高斯噪声信道容量来保守地估计容量。

3.7.2 多维无记忆加性连续信道

假设多维无记忆加性连续信道输入信号序列为 $\{X_1,X_2,\cdots,X_L\}$，输出信号序列为 $\{Y_1,Y_2,\cdots,Y_L\}$，有均值为 0 的高斯噪声 $\{n_1,n_2,\cdots,n_L\}$，由于是加性信道，所以有：

$$Y_1=X_1+n_1$$
$$\vdots$$
$$Y_N=X_N+n_L$$

由于信道无记忆，所以：

$$p(Y\mid X)=\prod_{l=1}^{L}p(y_l\mid x_l)$$

根据加性信道的性质,噪声各个时刻是独立的,所以有:

$$p_n(n) = p_Y(Y \mid X) = \prod_{l=1}^{L} p_n(n_l)$$

假设各个输入分量相互独立,第 l 个输入分量的功率(方差)为 P_l,各个噪声分量均值都是 0,方差分别为 σ_l^2 的高斯变量,多维无记忆高斯加性信道就可以等价于 L 个独立并联加性信道,而连续并联信道与离散并联信道具有相似的性质。类似于离散独立并联信道的平均互信息量的总体平均互信息量小于或等于各个信道单独的平均互信息量之和的性质,有:

$$I(X;Y) \leqslant \sum_{l=1}^{L} I(X_l;Y_l) = \sum_{l=1}^{L} \frac{1}{2} \log\left(1 + \frac{P_l}{\sigma_l^2}\right)$$

由于等式是可以取得的,所以根据信道容量的定义,最终可得:

$$C = \max_{p(x)} I(X;Y) = \sum_{l=1}^{L} \frac{1}{2} \log\left(1 + \frac{P_l}{\sigma_l^2}\right) \tag{3-18}$$

对于多维无记忆加性连续信道,有以下结论:

$$n_l = N(0,\sigma^2) = N(0, S) = N(0,\sigma_l^2)$$

则有信道容量为:$C = \dfrac{L}{2} \sum\limits_{l=1}^{L} \log\left(1 + \dfrac{S}{\sigma^2}\right)$ (b/L 维),当且仅当输入矢量 X 的各分量统计独立,且各分量都服从 $x_l = N(0,S)$ 时,信息传输率达到最大。

当每个单元时刻的高斯噪声均值为零但是方差不同且为 σ_l^2 时,若输入信号的总平均功率受限,约束条件为:

$$E\left[\sum_{l=1}^{L} X_l^2\right] = \sum_{l=1}^{L} E[X_l^2] = \sum_{l=1}^{L} P_l = P$$

则此时各单元时刻的信号平均功率应该合理分配,才能使得信道容量最大,从而转换为求极大值的问题。

(1) 在噪声平均功率过大甚至超过输出平均功率时,可以不为其分配功率,即不发送信号。

(2) 在噪声平均功率较大但还没有超过输出平均功率时,可以少分配点输入平均功率。

(3) 在噪声平均功率较小时,可以多分配点输入平均功率。

这一结论符合客观规律和人们的习惯概念。例如,当人们说话的总平均功率受限制时,总是把仅有的说话功率用在风小的时候;在风比较大的时候,对声音传播的干扰很大,此时就少花点力气;在风大到对方已经无法听到你说话声音时,干脆就暂停说话,等风小一点,或基本上没有风时,才提高嗓音使劲地大声喊叫。这就是把仅有的一点功率分配到噪声小的时候使用,从而增加所能传递的信息量,提高通信的效率。

3.7.3 限时限频限功率的加性高斯白噪声信道

一般信道的频带宽度总是有限的,设频带宽度为 W,在这样的波形信道中,满足限频、限时、限功率的条件约束。在限时 t_B 和限频 f_m 条件下,可根据采样定理将输入随机

过程 $\{x(t)\}$ 和输出随机过程 $\{y(t)\}$ 转化为 L 维随机序列 $x=(x_1,x_2,\cdots,x_L)$ 和 $y=(y_1,y_2,\cdots,y_L)$，进而求其信道容量。

首先计算波形信道的平均互信息量：

$$I[x(t);y(t)]=\lim_{L\to\infty}[H_c(Y)-H_c(Y\mid X)]$$
$$=\lim_{L\to\infty}[H_c(X)+H_c(Y)-H_c(X,Y)] \tag{3-19}$$

一般情况下，波形信道都是永久单位时间内的信息传输率 R_t：

$$R_t=\lim_{t_B\to\infty}\frac{1}{t_B}I(X;Y)\ \text{b/s} \tag{3-20}$$

信道容量为：

$$C_t=\max_{p(x)}\left[\lim_{t_B\to\infty}\frac{1}{t_B}I(X;Y)\right]\ \text{b/s}$$

加性高斯白噪声为 $\{n(t)\}$，均值为 0，功率谱密度为 $N_0/2$，则输出信号为：

$$\{y(t)\}=\{x(t)\}+\{n(t)\}$$

因为信道的频带宽度总是受限的，可以设信道的频带限于 $[-W,W]$，即 $W\geqslant|f|$，根据采样定理，如果每秒传送 $2W$ 个采样点，在接收端可无失真地恢复出原始信号；噪声为白噪声，所以功率谱密度是均匀分布的，在限定频带内的高斯白噪声是彼此统计独立的，有：

$$y=x+n$$

所以高斯白噪声可以分解为 L 维统计独立的随机序列，信道可以转化为多维无记忆高斯加性信道，根据采样定理，在时间 $[0,t_B]$ 内，要求：

$$L=2W\,t_B$$

根据前面的多维无记忆加性连续信道的结论，有：

$$C=\frac{1}{2}\sum_{l=1}^{L}\log_2\left(1+\frac{P_l}{\sigma_l^2}\right) \tag{3-21}$$

式中 σ_l^2 是每个噪声分量的功率，$\sigma_l^2=P_n=N_0/2$，$N_0/2$ 是噪声的功率谱密度，P_l 为每个信号样本值的平均功率。若信号的平均功率受限于 P_s，则 P_l 每个信号样本值的平均功率为：

$$P_l=PT/2WT=P_s/2W$$

在这样的情况下，可得：

$$C=\frac{1}{2}\sum_{l=1}^{L}\log_2\left(1+\frac{P_l}{\sigma_l^2}\right)=\frac{L}{2}\log_2\left(1+\frac{P_s/2W}{N_0/2}\right)=\frac{L}{2}\log_2\left(1+\frac{P_s}{N_0W}\right)$$
$$=\frac{2Wt_B}{2}\log_2\left(1+\frac{P_s}{N_0W}\right)=Wt_B\log_2\left(1+\frac{P_s}{N_0W}\right)$$

要使信道中传输的信息量达到这个信道容量，就要使 $H_c(Y)$ 达到最大，而要达到这一点，Y 必须是一个均值为 0、方差为 $\sigma_Y^2=P_Y$ 的高斯随机变量。高斯加性信道中输入 X 和噪声 N 相互统计独立，且 $Y=X+N$。由概率论可知，必须使输入信号具有均值为 0、平均功率为 P_s 的高斯白噪声特性，否则在信道中传输的信息量将达不到信道容量，此时信道的传输能力就得不到充分利用。

由于信道每秒传输 $2W$ 个样点,所以单位时间的信道容量为:

$$C_t = \lim_{T \to \infty} \frac{C}{T} = W\log_2\left(1 + \frac{P_s}{N_0 W}\right) \text{(b/s)} \tag{3-22}$$

其中,P_s 是信号的平均功率,$N_0 W(=1/2 \times N_0 \times 2W)$ 是高斯白噪声在带宽 W 内的平均功率,一般用 P_N 表示。P_s/P_N 称为信道的信噪功率比(Signal to Noise Ratio,SNR,又称信号噪音比或信噪比,S/N)。信噪比有时用 dB(Decibel,分贝)作为单位,分贝本身是一个多义词,在通信中本意是表示两个量的比值大小,没有单位,计算方法为:对于功率,$\text{dB} = 10\lg(A/B)$。对于电压或电流,$\text{dB} = 20\lg(A/B)$。此处 A、B 代表参与比较的功率、电流或电压值。

所以有著名的香农公式:

$$C_t = W\log_2\left(1 + \frac{P_s}{P_N}\right) = W\log_2\left(1 + \frac{P_s}{N_0 W}\right)$$

香农公式的物理意义为:当信道容量一定时,增大信道的带宽可以降低对信噪功率比的要求;反之,当信道频带较窄时,可以通过提高信噪功率比来补偿。香农公式是在噪声信道中进行可靠通信的信息传输率的上限值。

香农公式说明:

(1) 信道容量仅与信噪比和带宽有关系。

(2) 它表明了在噪声信道中可靠通信时信息传输速率的上限值。

(3) 实际信道一般为非高斯噪声波形信道,其噪声熵小于高斯噪声熵,故信道容量以香农公式为下限值。

(4) W 一定时,C_t 与信噪比(SNR)成对数关系。提高信号功率或者降低噪声功率有助于提高容量。

(5) 当信道容量一定时,增大信道带宽,可以降低对信噪功率比的要求(如扩频通信);反之,当信道频带较窄时,可以通过提高信噪功率比来补偿。

(6) 当信道频带无限时,其信道容量与信号功率成正比。表明即使带宽无限,信道容量仍然是有限的。

$$W \to \infty, \quad C_\infty \approx \frac{P_s}{N_0 \ln 2}$$

上面的公式称为香农限,它是一切编码方法所能达到的极限。

当 $C_\infty = 1\text{b}$ 时,$P_s/N_0 = \ln 2 = -1.6\text{dB}$,即当带宽不受限制时,每秒传输 1b 信息,信噪比最低需要 -1.6dB,所以通过编码能够获得的极限为 -1.6dB。现在出现的一些优秀编码方案已经很接近香农限,如 Turbo 码、LDPC 码等。

(7) 实际信道通常是非高斯波形信道,由香农公式得到的值是非高斯波形信道的信道容量的下限值,即香农公式对它们是保守的。

频带利用率 C_t/W(单位频带的信息传输率)为:

$$C_t/W = \log_2\left(1 + \frac{P_s}{N_0 W}\right) \text{(bps/Hz)}$$

该值越大,信道利用得越充分。

当 $C_t/W = 1\text{bps/Hz}$ 时，信噪比 $\text{SNR} = 10\text{dB}$。

当 C_t/W 逼近零时，信噪比 $\text{SNR} = -1.6\text{dB}$，此时信道将逼近香农限。

在通信过程中，我们会遇到关于信道容量的各种各样的公式，比如一般的信道容量公式、香农公式和奈奎斯特公式等。香农公式只是给出了针对一种特定信道的信道容量，对于其他的信道而言是不适用的，但是有时候也具有一定的参考价值。而奈奎斯特公式 $C = 2B \times \log_2(M)$ 则是针对所有信道的一种理论上限值，即这一公式考虑的是无损信道，所以公式中除了带宽 B 和信号编码级数（进制数）M 外，并没有出现关于信道特征的其他参数。由于奈奎斯特公式是在理想条件下推导出的，因此在实际条件下，最高码元传输速率要比理想条件下得出的数值还要小些。而信道编码的任务就是要在实际有干扰和噪声的条件下，寻找出较好的传输码元波形，将比特转换为较为合适的传输信号。

例 3-10　在电话信道中常允许多路复用。一般电话信号的带宽为 3300Hz。若信噪功率比为 20dB（即 $\text{SNR} = P_s/(N_0 W) = 100$），代入香农公式计算可得电话信通的信道容量为 $C_t = W\log(1 + \text{SNR}) = 22\text{kb/s}$，而实际信道能达到的最大信道传输率约为 19.2kb/s，因为在实际电话通道中还需考虑串音、干扰和回声等因素，所以比理论计算的值要小一些。

有色噪声的编码则更加复杂，若有兴趣请参考傅祖芸所著的《信息论基础》。

3.8　信源与信道的匹配

在一般情况下，当信源与信道相连接时，其信息传输率并未达到最大。我们总希望能使信息传输率越大越好，能达到或尽可能接近信道容量。由前面的分析可知，要想使信息传输率接近信道容量，只有在信源取最佳分布时才可能实现。由此可见，当信道确定后，信道的信息传输率与信源分布是密切相关的。当达到信道容量时，称信源与信道达到匹配，否则认为信道有剩余（冗余、多余）。

绝对信道冗余度（剩余度）表示信道的实际传信率和信道容量之差，所以有：

$$R_C = C - I(X;Y)$$

信道冗余度可以用来衡量信道利用率的高低。

类似于信源效率，有：

$$\eta_c = \frac{I(X;Y)}{C} \tag{3-23}$$

称 η_c 为信道效率。

同理，信道相对冗余度为：

$$R_c = 1 - \eta_c = 1 - \frac{I(X;Y)}{C} \tag{3-24}$$

显然，对于无干扰信道有：

$$I(X;Y) = H(X), \quad C = \max_{p(x)}\{H(X)\} = \log r \quad （r \text{ 是信道输入符号的个数}）$$

则

$$R_c = 1 - \frac{H(X)}{\log r} = R_s \tag{3-25}$$

其中 R_s 为信源冗余度。

式(3-25)说明无损信道的信道冗余度等于信源冗余度。因此,对于无损信道,可以通过信源编码减少信源的冗余度,使信息传输率达到信道容量(注:信道容量 C 和输入信号的概率分布无关,它只是信道传输概率的函数,只与信道的统计特性有关)。

因此引入一个问题:在一般通信系统中,如何将信源发出的消息(符号)转换成适合信道传输的符号(信号)从而实现信源与信道的匹配?

这种匹配涉及如下两方面。

(1) 符号匹配。使信源的输出符号与信道的输入符号相匹配,这是实现信息传输的必要条件。

(2) 信息匹配。一般情况下,信源输出符号的概率分布使信息传输率 $R = I(X;Y)$ 并未达到最大值,即传输速率小于信道容量,信道未得到充分利用。通过使输入符号的概率分布达到信道的最佳概率分布,这样信道的信息传输率可以达到信道容量,从而使信道的冗余度达到 0,信源和信道达到匹配,信道得到充分利用。

如何得到较好的匹配? 可以充分利用信道,这其中一部分涉及信源编码,即对信源的冗余度进行压缩。

缩小信源的冗余度就可以完全解决信源对信道的匹配了吗?

信道冗余度和信源冗余度是什么关系? 给定信道的情况下,将信源信道当作一个整体,信道信息的最大信息传输率怎样才能达到最大?

回顾 3.5 节关于离散无记忆 N 次扩展信道的信道容量的知识,对于提高信息传输率有什么结论?

3.9　信道编码定理简介

本章主要讲述信道与信道的容量。实际上都是为后面的信道编码做铺垫,在后面的章节中,会论述有噪信道编码定理(香农第二定理),在此简要描述此定理。

定理 3-3　若有一个离散无记忆平稳信道,其容量为 C,输入序列长度为 L。只要待传送的信息传输率 $R \leqslant C$ 时,总可以找到一种编码,当 L 足够长时,译码错误概率趋向于无穷小;反之,当 $R > C$ 时,任何编码都不可能让译码错误率趋向于任意小。

与无失真信源编码定理(香农第一定理)类似,香农第二定理只是一个存在性定理,它指出信道容量是一个临界值(极限),只要信息传输率不超过这个临界值,信道就可以几乎无失真地把信息传送过去,否则就会产生失真。即在保证信息传输率低于(直至无限接近)信道容量的前提下,错误概率趋于 0 的编码是存在的。

虽然香农第二定理没有具体说明如何构造这种码,但它对信道编码技术与实践仍然具有根本性的指导意义,它不仅给定了极限值,而且告诉我们通过增加序列长度的方法进行整体的编码,可以减少错误率,它的极限指标也有助于评估各种编码方法的优劣。编码技术研究人员在该理论指导下致力于研究实际信道中各种易于实现的具体编码方法。20世纪 60 年代以来,这方面的研究非常活跃,出现了代数编码、循环码、卷积码、级联码和格型码等,为提高信息传输的可靠性做出了重要的贡献,目前已有趋向于香农极限的优秀编码方法。

通过一个有噪信道可以实现几乎无失真的传输，这似乎是违背人的直观的，在香农之前，人们多持有这种观点，香农的结论引起了很大的反响，甚至有一些质疑。香农对该定理的证明也是非常巧妙的，他先不去构造理想的好码，而是用随机编码的方法得到所有可能生成的码的集合，然后在码集合中随机选择一个码作为输入码序列，最后计算这样随机选择的一个码在码集合上的平均性能。在译码时，利用了联合典型序列的概念，即将接收序列译成与其联合的典型码字，这种译码方法不是最优译码，但便于理论分析。

类似地利用长序列来构造合适编码的证明方法还被用来证明香农第一定理（无失真压缩的极限为信源熵）和香农第三定理（限失真压缩的极限为信息率失真函数）。

思考题与习题

1. 设信源 $\begin{bmatrix} X \\ P(x) \end{bmatrix} = \begin{bmatrix} x_1 & x_2 \\ 0.6 & 0.4 \end{bmatrix}$ 通过一个干扰信道，接收符号为 $Y = [y_1, y_2]$，信道传递的概率如图 3-17 所示。求：

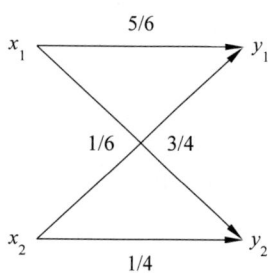

(1) 信源 X 中 x_1 和 x_2 分别含有的自信息量。

(2) 接收消息 $y_j(j=1,2)$ 后获得的关于 x_i 的信息量。

(3) 信源 X 和 Y 的信息熵。

(4) 信道的疑义度 $H(Y|X)$ 和噪声 $H(Y|X)$。

(5) 接收消息 Y 后获得的平均互信息量。

图 3-17 题 1 的信道转移图

2. 设信源 $\begin{bmatrix} X \\ P(X) \end{bmatrix} = \begin{Bmatrix} x_1 & x_2 \\ 0.5 & 0.5 \end{Bmatrix}$ 通过一个干扰信道，接收

符号集为 $Y = \{y_1, y_2\}$，信道转移矩阵为 $\begin{bmatrix} \dfrac{1}{4} & \dfrac{3}{4} \\ \dfrac{3}{4} & \dfrac{1}{4} \end{bmatrix}$。试求：

(1) $H(X)$、$H(Y)$、$H(XY)$。

(2) $H(Y|X)$、$H(X|Y)$。

(3) $I(Y;X)$。

(4) 该信道的容量 C。

(5) 当平均互信息量达到信道容量时接收端 Y 的熵 $H(Y)$，计算结果保留小数点后 2 位，单位为比特/符号。

3. 设信源 $\begin{bmatrix} X \\ P(X) \end{bmatrix} = \begin{Bmatrix} x_1 & x_2 \\ \dfrac{1}{4} & \dfrac{3}{4} \end{Bmatrix}$ 通过某信道，接收符号集为 $Y = \{y_1, y_2\}$，信道转移矩阵 $(a_{ij} = p(y_j/x_i))$ 为 $\begin{bmatrix} 1 & 0 \\ 0 & 1 \end{bmatrix}$。试求：

(1) $H(X)$、$H(Y)$。

（2）联合熵 $H(XY)$、信道疑义度 $H(X|Y)$ 和噪声熵 $H(Y|X)$。

（3）接收到 Y 后所获得的平均互信息量。

（4）若改变信源的概率分布，则收到 Y 后能获得的最大信息量是多少，并且求出此时信源的概率分布。计算结果保留三位小数，单位是比特/符号。

4．已知信道矩阵 $[P]=\begin{bmatrix}\dfrac{1}{2}&\dfrac{1}{4}&\dfrac{1}{8}&\dfrac{1}{8}\\[2mm]\dfrac{1}{4}&\dfrac{1}{2}&\dfrac{1}{8}&\dfrac{1}{8}\end{bmatrix}$，求信道容量。

5．设二元对称信道的传递矩阵为 $\begin{bmatrix}2/3&1/3\\1/3&2/3\end{bmatrix}$。

（1）若 $p(0)=3/4$，$p(1)=1/4$，求 $H(X)$、$I(X;Y)$、$H(X|Y)$ 和 $H(Y|X)$。

（2）求该信道的信道容量及其达到信道容量时的输入概率分布。

6．设有一个离散无记忆信道，其信道矩阵 $P=\begin{bmatrix}1/2&1/4&1/8&1/8\\1/4&1/2&1/8&1/8\end{bmatrix}$，求信道容量 C。要求保留 4 位小数，单位为比特/符号。

7．求图 3-18 中信道的信道容量及其最佳的输入概率分布。

8．求下列两个信道的信道容量，并加以比较。

（1）$\begin{bmatrix}\bar{p}-\varepsilon&p-\varepsilon&2\varepsilon\\p-\varepsilon&\bar{p}-\varepsilon&2\varepsilon\end{bmatrix}$

（2）$\begin{bmatrix}\bar{p}-\varepsilon&p-\varepsilon&2\varepsilon&0\\p-\varepsilon&\bar{p}-\varepsilon&0&2\varepsilon\end{bmatrix}$

其中 $p+\bar{p}=1$。

9．求图 3-19 中信道的信道容量及最佳输入概率分布，并求当 $\varepsilon=0$ 和 $\varepsilon=1/2$ 时的信道容量 C。

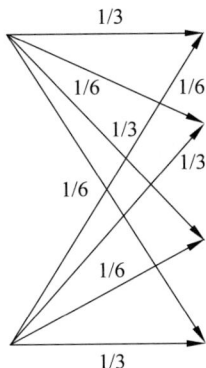

图 3-18　题 7 的信道转移图　　　　图 3-19　题 9 的离散信道转移图

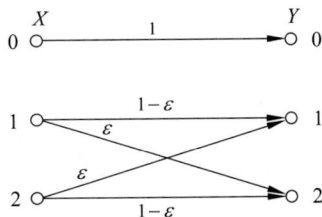

10．试计算下面信道的信道容量（以 p 作为变量）。

$$p = \begin{bmatrix} \bar{p} & p & 0 & 0 \\ p & \bar{p} & 0 & 0 \\ 0 & 0 & \bar{p} & p \\ 0 & 0 & p & \bar{p} \end{bmatrix}$$

11. 若 X、Y 和 Z 是 3 个随机变量，试证明：

(1) $I(X;YZ) = I(X;Y) + I(X;Z|Y) = I(X;Z) + I(X;Y|Z)$。

(2) $I(X;Y|Z) = I(Y;X|Z) = H(X|Z) - H(X|YZ)$。

(3) $I(X;Y|Z) \geqslant 0$，当且仅当 (X,Z,Y) 是马氏链时等式成立。

12. 离散无记忆加性噪声信道如图 3-20 所示。其输入随机变量 X 与噪声 Y 统计独立。X 的取值为 $\{0,1\}$，而 Y 的取值为 $\{0,a\}$ $(a \geqslant 1)$，又 $P(y=0) = P(y=a) = 0.5$。信道输出 $Z = X + Y$（一般加法）。试求此信道的信道容量，以及到达信道容量的最佳输入分布。请注意，信道容量依赖于 a 的取值。

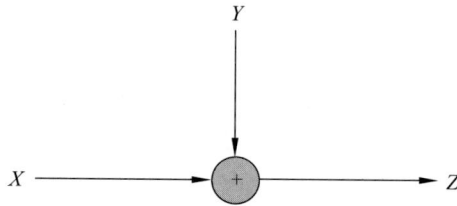

图 3-20　离散加性噪声信道

13. 把 n 个二元对称信道串接起来，每个二元对称信道的错误传递概率为 p，设 $p \neq 0$ 或 1。证明这 n 个串接信道可以等效于一个二元对称信道，其错误传输概率为 $\frac{1}{2}[1 - (1-2p)^n]$，并证明 $\lim\limits_{n \to 0} I(X_0;X_n) = 0$。信道的串接如图 3-21 所示。

图 3-21　题 13 的信道串联图

14. 每帧图像约为 2.55×10^6 像素，为了能很好地重现图像，需分 16 个亮度电平，并假设亮度电平等概率分布。试计算每秒钟传送 30 帧图像所需信道的带宽（信噪功率比为 30dB）。

15. 设在平均功率受限的高斯可加波形信道中，信道带宽为 3kHz，又设（信号功率＋噪声功率）/噪声功率＝10dB。

(1) 试计算该信道传送的最大信息率（单位时间）。

(2) 若功率信噪比降为 5dB，要达到相同的最大信息传输率，信道带宽应是多少？

16. 设一个连续消息通过某放大器，该放大器输出的最大瞬时电压为 b，最小瞬时电压为 a。若消息从放大器中输出，请问放大器输出消息在每个自由度上的最大熵是多少？设放大器的带宽为 F，请问单位时间内输出最大信息量是多少？

第4章

无失真信源编码

前面几章对信息问题从理论的角度进行了一些度量和分析。从本章开始,讨论在信息论的基础上进行各种编码。

为了表示信息,需要将信息编码为可以存储、通信和处理的形式。在以下讨论中,可以认为编码是将消息从一种形式转换为另一种形式的过程,而相反的过程称为译码。为了让相同的消息能够让不同的人(或机器)理解,就需要共同约定的编码形式。

从原则上说,对于一个消息或者信息,编码为任意的字、符号或者数据都是可以的,编码的形式和编码都可以是任意的。现实中,我们有各种各样的需求和喜好,所以可以通过编码来进行转化,使得最终编码是令人满意的。比如,姓名可以视为一种编码,学号也是一种编码,语言文字也可以视为编码。在取名的时候,父母会考虑名字的寓意;在设计学号的时候,一般设计为等长的,不同位置的数字或符号可能分别代表年级、学院、专业、班级号等;在写文章的时候,我们会根据一定的语法来编码,这样就可以根据语法结构来理解其含义。

信源最初的符号形式未必满足我们的需要,为了达到特定的目的,我们会对信源的原始符号进行一定的变换,编码实质上是对信源的原始符号按一定的映射方式进行的一种变换。

信息通过信道传输到信宿的过程即为通信。要做到既能尽量不失真,又能快速且安全地通信,就需要解决通信的有效性、可靠性和安全性。针对通信中的以上需求,对应有信源编码、信道编码和加密编码等类型。

(1) 在不失真或允许一定失真的条件下,以提高信息传输速度为目的的编码称为信源编码。根据是否允许失真,信源编码又可以分为无失真信源编码(当失真可以逼近0时,在信息论中也当作无失真编码讨论)和限失真信源编码。信源编码以压缩为目的,所以也称为压缩编码,无失真信源编码又称为无损压缩(lossless compression),限失真信源编码又称为有损压缩(lossy compression)。无损压缩主要用于文字、数据信源的压缩,有损压缩主要用于图像、语音信源的压缩。

(2) 在信道受到干扰的情况下,以增加信号的抗干扰能力同时又使得信息的有效传输率最大为目的的编码称为信道编码。它是为了对抗信道中的噪音和衰减,通过增加冗余,如校验码等,来提高抗干扰能力和纠错能力。

(3) 在可以监听的信道上要进行安全的通信,使得在信道上监听的人也无法获取消息,就需要进行加密。对应的加密转换方法称为加密编码。

香农给出了关于无失真信源编码、有噪信道编码和限失真信源编码的 3 个极限定理，有时也分别称为香农第一极限定理、香农第二极限定理和香农第三极限定理。香农第一极限定理指出，无失真信源编码压缩的极限为信息熵。香农第二极限定理指出，有噪信道的信息传输率的上限为信道容量，即输入和输出端平均互信息量的极大值。香农第三极限定理则指出，在允许一定失真 D 的情况下，信源进行有损压缩的极限为信息率失真函数。

一般来说，抗干扰能力与信息传输率二者相互矛盾。然而香农已从理论上证明，至少存在某种最佳的编码能够解决上述矛盾，做到既可靠又有效地传输信息。可以在有噪声的信道上进行几乎没有差错的通信，即可以使错误率任意地接近于 0，这打破了当时人们认为通信的噪声干扰无法有效控制的错误看法，引起了不小的轰动。

本章所讨论的无失真信源编码是对数据在没有失真的前提下进行可逆的压缩，或者是可以将失真降低到趋向于无限小。信源虽然多种多样，但无论是哪种类型的信源，信源符号之间总存在相关性和分布的不均匀性，使得信源存在冗余度。信源编码的目的就是要减少冗余，提高编码效率。所以，信源编码的基本途径有两个：一是编码后使序列中的各个符号之间尽可能地互相独立，即解除相关性，常见方法包括字典编码、指针编码、预测编码和变换编码；二是使编码后各个符号出现的概率尽可能相等，即均匀化分布，其方法主要是统计编码。

序列的相关性是否加剧了序列的概率分布的分化？序列各个符号之间的相关性是否与序列的概率分布不均具有一定的等效性？

衡量一种数据压缩编码算法的好坏，可以从以下 4 方面来评价：

（1）压缩比。压缩比是对于某信源在压缩前与压缩后所需要的存储空间或传输时间之比。例如，在 MP3（MPEG Audio Layer 3）格式文件中，利用一种音频压缩技术，将原始采集的声音用 10∶1 甚至 12∶1 的压缩率进行压缩。

（2）压缩和解压速度。系统要求压缩速度和解压速度尽量要快。这两个过程是分开进行的，如音频的压缩编码和解码中，可以提前压缩需要存储和传输的音频，而解压必须是实时的，因此对解压的速度要求比较高。实际中常常要求能实现实时解压。

（3）恢复效果。数据压缩编码算法可分为两大类，即有损压缩和无损压缩。无损压缩算法是在经过压缩和解压之后，输出恢复信号与输入信号完全一致。有损压缩则会改变信号，使输出与输入不同。有损压缩算法要做到通过人的感官感觉不出恢复后的信号与原始信号有什么差别，这是一个主观评价，客观评价可以采用信噪比、分辨率等参数。

（4）成本开销。在实际应用中，要求数据压缩编码算法尽量简单，算法硬件和软件成本开销小。

本章主要介绍编码的基本概念，信源编码的基本思路与主要方法以无失真、统计编码为主，期望通过本章学习能掌握信源压缩编码的基本概念。

思考压缩的方法，压缩是否有限制？

不等概率的符号采用相同长度的编码合理吗？如果不合理，最合理的编码长度是多少？

4.1 编码器和相关概念

为了分析方便和突出问题的重点,当研究信源编码时,可以把信道编码和译码看成信道的一部分,从而突出信源编码。同样,在研究信道编码时,可以将信源编码和译码看成信源和信宿的一部分,从而突出信道编码。对于加密编码也是如此。简单地说,通信系统模型中的各种编码都是可选的,可以忽略其他编码,而专门讨论要研究的那种编码。

本节首先对编码进行一定的分类,讨论各种编码的通用概念和分类方法。如果信源编码、信道编码和加密编码的分类有不同之处,则主要从信源编码的角度来考虑。

4.1.1 码的分类

由于信源编码可以不考虑抗干扰问题,所以它的数学模型比较简单。图 4-1 所示为一个编码器模型。

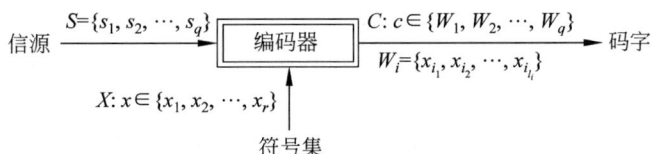

信源 $S=\{s_1, s_2, \cdots, s_q\}$ 编码器 $C: c \in \{W_1, W_2, \cdots, W_q\}$ 码字 $W_i=\{x_{i_1}, x_{i_2}, \cdots, x_{i_{l_i}}\}$

$X: x \in \{x_1, x_2, \cdots, x_r\}$ 符号集

图 4-1 信源编码器模型

该编码器的输入是信源符号集: $S = \{s_1, s_2, \cdots, s_q\}$; X 为编码器所用的编码符号集,包含 r 个元素 $\{x_1, x_2, \cdots, x_r\}$,称为码符号(码元,code element)。一般来说,元素 x_j 是适合信道传输的。编码器的功能就是将信源符号集中的符号 s_i(或者长度为 N 的信源符号序列)变换成由 $x_j (j=1, 2, \cdots, r)$ 组成的长度为 l_i 的一一对应的序列。输出的码符号序列称为码字(codeword),长度 l_i 称为码字长度或简称码长。可见,编码就是从信源符号到码符号的一种映射。全体码字组成的集合 C 称为码或码书。若要实现无失真编码,则这种映射必须是可逆的。注意,某些情况下也将失真可以无限趋向于 0 的编码称为无失真编码。

图 4-2 所示的是一个码分类图。

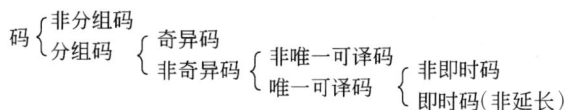

图 4-2 码的分类

下面给出一些常用码的定义。

1. 二元码和 r 元码

若码符号集为 $X = \{0; 1\}$,所有码字都是一些二元序列,则称为二元码(binary code)。二元码是数字通信和计算机系统中最常用的一种码。若码符号集共有 r 个元素,则所得的码称为 r 元码。

2. 等长码

若一组码中所有码字的码长都相同，即 $l_i = l (i = 1, 2, \cdots, q)$，则称为等长码（或定长码，fixed length code）。对于概率不同的符号采用相同长度的编码合理吗？

3. 变长码

若一组码组中所有码字的码长不完全相同，则称为变长码（variable length code）。当然同一概念从不同角度理解也可能存在一定歧义，有时候变长编码得出的码字可能是等长度的。该码可能具有什么优势？码长根据哪些需要而变化有好处？

4. 非奇异码

若一组码中所有码字都不相同，则称为非奇异码（nonsingular code，注意如果我们将 singular 理解为"单一"的时候，这个名称似乎名不副实）。

5. 奇异码

若一组码中有相同的码字，则称为奇异码。该码可能具有什么用途？又有什么缺陷？

6. 唯一可译码和非唯一可译码

若码的任意一串有限长的码符号序列只能唯一地被译成所对应的信源符号序列，则此码称为唯一可译码（或称单义可译码，uniquely decodable code），否则就称为非唯一可译码或非单义可译码。

例如，对于二元码 $C_1 = \{1, 00, 01\}$，当任意给定一串码字序列时，例如 10001101，只可唯一地划分为 1、00、01、1、01，因此是唯一可译码；而对另一个二元码 $C_2 = \{0, 10, 01\}$，当码字序列为 01001 时，可划分为 0、10、01 或 01、0、01，所以该码是非唯一可译的。

证明某一编码是唯一可译码，是从正面角度证明更容易，还是从反面证明更容易？非唯一可译码有什么样的必然特征？如何利用这些特性进行唯一可译码的判断？

7. 非即时码和即时码

如果接收端收到一个完整的码字后不能立即译码，还要等下一个码字开始接收后才能判断是否可以译码，这样的码称为非即时码。

如果收到一个完整的码字以后就可以立即译码，则称为即时码（instantaneous code），又称非延长码。即时码要求任何一个码字都不是其他码字的前缀部分，也称为异前缀码（通常译为 prefixed code、prefix code、prefix-free code、context-free code，从中文上看似乎是意思颠倒了，也有译为 different prefix code）。

与异前缀码相似，是否颠倒过来，存在一种异后缀码，它也是唯一可译码吗？

假设所有异前缀的编码空间为 1，分析一个编码长度为 n 的异前缀的 m 进制编码将占用多大的编码空间。

8. 分组码和非分组码

将信源的信息序列（或者单个信源符号）按照独立的分组进行处理和编码，每个分组都按照固定的码表映射成一个码字，称为分组码（block code）；否则就是非分组码，非分组码在编码的时候不仅仅与分组符号有关系，而且与本分组之外的其他符号以及本分组所在的位置等信息有关系，比如游程编码、算术编码、卷积码和流密码（从加密编码的角度来考虑时与信源和信道编码有一定的差异）等。

显然非分组码是复杂的，那么它在加密、压缩和纠错方面可能具有什么优势？你是否可以设计一种非分组编码方法？

9. 同价码

若码符号集 $X=\{x_1,x_2,\cdots,x_r\}$ 中每个码符号所占的传输时间都相同,则所得的码为同价码。

我们一般讨论的是同价码,对同价码来说,等长码中每个码字的传输时间相同,而变长码中每个码字的传输时间就不一定相同。电报中的莫尔斯码就是非同价码,点和划线的传输时间不等。

10. 码的 N 次扩展码

假定某一码 C,它把信源 S 中的符号 $\{s_1,s_2,\cdots,s_q\}$ 一一变换成码 C 中的码字,则码 C 的 N 次扩展(extension)码是所有 N 个码字组成的码字序列的集合。

4.1.2　码树

对于给定码字的全体集合 $C=\{W_1,W_2,\cdots,W_q\}$,可以用码树来描述。码树有助于研究唯一可译码的判别。

对于 r 进制的码树,如图 4-3 所示,其中图 4-3(a)为二元码树,图 4-3(b)为三元码树。在码树中最上端的节点是树根,如图 4-3(a)中的 A 节点从树根伸出最多 r 个树枝,构成 r 元(m 进制)码树(code tree)。树枝的尽头是节点,一般中间节点会伸出树枝,不伸出树枝的节点为终端节点,编码时应尽量在终端节点安排码字。

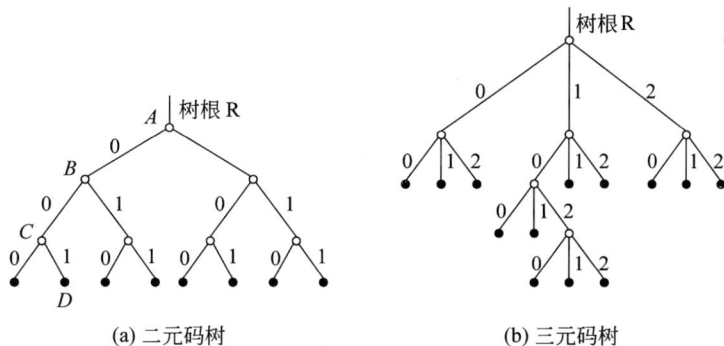

(a) 二元码树　　　(b) 三元码树

图 4-3　码树图

码树中自树根经过一个分支到达一阶节点,一阶节点最多为 r 个,二阶节点的可能个数最多为 r^2 个,n 阶节点最多有 r^n 个。若将从每个节点发出的各个分支分别标以 0,1,$\cdots$,$r-1$,则每个 n 阶节点需要用 n 个 r 元数字表示。如果指定某个 n 阶节点为终端节点,用于表示一个信源符号,则该节点就不再延伸,相应的码字即为从树根到此端点的分支标号序列,该序列长度为 n。用这种方法构造的码满足即时码的条件,因为从树根到每一个终端节点所走的路径均不相同,所以一定满足对即时码前缀的限制。如果有 q 个信源符号,那么在码树上就要选择 q 个终端节点,并用相应的 r 元基本符号表示这些码字。

若树码的各个分支都延伸到最后一级端点,此时将共有 r^n 个码字,这样的码树称为整树,如图 4-3(a)所示;否则就称为非整树,如图 4-3(b)所示,这时的码字就不是等长码了。

因此，码树与码之间具有如下一一对应的关系：

树根↔码字起点；   树枝数↔码的进制数；

节点↔码字或码字的一部分；   终端节点↔码字；

阶数↔码长；   非整树↔变长码；

整树↔等长码。

即时码的一种简单构造方法是树图法。对给定码字的全体集合 $C = \{W_1, W_2, \cdots, W_q\}$ 来说，可以用码树来描述它。所谓树，就是既有根、枝，又有节点，如图 4-3(a)所示。图中，最上端 A 为根节点，A、B、C、D 皆为节点，D 为终端节点。其他节点为中间节点，中间节点不安排码字，而只在终端节点安排码字，每个终端节点所对应的码字就是由从根节点出发到终端节点走过的路径上所对应的符号组成的，如图 4-3(a)的终端节点 D，走过的路径为 $ABCD$，所对应的码符号分别为 0、0、1，则 E 对应的码字为 001。可以看出，按树图法构成的码一定满足即时码的定义（一一对应，非前缀码）。

从码树上可以得知，当第 i 阶的节点作为终端节点时，如果分配码字，则码字的码长为 i。

任一即时码都可以用树图法来表示。当码字长度给定后，用树图法安排的即时码不是唯一的。如图 4-3 中，如果把左树枝安排为 1，右树枝安排为 0，则得到不同的结果。

对一个给定的码，画出其对应的树，如果有中间节点安排了码字，则该码一定不是即时码。

每个节点上如果有分支，则都有 r 个分支的树称为满树，否则为非满树。注意整树与满树是不同的概念。任何一个整树都符合满树结构，但任意的满树却不一定满足整树结构。由于整树的终端节点的阶数相同，故此码树对应定长编码；而如果符合满树原则但又不是整树，可能某些节点没有树枝，但是它的任何节点只要有分支，必然是 r 个，从这个意义上说达到最大值，所以称为满。不过在有些教材中将满树和整树当作相同的概念，读者应当根据上下文背景加以识别。

即时码的码树图还可以用来译码。当收到一串码符号序列后，首先从根节点出发，根据接收到的第一个码符号来选择应走的第一条路径，再根据收到的第二个码符号来选择应走的第二条路径，直至走到终端节点为止，这时就可以根据终端节点，立即判断出所接收的码字。然后从树根开始继续下一个码字的判断。这样，就可以将接收到的一串码符号序列译成对应的信源符号序列。

4.1.3 克拉夫特不等式

利用码树可以判断给定的码是否为唯一可译码，但需要画出码树。在实际中，我们可以利用克拉夫特（又译为克劳夫特，Kraft）不等式，直接根据各码字的长度来判断唯一可译码是否存在，即各码字的长度应符合克拉夫特不等式：

$$\sum_{i=1}^{q} r^{-l_i} \leqslant 1 \tag{4-1}$$

式中，r 为进制数，即码符号的个数，q 为信源符号数。

克拉夫特不等式是 1949 年由克拉夫特提出并在即时码条件下证明的,指出了即时码的码长必须满足的条件。1956 年 McMillan 证明对于唯一可译码也满足该不等式。非异前缀的编码虽然可能在前面部分节省码长,但是为了区分这种存在包含关系的编码,在后面需要付出一定的码长代价,所以克拉夫特不等式依然需要成立。

克拉夫特不等式是唯一可译码存在的充要条件,其必要性表现在如果码是唯一可译码,则必定满足克拉夫特不等式;充分性表现在如果满足克拉夫特不等式,则这种码长的唯一可译码一定存在,但并不表示所有满足克拉夫特不等式的码一定是唯一可译码。

因此,克拉夫特不等式是唯一可译码存在的充要条件,而不是唯一可译码的充要条件。

定理 4-1　克拉夫特定理。对于码符号为 $X = \{x_1, x_2, \cdots, x_r\}$ 的任意唯一可译码,其码字为 $W_1, W_2, \cdots, W_q$,所对应的码长为 $l_1, l_2, \cdots, l_q$,则必定满足克拉夫特不等式。

$$\sum_{i=1}^{q} r^{-l_i} \leqslant 1$$

同时,若码长满足克拉夫特不等式,则一定存在具有这样码长的即时码;反之,如果不满足该式,则不可能是唯一可译码。

注意:克拉夫特不等式只是说明唯一可译码是否存在,并不能作为唯一可译码的判据(可以排除,不能肯定)。例如,$\{0, 10, 010, 111\}$ 满足克拉夫特不等式,但却不是唯一可译码。

例 4-1　设二进制码树中 $X = \{x_1, x_2, x_3, x_4\}$,对应的码长分别为:$l_1 = 1, l_2 = 2$,$l_3 = 2, l_4 = 3$,由上述定理可得:

$$\sum_{i=1}^{4} 2^{-l_i} = 2^{-1} + 2^{-2} + 2^{-2} + 2^{-3} = \frac{9}{8} > 1$$

因此不存在满足这种码长的唯一可译码。

由于定长编码只要不是奇异码,一定是异前缀的,所以一定是唯一可译码。对于变长码,则判断稍有困难。

注意:判断一个码是否是唯一可译码,克拉夫特不等式是必要条件,不满足该不等式则一定不是唯一可译码,异前缀码是唯一可译码的充分条件。但是以上两种方法不能对所有的码都做出判断。

正面判断一个码是唯一可译码是困难的,应该从什么角度去分析唯一可译码?非唯一可译码在译码不同的完整段(前后的译码都相同,中间译码不同)会呈现什么特点?

判断一个码是否是唯一可译码,从正面去证明是不可能的,所以应该从反面来分析,如果一个码不是唯一可译码,它应该具有什么样的必然性质,这种性质可以采用什么样的方式来判断?我们将对一个序列符号的译码看作将序列切割为一个个合法的码字,非唯一可译码必然对于某个序列存在多种译法,由于是多种译法,这些译法对序列的切割应该在不完全相同的地方。注意,序列的头是不同译法的头部,而序列的尾部也是不同序列的尾部,即不同译法的码字序列的开始和结束点都是相同的。我们抛弃相同的切割,可以认为序列的最前面一段可以分别译为不同的码字,它们的前缀是相同的,或者说它们存在包含关系。这样,可以利用这样的性质判断码是否是唯一可译码,这个判断过程应该排除所有的多义译码的可能性。

下面是唯一可译码的判断法。

定理 4-2　将码 C 中所有可能的尾随后缀组成一个集合 F，当且仅当集合 F 中没有包含任一码字时，则可判断此码 C 为唯一可译码。

集合 F 的构成方法如下。

首先，观察码 C 中最短的码字是否是其他码字的前缀，若是，将其所有可能的尾随后缀列出。而这些尾随后缀又有可能是某些码字的前缀，若是，再将这些尾随后缀产生的新的尾随后缀列出，然后再观察这些新的尾随后缀是否是某些码字的前缀，若是，再将产生的尾随后缀列出，如此下去，直到没有一个尾随后缀是码字的前缀为止。

这样就获得了由最短的码字能引起的所有尾随后缀，接着按照上述步骤由短到长依次将所有码字可能产生的尾随后缀全部列出，由此得到由码 C 的所有可能的尾随后缀的集合 F。

例 4-2　设码 $C=\{0,10,1100,1110,1011,1101\}$，根据上述测试方法，判断其是否是唯一可译码。

解：

(1) 先看最短的码字：0，它不是其他码字的前缀，所以没有尾随后缀。

(2) 再观察码字 10，它是码字 1011 的前缀，因此有尾随后缀 11。

(3) 尾随后缀 11 是码字 1100、1110、1101 的前缀，所以有尾随后缀 00、10、01。

(4) 尾随后缀 00、10、01 不构成其他码字的前缀。

所以在集合 $F=\{11,00,10,01\}$ 中，10 为码字，故码 C 不是唯一可译码。

克拉夫特不等式与无损压缩有什么关系？是否可以利用码树和克拉夫特不等式构造信源编码方法？

不等式的等号在概率分布满足什么特点时成立？

用码树来构造码字，当码字在码树上满足什么特征时，$\sum\limits_{i=1}^{q} r^{-l_i}=1$ 成立？这种树可以归结为一类，这类树的名称是什么？

分析 $\sum\limits_{i=1}^{q} r^{-l_i}=1$ 成立时的一些特性。利用克拉夫特定理分析如何对某些 $\sum\limits_{i=1}^{q} r^{-l_i}<1$ 的码进行压缩。

对于非唯一可译码，是否一定存在前缀相同和后缀相同的码字？

4.2　定 长 编 码

在信源编码中，定长（等长）编码只能接近无失真，并不是绝对意义上的无失真。

前面已经说过，所谓信源编码，就是将信源符号序列变换成另一个序列（码字）。设信源输出符号序列长度为 L，码字的长度为 K_L，编码的目的就是要使信源的信息率最小，也就是说要用最少的符号来代表信源。

在定长编码中，对每一个信源序列，K_L 都是定值，设等于 K，我们的目的是寻找最小

K 值。要实现无失真的信源编码,要求信源符号 $X_i (i=1,2,\cdots,q)$ 与码字是一一对应的,并且由码字组成的符号序列的逆变换也是唯一的(唯一可译码)。

定理 4-3 定长(等长)编码定理:由 L 个符号组成的、每个符号熵为 $H_L(X)$ 的无记忆平稳信源符号序列 $X_1 X_2 X_3 \cdots X_L$ 用 K_L 个符号 $Y_1 Y_2 \cdots Y_{K_L}$(每个符号有 m 种可能值)进行定长变码。对任意 $\varepsilon > 0, \delta > 0$,只要 $\dfrac{K_L}{L} \log m \geqslant H_L(X) + \varepsilon$,则当 L 足够大时,必可使译码差错小于 δ;反之,当下面的不等式成立时:

$$\frac{K_L}{L} \log m \leqslant H_L(X) - 2\varepsilon \tag{4-2}$$

译码差错一定是有限值,当 L 足够大时,译码几乎必定出错。式中左边是输出码字的每个符号所能载荷的最大信息量。

等长编码定理说明,只要码字传输的信息量大于信源序列携带的信息量,总可以实现几乎无失真的编码,条件是所取的符号数 L 足够大。而小于信源序列携带的信息量时,无法使译码差错控制到无限小。可以看到信源熵是压缩的一个临界值,或者说极限,大于这个值则有余,少于这个值则不可,因此香农的这些定理也称为极限定理,而信源熵也称为压缩的极限。

设差错概率为 P_ε,为了符号简洁,也设信源序列的自方差为:

$$\sigma^2(X) = E\{[I(x_i) - H(X)]\}^2$$

则有:

$$P_\varepsilon \leqslant \frac{\sigma^2(X)}{L \varepsilon^2} \tag{4-3}$$

当 $\sigma^2(X)$ 和 ε^2 均为定值时,只要 L 足够大,P_ε 可以小于任一整数 δ,即

$$\frac{\sigma^2(X)}{L \varepsilon^2} \leqslant \delta$$

此时要求:

$$L \geqslant \frac{\sigma^2(X)}{\varepsilon^2 \delta} \tag{4-4}$$

只要 δ 足够小,就可以几乎无差错地译码,当然代价是 L 变得更大。令

$$\overline{K} = \frac{K_L}{L} \log m \tag{4-5}$$

为码字最大平均符号信息量。

定义编码效率为:

$$\eta = \frac{H_L(X)}{\overline{K}} \tag{4-6}$$

最佳编码效率为:

$$\eta = \frac{H_L(X)}{H_L(X) + \varepsilon}$$

无失真信源编码定理从理论上阐明了编码效率接近于 1 的理想编码器的存在性,它

使输出符号的信息率与信源熵之比接近于 1，但要在实际中实现，则要求信源符号序列的长度 L 非常大，并且进行统一编码才行，这往往是不现实的。

该定理利用的是长序列的渐进等分性（又称渐进等分割性或渐进均分性，Asymptotic Equipartition Property，AEP），渐进等分性是随机变量长序列的一种重要特性，是编码定理的理论基础。当随机变量的序列足够长时，其中一部分序列就显现出一种典型的性质：这些序列中各个符号的出现频率非常接近于各自的出现概率，而这些序列的概率则趋近于相等，且它们的和非常接近于 1，这些序列就称为典型序列。其余的非典型序列的出现概率之和接近于零。序列的长度越长，典型序列的总概率越接近于 1，它的各个序列的出现概率越趋于相等。渐近等分性即因此得名。在第 2 章已经有分析与证明。香农最早发现随机变量长序列的渐近等分性，后来麦克米伦在 1953 年发表的《信息论的基本定理》一文中严格地证明了这一结果，因此有人也把它称为麦克米伦定理。对于定长编码定理，最关键的是，那些概率较低的符号组合的长序列出现的概率趋近于 0，这使得对定长编码进行压缩成为可能。

例 4-3 设离散无记忆信源 X 的概率分布为：

$$\begin{bmatrix} X \\ P \end{bmatrix} = \begin{bmatrix} x_1 & x_2 & x_3 & x_4 & x_5 & x_6 & x_7 & x_8 \\ 0.4 & 0.18 & 0.1 & 0.1 & 0.07 & 0.06 & 0.05 & 0.04 \end{bmatrix}$$

信源熵为：

$$H(X) = -\sum_{i=1}^{8} p_i \log_2 p_i = 2.55(\text{b/符号})$$

自信息方差为：

$$\sigma^2(X) = E\{[(I(x_i) - H(X)]^2\} = \sum_{i=1}^{8} p_i [-\log_2 p_i - H(X)]^2$$

$$= \sum_{i=1}^{8} p_i \{(\log_2 p_i)^2 + 2H(X)\log_2 p_i + [H(X)]^2\}$$

$$= \sum_{i=1}^{8} p_i (\log_2 p_i)^2 + 2H(X) \sum_{i=1}^{8} p_i \log_2 p_i + [H(X)]^2 \sum_{i=1}^{8} p_i$$

$$= \sum_{i=1}^{8} p_i (\log_2 p_i)^2 - [H(X)]^2 = 7.82$$

对信源符号采用定长二元编码，要求编码效率 $\eta = 90\%$，无记忆信源有 $H_L(X) = H(X)$，因此：

$$\eta = \frac{H(X)}{H(X) + \varepsilon} = 90\%$$

可以得到 $\varepsilon = 0.28$。

如果要求译码错误概率 $\delta \leqslant 10^{-6}$，则：

$$L \geqslant \frac{\sigma^2(X)}{\varepsilon^2 \delta} = 9.8 \times 10^7 \approx 10^8$$

由此可见，在对编码效率和译码错误概率的要求不是十分苛刻的情况下，就需要对 $L = 10^8$ 个信源符号一起进行编码，这对存储和处理技术的要求太高，目前还无法实现。

如果用 3 比特来对上述信源的 8 个符号进行定长二元编码，$L=1$，此时可实现译码无差错，但编码效率只有 $2.55/3=85\%$。因此，一般来说，当 L 有限时，具有较高传输效率的定长码往往要引入一定的失真和译码错误。因此定长编码处理的代价也很大，而且无法保证真正意义上的无失真，解决的办法是采用变长编码。

4.3　变长编码

当信源的概率分布不等时，采用等长的编码是不合理的，应该采用与概率相配套的编码长度才能减少平均码长。但是我们并不能将信源压缩到任意短，因为这样会造成歧义（非唯一可译码），或者可能导致有些消息无法编码，前面讲到的克拉夫特不等式是一个制约，注意到它是唯一可译码存在的充要条件，而无损压缩显然必须是唯一可译的。

下面讨论压缩的极限。

为了达到最大程度的压缩，只有让克拉夫特不等式的等号成立，即

$$\sum_{i=1}^{q} r^{-l_i} = 1$$

由于上式和概率分布一样，求和为 1。不妨假设 $r^{-l_i}=p(v_i)$。

希望平均码长最短，注意到有香农辅助定理：

$$-\sum_{i=1}^{n} p(u_i)\log_r p(v_i) \geqslant -\sum_{i=1}^{n} p(u_i)\log_r p(u_i)$$

所以有平均码长：

$$\overline{K} = \sum_{i=1}^{n} p(u_i)l_i = -\sum_{i=1}^{n} p(u_i)\log_r p(v_i) \geqslant -\sum_{i=1}^{n} p(u_i)\log_r p(u_i)$$

可见，当进行 r 进制编码并且每一个信源符号的编码长度等于其自信息量对应值的时候，其编码的平均长度最短。由此也可以得出：

$$\overline{K} \geqslant -\sum_{i=1}^{n} p(u_i)\log_r p(u_i) = H(U)$$

可见压缩编码的极限为信源熵。

由于自信息量经常不是整数，而不可能将符号编码为小数长度的码，所以必须进行保守的处理。当自信息量不是整数的时候，将自信息量取整加 1，这样可以保证唯一可译性，此时，对于任意一个符号的编码长度 l_i 有：

$$1-\log_r p(u_i) > l_i \geqslant -\log_r p(u_i)$$

所以有下面的定理。

定理 4-4　香农单符号变长编码定理：若离散无记忆信源的符号熵为 $H(S)$，每个信源符号用 r 进制码元进行变长编码，则一定存在一种无失真编码（唯一可译编码）方法，其码字的平均长度 $\overline{L}$ 满足：

$$\frac{H(S)}{\log r} + 1 > \overline{L} \geqslant \frac{H(S)}{\log r} \tag{4-7}$$

如果将 N 个符号作为一个整体来看待，套用上面的定理，可以得出如下定理。

定理 4-5　香农离散平稳无记忆序列变长编码定理。若对离散无记忆信源 S 的 N 次

扩展信源 S^N 进行编码,则总可以找到一种编码方法,构成唯一可译码,使信源 S 中每个信源符号所需的平均码长满足:

$$\frac{H(S)}{\log r} + \frac{1}{N} > \frac{\overline{L}_N}{N} \geqslant \frac{H(S)}{\log r} \tag{4-8}$$

且当 $N \to \infty$ 时,有:

$$\lim_{N \to \infty} \frac{\overline{L}_N}{N} = H_r(S), \text{这里 } H_r(S) = -\sum_{i=1}^{q} p(a_i) \log_r p(a_i)。$$

其中, $\overline{L}_N = \sum_{i=1}^{q^N} p(a_i) l_i$ 为 N 次扩展信源的平均码长, l_i 为信源符号扩展序列 a_i 的码长;

$\dfrac{\overline{L}_N}{N}$ 为对扩展信源 S^N 进行编码后每个信源符号编码所需的等效平均码长。

若编码的平均码长小于信源的熵值,则唯一可译码不存在,在译码或反变换时必然要带来失真或差错。

可见,要做到无失真的信源编码,平均每个信源符号所需最少的 r 元码元数为信源的熵,即它是无失真信源压缩的极限值。

通过对扩展信源进行变长编码,当 $N \to \infty$ 时,取不小于自信息量的整数所造成的浪费趋向于 0,平均码长趋于 $H_r(S)$。

下面讨论无失真信源编码的实质。

根据信源的概率大小来进行编码,概率较小的进行较长的编码,概率较大的进行较短的编码,按照这样的原则对离散信源进行适当的变换,使变换后形成的新的码符号信源(即信道的输入信源)尽可能为等概率分布,以使新信源的每个码符号平均所含的信息量达到最大,并使信道的信息传输率达到信道容量,实现信源与信道理想的统计匹配。这实际上就是香农第一定理的物理意义。

为了衡量各种编码是否达到极限情况,定义变长码的编码效率为:

$$\eta = \frac{H_r(S)}{\overline{L}} \tag{4-9}$$

通常通过编码效率来衡量各种编码的优劣,编码效率小于或等于 1,这里的熵应该对应于以编码符号的符号数 r 为底的熵值;否则将是无意义的。

为了衡量各种编码与最佳码的差距,定义码的剩余度(冗余度)为:

$$1 - \eta = 1 - \frac{H_r(S)}{\overline{L}} \tag{4-10}$$

信息传输率定义为:

$$R = \frac{H(S)}{\overline{L}} \tag{4-11}$$

如果以 r 为底计算熵,则

$$R = \frac{H_r(S)}{\overline{L}} = \eta$$

注意: 虽然当对数以 r 为底时信息传输率与编码效率在数值上相同,但它们的单位不同。编码效率体现的是一种与理想值的比值,所以没有单位;而信息传输率则是体现发送一个符号到底传递了多少信息,它的单位是比特/码符号。

在二元无噪无损信道中,若编码效率 $\eta=1$,$R=1$ 比特/码符号,则达到信道的信道容量,此时编码效率最高,码的剩余度为零。

前面已经说明,对于某一个信源和某一符号集来说,满足克拉夫特不等式的唯一可译码可以有多种,在这些唯一可译码中,如果有一种(或几种)码,其平均编码长度小于所有其他唯一可译码的平均编码长度,则该码称为最佳码(或紧致码)。

变长码往往在码长的平均值不是很大时就可编出效率很高而且无失真的码,其平均码长受香农第一定理所限定。

为了使得平均编码长度最短,必须将概率大的信息符号编以短的码字,概率小的符号编以长的码字。能获得最佳码(或次最佳码)的编码方法有很多,本节重点介绍香农码、费诺码和哈夫曼码。

4.3.1　编码空间

在信源编码的时候,我们可以设法使得编码最短,但是过短的编码也容易造成不唯一可译。以异前缀编码为例,如果编码过短,会使得大量的码字不可用;如果较长,则影响不大。为了便于理解,这里提出一个新概念——编码空间,实际上它是一个相对量,是指一个编码占用的可以使用的编码比例。考虑异前缀编码,显然对于一个二进制的编码,如果将 0 作为码字,所有以 0 开头的编码都不能再用,则有一半的编码将不能继续作为码字;如果是两位,则有四分之一的码字不能使用;对于十进制的编码,一个一位的十进制占用的比例为十分之一,以此类推,一个 n 位的 k 进制占用的编码空间为 $1/k^n$。当占用的编码空间小于或等于 1 时,异前缀码是可能存在的;如果大于 1,则不可能存在。

当要求唯一可译时,如果前缀相同,实际上会在需要达到唯一可译的条件时付出其他方面的同等代价,所以异前缀编码的这一结论可以推广到唯一可译码。当占用的编码空间小于或等于 1 时,唯一可译码是可能存在的;如果大于 1,则不可能存在。

实际上,还可以证明:理论上说,对于一个符号进行编码,编码占用编码空间与符号的概率一致时,平均的编码长度最短(如果不需要考虑码长是整数的现实问题)。

编码空间最大等于 1,用编码空间来解释克拉夫特不等式,它说明编码空间一旦累加到大于 1,就一定存在重复,也就是说不可能是唯一可译码。

4.3.2　香农码

香农第一定理指出了平均码长与信源之间的关系,同时也指出了可以通过编码使平均码长达到极限值,这是一个很重要的极限定理。

对信源进行编码,最合理的长度 $l=-\log_m p_i$。这里 m 为对应的进制数。但是,实际编码长度不可能为小数,所以需要取整,此时应该采用较为保守的值。

香农第一定理指出,可以选择使每个码字的实际编码长度 K_i 满足下式的整数:

$$-\log_m p_i \leqslant K_i < 1 - \log_m p_i \tag{4-12}$$

就可以得到这种码。这种编码方法称为香农编码。香农编码除了根据香农信源编码定理确定了编码长度,还采用巧妙的方法得出一种唯一可译码的方法,这样不仅确定了码长,而且也确定了码字。

例 4-4 设无记忆信源 U 的概率分布为:

$$\begin{bmatrix} U \\ p(u) \end{bmatrix} = \begin{bmatrix} u_1 & u_2 & u_3 & u_4 \\ \dfrac{1}{2} & \dfrac{1}{4} & \dfrac{1}{8} & \dfrac{1}{8} \end{bmatrix}$$

对其进行二进制的香农编码,计算各符号的码字长度。

解:

$$K_1 = \log_2 2 = 1$$
$$K_2 = \log_2 4 = 2$$
$$K_3 = K_4 = \log_2 8 = 3$$

用码树可得各自的码字:

$$u_1 : (0), u_2 : (10), u_3 : (110), u_4 : (111)$$

信息熵 $H(U)$ 为:

$$H(U) = -\sum_{i=1}^{4} p(u_i) \log_2 p(u_i)$$

$$= -\frac{1}{2} \log_2 \frac{1}{2} - \frac{1}{4} \log_2 \frac{1}{4} - \frac{1}{8} \log_2 \frac{1}{8} - \frac{1}{8} \log_2 \frac{1}{8}$$

$$= \frac{7}{4}$$

$$= 1.75$$

信源符号的平均码长为:

$$\overline{K} = \frac{1}{2} \times 1 + \frac{1}{4} \times 2 + \frac{1}{8} \times 3 \times 2 = 1.75$$

编码效率为:

$$\eta = \frac{H(U)}{\overline{K}} \times 100\% = \frac{1.75}{1.75} \times 100\% = 100\%$$

对于这种信源,香农编码是最佳编码,码树达到满树。但是在一般情况下,香农编码法由于采取了保守的编码长度,所以冗余度稍大,实用性不高,但香农编码有重要的理论意义。

以二进制编码为例,香农编码方法如下。

(1) 将信源消息符号按其出现的概率大小依次排列:

$$p(u_1) \geqslant p(u_2) \geqslant \cdots \geqslant p(u_n)$$

(2) 确定码长 K_i(整数):

$$K_i = \left\lceil \log_2 \frac{1}{p_i} \right\rceil$$

这里的 $[\cdots]$ 不同于一般取整,表示向上取整,即如果为整数时,取自己;如果是小数,取小数的整数部分加 1。

(3) 编码成唯一可译码,计算第 i 个消息的累加概率:

$$p_i = \sum_{k=1}^{i-1} p(u_k)$$

（4）将累加概率 p_i 变换成二进制数。将十进制小数转换为二进制小数与将十进制整数转换为二进制整数相仿，但是也可以看成是一个相反的过程。可以采用两种方法：第一种是每次将小数乘以 2，整数部分会是 0 或 1，取之作为相应的第一位小数，接着取其小数部分继续乘以 2，以此类推；第二种方法是求系数法：概率 $p = a_1 \times 1/2^1 + a_2 \times 1/2^2 + \cdots$，其中 a_i 取 0 或 1，很容易根据左右两边的大小关系渐次判断其值。

（5）取 p_i 二进制数的小数点后 K_i 位即为该消息符号的二进制数。

其他进制也可以类推。

例 4-5　对信源 $\begin{bmatrix} U \\ p(u) \end{bmatrix} = \begin{bmatrix} u_1 & u_2 & u_3 & u_4 & u_5 \\ 0.4 & 0.3 & 0.2 & 0.05 & 0.05 \end{bmatrix}$ 进行香农编码。

解：香农编码过程如表 4-1 所示。

表 4-1　香农编码过程

信源符号 u_i	符号概率 $p(u_i)$	累加概率 P_i	$-\log p(u_i)$	码字长度 K_i	码字
u_1	0.4	0	1.32	2	00
u_2	0.3	0.4	1.73	2	01
u_3	0.2	0.7	2.32	3	101
u_4	0.05	0.9	4.3	5	11100
u_5	0.05	0.95	4.3	5	11110

以 $i=3$ 为例，计算各符号的码字长度：

$$K_3 = [-\log 0.2] = 3$$

累加概率 $P_4 = 0.7$，转换为二进制小数为 0.10110，取小数点后面的 3 位为 101。

由图 4-4 可见，这些码字没有占满所有树叶，所以是非最佳码。

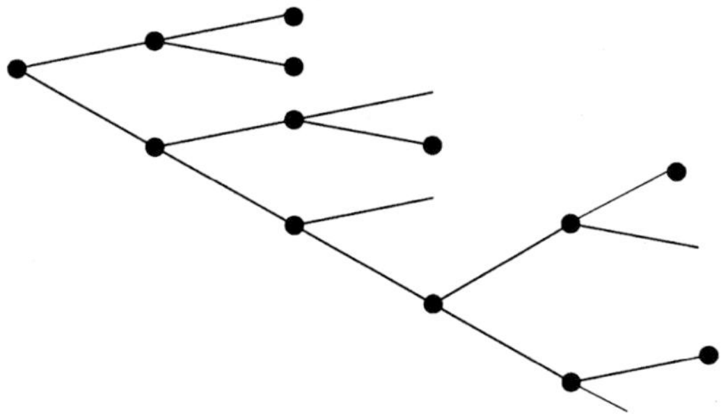

图 4-4　码字的码树图

$$H(U) = -0.4\log_2 0.4 - 0.3\log_2 0.3 - 0.2\log_2 0.2 - 2 \times 0.05\log_2 0.05 = 1.95（比特／符号）$$

平均码长为：

$$\overline{K} = \sum_{i=1}^{5} p(u_i)K_i = 0.4 \times 2 + 0.3 \times 2 + 0.2 \times 3 + 0.05 \times 5 \times 2 = 2.5$$

编码效率为：

$$\eta = \frac{H(U)}{\overline{K}} \times 100\% = \frac{1.95}{2.5} \times 100\% = 78\%$$

为了提高编码效率，码字应充分利用码树上所有的终端节点，也就是让克拉夫特不等式中的等号成立。例如把 u_4、u_5 换成 A、B 这些前面的节点，就可减小平均码长。所以如果不采用保守的取整做法，而是充分利用码树上的终端节点来规定码字，这样可以使得克拉夫特不等式的等号成立，此时可以获得更短的平均码长。

香农编码有什么启示？香农编码中如何保证编码是异前缀的？香农编码何时可以达到无损压缩的理论极限？考虑有记忆和无记忆信源序列概率（概率和条件概率）分布具有平稳性，比较对单个符号进行编码和对序列进行编码的编码效率。

4.3.3 费诺码

费诺码属于概率匹配编码，又称为香农-费诺码（Shannon-Fano 编码），但它一般也不是最佳的编码方法。其编码过程如下：

（1）将信源符号以概率递减的次序排列起来。

（2）将排列好的信源符号按概率值划分成两大组，使每组的概率之和接近于相等，并对每组各赋予一个二元码符号 0 和 1。

（3）将每一大组的信源符号再分成两组，使划分后的两个组的概率之和接近于相等，再分别赋予一个二元码符号。

（4）依次划分下去，直至每个小组只剩一个信源符号为止。

（5）信源符号所对应的码字即为费诺码。

例 4-6 对信源 $\begin{bmatrix} U \\ p(u) \end{bmatrix} = \begin{bmatrix} u_1 & u_2 & u_3 & u_4 & u_5 \\ 0.4 & 0.3 & 0.2 & 0.05 & 0.05 \end{bmatrix}$ 进行费诺编码。

解：一种忽略了排序的费诺编码过程如表 4-2 所示，严格意义上讲它不是费诺编码。

表 4-2　忽略排序的费诺编码过程

信源符号 u_i	符号概率 $p(u_i)$	第 1 次分组	第 2 次分组	第 3 次分组	码字	码长
u_1	0.4	0	0		00	2
u_4	0.05		1	0	010	3
u_5	0.05			1	011	3
u_2	0.3	1	0		10	2
u_3	0.2		1		11	2

该费诺码的平均码长为：

$$\overline{K} = \sum_{i=1}^{7} p(u_i) K_i$$
$$= 0.4 \times 2 + 0.3 \times 2 + 0.2 \times 2 + 2 \times (0.05 \times 3)$$
$$= 2.1$$

编码效率为：

$$\eta = \frac{H(U)}{\overline{K}} \times 100\% = \frac{1.95}{2.1} \times 100\% = 93\%$$

显然,费诺码比香农码的平均码长更短,编码效率更高。其实这样编码的效率还不是最高的,现用另一种划分方法,如表 4-3 所示。

表 4-3　严格的费诺编码过程

信源符号 u_i	符号概率 $p(u_i)$	第 1 次分组	第 2 次分组	第 3 次分组	第 4 次分组	码字	码长
u_1	0.4	0				0	1
u_2	0.3		0			10	2
u_3	0.2	1		0		110	3
u_4	0.05		1	1	0	1110	4
u_5	0.05				1	1111	4

该费诺码的平均码长为:

$$\overline{K} = \sum_{i=1}^{7} p(u_i) K_i$$
$$= 0.4 \times 1 + 0.3 \times 2 + 0.2 \times 3 + 2 \times (0.05 \times 4)$$
$$= 2.0$$

编码效率为:

$$\eta = \frac{H(U)}{\overline{K}} \times 100\% = \frac{1.95}{2.0} \times 100\% = 97.5\%$$

可见这种方法的编码效率相对未排序的编码又有所提高。事实上这已是最佳编码,就是说编码效率已不能再提高。但这样的方法并不是在任何时候都能保证是最佳编码,因而哈夫曼提出一种编码方法,并证明这种编码在对单个符号进行分组编码时总是找到最佳的编码。

费诺码具有如下的性质:

(1) 费诺码的编码方法实际上是一种构造码树的方法,所以费诺码是即时码。

(2) 费诺码考虑了信源的统计特性,使概率大的信源符号能对应码长较短的码字,从而有效地提高了编码效率。

(3) 费诺码不一定是最佳码。因为费诺码编码方法不一定能使短码得到充分利用:当信源符号较多时,若有一些符号概率分布很接近时,分成两大组的组合方法就会有很多种,可能某种划分大组的结果会使后面小组的概率和相差较远,从而使平均码长增大。

前面讨论的费诺码是二元费诺码,r 元费诺码与二元费诺码编码方法相同,只是每次分组时应将符号分成概率分布接近的 r 个组。

费诺码的概率划分方法有什么启示? 从码树的角度思考编码中如何保证编码是异前缀的? 该编码何时可以达到无损压缩的理论极限? 考虑有记忆和无记忆信源序列概率(概率和条件概率)分布具有平稳性,比较对单个符号进行编码和对序列进行编码的编码效率。

费诺码中概率大的信源的编码码字就一定比概率小的短吗? 如果不是,这一问题的根源在哪里？是否可以加以改进而避免这一问题？

是否可以反过来用费诺编码的方法，寻求更好的、最佳的编码方法。

4.3.4　哈夫曼码

哈夫曼（又译霍夫曼或赫夫曼，D. A. Huffman）在 1952 年的论文《最小冗余度代码的构造方法》(*A Method for the Construction of Minimum Redundancy Codes*)中提出哈夫曼编码方法。哈夫曼码在计算机界是如此著名，以至于连编码的发明过程本身也成为了人们津津乐道的话题。据说，1952 年时，年轻的哈夫曼还是麻省理工学院的一名学生，他为了向老师证明自己可以不参加某门功课的期末考试，才设计了这个看似简单却影响深远的编码方法。可以从理论上证明哈夫曼码是最优码，在给定条件下，不存在平均码长比该编码更短的码。哈夫曼码也是用码树来分配各符号的码字。费诺码是从树根开始，把各节点分给某子集，若子集已是单点集，它就将一片叶作为码字；而哈夫曼码是先给每一符号分配一片树叶，并逐步合并成节点直到树根。

哈夫曼码的编码步骤如下：

(1) 统计信源消息符号的概率，将信源消息符号按其出现的概率大小依次排列：
$$p(u_1) \geqslant p(u_2) \geqslant \cdots \geqslant p(u_n)$$

(2) 取两个概率最小的字母分别配以 0 和 1 两个码元，并将这两个概率相加作为一个新字母的概率，与未分配的二进制符号的字母重新排队，合并后的信源称为缩减信源。

(3) 对重排后的两个概率最小的符号重复步骤(2)的过程。

(4) 不断继续上述过程，直到最后两个符号配以 0 和 1 为止。

(5) 从最后一级开始，逆向向前返回得到各个信源符号所对应的码元序列，即相应的码字。

例 4-7　给定离散信源如下：
$$\begin{bmatrix} U \\ p(u) \end{bmatrix} = \begin{bmatrix} u_1 & u_2 & u_3 & u_4 & u_5 & u_6 & u_7 \\ 0.20 & 0.19 & 0.18 & 0.17 & 0.15 & 0.10 & 0.01 \end{bmatrix}$$
对信源进行哈夫曼编码，并且计算编码效率。

解：计算信源熵：
$$\begin{aligned} H(U) &= -0.2\log_2 0.2 - 0.19\log_2 0.19 - 0.18\log_2 0.18 - 0.17\log_2 0.17 - \\ &\quad 0.15\log_2 0.15 - 0.10\log_2 0.10 - 0.01\log_2 0.01 \\ &= 2.61(\text{b}/\text{符号}) \end{aligned}$$

计算平均码长：
$$\begin{aligned} \overline{K} &= \sum_{i=1}^{7} p(u_i) K_i \\ &= 0.2 \times 2 + 0.19 \times 2 + 0.18 \times 3 + 0.17 \times 3 + 0.15 \times 3 + 0.10 \times 4 + 0.01 \times 4 \\ &= 2.72 \end{aligned}$$

计算编码效率：
$$\eta = \frac{H(U)}{\overline{K}} \times 100\% = \frac{2.61}{2.72} \times 100\% = 95.96\%$$

哈夫曼编码过程如图 4-5 所示。

消息u_i	概率$p(u_i)$和码元							码字
u_1	0.20	0.20	0.26	0.35	0.39	0.61 0	1	10
u_2	0.19	0.19	0.20	0.26	0.35 0	0.39 1		11
u_3	0.18	0.18	0.19	0.20 0	0.26 1			000
u_4	0.17	0.17	0.18 0	0.19 1				001
u_5	0.15	0.15 0	0.17 1					010
u_6	0.10 0	0.11 1						0110
u_7	0.01 1							0111

图 4-5 哈夫曼编码过程

哈夫曼编码方法得到的码并非是唯一的,其原因如下:

(1)每次对信源进行缩减时,在将码元赋予信源最后两个概率最小的符号时,0和1的选择是任意的,所以可以得到不同的哈夫曼码,但不会影响码字的长度。

(2)对信源进行缩减时,两个概率最小的符号合并后的概率与其他信源符号的概率相同时,对这两者在缩减信源中进行概率排序,其位置放置次序是可以任意的,故会得到不同的哈夫曼码。此时将影响码字的长度,一般将合并的概率放在上面,这样可获得较小的码方差。

对给定信源,用哈夫曼编码方法得到的码并非唯一,但平均码长不变。

例 4-8 给定离散信源如下:

$$\begin{bmatrix} U \\ p(u) \end{bmatrix} = \begin{bmatrix} u_1 & u_2 & u_3 & u_4 & u_5 \\ 0.4 & 0.2 & 0.2 & 0.1 & 0.1 \end{bmatrix}$$

有两种哈夫曼编码方法,分别如图 4-6 和图 4-7 所示。

消息u_i	概率$p(u_i)$和码元					码字
u_1	0.4	0.4	0.4	0.6 0	1	1
u_2	0.2	0.2	0.4 0	0.4 1		01
u_3	0.2	0.2 0	0.2 1			000
u_4	0.1 0	0.2 1				0010
u_5	0.1 1					0011

(a) 哈夫曼编码方法一

消息u_i	概率$p(u_i)$和码元					码字
u_1	0.4	0.4	0.4	0.6 0	1	00
u_2	0.2	0.2	0.4 0	0.4 1		10
u_3	0.2	0.2 0	0.2 1			11
u_4	0.1 0	0.2 1				010
u_5	0.1 1					011

(b) 哈夫曼编码方法二

图 4-6 哈夫曼编码过程

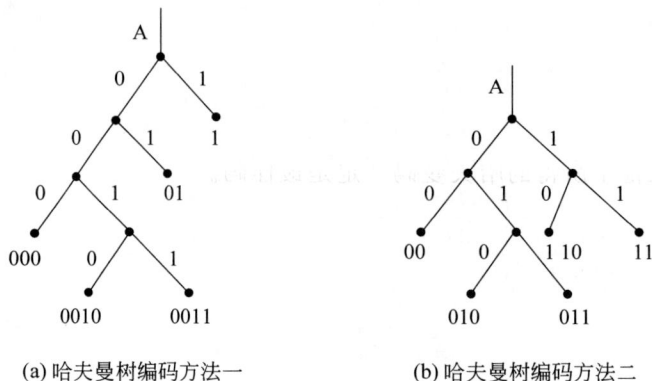

(a) 哈夫曼树编码方法一　　　　　　　(b) 哈夫曼树编码方法二

图 4-7　哈夫曼树编码过程

　　还有一种方法是直接用合成哈夫曼树的方法,将最小概率的两个符号合并,同时往上建立哈夫曼树。这种编码方法可能复杂一些,但是很容易确定哈夫曼码的码字。

　　平均码长为:

$$\overline{K}_1 = \sum_{i=1}^{5} p(u_i)K_i$$
$$= 0.4 \times 2 + 0.2 \times 2 \times 2 + 0.1 \times 3 \times 2 = 2.2$$

$$\overline{K}_2 = \sum_{i=1}^{5} p(u_i)K_i$$
$$= 0.4 \times 1 + 0.2 \times 2 + 0.2 \times 3 + 0.1 \times 4 \times 2 = 2.2$$

　　因为这两种码有相同的平均码长,所以有相同的编码效率,但每个信源符号的码长却不相同。在这两种不同的码中,选择哪种码好呢? 我们引入码字长度 K_i 偏离平均码长 $\overline{K}$ 的方差 σ^2,即:

$$\sigma^2 = E[(K_i - \overline{K})^2] = \sum_{i=1}^{5} p(u_i)(K_i - \overline{K})^2$$

　　分别计算上面两种码的方差:

$$\sigma_1^2 = 0.4 \times (2-2.2)^2 + 0.2 \times (2-2.2)^2 \times 2 + 0.1 \times (3-2.2)^2 \times 2$$
$$= 0.16$$
$$\sigma_2^2 = 0.4 \times (1-2.2)^2 + 0.2 \times (2-2.2)^2 +$$
$$0.2 \times (3-2.2)^2 + 0.1 \times (4-2.2)^2 \times 2$$
$$= 1.36$$

　　可见,第一种编码方法的方差要小很多。所以对于有限长的不同信源序列,用第一种方法所编得的码序列长度变化较小。因此相对来说选择第一种编码方法更好。

　　由此得出,在哈夫曼编码过程中,当缩减信源的概率分布以进行重新排列时,应使合并得来的概率和尽量处于较高的位置(在满足哈夫曼编码的要求下)。这样可使合并的元素重复编码次数减少,使码长尽量均一,利于译码。

　　从以上实例中可以看出,哈夫曼码具有以下 3 个特点:

　　(1) 哈夫曼码的编码方法保证了概率大的符号对应于短码,概率小的符号对应于长码,即对于 $p_i > p_j$,有 $K_i < K_j$,充分利用了短码。

（2）缩减信源的最后两个码字总是最后一位码元不同,前面各位码元相同（针对二元编码情况）,从而保证了哈夫曼码是即时码。

（3）每次缩减信源的最长两个码字有相同的码长。

这 3 个特点保证了所得的哈夫曼码一定是最佳码。

哈夫曼码的译码过程是:对接收到的哈夫曼码序列可通过从左到右检查各个符号进行译码。当码方差较小时,译码的代价和运算量较小。

对二元哈夫曼码的编码方法同样可以推广到 r 元编码中。不同的只是每次把概率最小的 r 个符号合并成一个新的信源符号,并分别用 $0,1,\cdots,r-1$ 码元表示。

为了使短码得到充分利用,以使平均码长最短,必须使最后一步的缩减信源有 r 个信源符号。

因此,对于 r 元编码,信源 S 的符号个数 q 必须满足: $q=n(r-1)+r$。其中, n 表示缩减的次数, $r-1$ 为每次缩减所减少的信源符号个数。

对于二元码（ $r=2$ ）,信源符号个数必须满足: $q=n+r$,因此 q 可等于任意正整数。

注意:对于 r 元码,不一定能找到一个 q 值使等式 $q=n(r-1)+r$ 成立。在不满足上式时,可假设一些信源符号作为虚拟的信源,并令它们对应的概率为 0,这样处理后得到的 r 元哈夫曼码可充分利用短码,并且一定是紧致码。

哈夫曼编码效率高,运算速度快,实现方式灵活,从 20 世纪 60 年代至今,在数据压缩领域得到了广泛的应用。例如,早期的 UNIX 系统上的压缩程序 COMPACT 实际上就是哈夫曼 0 阶自适应编码的具体实现。20 世纪 80 年代初,哈夫曼码又出现在 CP/M 和 DOS 系统中,其代表程序叫 SQ。今天,在许多知名的压缩工具和压缩算法（如 WinRAR、gzip 和 JPEG）中,都有哈夫曼码的身影。不过,哈夫曼码的编码长度只是对信息熵计算结果的一种近似,还无法真正逼近信息熵的极限,并且尚未考虑符号之间的相关性。正因为如此,现代压缩技术通常只将哈夫曼码视作编码的一部分,而非数据压缩算法的全部。

有一种 Rice 编码与哈夫曼编码相似,对于由大 word（例如:16 位或 32 位）组成的数据和较低的数据值,Rice 编码能够获得较好的压缩比。比如音频和高动态变化的图像都是这种类型的数据,它们被某种预言预处理过（例如 delta 相邻的采样）。尽管理论上哈夫曼编码处理这种数据是最优的,却由于一些原因而不适合处理这种数据（例如:32 位大小要求 16GB 的柱状图缓冲区来进行哈夫曼树编码）。因此一种比较动态的方式更适合由大 word 组成的数据。

使哈夫曼编码实现最优的条件是什么？跳出这些条件,是否有更好的信源编码方法？

哈夫曼编码有什么启示？从码树的角度思考编码中如何保证编码是异前缀的？该编码何时可以达到无损压缩的理论极限？考虑有记忆和无记忆信源序列概率（概率和条件概率）分布具有平稳性,比较对单个符号进行编码和对序列进行编码的编码效率。

哈夫曼编码中会多次合并信源,然后重新排序,这对于编码有什么好处？

哈夫曼编码与费诺编码有什么相通之处,为什么它的编码效率不低于费诺编码？

香农码进行了保守处理,使得其编码效率不高。是否存在提高香农码的编码效率的方法,可以让它的编码效率优于哈夫曼码？

假设信源概率确定时,以上几种编码是否分别需要给解压方附加什么样的信息才能正确进行解压缩？需要付出什么样的代价？

　　哈夫曼码的不同编码方法得到的平均码长为什么会一样长？是否可以根据哈夫曼码赋予码元的过程计算出平均码长？

4.4　其他基于统计的信源编码实用方法

　　无失真和限失真信源编码定理说明了最佳码的存在性，但没有给出构造码的具体方法，实用的编码方法需要根据信源的具体特点来决定。

　　哈夫曼码在实际中已得到应用，但它仍存在一些分组码所具有的缺点，例如概率特性必须精确地测定，如果信源概率特性稍有变化，就必须更换码表。对于二元信源，常需多个符号合起来编码，才能取得较好的效果。但是如果合并的符号数目不大时，编码效率提高得并不显著；特别是对于相关信源，哈夫曼编码不能给出令人满意的结果，因此在实际中常需要做一些改进，同时也就有必要研究非分组码。

　　在编码理论的指导下，先后出现了许多性能优良的编码方法，本节介绍一些实用的统计编码方法。前面所讨论的无失真编码都是建立在信源符号与码字一一对应的基础上的，这种编码方法通常称为块码或分组码，此时信源符号一般应是多元的，而且不考虑信源符号之间的相关性。如果要对最常见的二元序列进行编码，则需采用游程编码或合并信源符号等方法，把二元序列转换成多值符号，转换后这些多值符号之间的相关性也是不予考虑的。这就使信源编码的匹配原则不能充分满足，编码效率一般就不高。为了克服这种局限性，就需要跳出分组码的范畴，研究非分组码的编码方法。下面要介绍的游程编码和算术编码即为非分组码。

4.4.1　游程编码

　　游程是指符号序列中各个符号连续重复出现而形成符号串的长度，又称游程长度或游长。

　　游程编码（Run-Length Coding，RLC）就是将这种符号序列映射成游程长度和对应符号序列位置的标志序列。如果知道了游程长度和对应符号序列位置的标志序列，就可以完全恢复出原来的符号序列。

　　游程编码特别适用于对相关信源进行编码。对于二元相关信源，其输出序列往往会出现多个连续的 0 或 1。在信源输出的二元序列中，连续出现的 0 符号称为 0 游程，连续出现的 1 符号称为 1 游程，对应连续同一符号的个数分别称为 0 游程长度和 1 游程长度，因为游程长度是随机的，其取值可以是 $1,2,3,\cdots$。

　　对二元序列，0 游程和 1 游程总是交替出现的，如果规定二元序列是以 0 开始的，那么第一个游程是 0 游程，第二个游程必为 1 游程，第三个游程又是 0 游程……将任何二元序列变换成游程长度序列，这种变换是一一对应的，因此是可逆的，并且是无失真的。例如，如果已知序列是以 0 开头的，$00010111001\cdots$ 这样的二进制序列可以编码为 $311321\cdots$。

　　因为游程长度是随机的和多值的，所以游程序列本身是多元序列，如果对游程按照定长编码的方式处理，将不仅不能有效进行压缩，而且会带来冗余，另外游程的值可能是无限长的,这样无法进行无失真编码。对游程序列可以按哈夫曼编码或其他编码方法进行处理以达到压缩码率的目的。

对于 r 元序列也存在相应的游程序列。在 r 元序列中,可有 r 种游程。对于连续出现的符号的游程,其长度 $L(i)$ 就是 i 游程长度。用 $L(i)$ 也可构成游程序列,但此时由于游程所对应的信源符号可以有 r 种,因此这种变换必须再加一些标志信源符号取值的识别符号,才能使编码后的游程序列与原来的 r 元序列一一对应,所以把 r 元序列变换成游程序列再进行压缩的编码通常效率不高。

游程编码仍是变长码,有着变长码固有的缺点,即需要大量的缓冲和优质的通信信道。此外,由于游程长度可从 1 直到无穷大,这在码字的选择和码表的建立方面都有困难,实际应用时尚需采取某些措施来改进。例如,通常长游程出现的概率较小,所以对于这类长游程所对应的小概率码字,在实际应用时通常采用截断处理的方法。

游程编码已在图文传真和图像传输等通信工程技术中得到应用。在实际中还常常将游程编码与其他编码方法结合起来使用,以期得到更好的压缩效果。

下面以三类传真机中使用的压缩编码的国际标准 MH 编码(Modified Huffman coding)为例,说明游程编码的实际应用。

文件传真是指一般文件、图纸、手写稿、表格和报纸等的传真,这种信源是黑白二值的,即信源为二元信源($q=2$)。

MH 编码是一维编码方案,它是一行一行地对文件传真数据进行编码,也是一种 TIFF 格式图像的压缩选项。MH 编码将游程编码和哈夫曼码相结合,是一种改进的哈夫曼码。

对黑白二值文件进行传真,每一行由连续出现的白(用码符号 0 表示)像素或连续出现的黑(用码符号 1 表示)像素组成。MH 码分别对黑、白像素的不同游程长度进行哈夫曼编码,形成黑、白两张哈夫曼码表。MH 码的编码和译码都通过查表进行。

MH 码以国际电话电报咨询委员会(CCITT)确定的 8 幅标准文件样张为样本信源,对这 8 幅样张做统计,计算出黑、白各种游程长度的出现概率,然后根据这些概率分布,分别得出黑、白游程长度的哈夫曼码表。

MH 码的编码方式非常简单,图像按行以黑色和白色点的游程编成序列。游程长度小于 64 时,其结尾加上一个结尾码。若其长度等于或大于 64 时,会根据不同情况在结尾码前加入不同的补充码,来定义游程的长度,这个长度是 64 的倍数,这个倍数为 1~40 的整数,故游程长度的范围就可以是 64~2560。这样就可以避免对 2560 个可能的游程进行哈夫曼编码,而把编码长度限制在 64。

2560 像素的单行长度对于标准的 A4 传真纸已经足够了,而一般的传真纸的白色部分要比黑色部分的面积大,所以 MH 编码还针对这一特点进行了优化,白色像素的游程一般比黑色像素的游程长。每行总是从白色游程开始(如果第一个像素为黑色,则此长度可设为 0),这样就保证了收发图文颜色同步。

对于一般的文件进行传真时,这种编码方法需要的信息量很少,压缩率高。

你认为游程编码的原理是什么?如果重复的二进制编码很多,是否有助于压缩?如果二进制编码相同的很少,即游程很短,很多为 1,是否有助于压缩?

游程编码有什么启示?为什么 MH 编码对于文档传真的压缩率高?

4.4.2 算术编码

在算术编码中，信源符号和码字间的一一对应关系并不存在，它是一种从整个符号序列出发并采用递推形式进行编码的方法。算术编码（arithmetic coding）跳出了分组编码的范畴，它是从全序列出发并采用递推形式的连续编码。它不是将单个的信源符号映射成一个码字，而是将整个输入符号序列映射为实数轴上[0,1]区间内的一个小区间，其长度等于该序列的概率；再在该小区间内选择一个有代表性的二进制小数，作为实际的编码输出，从而达到高效编码的目的。不论是否是二元信源，也不论数据的概率分布如何，其平均码长均能逼近信源的熵。

算术编码方法借鉴了香农编码方法，早在 1948 年，香农就提出将信源符号依其出现的概率降序排序，用符号序列累计概率的二进制值作为对信源的编码，并从理论上论证了它的优越性。1960 年，Peter Elias 发现无须排序，只要编码和解码端使用相同的符号顺序即可，从而提出了算术编码的概念。Elias 没有公布他的发现，因为他知道算术编码在数学上虽然成立，但不可能在实际中实现。1976 年，R.Pasco 和 J.Rissanen 分别用定长的寄存器实现了有限精度的算术编码。1979 年 Rissanen 和 G.G.Langdon 一起将算术编码系统化，并于 1981 年实现了二进制编码。1987 年 Witten 等人发表了一个实用的算术编码程序，即 CACM87（后用于 ITU-T 的 H.263 视频压缩标准）。同期，IBM 公司发表了著名的 Q-编码器（后用于 JPEG 和 JBIG 图像压缩标准）。从此，算术编码迅速得到了广泛的注意。算术编码受到一些专利的保护，并且有处理复杂的局限性，这影响了其应用。与算术编码非常相似的区间编码则由于论文早已公开，而不受与算术编码相关的专利约束。正是基于这一点，才激起了人们尤其是开源社区对于区间编码的兴趣。

算术编码方法也是利用信源概率分布特性并且能够趋近熵极限的编码方法。算术编码不按符号编码，即不是用一个特定的码字与输入符号之间建立一一对应的关系，而是从整个符号序列出发，采用递推形式进行连续编码，用一个单独的浮点数来表示一串输入符号。算术编码的基本原理是将被编码的信息表示成实数 0 和 1 之间的一个间隔。信息越长，编码表示它的间隔就越小，而表示这一间隔所需的二进制位就越多。大概率符号出现的概率越大，对应的区间越宽，可用长度较短的码字表示；小概率符号出现概率越小，区间越窄，需要较长码字表示。它的编码方法比哈夫曼编码方式要复杂，但它不需要传送像哈夫曼编码中的哈夫曼码表，同时算术编码还有自适应的优点，所以算术编码是实现高效压缩数据中很有前途的编码方法。算术编码方法比较复杂，具有自适应能力（随着编码符号流中 0 和 1 出现的概率变化将自适应地改变）。在信源符号概率接近时，算术编码比哈夫曼编码效率要高。

1. 算术码的主要概念

把信源输出序列的概率和实数段[0,1)中的一个数 ρ 联系起来。设信源字母表为 $\{a_1, a_2\}$，其发生概率为 $p(a_1)=0.6, p(a_2)=0.4$。将[0,1)分成两个与概率比例相应的区间[0,0.6)和[0.6,1)。当信源输出的第一个符号 $s_1=a_1$ 时，数 ρ 的值处在[0,0.6)区间；当 $s_1=a_2$ 时，数 ρ 的值处在[0.6,1)区间。

根据信源输出的第二个字母 s_2 的取值情况，可以更精确地确定出数 ρ 所在的区间位置：

$$s_1 = a_1, \quad s_2 = a_1 [0, 0.36); \quad s_1 = a_1, \quad s_2 = a_2 [0.36, 0.6);$$

$$s_1 = a_2, \quad s_2 = a_1 [0.6, 0.84); \quad s_1 = a_2, \quad s_2 = a_2 [0.84, 1)$$

在信源输出第 $n-1$ 个符号后,若 ρ 所在的位置为:

$$[A_{n-1}, B_{n-1})$$

则当信源输出的第 n 个符号为 $s_n = a_1$ 时,有:

$$\begin{cases} A_n = A_{n-1} \\ B_n = A_{n-1} + 0.6(B_{n-1} - A_{n-1}) \end{cases}$$

当第 n 个符号为 $s_n = a_2$ 时,有:

$$\begin{cases} A_n = A_{n-1} + 0.6(B_{n-1} - A_{n-1}) \\ B_n = B_{n-1} \end{cases}$$

按照这一方法,序列的概率刚好等于 ρ 所在区间的长度。随着序列的长度不断增加,ρ 所在区间的长度就不断变短,也就可以更加精确地确定 ρ 的位置。当信源字母序列长度趋于无限时,ρ 所在区间成为一个点。

2. 累积概率

设信源字母表为 $A = \{a_1, a_2, \cdots, a_i, \cdots, a_m\}$,字母 a_i 的概率为 $p(a_i)$。

定义字母 a_K 的累积概率为:

$$F(a_k) = \sum_{i=1}^{k-1} p(a_i)$$

$$F(a_1) = 0, \quad F(a_2) = p(a_1), \quad F(a_3) = p(a_1) + p(a_2)$$

$$p(a_k) = F(a_{k+1}) - F(a_k)$$

累积分布函数如图 4-8 所示。

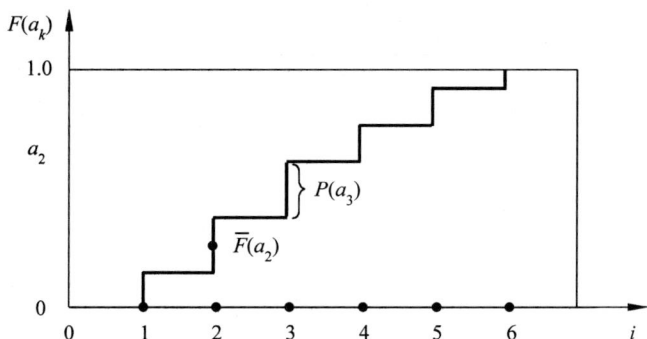

图 4-8 累积分布函数

当 $A = \{0, 1\}$ 二元信源时:

$$F(0) = 0, \quad F(1) = p(0)$$

下面计算信源序列 $s = (s_1, s_2, \cdots, s_n)$ 的累积概率。

以二元无记忆信源为例。初始时,在 $[0, 1]$ 内由 $F(1)$ 划分成两个子区间:

$$[0, 1] \rightarrow [0, F(1)] \quad [F(1), 1], F(1) = p(0)$$

$$0 \qquad\qquad 1$$

子区间 $[0, F(1)]$ 和 $[F(1), 1]$ 的宽度为:

$$A(0) = p(0) \quad A(1) = p(1)$$

若输入序列的第一个符号为 $s = "0"$，即落入对应的区间 $[0, F(1)]$：

$$F(s = "0") = F(0) = 0$$

当输入第二个符号为 1 时，$s = "01"$ 对应的区间在 $[0, F(1)]$ 中进行分割：

$$A(00) = A(0)p(0) = p(0)p(0) = p(00)$$

$$A(01) = A(0)p(1) = p(0)p(1) = p(01) = A(0) - A(00)$$

"00" 对应的区间为 $[0, F(01)]$；"01" 对应的区间为 $[F(01), F(1)]$。

$s = "01"$ 的累积概率为：

$$F(s = "01") = F(01) = p(0)p(0)$$

当输入第三个符号为 1 时，$s1 = "011"$，所对应的区间在 $[F(01), F(1)]$ 中进行分割。

010 对应的区间 $[F(s), F(s) + A(s)p(0)]$。

011 对应的区间 $[F(s) + A(s)p(0), F(1)]$。

$$A(010) = A(01)p(0) = A(s)p(0)$$

$$A(011) = A(01)p(1) = A(s)p(1)$$

$$= A(01) - A(010) = A(s) - A(s0)$$

$$F(s1) = F(s) + A(s)p(0)$$

$$F(s0) = F(s)$$

现已输入 3 个符号串，将这个符号序列标为 s，接着输入第 4 个符号为 0 或 1。可计算出 $s0 = "0110"$ 或 $s1 = "0111"$ 对应的子区间及其累积概率。

信源符号序列的累计分布函数 $F(s)$ 及其对应的区间如图 4-9 所示。

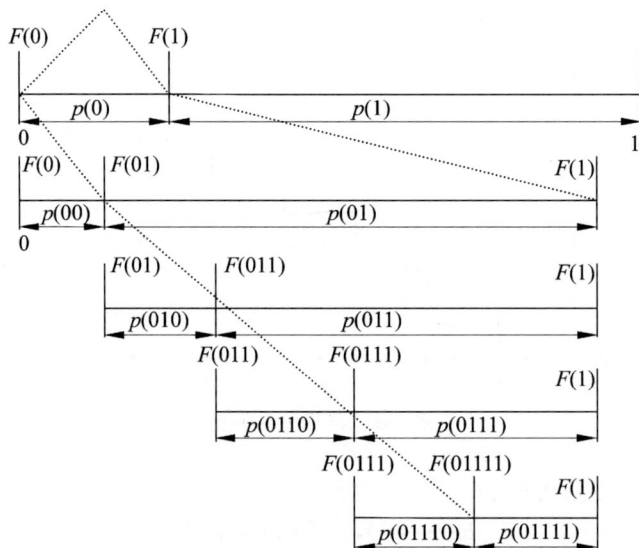

图 4-9 信源符号序列的累积分布函数 $F(s)$ 及其对应的区间

当已知前面输入符号序列为 s 时，若接着再输入一个符号 0，序列 $s0$ 的累积概率为：

$$F(s0) = F(s)$$

对应的区间宽度为：

$$A(s0) = A(s)p(0)$$

若接着输入的一个符号是 1，则序列 s1 的累积概率和区间宽度为：

$$F(s1) = F(s) + A(s)p(0)$$
$$A(s1) = A(s)p(1) = A(s) - A(s0)$$

由前面的分析可知，符号序列对应的区间宽度为：

$$A(0) = p(0)$$
$$A(1) = 1 - A(0) = p(1)$$
$$A(00) = p(00) = A(0)p(0) = p(0)p(0)$$
$$A(01) = A(0) - A(00) = p(01) = A(0)p(1) = p(0)p(1)$$
$$A(10) = p(10) = A(1)p(0) = p(1)p(0)$$
$$A(11) = A(1) - A(10) = p(11) = A(1)p(1) = p(1)p(1)$$
$$A(010) = A(01)p(0) = p(01)p(0) = p(010)$$
$$A(011) = A(01) - A(010) = A(01)p(1) = p(01)p(1) = p(011)$$
$$\vdots$$

信源符号序列 s 所对应的区间宽度等于符号序列 s 的概率 $p(s)$。

二元信源符号序列的累积概率的递推公式为：

$$F(sr) = F(s) + p(s)F(r) \quad (r = 0, 1)$$

其中 sr 表示已知前面信源符号序列为 s 并且接着再输入符号为 r，而 $F(r)$ 有：$[F(0) = 0, F(1) = p(0)]$。

同样可得信源符号序列所对应的区间宽度的递推公式为：

$$A(sr) = p(sr) = p(s)p(r) \quad (r = 0, 1)$$

已输入的二元符号序列为 s = "011"，若接着输入的符号为 1，序列的累积概率为：

$$\begin{aligned} F(s1) = F(0111) &= F(s = 011) + p(011)p(0) \\ &= F(s = 01) + p(01)p(0) + p(011)p(0) \\ &= F(s = 0) + p(0)p(0) + p(01)p(0) + p(011)p(0) \\ &= 0 + p(00) + p(010) + p(0110) \end{aligned}$$

其对应的区间宽度为：

$$A(s1) = A(s = 011)p(1) = p(011)p(1) = p(0111)$$

由于

$$F(sr) = F(s) + p(s)F(r)$$
$$A(sr) = p(sr) = p(s)p(r)$$

是可递推运算，因此适合于实用。实际中，只需两个存储器，把 $p(s)$ 和 $F(s)$ 保存下来，然后根据输入符号和上式即可更新两个存储器中的数值。

因为在编码过程中，每输入一个符号都要进行乘法和加法运算，所以称此编码方法为算术编码。

将上式推广到多元信源序列，得到一般的递推公式：

$$F(sa_k) = F(s) + p(s)F(a_k)$$
$$A(sa_k) = p(sa_k) = p(s)p(a_k)$$

通过关于信源符号序列的累积概率的计算，$F(s)$ 把区间 $[0, 1]$ 分割成许多小区间，不同的信源符号序列对应于不同的区间，即 $[F(s), F(s)+p(s)]$。可取小区间内的一个点来代表这个序列。

$\lceil \rceil$ 代表大于或等于的最小整数。

$$\lfloor F(s) \rfloor_L = 0.\underbrace{\cdots\cdots}_{L}$$

令

$$L = \left\lceil \log \frac{1}{p(s)} \right\rceil$$

把累积概率 $F(s)$ 写成二进制的小数，取小数点后 L 位，如果有尾数，就进位到小数部分的第 L 位，这样得到一个数 C，并且此 C 在当前区间中。

例如，$F(s)=0.10110001$，$p(s)=1/17$，则 $L=5$。

得 $C=0.10111$，s 的码字为 10111。

对于这样选取的数值 C，一般根据二进制小数截去位数的影响，得：

$$C - F(s) < 2^{-L}$$

当 $F(s)$ 在 L 位以后没有尾数时，$C=F(s)$。而由 $L=-\lceil \log p(s) \rceil$ 可知 $F(s) \geqslant 2^{-L}$。则信源符号序列 s 对应区间的上界为：

$$F(s) + p(s) \geqslant F(s) + 2^{-L} > C$$

可见数值 C 在区间 $[F(s), F(s)+p(s)]$ 内。信源符号序列对应的不同区间是不重叠的，所以编码所得的码是即时码。

在实际中，采用累积概率 $F(s)$ 表示码字 $C(s)$，符号概率 $p(s)$ 表示状态区间 $A(s)$，则有：

$$\begin{cases} C(sr) = C(s) + A(s)F(r) \\ A(sr) = A(s)p(r) \end{cases}$$

因为信源符号序列 s 的码长满足 $L=-\lceil \log p(s) \rceil$，所以若信源是无记忆的，则有：

$$H(S^n) = nH(S)$$

$$H(S) \leqslant \frac{\bar{L}}{n} \leqslant H(S) + \frac{1}{n} - \sum_s p(s) \log p(s) \leqslant \bar{L}$$

$$= \sum_s p(s)L(s) \leqslant - \sum_s p(s) \log p(s) + 1$$

平均每个信源符号的码长为：

$$\frac{H(S^n)}{n} \leqslant \frac{\bar{L}}{n} \leqslant \frac{H(S^n)}{n} + \frac{1}{n}$$

例 4-9 设二元无记忆信源 $A = \{0,1\}$，$p(0)=1/4$，$p(1)=3/4$。对二元序列 $s=11111100$ 做算术编码。

解：根据上述编码规则，可得：

$$p(s=11111100) = p^2(0) \, p^6(1) = (3/4)^2 (1/4)^6$$

$$L = \left\lceil \log \frac{1}{p(s)} \right\rceil = 7$$

$$F(a_k) = \sum_{i=1}^{k-1} p(a_i)$$

$$F(a_3) = p(a_1) + p(a_2)$$

$$F(s) = p(00000000) + p(00000001) + p(00000010) + \cdots + p(11111011)$$
$$= 1 - p(11111111) - p(11111110) - p(11111101) - p(11111100)$$
$$= 1 - p(111111) = 1 - (3/4)^6 = 0.110100100111$$

得 $C = 0.1101010$，s 的码字为 1101010，编码效率为：

$$\eta = \frac{H(s)}{\bar{L}} \times 100\% = \frac{0.811}{7/8} \times 100\% = 92.7\%$$

随着信源序列 n 的增长，这种按全序列进行的编码效率还会提高。递推编码过程如表 4-4 所示。

表 4-4　序列 11111100 的编码过程

输入符号	$P(s)=A(s)$	$A(s) \cdot P(0)$	$F(s)$	$L(s)$	C
空	1		0	0	
1	0.11	0.11	0.01	1	0.1
1	0.1001	0.0011	0.0111	1	0.1
1	0.011011	0.001001	0.100101	2	0.11
1	0.01010001	0.00011011	0.10101111	2	0.11
1	0.0011110011	0.0001010001	0.1100001101	3	0.111
1	0.001011011001	0.000011110011	0.110100100111	3	0.111
0	0.00001011011001	0.00001011011001	0.110100100111	5	0.11011
0	0.0000001011011001	0.0000001011011001	0.110100100111	7	0.1101010

可得 s 的码字为 1101010。此时 $s = 11111100$ 对应的区间为 $[0.110100100111, 0.1101010101001001]$，可见 C 是区间内一点。

实际编码是用硬件或计算机软件实现的，所以采用递推公式来进行编码。只要存储量允许，不论 s 有多长，这种编码可以一直计算下去，直至序列结束。

本例中 $p(0) = 2^{-2}$，又 $F(0) = 0$，$F(1) = p(0) = 2^{-2}$，在递推公式中每次需乘以 2^{-2} 或乘以 $(1 - 2^{-2})$。在计算机中，乘以 2^{-Q}（Q 为正整数），就可用右移 Q 位来取代；乘以 $1 - 2^{-Q}$，就可用此数减去右移 Q 位数取代。这样就会简捷快速。

译码就是一系列比较过程，每一步比较 $C - F(s)$ 与 $p(s)p(0)$：若 $C - F(s) < p(s)p(0)$，则译出符号为 0。若 $C - F(s) > p(s)p(0)$，则译出符号为 1。

其中，s 为前面已译出的序列串；$p(s)$ 是序列串 s 对应的宽度；$F(s)$ 是序列串 s 的累积概率，即为 s 对应区间的下界；$p(s)p(0)$ 是此区间内下一个输入为符号 0 所占的子区间宽度。

由上面的分析可知，算术编码效率高，编码和译码速度也快。

算术编码的值落在一个左闭右开区间内，临界点均恰好对应某个编码的值，而且刚好是不同相邻编码的值，这保证了其可逆性，对我们有什么启示？

前面叙述了算术编码的基本方法。在实际中还需考虑计算精度问题、存储量问题、近似相等 2^{-Q} 中 Q 的选择问题等。

所以算术编码的编码效率很高，当信源符号序列很长时，平均码长接近信源的熵。

一般情况下，$F(a_k)$ 为实数，若用二进制数精确表示，则有可能需要无穷多位，但作为码字只需有足够的位数以使其能与 a_k 一一对应就够了，所以只需用 L 位来表示 $F(a_k)$，即取

$$\underbrace{\lfloor F(a_k) \rfloor_L = 0.\cdots\cdots}_{L}$$

算术编码可以是静态的或者自适应的。在静态算术编码中，信源符号的概率是固定的。在自适应算术编码中，信源符号的概率根据编码时符号出现的频繁程度动态地进行修改，在编码期间估算信源符号概率的过程称为建模。需要开发动态算术编码的原因是：事先知道精确的信源概率是很难的，而且是不切实际的。当压缩消息时，我们不能期待一个算术编码器获得最大的效率，所能采取的最有效的方法是在编码过程中估算概率。因此动态建模就成为确定编码器压缩效率的关键。

此外，在算术编码的使用中还存在版权问题。JPEG 标准说明的算术编码的一些变体方案属于 IBM、AT&T 和 Mitsubishi 公司拥有的专利。要合法地使用 JPEG 算术编码，必须得到这些公司的许可。

此外还有 PPM 压缩算法，它通过使用输入中的一部分数据，来预测后续的符号将会是什么，通过这种算法来减少输出数据的熵。该算法与字典算法不一样，PPM 预测下一个符号将会是什么，而不是找出下一个符号来编码。PPM 通常结合一个编码器来一起使用，如 arithmetic 编码或者适配的 Huffman 编码。PPM 或者它的衍生算法被实现于许多归档格式中，包括 7-Zip 和 RAR。

算术编码的优势体现在什么地方？为什么它往往比哈夫曼编码的压缩效果要好？为什么比其前身香农编码要好？

在以上讨论的问题中，还有什么问题没有讨论到？给定编码值，一定能够译码吗？如果不能，应该通过什么方法解决？

香农编码与算术编码的相似处与不同点有哪些？

4.5 通 用 编 码

哈夫曼编码与算术编码都要预先知道信源符号的概率分布。实际问题中往往无法知道或没有必要去统计信源各个符号的概率，因此希望有一种通用的非概率的编码方法。这种不依靠概率知识就能进行压缩编码的方法称为通用编码（universal coding）。由于通用，因而具有普遍适用性。它已经成为一种应用广泛的文件压缩技术。现已找到多种通用编码方法，如目前在计算机上常用的 ZIP、RAR 等。

1965 年，苏联著名数学家 A.N.Kolmogorov 开创了完全不依赖于统计的组合信息论和算法信息论。在这一理论推动下，提出了新的通用编码方法，如 LD 码、极大极小码等，但是它们在工程领域并没有得到应用。

让通用编码走向实际应用并且最有影响力的通用编码是 LZ 码，它是以色列的研究人员兰培尔（Abraham Lempel）和齐夫（Jacob Ziv）于 20 世纪 70 年代提出的。鉴于实际中的各类文件中总有许多字词、短语甚至段落会经常重复出现，就为 LZ 码的发明提供了契机。LZ 码的基本思路是把信源序列分成许多长短不同的小段，凡是后面出现了前面出现过的段落时，就不重复输出，而用代号表达，使文字数量减少，长度变短。尽管 LZ 码并没有刻意地统计每个字符的概率，但是会在编码过程中查看是否有前面出现过的词语，这本身就是一种无意的统计，它属于边统计边编码的自适应编码方法。沿着这个思路，LZ

码不断得到改进：先是 LZ 分段编码，后是 LZ 指针编码（LZ77 和 LZSS），最后发展为词典编码（LZ78 和 LZW）。越改方法越简单、越实用，压缩效果也越好。它们是通用编码的典型代表，目前已得到广泛应用。此外 Yang-Kieffer 码也是一种通用码，它利用消息序列的语法结构，把重复出现的判断进行归类和压缩。

按照时间顺序，LZ 系列算法的发展历程大致是：Ziv 和 Lempel 于 1977 年发表题为《顺序数据压缩的一个通用算法》（*A Universal Algorithm for Sequential Data Compression*）的论文，论文中描述的算法被后人称为 LZ77 算法。1978 年，二人又发表了该论文的续篇《通过可变比率编码的独立序列的压缩》（*Compression of Individual Sequences via Variable Rate Coding*），描述了后来被命名为 LZ78 的压缩算法。

1984 年，T. A. Welch 发表了名为《高性能数据压缩技术》（*A Technique for High Performance Data Compression*）的论文，描述了他在 Sperry 研究中心（该研究中心后来并入了 Unisys 公司）的研究成果，这是 LZ78 算法的一个变体，也就是后来非常有名的 LZW 算法。1990 年后，T. C. Bell 等人又陆续提出了许多 LZ 系列算法的变体或改进版本。

LZ 系列算法的优越性很快就在数据压缩领域里体现了出来，使用 LZ 系列算法的工具软件数量呈爆炸式增长。UNIX 系统上最先出现了使用 LZW 算法的 compress 程序，该程序很快成为了 UNIX 世界的压缩标准。紧随其后的是 MS-DOS 环境下的 ARC 程序，以及 PKWare、PKARC 等。20 世纪 80 年代，著名的压缩工具 LHarc 和 ARJ 则是 LZ77 算法的杰出代表。今天，LZ77、LZ78 和 LZW 算法以及它们的各种变体几乎垄断了整个通用数据压缩领域，我们熟悉的 PKZIP、WinZIP、WinRAR 和 GZip 等压缩工具以及 ZIP、GIF 和 PNG 等文件格式都是 LZ 系列算法的受益者，甚至连 PGP 这样的加密文件格式也选择了 LZ 系列算法作为其数据压缩标准。

4.5.1　LZ77 与 LZSS 编码

LZ77 和 LZSS 编码属于指针编码，其原理为：当待编码的字符串在早先输出的数据流中已经出现过时，则不必重复输出，而用指向早先那个字符串（称为匹配字符串）的指针（指示匹配字符串的位置）来代替。

LZ77 算法原理为：所找到的最长的匹配字符串用指针 (x,y) 来表示，并用它代替当前待编码的字符串。其中，x 表示匹配字符串出现在当前待编码的字符串之前的位置（按字符个数计算），y 表示匹配字符串的长度。C 表示当前待编码的字符串的下一个待编码的字符。因为当前匹配字符串再接上这个字符后，就成为前面找不到的字符串了。

编码格式以每个指针接一个字符为一个单元。整个输出码流的数据流格式为：

$$(x_1,y_1)C_1(x_2,y_2)C_2(x_3,y_3)C_3\cdots$$

LZSS 算法于 1982 年由 Storer 和 Szymanski 提出，主要是为解决 LZ77 的性能问题而改进的，比 LZ77 可获得更高的压缩比，而译码同样简单。

LZSS 算法的改进主要包含以下两方面：

（1）在对文本窗口中的数据进行重新组织方面，LZ77 算法将最近处理过的 N 个字符作为字典保存在缓存区中，按照顺序数据结构组织文本窗口中的数据。在查找时，采用的是逐个字符比较的方法查找匹配字符串。LZSS 算法改为以二叉搜索树的结构保存由前视缓存区进入字典文本窗口的字符。显然，对二叉搜索树的查找要比对顺序文件的查找快得多。

（2）在输出代码方面，LZSS 算法中只有找到长度达到规定值的匹配字符串时才能使用压缩编码，否则字符将不经编码，按原形输出，编码输出由匹配串长度和位置两部分构成。另外，为了区分字符是原形输出还是编码输出，LZSS 算法为每一个输出加一个标识位。

许多后来开发的文档压缩程序都使用了 LZSS 的思想，如 PKZIP、GZIP、ARJ、LHArc 和 ZOO。

4.5.2 LZ78 与 LZW 编码

LZ78 与 LZW 编码都属于字典编码。LZ78 采用了一种完全不同的字典建立方案，取消了文本窗口，保留以前建立的字典，只有当新字符串出现时才将字符串加入字典中。

LZ78 的编码方法是从空的字典开始，字典给每一个短语编号。读入字符，并在字典中搜索，输出搜索中发现的最长字符串的编号，然后紧接着输出未匹配的第一个字符，同时将发现的最长匹配字符和未匹配的第一个字符组成一个新短语并编入字典中，赋以新的编号，并为下一个字符串编码做准备。

1984 年 A.Weltch 改进了 LZ78，给出了实用的编码方法，称为 LZW 算法。改进之处在于把基本字符集（256 个 ASCII 字符及扩展符号）预先存入词典，成为初始小词典。以后边编码边扩充。由于有了初始小词典，所以输出代码流中就不必包含字符，可以完全用词条序号表示。这样一来，不仅代码更短，而且保密性更好。另一个进步是词典中的每个词条均由 (n,C) 两部分组成，n 是已查到的匹配字符串的序号，C 是下一个待编码的字符。这样就能使所有词条具有统一的格式与大小，便于软件实现。

在多数情况下，LZ77 拥有更高的压缩率，而在待压缩文件中占绝大多数的是一些超长匹配，并且相同的超长匹配高频率地反复出现时，LZW 更具优势，GIF 就是采用了 LZW 算法来压缩背景单一、图形简单的图片。ZIP 是用来压缩通用文件的，这就是它采用对大多数文件有更高压缩率的 LZ77 算法的原因。

此外，还有 BWT(Burrows-Wheeler_transform) 数据转换算法，原理为找到重复的模式，进行紧密的编码，将原来的文本转换为一个相似的文本，转换后使得相同的字符位置连续或者相邻。之后可以使用其他技术（如 Move-to-front transform 和游程编码）进行文本压缩。

LZ 等编码方法并没有利用统计概率，也没有直接根据香农理论来进行数据压缩，请问它与信息论有关系吗？它受香农第一定理的信源熵极限的约束吗？字典编码和指针编码具有相似性吗？

4.5.3 常用压缩文件格式

下面介绍一些常用的压缩文件格式。

1. ZIP

ZIP 文件格式是一种流行的数据压缩和文档存储的文件格式，原名 Deflate，发明者为菲尔·卡茨(Phil Katz)。ZIP 通常使用后缀名.zip，它的 MIME 格式为 application/

zip。Deflate 是同时使用了 LZ77 算法与哈夫曼编码的一个无损数据压缩算法。它最初是由 Phil Katz 为他的 PKZIP 归档工具第二版所定义的,后来定义在 RFC1951 规范中。Deflate 不受任何专利所制约。

2. RAR

RAR 是一种受专利与版权保护的压缩文件格式,用于数据压缩与归档打包,开发者是尤金·罗谢尔(Eugene Roshal),所以 RAR 的全名是 Roshal ARchive(即"罗谢尔的归档"之意)。首个公开版本 RAR 1.3 发布于 1993 年。RAR 通常情况下比 ZIP 压缩比高,但压缩/解压缩速度较慢。RAR 采用的是基于 LZW 的压缩算法,并支持 AES 加密功能。

3. 7z

7-Zip 是一个开源数据压缩程序,由 Igor Pavlov 于 1999 年开始开发,并把主体发布在 GNU LGPL 下,加密部分使用 AES 的代码,使用 BSD license 发布,解压 RAR 部分使用 RAR 特定的许可协议。7-Zip 预设的格式是其自行开发的 7z 格式,扩展名为.7z。7z 格式包含多种算法,最常使用的就是 BZip2 以及 Igor Pavlov 开发的 LZMA。LZMA 算法比起其他常见的传统压缩算法(如 Zip、RAR)来说相对较新,压缩率也比较高。LZMA(Lempel Ziv Markov chain Algorithm)是 2001 年以来得到发展的一个数据压缩算法,它使用类似于 LZ77 的字典编码机制,在一般的情况下压缩率比 BZip2 高,用于压缩的字典大小可达 4GB。BZip2 一般采用标准 BWT(Burrows Wheeler Transformation)算法,该算法是 1994 年由 Michael Burrows 和 David Wheeler 在 *A Block-sorting Lossless Data Compression Algorithm* 一文中共同提出的一种全新的通用数据压缩算法,Burrows 和 Wheeler 设计的 BWT 算法与以往所有通用压缩算法的设计思路都迥然不同。这种算法的核心思想是对字符串轮转后得到的字符矩阵进行排序和变换。

4. CAB

CAB 是 Microsoft 公司开发的一种安装文件压缩格式,主要应用于软件的安装程序中。因为涉及安装程序,所以 CAB 文件中包含的文件通常都不是简单的直接压缩,而是对文件名等都进行了处理。这样,虽然可以对其直接进行解压缩,但解压后得到的文件通常都无法直接使用。

5. JAR

JAR 文件就是 Java Archive File,是 Java 的一种文档格式。JAR 文件非常类似于 ZIP 文件——准确地说,它就是 ZIP 文件。JAR 文件与 ZIP 文件唯一的区别就是:在 JAR 文件的内容中包含了一个 META INF/MANIFEST.MF 文件,这个文件是在生成 JAR 文件时自动创建的。

6. TAR

TAR 为后缀的文件能用 WinZIP 或 WinRAR 打开,这是因为 WinZIP 或 WinRAR 对.tar 文件进行了关联,也就是可以用相应的解压软件将其解压。

在许多通用压缩编码算法中,体现了对冗余规律的掌握与利用。你是否可以寻找到任意文件或特定文件中类似的冗余规律,并且寻求压缩编码算法?

长序列的冗余还有什么特征,是否可以用于压缩?

许多通用的压缩编码方法都在最后采用了统计编码(熵编码)的方法,比如哈夫曼编码等,这是为什么?为什么要在最后使用统计编码?

可以这么理解：自信息量是最合理的编码长度，当一个符号的概率与占用的编码空间相对应即相等时，是最为合理的。在这种情况下，编码的平均长度最短，如果不考虑编码的一些现实限制，码长为整数。

冗余有两种成因，第一是符号概率不等，第二是符号序列之间的记忆性（相关性），但是符号序列的记忆性同样可以归结为概率的不均等，这是因为当符号间具有相关性时，会造成序列的概率分布出现更大的分化。比如，一个序列中0和1都是等概率的，但是1后面确定都是1，0后面确定都是0，这样，对于00和11的联合概率都是0.5，而01和10的概率为0。对于不等概率的情况，记忆性会使得序列的概率分化比无记忆的时候更大。

不拘束于信息论给我们的成见，你可以找到什么样的信源编码方法？

思考题与习题

1. 对一个文本文件进行压缩，如果对文本的整体进行编码和压缩，或者对于单个字进行压缩，哪一个的理论压缩效果更好？哪一个的实际压缩效果更好？

2. 知道了消息，再进行一定的编码，然后就可以达到最好的压缩效果了，只用发送一个比特过去。为什么不如此压缩？

3. 为什么现实的一些编码不采用压缩编码和哈夫曼编码？现实的需求是什么样的？

4. 给定一段英文的文本文件，如果需要进行编码，压缩和解压缩双方需要事先约定什么信息？约定后，压缩方需要确定哪些参数进行压缩，才能保证解压方正常解压缩？

5. 通用编码方法与信源的概率分布有关系吗？这种编码受到香农第一编码定理的制约吗？

6. 对"我是中国人我是中国人我是中国人我是中国人我是中国人我是中国人"进行压缩，分别以5个字作为一个符号序列整体来进行压缩和以6个字作为一个序列整体进行压缩，为什么后一种压缩的效果反而不好？

7. 有一段二进制数据，从整段看，0和1等概率，看起来似乎不可以压缩；而前半段0和1的概率分别为0.9和0.1，后半段0和1的概率分别为0.1和0.9，看起来似乎又可以压缩。请问是否可以压缩？如何理解这种悖论？这个问题对于编码有什么启示？

8. 一段随机的0和1分布的数据，从整段看，0和1是随机分布的，但是具体地看，每一个比特都是确定的0和1，从这个角度看是可以压缩的。如果把0和1分别进行集中，则可很好地压缩，如何理解这种貌似悖论的问题？对这个问题可以做更加细致的讨论。这个问题给我们什么启示？

9. 某个信源与某种规律性（或者满足某一模式）存在以下几种关系：

(1) 信源满足这种规律性。

(2) 满足这种规律性的都是信源，而不满足这种规律性的未必都是信源。

(3) 满足这种规律性的大部分情况下都是信源，即它们存在相关性。在这些情况下是否可以肯定它存在冗余度？这种规律性是否可以用于压缩？

10. 为什么常见词要采用缩写？

11. 我们希望输入法的平均输入长度最短，比较单纯的一一对应的输入法的输入问题是否可以归结为压缩问题？如何才能实现这一点？

12. 有一个信源,它有 6 个可能的输出,其概率分布如表 4-5 所示,表中给了对应的码 A、B、C、D、E 和 F。

表 4-5　信源概率与码表

消　息	$P(a_i)$	A	B	C	D	E	F
a_1	1/2	000	0	0	0	0	0
a_2	1/4	001	01	10	10	10	100
a_3	1/16	010	011	110	110	1100	101
a_4	1/16	011	0111	1110	1110	1101	110
a_5	1/16	100	01111	11110	1011	1110	111
a_6	1/16	101	011111	111110	1101	1111	011

(1) 求这些码中哪些是唯一可译码。

(2) 求哪些是非延长码(即时码)。

(3) 对所有唯一可译码求出其平均码长。

13. 设有以下信源:

$$\begin{bmatrix} X \\ P \end{bmatrix} = \begin{bmatrix} x_1 & x_2 & x_3 & x_4 & x_5 & x_6 & x_7 \\ 0.2 & 0.19 & 0.18 & 0.17 & 0.15 & 0.1 & 0.01 \end{bmatrix}$$

对这一信源进行二进制哈夫曼编码,并计算平均码长及编码效率。

14. 设二元哈夫曼码为(00,01,10,11) 和(0,10,110,111),求出可以编得这一哈夫曼码的信源的 4 个符号的概率分布范围。

15. 若有一个信源 $\begin{bmatrix} S \\ P(s) \end{bmatrix} = \begin{bmatrix} s_1 & s_2 \\ 0.8 & 0.2 \end{bmatrix}$,每秒钟发出 2.66 个信源符号。将此信源的输出符号送入某个二元信道中进行传输(假设信道是无噪无损的),而信道每秒钟只传递两个二元符号。试问信源不通过编码能否直接与信道连接?若通过适当编码,能否在此信道中进行无失真传输? 若能连接,试说明如何编码并说明原因。

16. 设信源符号集 $\begin{bmatrix} S \\ P(s) \end{bmatrix} = \begin{bmatrix} s_1 & s_2 \\ 0.1 & 0.9 \end{bmatrix}$:

(1) 求 $H(S)$ 和未编码时的信源冗余度(剩余度)。

(2) 设码符号为 $X = \{0,1\}$,编出 S 的紧致码(即哈夫曼编码),并求 S 的紧致码的平均码长 $\bar{L}$。

(3) 把信源的 N 次无记忆扩展信源编成紧致码,试求出 $N = 2、3、4、\infty$ 时的平均码长 $\left(\dfrac{\bar{L}_N}{N}\right)$ 和编码效率。

17. 已知二元信源{0,1},其中 $P_0 = 1/8$,$p_1 = 7/8$,试对 11111110111110 进行序列算术编码,并且进行解码。

18. 对概率分布为(1/3,1/5,1/5,2/15,2/15) 的信源采用二元香农码、费诺码和哈夫曼码进行编码,分别计算平均码长和编码效率。

19. 某气象员报告气象状态,有 4 种可能的消息：晴、云、雨、雾。若每个消息是等概率的,那么发送每个消息平均最少需要的二元脉冲数是多少？ 又若 4 个消息出现的概率分别是 1/4、1/8、1/8 和 1/2,试问在此情况下消息所需的平均二元脉冲数最少又是多少？分别用香农码、费诺码和哈夫曼码进行编码,分别计算平均码长和编码效率。

20. 有两个信源 X 和 Y 如下：

$$\begin{bmatrix} X \\ p(X) \end{bmatrix} = \begin{bmatrix} x_1 & x_2 & x_3 & x_4 & x_5 & x_6 & x_7 \\ 0.20 & 0.19 & 0.18 & 0.17 & 0.15 & 0.10 & 0.01 \end{bmatrix}$$

$$\begin{bmatrix} Y \\ p(y) \end{bmatrix} = \begin{bmatrix} y_1 & y_2 & y_3 & y_4 & y_5 & y_6 & y_7 & y_8 & y_9 \\ 0.49 & 0.14 & 0.14 & 0.07 & 0.07 & 0.04 & 0.02 & 0.02 & 0.01 \end{bmatrix}$$

（1）用哈夫曼码编成二元变长唯一可译码,并计算其编码效率。

（2）用香农码编成二元变长唯一可译码,并计算其编码效率。

（3）用费诺码编成二元变长唯一可译码,并计算其编码效率。

（4）从 X 和 Y 两种不同的信源来比较这 3 种编码方法的优缺点。

（5）对于以上信源分别采用三进制的哈夫曼码、费诺码和香农码,分别计算平均码长和编码效率。

第 5 章

信息率失真函数与限失真编码

现实中,有些时候不得不进行某些不可逆编码的处理,或者有时候没有必要要求编码完全没有损失。例如,在实际的通信中,信息在信道的传输过程中总会受到噪声和干扰的影响,一般不可能完全保持原样发送,而或多或少总会产生一些失真。此外,随着科学技术的发展,数字系统的应用越来越广泛,这就需要传送、存储和处理大量数据。为了提高传送和存储的效率,往往需要压缩数据,这样也会带来一定的信息损失。信道编码定理虽然告诉我们有噪声信道的无失真编码似乎是可能的,但是这里的无失真只能是无限逼近 0,而无法达到 0,除非编码分组的长度无穷大。因此从这个角度讲,有噪声信道的无失真要求也是不可能达到的。而在实际生活中,人们一般并不要求完全无失真地恢复信息,通常要求在保证一定质量(一定保证度)的条件下再现原来的消息,也就是说允许失真的存在。例如,音频信号的带宽是 20~20000Hz,但只要取其中一部分即可保留主要的信息;在公用电话网中只选取带宽中的 300~3400Hz 即可使通话者较好地获取主要的信息;在要求有现场感的语音传输中取 50~7000Hz 的频带即可较好地满足要求。还有诸如连续信源、无理数这样的编码,在完全无失真的需求下,编码的长度将会是无穷大。

由此可见,不同的要求允许不同大小的失真存在,完全无失真的通信既不可能也无必要,而有必要进行将失真控制在一定限度内的压缩编码,将其称为限失真编码。

信息率失真理论是进行量化、数模转换、频带压缩和数据压缩的理论基础。本章主要介绍信息率失真理论的基本内容及相关的编码方法。

如何进行这种限失真编码呢?考虑我们前面提出的问题,如果要将有 10 万位小数的 1~100 的数字进行压缩,可以采取四舍五入的方法,将这个数转换为只有 10 位小数的数值。由于小数点 10 位之后的数值都是微不足道的,所以这种压缩带来的失真并不大。可以理解为将一个集合中的元素映射为另外一个集合中的压缩,或者是映射为原集合中的一部分的元素。

5.1 失 真 测 度

5.1.1 系统模型

通过前面的例子和讨论,可以建立研究限失真信源编码(有损压缩)的系统模型,如图 5-1 所示。信源发出的消息 X 通过有失真的信源编码输出为 Y,由于是有失真的编码,所以 X 和 Y 的元素之间不存在一一对应的关系,可以假设 X 通过一个信道输出 Y,

这种假想的信道称为试验信道。这样，就可以通过研究信道的互信息来研究限失真编码，而 X 和 Y 的关系也可以用转移概率矩阵（信道矩阵）来表示。

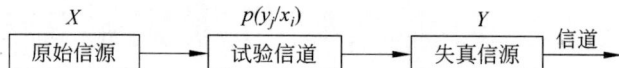

$$X \qquad\qquad p(y_j/x_i) \qquad\qquad Y$$

原始信源 $\longrightarrow$ 试验信道 $\longrightarrow$ 失真信源 $\xrightarrow{\text{信道}}$

图 5-1   限失真编码模型

除了描述输入输出的关系外，我们还关心如何才能限制失真的问题，因为这一切都是建立在限失真的要求之上的。既然要限制失真，就需要有关于失真的度量。

5.1.2   失真度和平均失真度

如何来度量失真呢？我们先从最简单的单个符号的信源的失真度量（distortion measure）开始，然后以此为基础来建立更多符号的失真度量。

1. 单个符号失真度

设有离散无记忆信源：

$$\begin{bmatrix} X \\ p(x_i) \end{bmatrix} = \begin{bmatrix} x_1 & x_2 & \cdots & x_n \\ p(x_1) & p(x_2) & \cdots & p(x_n) \end{bmatrix}$$

信源符号通过信道传送到接收端 Y：

$$\begin{bmatrix} Y \\ p(y_j) \end{bmatrix} = \begin{bmatrix} y_1 & y_2 & \cdots & y_m \\ p(y_1) & p(y_2) & \cdots & p(y_m) \end{bmatrix}$$

信道的转移概率矩阵为：

$$[p(Y \mid X)] = \begin{bmatrix} p(y_1 \mid x_1) & p(y_2 \mid x_1) & \cdots & p(y_m \mid x_1) \\ p(y_1 \mid x_2) & p(y_2 \mid x_2) & \cdots & p(y_m \mid x_2) \\ \vdots & \vdots & & \vdots \\ p(y_1 \mid x_n) & p(y_2 \mid x_n) & \cdots & p(y_m \mid x_n) \end{bmatrix}$$

对于每一对 (x_i, y_j)，指定一个非负的函数 $d(x_i, y_j)$ 为单个符号的失真度或失真函数（distortion function），用它来表示信源发出一个符号 x_i 并在接收端再现 y_j 所引起的误差或失真。

失真函数是根据人们的实际需要以及失真引起的损失、风险和主观感觉上的差别大小等因素人为规定的。有时候未必能够证明为什么采用这个函数是合理的，而其他的函数没有它好。假设发出一个符号，如果收到的也是它，则失真为 0；如果收到的不是它，而是其他的符号，则存在失真。失真函数大于 0，有：

$$d(x_i, y_j) = \begin{cases} 0, & x_i = y_j \\ \alpha, & x_i \neq y_j, \alpha > 0 \end{cases}$$

注意：这里的 $x_i = y_j$ 从表面上看，两者的符号是相同的，x_i、y_j 的符号集也应该是相同的。但是实际上没有必要要求符号相同，只需要符号代表的值相同就行了，比如圆周率 π 经过定义可以代表 3.1415926…。

失真度还可表示成矩阵的形式：

$$[\boldsymbol{D}] = \begin{bmatrix} d(x_1,y_1) & d(x_1,y_2) & \cdots & d(x_1,y_m) \\ d(x_2,y_1) & d(x_2,y_2) & \cdots & d(x_2,y_m) \\ \vdots & \vdots & & \vdots \\ d(x_n,y_1) & d(x_n,y_2) & \cdots & d(x_n,y_m) \end{bmatrix} \tag{5-1}$$

$[\boldsymbol{D}]$ 称为失真矩阵，它是 $n \times m$ 阶矩阵。

常用的失真函数有以下 4 个。

（1）误码失真函数

$$d(x_i,y_j) = \delta(x_i,y_j) = \begin{cases} 0, & x_i = y_j \\ a, & 其他 \end{cases}$$

这种失真函数表示：当 $i = j$ 时，X 与 Y 的取值是一样的，用 Y 来代表 X 就没有误差，所以定义失真度为 0。当 $i \neq j$ 时，用 Y 代表 X 就有误差，所有不同的 i 和 j 引起的误差都一样，所以定义失真度为常数 a。通常规定 $a = 1$，此时失真称为汉明失真，失真矩阵为汉明失真矩阵，该矩阵的特点为主对角线上的元素全部为 0，其他全为 1。

$$\boldsymbol{D} = \begin{bmatrix} 0 & 1 & \cdots & 1 \\ 1 & 0 & \cdots & 1 \\ \vdots & \vdots & & \vdots \\ 1 & 1 & \cdots & 0 \end{bmatrix}_{r \times r} \tag{5-2}$$

（2）均方失真函数

$$d(x_i,y_j) = (x_i - y_j)^2$$

这种失真函数称为平方误差失真函数，相应的失真矩阵称为平方误差失真矩阵。假如信源符号代表信源输出信号的幅度值，则意味着较大的幅度失真要比较小的幅度失真引起的错误更为严重，严重的程度用平方表示。

（3）绝对失真函数

$$d(x_i,y_j) = |x_i - y_j|$$

（4）相对失真函数

$$d(x_i,y_j) = |x_i - y_j| / |x_i|$$

上述 4 种失真函数的第一种适用于离散信源，后 3 种适用于连续信源。

2. 序列失真度

许多情况下，需要处理的信源为一个序列，可以将序列的每一个符号对应的失真求和进行平均。设 $x = (x_1, x_2, \cdots, x_N)$，其中 x_i 取自符号集 A，而 $y = (y_1, y_2, \cdots, y_N)$，$y_j$ 取自符号集 B，则序列的失真度定义为：

$$d(x,y) = \sum_{i=1}^{N} d(x_i,y_j) \tag{5-3}$$

序列的单个符号的失真度定义为：

$$d_N(x,y) = \frac{1}{N} \sum_{i=1}^{N} d(x_i,y_j) \tag{5-4}$$

在一些教材中，将序列的单个符号的失真度（求平均后的失真度）定义为序列的失真度，而实际上以上两种失真度量各有其不同的应用场合和意义。

这种定义必然合理吗？从直观角度看，它们各自有什么样的适用场合？

3. 平均失真度

失真度 $d(x_i, y_j)$ 只能表示两个特定的具体符号 x_i 和 y_j 之间的失真，为了能在平均意义上表示信道每传递一个符号所引起的失真大小，我们定义平均失真度为失真函数的数学期望，即 $d(x_i, y_j)$ 在随机变量 X 和 Y 的联合概率分布 $P(X, Y)$ 中的统计平均值。

$$\overline{D} = E[d(x_i, y_j)] \tag{5-5}$$

由数学期望的定义可得：

$$\overline{D} = \sum_{i=1}^{n} \sum_{j=1}^{m} p(x_i, y_j) d(x_i, y_j)$$

$$= \sum_{i=1}^{n} \sum_{j=1}^{m} p(x_i) p(y_j \mid x_j) d(x_i, y_j) \tag{5-6}$$

对于连续随机信源，定义平均失真度为：

$$\overline{D} = \int_{-\infty}^{\infty} \int_{-\infty}^{\infty} p_{x,y}(x, y) d(x, y) \mathrm{d}x \mathrm{d}y \tag{5-7}$$

对于长度为 L 的离散信源序列，平均失真度为：

$$\overline{D}(L) = \sum_{i=1}^{n^L} \sum_{j=1}^{m^L} p(x_i, y_j) d(x_i, y_j)$$

$$= \sum_{i=1}^{n^L} \sum_{j=1}^{m^L} p(x_i) p(y_j \mid x_i) d(x_i, y_j) \tag{5-8}$$

信源序列的单个符号的平均失真度（有时也称为信源的平均失真度）为：

$$\overline{D}_L = \frac{1}{L} \sum_{i=1}^{n^L} \sum_{j=1}^{m^L} p(x_i, y_j) d(x_i, y_j)$$

$$= \frac{1}{L} \sum_{i=1}^{n^L} \sum_{j=1}^{m^L} p(x_i) p(y_j \mid x_i) d(x_i, y_j) \tag{5-9}$$

对于试验信道的信源和信道均无记忆的长度为 L 的离散信源序列，单个符号的平均失真度为：

$$\overline{D}_L = \frac{1}{L} \sum_{l=1}^{L} E[d(x_{il}, y_{jl})] = \frac{1}{L} \sum_{l=1}^{L} \overline{D}_l \tag{5-10}$$

以上小写的 x 和 y 均表示一个具体的值，而不是随机变量，d 代表针对具体符号的失真度，而 $\overline{D}$ 则代表平均值。

如果信源和失真度一定，就只是信道统计特性的函数。信道传递概率不同，平均失真度也随之改变。

如果规定其平均失真度 $\overline{D}$ 不能超过某一限定的值 D，即

$$\overline{D} \leqslant D \tag{5-11}$$

则 D 就是允许失真的上界。上式称为保真度准则（fidelity criteria）。把保真度准则作为对信道传递概率的约束，再求信道信息率 $R = I(X; Y)$ 的最小值就有实用意义了，即在可以接受的失真范围内进行压缩。

5.2 信息率失真函数及其性质

要进行压缩,必须考虑信息压缩造成的失真是在一定的限度内的,因此这个编码长度应该在允许的失真范围内尽量小。从直观感觉可知,若允许失真越大,信息传输率可以越小;若允许失真越小,信息传输率需要越大。所以信息传输率与信源编码所引起的失真(或误差)是有关的,对信息进行压缩的效果与失真也是相关的。

5.2.1 信息率失真函数的定义

在允许一定失真 D 的情况下,信源可以压缩的极限应该是一个与失真相关的函数,可以定义信息率失真函数(information rate distortion function)为这一极限,简称率失真函数,记为 $R(D)$。

在给定信源的概率分布 $P(X)$ 和失真度 D 以后,P_D 是满足保真度准则 $\overline{D} \leqslant D$ 的试验信道集合,即如果把 X 和 Y 当作信道的输入输出的话,这个信道集合中的信道的决定性参数就是信道传递(转移)概率 $p(y_j | x_i)$。在给定信源和失真度以后,信道的输入和输出的平均互信息 $I(X;Y)$ 是信道传递概率 $p(y_j | x_i)$ 的下凸函数,所以在这些满足保真度准则的 P_D 集合中一定可以找到某个试验信道,使信宿的信息量达到最小(可以证明为 $I(X;Y)$),而这个最小值可以从直观上理解为并且可以被证明为在保真度准则下的信源压缩极限,即信息率失真函数 $R(D)$,所以:

$$R(D) = \min_{P(y_j | x_i) \in P_D} \{I(X;Y)\} \tag{5-12}$$

或者可以直接表述为:

$$R(D) = \min_{P(y_j | x_i): \overline{D} \leqslant D} \{I(X;Y)\}$$

其中,$R(D)$ 的单位是奈特/信源符号或比特/信源符号。

上面定义的式子为限失真编码的压缩极限,可以利用渐进等分性来证明,本章后面部分会给出证明。

信息率失真函数这一命名也体现了信息的压缩极限是与允许的失真 D 相对应的一个函数,所以下面将会讨论这个函数的性质。

如果说试验信道的说法可能难以理解的话,可以将试验信道理解为限失真信源编码器的输入 X 和输出 Y 之间的一种概率上的映射关系,或者直接理解为概率 $p(y_j | x_i)$。

在离散无记忆平稳信源的情况下,可证得序列信源的信息率失真函数为:

$$R_N(D) = NR(D) \tag{5-13}$$

从数学上来看,平均互信息 $I(X;Y)$ 是输入信源的概率分布 $P(x)$ 的 $\bigcap$ 型上凸函数,而平均互信息 $I(X;Y)$ 是信道传递概率 $p(y_j | x_i)$ 的 U 型下凸函数。因此,可以认为信道容量 C 和信息率失真函数 $R(D)$ 具有对偶性。

研究信道容量 C 是为了解决在已知信道中传送最大的信息量。充分利用给定的信道,使传输的信息量最大而错误概率任意小,就是一般信道编码问题。研究信息率失真函数是为了解决在已知信源和允许失真度 D 的条件下,使信源必须传送给用户的信息量最小。这个问题就是在可以接受的失真度 D 的条件下,尽可能用最少的码符号来传送信源消息,使信源的信息尽快地传送出去以提高通信的有效性。这是信源编码问题。

信息容量 C 和信息率失真函数 $R(D)$ 之间的对应关系如表 5-1 所示。

表 5-1　信道容量 C 和信息率失真函数 $R(D)$ 的比较

	信道容量 C	信息率失真函数 $R(D)$
研究对象	信道	信源
给定条件	信道转移概率 $p(y_j|x_i)$	信源分布 $p(x)$
选择参数(变动参数)	信源分布 $p(x)$	试验信道转移概率或者信源编码器的映射关系 $p(y_j|x_i)$
结论	求 $I(X;Y)$ 最大值	求 $I(X;Y)$ 最小值
概念上(反映)	固定信道,改变信源,使信息率最大(信道传输能力)	固定信源,改变信道,使信息率最小(信源可压缩程度)
通信上	在使得错误概率 $P_e \rightarrow 0$ 的限制下,使传输信息量最大——信道编码	在给定 D 的限制下,用尽可能少的码符号传送——信源编码
对应定理	有噪信道编码定理	限失真信源编码定理

5.2.2　信息率失真函数的性质

下面讨论函数 $R(D)$ 的性质,作为一个函数,其函数值取决于自变量,所以首先讨论关于它的自变量的取值范围,即定义域。

1. 信息率失真函数的定义域

$R(D)$ 的自变量是允许平均失真度 D,它是人们规定的平均失真度 $\overline{D}$ 的上限值。这个值不可以任意选取,这是因为平均失真度的值是受制约的,而且失真度与平均失真度均为非负值,显然满足下式:

$$0 \leqslant D_{\min} \leqslant D \tag{5-14}$$

$$D_{\min} = \sum_x p(x) \min_y d(x,y) \tag{5-15}$$

以上最小值的计算方法都是直接求各个失真度的最小值,然后按照概率加权平均,这是否正确? 为什么?

(1) 最小值。对于离散信源,在一般的情况下可以采用前面的定义,当 X 和 Y 一一对应时,平均失真度为 0,而平均失真度显然不可能小于 0,所以 $D_{\min}$ 为 0,此时,$R(D_{\min}) = R(0) = H(X)$。

对于连续信源,$D_{\min}$ 趋向于 0 时,$R(D_{\min}) = R(0) = H_c(X) = \infty$。

连续信源无失真的时候,传输的信息量是无穷大,实际信道容量总是有限的,无失真传送这种连续信息是不可能的。只有当允许失真($R(D)$ 为有限值)时,传送才是可能的。

(2) 最大值。信源最大平均失真度 $D_{\max}$: 必需的信息率越小,容忍的失真就越大。当 $R(D)$ 等于 0 时,对应的平均失真最大,也就是函数 $R(D)$ 定义域的上界值 $D_{\max}$ 最大。

由于信息率失真函数是平均互信息量的极小值,平均互信息量大于或等于 0,当 $R(D)=0$ 时,即平均互信息量的极小值等于 0。满足信息率为 0 的 D 值可能存在多个,但是鉴于我们总是希望失真度最小,存在多种选择时,总是选择最小值,所以这里定义当 $R(D)=0$ 时,D 的最小值为 $R(D)$ 定义域的上限,即 $D_{\max}$ 是使 $R(D)=0$ 的最小平均失真度。

$R(D)=0$ 时,X 和 Y 相互独立,所以有:

$$p(y_j \mid x_i) = p(y_j) \quad (i=1,2,\cdots,n)$$

满足 X 和 Y 相互独立的试验信道有许多,相应地可求出许多平均失真值,这类平均失真值的下界就是 $D_{\max}$。

$$D_{\max} = \min_{p(y_j)} \sum_{i=1}^{n} \sum_{j=1}^{m} p(x_i)p(y_j)d(x_i,y_j)$$

$$= \min_{p(y_j)} \sum_{j=1}^{m} p(y_j) \sum_{i=1}^{n} p(x_i)d(x_i,y_j) \tag{5-16}$$

令

$$\sum_{i=1}^{n} p(x_i)d(x_i,y_j) = D_j$$

则

$$D_{\max} = \min_{p(y_j)} \sum_{j=1}^{m} p(y_j)D_j \tag{5-17}$$

上式是用不同的概率分布 $\{p(y_j)\}$ 对 D_j 求数学期望,取数学期望中最小的一个作为 $D_{\max}$。实际上是用 $p(y_j)$ 对 D_j 进行线性分配,并使线性分配的结果最小。

当 $p(x_i)$ 和失真矩阵已给定时,必可计算出 D_j。D_j 随 j 的变化而变化。$p(y_j)$ 是任选的,只需满足非负性和归一性。若 D_s 是所有 D_j 当中最小的一个,可取 $p(y_s)=1$,其他 $p(y_j)=0$,此时 D_j 的线性分配值(或数学期望)必然最小,即有:

$$p(y_j) = \begin{cases} 1, & j=s \\ 0, & j \neq s \end{cases}$$

$$D_{\max} = \min_{j} D_j \tag{5-18}$$

通俗地说,在进行最大限度地压缩的时候,极端的情况就是将输出端符号压缩为一个,可以将任意的信源符号 x_i 都转换为一个相同的符号 y_s,由于对方接收到的符号是确定的,因此无须传递任何信息,或者说传递的信息量为 0。对于不同的 y_s,会带来不同的失真度,我们当然会选择失真度最小的一个。

以上定义体现了在两个目标下的一种理性选择,人们追求对信源的最大压缩,同时也追求最小的失真度。当其中某个条件相同时,就会追求另外一个指标的最优化。比如信息率失真函数定义为最小值就是在相同的失真(或允许失真)的情况下追求最大的压缩(后面给出证明),而最大失真度的定义其实是在最大压缩的情况下追求最小的失真度。

在限失真编码中,还有哪些需求或者目标?

实际上,不是有意去进行理性的选择,平均失真度的值是可以超过这一值的。

由于 $R(D)$ 是非负函数,并且它是用从 P_D 中选出的 $p(y|x)$ 求得的最小平均互信息

量，所以当 D 增大时，P_D 的范围增大，所求的最小值不大于范围扩大前的最小值，因此 $R(D)$ 为 D 的非增函数。当 D 增大时，$R(D)$ 可能减小，直至减小到 $R(D)=0$，此时对应着 D_{max}。当 $D>D_{max}$ 时，$R(D)$ 仍然为 0。

可以得到下面的结论：

（1）当且仅当失真矩阵的每一行至少有一个零元素时，$D_{min}=0$，一般情况下的失真矩阵均满足此条件。

（2）可适当修改失真函数，使得 $\min\limits_{y} d(x,y)=0$。

（3）D_{max} 和 D_{min} 仅与 $p(x)$ 和 $d(x,y)$ 有关。

例 5-1   设试验信道输入符号集 $\{a_1,a_2,a_3\}$，各符号对应概率分别为 $1/3$、$1/3$、$1/3$，失真矩阵如下所示，求 D_{max} 和 D_{min} 以及相应的试验信道的转移概率矩阵。

$$(\boldsymbol{d}_{ij})=\begin{bmatrix} 1 & 2 & 3 \\ 2 & 1 & 3 \\ 3 & 2 & 1 \end{bmatrix}$$

解：

$$\begin{aligned}
D_{min} &= \sum_{x} p(x) \min_{y} d(x,y) \\
&= p(a_1)\min(1,2,3) + p(a_2)\min(2,1,3) + p(a_3)\min(3,2,1) \\
&= 1
\end{aligned}$$

令对应最小失真度 $d(a_i,b_j)$ 的 $p(b_j|a_i)=1$，其他为 0，可得对应 D_{min} 的试验信道转移概率矩阵为：

$$[\boldsymbol{p}(y\mid x)]=\begin{bmatrix} 1 & 0 & 0 \\ 0 & 1 & 0 \\ 0 & 0 & 1 \end{bmatrix}$$

$$\begin{aligned}
D_{max} &= \min_{y} \sum_{x} p(x) d(x,y) \\
&= \min\{[p(a_1)\times 1 + p(a_2)\times 2 + p(a_3)\times 3], \\
&\quad [p(a_1)\times 2 + p(a_2)\times 1 + p(a_3)\times 2], [p(a_1)\times 3 + p(a_2)\times 3 + p(a_3)\times 1]\} \\
&= 5/3
\end{aligned}$$

上式中第二项最小，所以令 $p(b_2)=1$，$p(b_1)=p(b_3)=0$，可得对应 D_{max} 的试验信道转移概率矩阵为：

$$[\boldsymbol{p}(y\mid x)]=\begin{bmatrix} 0 & 1 & 0 \\ 0 & 1 & 0 \\ 0 & 1 & 0 \end{bmatrix}$$

本例给出的是一种特异的失真矩阵，在输入和输出符号数目相等的时候，这种失真矩阵对应的输出符号是一种理性的选择吗？

例 5-2   离散二元信源 $\boldsymbol{p}(x)=\left[\dfrac{1}{3},\dfrac{2}{3}\right]$，$[\boldsymbol{D}]=\begin{bmatrix} 0 & 1 \\ 1 & 0 \end{bmatrix}$，求 D_{max}。

解：

$$\left.\begin{array}{l} D_1 = \dfrac{1}{3} \times 0 + \dfrac{2}{3} \times 1 = \dfrac{2}{3} \\[2mm] D_2 = \dfrac{1}{3} \times 1 + \dfrac{2}{3} \times 0 = \dfrac{1}{3} \end{array}\right\} D_{\max} = \min\left(\dfrac{2}{3}, \dfrac{1}{3}\right) = \dfrac{1}{3}$$

例 5-3　二元信源为 $\begin{bmatrix} x_1 & x_2 \\ 0.4 & 0.6 \end{bmatrix}$，相应的失真矩阵为 $\begin{bmatrix} \alpha & 0 \\ 0 & \alpha \end{bmatrix}$，计算 $D_{\max}$。

解：先计算 D_j。由定义得 $D_1 = 0.4\alpha$，$D_2 = 0.6\alpha$，所以 $D_{\max} = \min(D_1, D_2) = 0.4\alpha$。

2. $R(D)$ 是关于平均失真度 D 的（下）凸函数

设 D_1 和 D_2 为任意两个平均失真，$0 \leqslant \alpha \leqslant 1$，则有：

$$R[\alpha D_1 + (1-\alpha)D_2] \leqslant \alpha R(D_1) + (1-\alpha)R(D_2) \tag{5-19}$$

证明：当信源分布给定后，$R(D)$ 可以视为试验信道转移概率 $p(y|x)$ 的函数，即

$$R(D_1) = \min_{p(y|x) \in P_{D_1}} I[p(y|x)] = I[p_1(y|x)]$$

$$R(D_2) = \min_{p(y|x) \in P_{D_2}} I[p(y|x)] = I[p_2(y|x)]$$

且有：

$$\sum_{x,y} p(x)p_1(y|x)d(x,y) \leqslant D_1 \Rightarrow p_1(y|x) \in p_{D_1}$$

$$\sum_{x,y} p(x)p_2(y|x)d(x,y) \leqslant D_2 \Rightarrow p_2(y|x) \in p_{D_2}$$

令 $D_0 = \alpha D_1 + (1-\alpha)D_2$，$p_0(y|x) = \alpha p_1(y|x) + (1-\alpha)p_2(y|x)$，那么：

$$\sum_{x,y} p(x)p_0(y|x)d(x,y) = \sum_{x,y} p(x)[\alpha p_1(y|x) + (1-\alpha)p_2(y|x)]d(x,y)$$

$$\leqslant \alpha D_1 + (1-\alpha)D_2 = D_0$$

可知 $p_0(y|x)$ 满足保真度准则 D_0，即 $p_0(y|x) \in P_{D_0}$。

$$R(D_0) = \min_{p(y|x) \in P_{D_0}} I[P(y|x)] \leqslant I[p_0(y|x)]$$

$$= I[\alpha p_1(y|x) + (1-\alpha)p_2(y|x)]$$

$$\leqslant \alpha I[p_1(y|x) + (1-\alpha)p_2(y|x)]$$

$$= \alpha R(D_1) + (1-\alpha)R(D_2)$$

上式利用了平均互信息量是条件概率的下凸函数的性质。

3. $R(D)$ 是 $(D_{\min}, D_{\max})$ 区间的连续和严格的递减函数

证明：$R(D)$ 在定义域内为凸函数，从而保证了连续性。下面证明在定义域内也是非增函数。由 $D_1 > D_2$ 可得 $P_{D_1} \supset P_{D_2}$，在较大范围内求得的极小值一定不大于在所含小范围内求的极小值，所以 $R(D_1) \leqslant R(D_2)$。由于在定义域内 $R(D)$ 不是常数，而是非增的下凸函数，可以通过反证法证明 $R(D)$ 是严格递减函数。

$R(D)$ 的非增性也是容易理解的。因为允许的失真越大，所要求的信息率可以越小。

图 5-2 为 $R(D)$ 函数的一般形式，连续信源和离

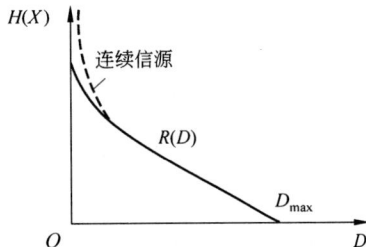

图 5-2　$R(D)$ 函数的一般形式

散信源的信息率失真函数有所不同,图中虚线代表连续信源,实线代表离散信源。

综上所述,信息率失真函数 $R(D)$ 的定义域为 $(D_{\min}, D_{\max})$,这一定义域为一种理性的选择条件下的定义域,实际上,可以让平均失真度超过该值。一般情况下输出端符号足够多且选择合理时,$D_{\min}=0$,$R(D_{\min})=H(X)$;当 $D \geqslant D_{\max}$ 时,$R(D)=0$;而当 $D_{\min} < D < D_{\max}$ 时,$H(X) > R(D) > 0$。通过信息率失真函数可以看出信源在允许一定失真的情况下的压缩潜力。

此外,如果将自变量和因变量颠倒过来,可得 $D(R)$,称为失真信息率函数,它是 $R(D)$ 的逆函数。如何来理解和记忆两个函数的命名呢,信息率失真函数是因变量信息率随着自变量失真度函数关系的表示,失真信息率函数则颠倒过来。

例 5-4　若有一个离散、等概率单消息(或无记忆)二元信源：$p(u_0)=p(u_1)=\dfrac{1}{2}$,且采用汉明距离作为失真度量标准,即 $d_{ij}=\begin{cases} 0, & u_i=u_j \\ 1, & u_i \neq u_j \end{cases}$ 时,若有一具体信源编码方案为：N 个码元中允许错一个码元,实现时 N 个码元仅传送 $N-1$ 个,剩下一个不传送,在接收端用随机方式决定这个码元(为掷硬币方式)。此时,速率 R' 为：

$$R' = \frac{N-1}{N} = 1 - \frac{1}{N} \text{(b/符号)}$$

抛硬币错误的概率为 $1/2$,所以：

$$D = \frac{1}{N} \times \frac{1}{2} = \frac{1}{2N}$$

所以信息率为 $R'(D) = 1 - \dfrac{1}{N} = 1 - 2 \times \dfrac{1}{2N} = 1 - 2D$。

若已知这一类信源理论上的信息率失真函数 $R(D) = H\left(\dfrac{1}{2}\right) - H(D)$(后面将进一步给出计算),则可以对两者进行比较。在图 5-3 中,阴影范围表示实际信源编码方案与理论值之间的差距,我们完全可以找到更好即更靠近理论值并且缩小阴影范围的信源编码,这就是工程界寻找好的信源编码的方向和任务。

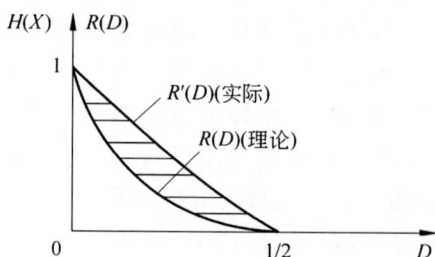

图 5-3　实际信息率与信息率失真函数值的对比

5.3　离散无记忆信源的信息率失真函数

*5.3.1　离散无记忆信源的信息率失真函数

已知信源的概率分布 $P(X)$ 和失真函数 $d(x,y)$，就可求得信源的 $R(D)$ 函数；原则上它与信道容量一样，是在有约束条件下求极小值的问题。也就是适当选取试验信道 $P(y|x)$，使平均互信息量最小化。

$$\min I(X,Y)=\min \sum_{x\in X}^{r}\sum_{y\in Y}^{s}P(x)P(y|x)\log_2 \frac{P(y|x)}{\sum_{i=1}^{r}P(x)P(y|x)} \tag{5-20}$$

其约束条件除了保真度准则外，还包括转移概率必然满足的一些基本条件，比如非负性、归一化条件：

$$\begin{cases} P(y|x)\geqslant 0 \\ \sum_{y\in Y}P(y|x)=1 \\ \overline{D}=\sum_{x\in X}\sum_{y\in Y}P(x)P(y|x)d(x,y)\leqslant D \end{cases}$$

求解这类极值有好几种方法，如变分法、拉格朗日乘子（Lagrange multiplier）法和凸规划方法等。应用上述方法，严格地说可以求出解来，但是如果要求得到明显的解析表达式，则比较困难，通常只能用参量形式来表达。这种非显式的表达式依然不能直接求解信息率失真函数，必须采用收敛的迭代算法求解它。

如果信源和失真矩阵存在某种对称性，则可以大大简化信息率失真函数的计算，这里先讨论一些简单情形下的计算方法。

以上求解的思路是否可以解决所有的问题？得到的解就是进行限失真编码时某一失真度限制下的最合理的解吗？

对于等概率、对称失真信源，存在一个与失真矩阵具有相同对称性的转移概率矩阵分布可以达到信息率失真函数值。对于 n 元等概率信源，各个信源符号的概率均为 $1/n$，当失真函数对称时，即 $d(a_i,b_j)=\begin{cases}0, & i=j \\ \alpha, & i\neq j\end{cases}$。

定理 5-1　设信源的概率分布为 $P=\{p(a_1),p(a_2),\cdots,p(a_r)\}$，失真矩阵为 $\{d(a_i,b_j)\}_{r\times s}$。$\pi$ 为 $\{1,2,\cdots,r\}$ 上的一个置换，使得 $p(a_i)=p_\pi(a_i)(i=1,2,\cdots,r)$，$\rho$ 为 $\{1,2,\cdots,s\}$ 上的一个置换，使得 $d(a_i,b_j)=d(\pi(a_i),\rho(b_j))(i=1,2,\cdots,r,j=1,2,\cdots,s)$，则存在一个达到信息率失真函数的信道转移概率分布 $Q=\{q(b_j|a_i)\}$ 具有与 $\{d(a_i,b_j)\}_{r\times s}$ 相同的对称性，即 $q(b_j|a_i)=q(\rho(b_j)|\pi(a_i))$。

该定理证明略。

利用这种性质可以减少信道转移概率矩阵的未知参数，便于求解。当然，该定理依然显得复杂，为了保证信源概率分布重排后一定能够与原排列一一对应相等，可以直接要求信源等概率分布。此时如果失真矩阵对称，则满足该定理的条件。

我们还可以发现,汉明失真具有对称性。当信源等概率分布且失真矩阵为汉明失真矩阵时,即

$$d(x_i, y_j) = \begin{cases} 0, & x_i = y_j \\ 1, & \text{其他} \end{cases}$$

显然满足上述条件,可以利用该定理来简化问题。

下面通过几个例子来介绍其计算方法。

例 5-5 有一个二元等概率平稳无记忆信源 $U = \{0, 1\}$,接收符号集 $V = \{0, 1, 3\}$,失真矩阵为:

$$(\boldsymbol{d}_{ij}) = \begin{bmatrix} 0 & 1 & \infty \\ \infty & 1 & 0 \end{bmatrix}$$

试求其信息率失真函数 $R(D)$。

解：求定义域

$$D_{\min} = \sum_x p(x) \min_y d(x, y) = 0,$$

$$D_{\max} = \min_y \sum_x p(x) d(x, y) = \min\{\infty, 1, \infty\} = 1$$

由于信源等概率分布,失真矩阵具有对称性,因此存在着与失真矩阵具有同样对称性的转移概率分布达到信息率失真函数。

由 $D \geqslant \bar{d} = \sum_i \sum_j p_i P_{ij} d_{ij}$,为了运算方便,取 $D = \sum_i \sum_j p_i \boldsymbol{P}_{ij} \boldsymbol{d}_{ij}$。

上式中,由于信源等概率,所以 $p_i = \dfrac{1}{2}$,D(允许失真)给定,则 $P_{ij} \leftrightarrow d_{ij}$ 一一对应。为了使失真为有限值,两个无穷 ∞ 对应的概率必然为 0,转移概率矩阵与失真矩阵的对应关系为 0 对应 A,1 对应 B,考虑归一性,$B = 1 - A$,∞ 对应 0。

所以根据对应关系,可得:

$$\boldsymbol{P}_{ij} = \begin{bmatrix} A & 1-A & 0 \\ 0 & 1-A & A \end{bmatrix}$$

代入上述公式,有:

$$D = \sum_i \sum_j p_i P_{ij} d_{ij}$$

$$= \frac{1}{2}[A \times 0 + 0 \times \infty + (1-A) \times 1] + \frac{1}{2}[0 \times \infty + A \times 0 + (1-A) \times 1]$$

$$= \frac{1}{2}(1-A) + \frac{1}{2}(1-A) = (1-A)$$

再将它代入转移概率公式中:

$$\boldsymbol{P}_{ij} = \begin{bmatrix} 1-D & D & 0 \\ 0 & D & 1-D \end{bmatrix}$$

由接收端的概率分布 $q_j = \sum_i p_i \boldsymbol{P}_{ij}$,得到 3 个概率:

$$(q_j) = \left(\frac{1-D}{2}, D, \frac{1-D}{2} \right)$$

则

$$H(V) = H(q_j) = H\left(\frac{1-D}{2}, D, \frac{1-D}{2}\right)$$

$$H(V/U) = H(P_{ij}) = H(1-D, D)$$

平均失真度 D 一定时，有：

$$R(D) = I(U;V) = [H(V) - H(V \mid U)]$$

$$= H\left(\frac{1-D}{2}, D, \frac{1-D}{2}\right) - H(1-D, D)$$

$$= -2 \times \frac{1-D}{2}\log\frac{1-D}{2} - D\log D + (1-D)\log(1-D) + D\log D$$

$$= (1-D)\log 2 - (1-D)\log(1-D) + (1-D)\log(1-D)$$

$$= (1-D)\log 2$$

本例的信息率失真函数曲线如图 5-4 所示。

例 5-6　若有一个 n 元等概率平稳无记忆信源 U，且规定失真函数为：

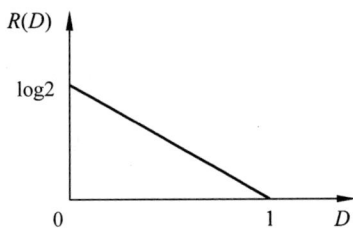

图 5-4　信息率失真函数曲线

$$(\boldsymbol{d}_{ij}) = \begin{bmatrix} 0 & \dfrac{1}{n-1} & \dfrac{1}{n-1} & \dfrac{1}{n-1} \\ \dfrac{1}{n-1} & 0 & \dfrac{1}{n-1} & \dfrac{1}{n-1} \\ \dfrac{1}{n-1} & \dfrac{1}{n-1} & \ddots & \dfrac{1}{n-1} \\ \dfrac{1}{n-1} & \dfrac{1}{n-1} & \dfrac{1}{n-1} & 0 \end{bmatrix}$$

试求信息率失真函数 $R(D)$。

解：由于信源等概率分布，而且失真具有对称性，可以对称地假设信道转移概率矩阵如下：

$$(\boldsymbol{P}_{ij}) = \begin{bmatrix} A & \dfrac{1-A}{n-1} & \dfrac{1-A}{n-1} & \dfrac{1-A}{n-1} \\ \dfrac{1-A}{n-1} & A & \dfrac{1-A}{n-1} & \dfrac{1-A}{n-1} \\ \dfrac{1-A}{n-1} & \dfrac{1-A}{n-1} & \ddots & \dfrac{1-A}{n-1} \\ \dfrac{1-A}{n-1} & \dfrac{1-A}{n-1} & \dfrac{1-A}{n-1} & A \end{bmatrix}$$

由 $p_i = \dfrac{1}{n}$，求得：

$$D = \sum_i \sum_j p_i P_{ij} d_{ij} = n(n-1) \times \frac{1-A}{n(n-1)} \times 1 + n \times \frac{A}{n} \times 0 = 1-A$$

$$q_j = \sum_i p_i \boldsymbol{P}_{ij} = \frac{1}{n}\left[1 \times n + (n-1) \times \frac{1-A}{n-1}\right] = \frac{1}{n}$$

$$R(D) = I(U;V) = H(V) - H(V \mid U) = H(q_j) - H(\boldsymbol{P}_{ij})$$

$$= H\left(\frac{1}{n} \cdots \frac{1}{n}\right) - H\left(1-D, \frac{D}{n-1} \cdots \frac{D}{n-1}\right)$$

$$= \log_2 n + (1-D)\log_2(1-D) + (n-1)\frac{D}{n-1}\log_2\frac{D}{n-1}$$

$$= \log_2 n - H(D, 1-D) - D\log_2(n-1)$$

分别取 $n = 2、4、8$，相应的信息率失真函数曲线如图 5-5 所示。

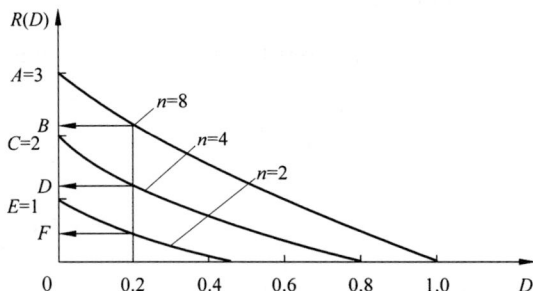

图 5-5　不同 n 的信息率失真函数曲线

由图 5-5 可见，无失真 $D = 0$ 时：

$$n = 8, \quad R(0) = H(p) = 3\text{b}$$

$$n = 4, \quad R(0) = H(p) = 2\text{b}$$

$$n = 2, \quad R(0) = H(p) = 1\text{b}$$

有失真，比如 $D = 0.2$ 时：

$$n = 8, 压缩比 \quad K_8 = \frac{OA}{OB}$$

$$n = 4, 压缩比 \quad K_4 = \frac{OC}{OD}$$

$$n = 2, 压缩比 \quad K_2 = \frac{OE}{OF}$$

显然 $K_2 > K_4 > K_8$，进制 n 越小，压缩比 K 越大；D 增加时，则 K 增加但相对关系不变，允许失真 D 越大，压缩比也越大。

一般离散无记忆信源的信息率失真函数的求解是在多个约束条件下求极值的问题，非常困难，在此不讨论，若有兴趣可以参考傅祖芸所著的《信息论——基础理论与应用》一书。

*5.3.2　连续无记忆信源的信息率失真函数

补充知识：设 $X = \{x\}$ 为实数的有界集合。若：①每一个 $x \in X$ 满足不等式 $x \geqslant m$；②对于任何的 $\varepsilon > 0$，存在 $x' \in X$，使 $x' < m + \varepsilon$，则数 $m = \inf\{x\}$ 称为集合 X 的下确界。通俗地理解，如果 $X = \{x\}$ 有最小值 m，则其最小值就是其下确界；如果其集合中较小的

值大于 m，且无限地趋向于 m，则 m 也是其下确界。与此类似，有上确界的概念。

连续信源信息量为无限大（取值无限），如果要进行无失真信源编码，编码长度为无穷大，所以连续信源无法进行无失真编码，而必然采用限失真编码。连续信源的信息率失真函数的定义与离散信源的信息率失真函数相类似，但是需要对应地将概率 p_i 换为概率密度 $p(u)$。由于连续性，需要将求和换为积分（本质上是一种求和形式），而失真也表示为连续形式的 $d(u;v)$，并将离散信源下的最小值替换为下确界。

假设连续信源为 X，试验信道的输出为连续随机变量 Y，连续信源的平均失真度定义为：

$$\overline{D} = \iint p(x)p(y \mid x)d(x,y)\mathrm{d}x\,\mathrm{d}y \tag{5-21}$$

通过试验信道获得的平均互信息量为：

$$I(X;Y) = \iint p(x)p(y \mid x)\log_2 \frac{p(y \mid x)}{p(y)}\mathrm{d}x\,\mathrm{d}y$$
$$= h(Y) - h(Y \mid X)$$

同样，确定一个允许失真度 D，凡满足平均失真小于 D 的所有试验信道的集合记为 P_D，则连续信源的信息率失真函数定义为：

$$R(D) = \inf_{p(y \mid x) \in P_D} \{I(X;Y)\} \tag{5-22}$$

严格地说，在连续信源的情况下，可能不存在极小值，但是下确界是存在的，如上面讨论的无限趋向于下确界。

连续信源的信息率失真函数依然满足前面的信息率失真函数的性质（针对于离散信源讨论的）。对于 N 维连续随机序列的平均失真度和信息率失真函数，也可以类似地进行定义。

连续信源的信息率失真函数的计算依然是求极值的问题，同样可以采用拉格朗日乘子法进行，较为复杂。

这里讨论较为简单的高斯信源的情形，对高斯信源，在一般失真函数下，其信息率失真函数是很难求得的。但在平方误差失真度量下，其信息率失真函数有简单的封闭表达式。

对平方误差失真，试验信道输入符号和输出符号之间的失真为：

$$d(x,y) = (x-y)^2$$

对应的平均失真度为：

$$D_0 = \iint p(x)p(y \mid x)(x-y)^2\mathrm{d}x\,\mathrm{d}y$$

在平方误差失真下，设允许失真为 D，则高斯信源 $X \sim N(0,\sigma^2)$ 的信息率失真函数为：

$$R(D) = \begin{cases} \dfrac{1}{2}\log_2 \dfrac{\sigma^2}{D}, & 0 \leqslant D \leqslant \sigma^2 \\ 0, & D \geqslant \sigma^2 \end{cases} \tag{5-23}$$

其曲线如图 5-6 所示。

实际上，还可以证明在平均功率 σ^2 受限条件下，正

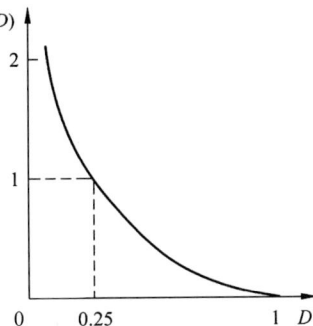

图 5-6　高斯信源在均方误差准则下的 $R(D)$ 函数

态分布 $R(D)$ 函数值最大，它是其他一切分布的上限值，也是信源压缩比中最小的，所以往往将它作为连续信源压缩比中最保守的估计值，具体见定理 5-2。

定理 5-2 对任一连续非正态信源，若已知其方差为 σ^2，熵为 $H_c(U)$，并规定失真函数为 $d(u,v)=(u-v)^2$，则其 $R(D)$ 满足下列不等式：

$$H(U)-\frac{1}{2}\log_2\pi eD \leqslant R(D) \leqslant \frac{1}{2}\log_2\frac{\sigma^2}{D}\quad（正态为上限）\tag{5-24}$$

例 5-7 分析 PCM 编码及其压缩潜力。现有 PCM 编码是 8kHz 采样率，8 位编码，$8\times8=64\text{kb/s}$，它认为样点间独立，且每个样点大小为 8b，这时信噪比可达到入公用网 26dB 的要求。在语音编码中信噪比是 $\xi=\dfrac{\sigma^2}{D}\cong26\text{dB}$，可得 $\dfrac{\sigma^2}{D}=400$ 倍，其中 D 为噪声（允许失真）功率，由正态分布的信息率失真函数的公式可得：

$$R(D)=\frac{1}{2}\log_2\frac{\sigma^2}{D}=\frac{1}{2}\log_2400=4.3\text{b}$$

实际语音的 $R(D)$ 值要小于 4.3b，因为语音不遵从正态分布，而是近似服从 Laplace 分布（一级近似）或 Gamma 分布（二级近似）。它们的 $R(D)$ 函数值均小于正态分布的 $R(D)$ 值。可见，4.3b 至 PCM 8b，大约有一倍的差距。

若对语音编码进一步计入相关性，则其 $R(D)$ 函数为：$R(D)=\dfrac{1}{2}\log_2\sigma^2(1-\rho^2)/D$，则可算出其 $R(D)$ 值，即对应压缩比（相对于 PCM 编码 64kb/s）。

不同信噪比下的压缩比如表 5-2 所示。

表 5-2　不同信噪比下的压缩比

信噪比/dB	35	32	28	25	23	20	17
$R(D)$/b	4	3.5	2.5	2.34	2	1.5	1
压缩比	2	2.28	3.2	3.42	4	5.3	8

若计入语音分布 $R(D)$ 值小于正态分布值，根据 $R(D)$ 的主观特征，在 $25\sim26\text{dB}$ 要求下，实际 $R(D)$ 值大约等于 2，可以获得大约 4 倍的压缩比。

5.4　保真度准则下的信源编码定理

信息率失真函数 $R(D)$ 是满足保真度准则（$\overline{D}\leqslant D$）时所必须具有的最小信息率，在进行信源压缩之类的处理时，$R(D)$ 就成为一个界限，不能让实际的信息率低于 $R(D)$。把相关的结论用定理的形式给出，即限失真信源编码定理，又称为保真度准则下的信源编码定理，也就是通常所说的香农第三编码定理。

本节阐述相关定理，并且从数学上严格证明。为了简化问题，这里的讨论限于离散无记忆平稳信源，但是所述的定理可以推广到连续信源和有记忆信源等一般情况。定理的通俗形式如下。

定理 5-3 设离散无记忆平稳信源的信息率失真函数为 $R(D)$，只要满足 $R>R(D)$，并且失真度是有限的,当信源系列长度 L 足够长时,一定存在一种编码方法,其译码失真小于或等于 $D+\varepsilon$,其中 ε 是任意小的正数;反之,若 $R<R(D)$,则无论采用什么样的编码方法,其译码失真必大于 D。

该定理包含两部分:$R>R(D)$ 的情形称为正定理,$R<R(D)$ 的情形称为逆定理。通过正、逆定理说明这个 $R(D)$ 不大不小,恰好是限失真信源编码的极限。

另外,该定理与香农第二编码定理(即信道编码定理)一样,只是码的存在性定理。正定理告诉我们,$R>R(D)$ 时,译码失真小于或等于 $D+\varepsilon$ 的码肯定存在,但定理本身并未告知码的具体构造方法。一般来说,要找到满足条件的码,只能用优化的思路去寻求,迄今为止,尚无合适的系统编码方法来接近香农给出的界 $R(D)$。逆定理告诉我们,$R<R(D)$ 时,译码失真必大于 D,肯定找不到满足条件的码,因此用不着浪费时间和精力。

总结起来,香农信息论的 3 个基本概念(信源熵、信道容量和信息率失真函数)都是临界值,是从理论上衡量通信能否满足要求的重要极限。对应这 3 个基本概念的是香农的 3 个基本编码定理——无失真信源编码定理、信道编码定理和限失真信源编码定理,分别又称为香农第一、第二和第三编码定理,或第一、第二、第三极限定理。这是 3 个理想编码的存在性定理,它们并不能直接得出相应的编码方法,但是对编码具有指导意义。

为便于后续的证明,将正定理和逆定理分别转换为严格的数学形式。

定理 5-4　保真度准则下(限失真)信源编码正定理:设 $R(D)$ 为一离散无记忆信源的信息率失真函数,并且存在有限的失真测度。对于任意的 $D\geqslant0,\varepsilon>0,\delta>0$ 以及任意足够长的码长 n,则一定存在一种信源编码 C,其码字个数为:

$$M=h^{\{n[R(D)+\varepsilon]\}} \tag{5-25}$$

而编码后的平均失真度 $d(C)\leqslant D+\delta$,其中 $R(D)$ 以 h 为底,h 为编码的进制数。如果用二元编码,且 $R(D)$ 计算以 2 为底,即以比特为单位,则 $M=2^{\{n[R(D)+\varepsilon]\}}$。

定理 5-4 告诉我们,对于任何失真度 $D\geqslant0$,只要码长 n 足够长,总可以找到一种编码 C,使编码后的每个信源符号的信息传输率 $R'=\dfrac{\log M}{n}=R(D)+\varepsilon$。即 $R'\geqslant R(D)$,而码的平均失真度 $d(C)\leqslant D$。定理 5-4 说明在允许失真 D 的条件下,信源最小的、可达到的信息传输率是信源的 $R(D)$。

定理 5-5　保真度准则下(限失真)信源编码逆定理:不存在平均失真度为 D 且平均信息传输率 $R'<R(D)$ 的任何信源码。即对任意码长为 n 的信源码 C,若码字个数 $M<h^{n[R(D)]}$,则一定有 $d(C)>D$。

定理 5-5 告诉我们:如果编码后平均每个信源符号的信息传输率 R' 小于信息率失真函数 $R(D)$,就不能在保真度准则下再现信源的消息,即失真必然超过 D。

*5.4.1　失真 ε 典型序列

正定理的证明也可采用联合典型序列及联合渐近等分割性,并且利用当序列长度趋向于无穷大的时候体现出来的大数定律性质。当序列长度趋向于无穷大的时候,有些序列体现出均等化的性质,并且这些序列的概率和趋向于 1,称为典型序列;而其他序列的概率则趋向于 0,可以忽略,限失真编码的压缩就体现在对这些非典型序列的忽略上。在对于限失真编码的讨论中新增了失真测度的条件。所以在证明定理前，先给出失真 ε 典型序列和证明定理所需用到的定义和结论。

定义 5-1   设单符号 $X \times Y$ 空间的联合概率分布为 $P(x, y)$。其失真度为 $d(x, y)$。若任意 $\varepsilon > 0$，有长度为 n 的序列对 (x, y) 满足：

$$\left| -\frac{1}{n} \log_2 P(x) - H(X) \right| < \varepsilon \tag{5-26}$$

$$\left| -\frac{1}{n} \log_2 P(y) - H(Y) \right| < \varepsilon \tag{5-27}$$

$$\left| -\frac{1}{n} \log_2 P(xy) - H(XY) \right| < \varepsilon \tag{5-28}$$

$$\left| -\frac{1}{n} d(x, y) - E[d(x, y)] \right| < \varepsilon \tag{5-29}$$

则称 (x, y) 为失真 ε 典型序列或简称失真典型序列。

怎样理解以上条件是如何得来的？以上约束条件均为序列信源的某个值除以序列长度，等于单个符号的数学期望。前者是对于任意选取的一个符号序列得到的值，而后者是单个符号根据概率进行加权平均的结果，包括熵和联合熵本身都是一个平均期望值。请在下面写出自己的看法。

所有失真 ε 典型序列的集合称为失真典型序列集，用 $G_{\varepsilon n}^{(d)}(XY)$ 来表示，序列的长度已经用 n 表示了，所以这里并没有用带箭头的序列，直接用单符号的 X 和 Y，即

$$G_{\varepsilon n}^{(d)}(XY) = \left\{ \begin{array}{l} (x, y) \in X^n \times Y^n : \left| -\dfrac{1}{n} \log_2 P(x) - H(X) \right| < \varepsilon, \\[2mm] \left| -\dfrac{1}{n} \log_2 P(y) - H(Y) \right| < \varepsilon, \left| -\dfrac{1}{n} \log_2 P(x\,y) - H(XY) \right| < \varepsilon, \\[2mm] \left| -\dfrac{1}{n} d(x, y) - E[d(x, y)] \right| < \varepsilon \end{array} \right\}$$

说明：对于几个不等式约束都用相同的 ε 或 n 可能有点让人费解，我们可以取保守值令不等式都满足，比如取最大的 ε_i 作为 ε。

在这里考虑的是在对多个符号进行扩展后序列信源的单个符号的失真度：

$$d_n(x, y) = \frac{1}{n} \sum_{l=1}^{n} d(x_{i_l}, y_{j_l}) \tag{5-30}$$

为什么是单个符号的失真度，而不是序列整体的失真度？

由于是将信道进行独立的扩展，于是 x_{i_l} 和 y_{j_l} ($l = 1, 2, \cdots, n$) 是无记忆同分布的随机变量，所以序列的联合概率等于单个符号联合概率累积的结果：

$$P(x, y) = \prod_{l=1}^{n} P(x_{i_l} y_{j_l}) \tag{5-31}$$

所以根据大数定律，$d_n(x, y) = \dfrac{1}{n} \sum_{l=1}^{n} d(x_{i_l}, y_{j_l})$ 以概率（也称为依概率）收敛于单个随机变量的均值 $E[d(x, y)]$。

以上繁杂的证明可以通俗地解释如下：扩展信道是独立同分布的，对于一个任意的

序列,平均每个符号的失真度等于序列中所有符号的失真度的平均值。当序列足够长的时候,对于任一序列的每个符号的失真平均值就趋向于单个符号失真度的期望。注意,这里是对于随意选取的序列,当然肯定有少数序列是不满足的,所以将足够接近于平均值的序列归纳到典型序列中,而其他序列虽然可能超过一定限值,但是它们在概率上很小,几乎不能影响整体的失真度量。

思考这个问题,并且写出启示。

类似地,在失真典型序列的基础上去掉关于失真的限制条件,则联合 ε 典型序列集为:

$$G_{\varepsilon n}(XY) = \left\{ \begin{array}{l} (x,y) \in X^n \times Y^n : \left| -\dfrac{1}{n}\log_2 P(x) - H(X) \right| < \varepsilon, \\ \left| -\dfrac{1}{n}\log_2 P(y) - H(Y) \right| < \varepsilon, \left| -\dfrac{1}{n}\log_2 P(xy) - H(XY) \right| < \varepsilon \end{array} \right\}$$

所以失真典型序列集 $G_{\varepsilon n}^{(d)}(XY)$ 是联合 ε 典型序列集 $G_{\varepsilon n}(XY)$ 的子集,即 $G_{\varepsilon n}^{(d)}(XY) \subset G_{\varepsilon n}(XY)$。

引理 5-1　设随机序列 $X = X_1 X_2 \cdots X_n$ 和 $Y = Y_1 Y_2 \cdots Y_n$,它们的各分量之间都相互统计独立且同分布,并且满足 $P(x,y) = \prod\limits_{l=1}^{n} P(x_{i_l} y_{j_l})$,当 $n \to \infty$ 时,则 $P G_{\varepsilon n}^{(d)}(XY) \to 1$。

证明:

当 N 趋向于无穷时,假设单个符号随机变量 X 取值于 $b_1, b_2, \cdots, b_m$,n 个随机变量 X 构成序列中任意一个序列 $x = x_1 x_2 \cdots x_n$,其中 $b_1, b_2, \cdots, b_m$ 的个数趋向于各自的概率乘以 n,即 $np(b_1), np(b_2), \cdots, np(b_m)$,这样 $-\dfrac{1}{n}\log_2 P(x) = [I(x_1) + I(x_2) + \cdots + I(x_n)]$ 以概率收敛于:

$$E[\log_2 P(x)] = -[np(b_1)\log_2 p(b_1) + np(b_2)\log_2 p(b_2) + \cdots + np(b_m)\log_2 p(b_m)]/n$$
$$= H(X)$$

由于其他的几个条件中的和式都是统计独立同分布的随机变量的标准求和式,除以 n 可以认为是求平均值。类似地,利用大数定律可以得出:

$-\dfrac{1}{n}\log_2 P(y)$ 以概率收敛于 $E[\log_2 P(y)] = H(Y)$。

$-\dfrac{1}{n}\log_2 P(xy)$ 以概率收敛于 $E[\log_2 P(xy)] = H(XY)$。

$-\dfrac{1}{n}d(x,y)$ 以概率收敛于 $E[d(x,y)]$。

所以满足这四个条件的序列集 $G_{\varepsilon n}^{(d)}(XY)$,当 $n \to \infty$ 时趋向于 1,即对任意小的正数 $\delta \geqslant 0$,当 n 足够大时,有:

$$P[G_{\varepsilon n}^{(d)}(XY)] \geqslant 1 - \delta \tag{5-32}$$

引理 5-2　对所有 $(x,y) \in G_{\varepsilon n}^{(d)}(XY)$,有:

$$P(y) \geqslant P(y \mid x) 2^{-n[I(X;Y)+3\varepsilon]} \tag{5-33}$$

证明: 根据对典型失真序列的定义,对所有 $(x,y) \in G_{\varepsilon n}^{(d)}(XY)$,可得 $P(x)$、$P(y)$ 和

$P(x\ y)$ 的上界和下界。比如根据第一个条件有：

$$H(X)-\varepsilon < -\frac{1}{n}\log_2 P(x) < \varepsilon + H(X)$$

假定对数的底为 2，则：

$$2^{-n[H(X)+\varepsilon]} < P(x) < 2^{-n[H(X)-\varepsilon]}$$

同理有：

$$2^{-n[H(Y)+\varepsilon]} < P(y) < 2^{-n[H(Y)-\varepsilon]}$$
$$2^{-n[H(XY)+\varepsilon]} < P(xy) < 2^{-n[H(XY)-\varepsilon]}$$

由此得：

$$P(y\mid x) = \frac{P(xy)}{P(x)} = P(y)\frac{P(xy)}{P(x)P(y)}$$
$$\leqslant P(y)\frac{2^{-n[H(XY)-\varepsilon]}}{2^{-n[H(X)+\varepsilon]}2^{-n[H(Y)+\varepsilon]}}$$

以上不等式通过将 $P(xy)$ 取上限值并将 $P(x)$ 和 $P(y)$ 取下限值而得来。

所以得：

$$P(y) \geqslant p(y\mid x)2^{-n[I(X;Y)+3\varepsilon]}$$

证毕。

香农第三定理证明中要用到下面一个有趣的不等式。

引理 5-3 对于 $0\leqslant x,y\leqslant 1,n>0$，有：

$$(1-xy)^n \leqslant 1-x+e^{-yn} \tag{5-34}$$

说明：其中 e 为自然常数 e＝2.71828…。

证明：设函数 $f(y)=e^{-y}-1+y$，其中 $f(0)=0$。当 $y>0$ 时，此函数的一阶导数 $f'(y)=-e^{-y}+1>0$。所以对于 $y>0,f(y)>0$。由此得：

$$1-y \leqslant e^{-y} \quad (0\leqslant y\leqslant 1)$$
$$(1-y)^n \leqslant e^{-ny} \quad (0\leqslant y\leqslant 1) \tag{5-35}$$

因此，$x=1$ 时，$(1-xy)^n\leqslant 1-x+e^{-ym}$ 成立。通过求导，很容易看出 $g_y(x)=(1-xy)^n$ 是 x 的 U 型凸函数。所以，对于 $0\leqslant x\leqslant 1$，有：

$$(1-xy)^n = g_y(x) \leqslant (1-x)g_y(0) + xg_y(1)$$
$$= (1-x)\times 1 + x\times(1-y)^n$$
$$\leqslant 1-x+xe^{-ny}$$
$$\leqslant 1-x+e^{-yn} \quad (0\leqslant x\leqslant 1)$$

证毕。

*5.4.2 保真度准则下信源编码定理的证明

定义了失真典型序列后，就可以来证明信源编码定理，并且证明 $R(D)$ 是在允许失真 D 的条件下信源的最大信息传输率。

证明：设信源序列 $X=X_1X_2\cdots X_n$ 是统计独立等同分布的随机序列，其 X_i 的概率分布为 $P(x)$。又设此单个符号信源的失真测度为 $d(x,y)$，信源的率失真函数为 $R(D)$。

设达到 $R(D)$ 的试验信道为 $P(y|x)$，在这试验信道中 $I(X;Y)=R(D)$。现需证明，对于任意 $R'>R(D)$ 时，存在一种信源符号的信息传输率为 R' 的信源编码。其平均失真度小于或等于 $D+\delta$。

码书的产生如下：在 Y^n 空间中，按照概率分布 $P(y)=\prod_{i=1}^{n}P(y_i)$ 来随机地选取 $M=2^{nR'}$ 个随机序列 y 作为码字（注意这里不是我们通常想象的等概率选择，而是概率大的选择的机会就大，概率小的选择的机会就小，概率为 0 的不选择，码是不确定的，这样对于编码是没有直接价值，但是可以求出编码失真度的平均值范围）。这 M 个码字组成一个码书 C，并用 $[1,2,\cdots,2^{nR'}]$ 来标记这 M 个码字。

在上面对序列的选择中，是否可以取较大概率的序列，或者是等概率选取？对后面的证明会有什么影响？

编码方法如下：对于任一信源序列 x，存在以下 3 种情况：①若码书中只存在一个码字 $\omega\in[1,2,\cdots,2^{nR'}]$，使 $(x,y(\omega))\in G_{\varepsilon n}^{(d)}(XY)$，则将信源序列 x 编成码字 ω。②若存在多于一个码字 $\omega\in[1,2,\cdots,2^{nR'}]$，使 $(x,y(\omega))\in G_{\varepsilon n}^{(d)}(XY)$，则将信源序列 x 编成编号最小的码字，其实可以任意选取其中的一个，为了方便确定而这样选取。③不存在 $y(\omega)$ 与 x 构成失真典型序列对，则将信源序列变成 $\omega=1$ 号码字。其实可以任意选取 $\omega\in[1,2,\cdots,2^{nR'}]$。通过这一编码方法能将 X^n 空间中所有信源序列 x 都编码成码书中的码字。其中情况③的平均失真是不可控制的（如果单独考虑情况③），而情况①和情况②的失真可以根据典型失真的定义而趋向于 0，所以 nR' 比特数足以表示这 M 个码字。

译码方法是：重现序列 $y(\omega)$，通过 ω 确定 x。

失真度的计算如下：以上讨论失真典型序列的情况①和情况②的失真是可以控制的，而非失真典型序列的情况③则不能，但是如果能够证明情况③发生的概率趋向于 0，则整体上的平均失真是可以控制的。

采用上述编码方法和译码方法会产生失真。将 $d(x,y)$ 对所有可能随机选取的码书进行统计平均。设：

$$\bar{d}(C)=\mathop{E}_{X_n,C}[d(x,y)] \tag{5-36}$$

式(5-36)中是对所有随机码书 C 和 X_n 空间求均值。

对于某固定码书 C 和 $\varepsilon>0$，将信源序列空间 X_n 中的信源序列 x 分成两大类型。

(1) 一类信源序列 x：在码书中存在一个码字 ω，使 $(x,y(\omega))\in G_{\varepsilon n}^{(d)}(XY)$，其 $\frac{1}{n}d(x,y(\omega))<D+\varepsilon$。这是因为，$x$ 与 $y(\omega)$ 构成失真典型序列对，所以它们是密切相关的，而且满足 $\left|-\frac{1}{n}d(x,y)-E[d(x,y)]\right|<\varepsilon$，则得 $\frac{1}{n}d(x,y(\omega))<D+\varepsilon$。又因这些失真典型序列总体出现的概率接近等于 1（关于这一结论在后面关于 P_e 趋向于 0 的证明中可以得出），所以这些失真典型序列对 $\bar{d}(C)=\mathop{E}_{X_n,C}[d(x,y)]$ 平均失真度的贡献最多等于 $D+\varepsilon$。

(2) 另一类信源序列 x：在码书中不存在一个码字 ω，使 x 与 $y(\omega)$ 构成失真典型序列对。即 $(x, y(\omega)) \overline{\in} G_{\varepsilon n}^{(d)}(XY), \varepsilon \in [1, 2, \cdots, 2^{nR'}]$。设这些序列总体出现的概率为 P_e。因为每个信源序列的最大失真为 $d_{\max}$，因此这类信源序列对平均失真的贡献最多的是 $P_e d_{\max}$。因此，由 $\bar{d}(C) = \mathop{E}\limits_{X_n, C}(d(x, y))$ 得：

$$\bar{d}(C) \leqslant D + \varepsilon + P_e d_{\max} \tag{5-37}$$

以上提到，为了让失真满足保真度准则，就需要 P_e 趋向于 0。

P_e 的计算如下：为了计算 P_e，设 $J(C)$ 为码 C 中至少有一个码字与信源序列 x 构成失真典型序列对的所有信源序列 x 的集合，即

$$J(C) = \{x: (x, y(\omega)) \in G_{\varepsilon n}^{(d)}(XY) \quad \omega \in [1, 2, \cdots, 2^{nR'}]\} \tag{5-38}$$

所以 P_e 是由于 $x \overline{\in} J(C)$ 引起的，则：

$$P_e = \sum_c P(C) \sum_{x: x \overline{\in} J(C)} P(x) \tag{5-39}$$

式(5-39)表示，所有不能用码字来描述的那些信源序列的概率对所有可能产生的随机码书进行统计平均，对式(5-39)交换求和号。这样可以解释为，选择没有码字能描述信源序列的随机码书出现的概率对所有信源序列进行统计平均。则：

$$P_e = \sum_x P(x) \sum_{c: x \overline{\in} J(C)} p(C) \tag{5-40}$$

先定义函数：

$$K(x, y) = \begin{cases} 1 & (x, y) \in G_{\varepsilon n}^{(d)}(XY) \\ 0 & (x, y) \overline{\in} G_{\varepsilon n}^{(d)}(XY) \end{cases} \tag{5-41}$$

此函数的意义在于，可以用于对失真典型序列进行计数（考虑），而对于非典型序列则忽略。这一函数的设计有什么启示？有哪些地方可以借鉴？是否可以对它进一步一般化？

码书 C 中的码字是在 Y^n 空间中根据 y 的概率来随机地选取的。对于在 Y^n 中随机选取的某个码字不与信源序列构成失真典型序列对的概率应等于：

$$\begin{aligned} P((x, Y^n) \overline{\in} G_{\varepsilon n}^{(d)}(XY)) &= P((K(x, Y^n) = 0) \\ &= 1 - \sum_y P(y) K(x, y) \end{aligned} \tag{5-42}$$

码书 C 中共有 $M = 2^{nR'}$ 个码字，而且是独立地、随机地选择的。因此码书中没有码字能描述信源序列的随机码书的出现概率为：

$$\sum_{C: x \overline{\in} J(C)} P(C) = \left[1 - \sum_y P(y) K(x, y) \right]^{2^{nR'}} \tag{5-43}$$

将上式代入式(5-40)得：

$$P_e = \sum_x P(x) \left[1 - \sum_y P(y) K(x, y) \right]^{2^{nR'}} \tag{5-44}$$

运用引理 5-2 得：

$$\sum_y P(y) K(x, y) \geqslant \sum_y P(y \mid x) 2^{-n[I(X; Y) + 3\varepsilon]} K(x, y) \tag{5-45}$$

代入式(5-44)得：

$$P_e \leqslant \sum_x P(x) \left[1 - \sum_y P(y \mid x) 2^{-n[I(X; Y) + 3\varepsilon]} K(x, y) \right]^{2^{nR'}} \tag{5-46}$$

又根据引理 5-3,将 $(1-xy)^n \leqslant 1-x+\mathrm{e}^{-yn}$ 中的 n 用 $2nR'$ 代替,将 x 用 $\sum\limits_y P(y \mid x)K(x,y)$ 代替,并将 y 用 $2^{-n[I(X;Y)+3\varepsilon]}$ 代替,得:

$$\left[1-2^{-n[I(X;Y)+3\varepsilon]}\sum_y P(y \mid x)K(x,y)\right]^{2nR'}$$

$$\leqslant 1-\sum_y P(y \mid x)K(x,y)+\mathrm{e}^{-2^{-n[I(X;Y)+3\varepsilon]}\cdot 2nR'} \tag{5-47}$$

代入式(5-46),得:

$$P_e \leqslant 1-\sum_x \sum_y P(x)P(y \mid x)K(x,y)+\mathrm{e}^{-2^{n[R'-I(X;Y)-3\varepsilon]}} \tag{5-48}$$

观察式(5-48)中最后一项 $\mathrm{e}^{-2^{n[R'-I(X;Y)-3\varepsilon]}}$,当选择 $R'>I(X;Y)+3\varepsilon$ 时,另外若选取的试验信道 $P(y|x)$ 正好是使平均互信息量达到 $R(D)$ 的试验信道,则 $R'>I(X;Y)+3\varepsilon$。因此,当 $R'>R(D)$,ε 足够小且 $n \to \infty$ 时,最后一项趋于 0。

式(5-48)中前两项是联合概率分布为 $P(xy)$ 的序列对 (x,y) 不是失真典型序列对的概率。由引理 5-1 得,当 n 足够大时,有:

$$1-\sum_x \sum_y P(x)P(y \mid x)K(x,y)=P((X^n,Y^n)\overline{\in} G_{\varepsilon n}^{(d)}(XY))<\varepsilon \tag{5-49}$$

所以适当地选择 n 和 ε,可使 P_e 尽可能地小。

综上所述,对所有随机编码的码书 C,当 $R'>R(D)$ 时,任意选取 $\delta>0$,只要选择足够大的 n 及适当小的 ε,可使:

$$\bar{d}(C) \leqslant D+\delta \tag{5-50}$$

因此,至少存在一种码书 C,其码字个数 $M=2^{nR'}=2^{n[R(D)+\varepsilon]}$,即信源符号的信息传输率 $R'>R(D)$,而码的平均失真度 $d(C) \leqslant D+\delta$。

*5.4.3 保真度准则下信源编码逆定理证明

逆定理是一种不可能的形式,显然直接去证明很难着手,对于这种结论,一般用反证法先假设其成立,然后得出矛盾的结果来证明它。

证明:假设存在一种信源编码 C,有 M 个码字,$M<2^{nR(D)}$,而且 M 个码字是从 Y^n 空间中选取的序列 y,它能使得 $d(C) \leqslant D$。编码仍采用前面所述的方法,将所有信源序列 x 映射成码字 $\omega \in [1,2,\cdots,M]$,而使 $(x,y(\omega)) \in G_{\varepsilon n}^{(d)}(XY)$。根据失真典型序列的定义,$x$ 与 $y(\omega)$ 构成失真典型序列,所以它们是彼此经常联合出现的序列对。而且又满足 $\left|\frac{1}{n}d(x,y)-E[d(x,y)]\right|<\varepsilon$,所以它们之间的失真 $d(x,y(\omega)) \approx n\bar{D}$。这种编码方法可看成如下一种特殊的试验信道:

$$P_0(y \mid x)=\begin{cases}1, & y \in C,(x,y(\omega)) \in G_{\varepsilon n}^{(d)}(XY) \\ 0, & \text{其他}\end{cases} \tag{5-51}$$

根据假设,在这个试验信道中,可得 $d(C) \leqslant D$。又因在该信道中 $H(Y|X)=0$,所以平均互信息量为:

$$I(X;Y)=H(Y) \leqslant \log_2 M \tag{5-52}$$

得到式(5-52)中的不等式的原因是：在编码范围内，最多只有 M 个 y，所以 Y 空间最大的熵值为 $\log_2 M$。又因为信源 X 是离散无记忆信源，所以有：

$$\log_2 M \geqslant H(Y) \geqslant I(X;Y) \geqslant \sum_{l=1}^{n} I(X_l;Y_l) \tag{5-53}$$

设 X_l 以平均失真 $D_l \leqslant D$ 再现，则必有：

$$I(X_l;Y_l) \leqslant R(D_l)$$

又根据信息率失真函数的 U 形凸状性和单调递减性可得：

$$\log_2 M \leqslant \sum_{l=1}^{n} I(X_l;Y_l) \geqslant \sum_{l=1}^{n} R(D_l) = n \sum_{l=1}^{n} \frac{1}{n} R(D_l)$$
$$\geqslant nR\left(\frac{1}{n}\sum_{l=1}^{n} D_l\right) = nR(D) \tag{5-54}$$

式(5-54)中最后一项是根据离散无记忆平稳信源求得的。因此得：

$$R' = \frac{1}{n}\log_2 M \geqslant R(D)$$

或者

$$M \geqslant 2^{nR(D)} \tag{5-55}$$

这个结果与定理的假设相矛盾，所以逆定理成立。

限失真编码定理是在试验信道的基础上得出的，考虑渐进等分性和典型序列的利用，是否可以增加或减少条件得出新的结论？是否可以建立关于信道编码的结论？利用限失真编码定理是否可以证明其他定理？

5.5 限失真信源编码定理的实用意义

正如前面所述，保真度准则下的信源编码定理及其逆定理是有失真信源压缩的理论基础。这两个定理证实了允许失真 D 确定后，总存在一种编码方法，使编码的信息传输率 $R' < R(D)$，这样编码的平均失真度将大于 D。如果用二元码符号来进行编码，在允许一定量失真 D 的情况下，平均每个信源符号所需二元码符号的下限值就是 $R(D)$。可见，从香农第三定理可知，$R(D)$ 确实是允许失真度为 D 的情况下信源信息压缩的下限值。比较香农第一定理和香农第三定理可知，当信源给定后，无失真信源压缩的极限值是信源熵 $H(S)$，而有失真信源压缩的极限值是信息率失真函数 $R(D)$。在给定某个 D 值后，一般 $R(D) < H(S)$。

无失真信源编码可以看成限失真编码的一种特例，根据对失真的正常定义，一般当输入和输出符号一一对应时，失真才为 0，此时，$R(0) = H(S)$，可以通过限失真信源编码定理来证明无失真信源编码定理。

类似于无失真信源编码利用信源熵来衡量编码的效率一样，信息率失真函数可以用来度量限失真编码在某一失真下编码的效率。信源的 $R(D)$ 函数可以作为衡量各种压缩编码方法性能优劣的一种尺度。

但香农第三定理同样只给出了一个存在定理。至于如何寻找这种最佳压缩编码方法,定理中并没有给出。在实际应用中,该定理主要存在以下 3 类问题。

第一类问题是符合实际信源的 $R(D)$ 函数的计算相当困难。

(1) 需要对实际信源的统计特性有确切的数学描述,即概率分布明确。

(2) 需要对符合主、客观实际的失真给予正确的度量,否则不能求得符合主、客观实际的 $R(D)$ 函数。例如,通常采用均方误差来表示信源的平均失真度。但对于图像信源来说,均方误差较小的编码方法在人们的视觉感受中失真较大。所以人们仍采用主观观察来评价编码方法的好坏。因此,如何定义符合主观和客观实际情况的失真测度就是件较困难的事。

(3) 即便对实际信源有了确切的数学描述,又有符合主、客观实际情况的失真测度,而失真率函数 $R(D)$ 的计算仍然较困难。

第二类问题是:即便求得了符合实际的信息率失真函数,还需研究采取何种实用的最佳编码方法才能达到极限值 $R(D)$。目前,这两方面工作都有进展,尤其是对实际信源的各种压缩方法(如对语音信号、电视信号和遥感图像等信源的各种压缩方法)有了较大进展。

第三类问题是:信息率失真函数的求解是在给定试验信道的输入输出及其失真矩阵的情况下计算的,当输出的符号集未定的时候,不能确定到底什么样的符号集才是最优的,即使得信息率失真函数值最低。

在 20 世纪 90 年代,计算机技术、微电子技术和通信技术得到迅猛发展。多媒体计算机、多媒体数据库、多媒体通信和多媒体表现技术等多媒体研究领域也成为计算机和通信发展中的一个重要研究热点。其中面临最大的问题是巨大数据量的“爆炸”。文件、表格和工程图纸等二值图像的数据已较大,但相比之下,语音信号、静止灰值图像、彩色静止图像、电视图像和高清晰电视图像等的数据量更是巨大。特别是电视图像和高清晰电视图像,一般电视图像的数据量要比语音的数据量大上千倍。因此,研究有效的数据压缩和解压缩技术成为重要的、关键的研究方向。而信息率失真理论正是从理论上指出这种问题的解决途径是存在的和可能的。

近年来,出现了不少在理论上和实用上都较成熟的数据压缩算法和技术。对音频数据和视频数据的压缩技术都制定了一些国际标准。例如,静止图像压缩标准 JPEG、运动图像压缩标准 MPEG-2 和 MPEG-4、电视会议图像压缩标准 H.261 和 H.263、电视会议语音压缩标准(G.711、G.722 和 G.723)等。当然,其中还存在许多技术和问题有待解决和提高。相信随着数据压缩技术的发展,信息率失真理论中存在的问题也会得到改进和解决。

在信息论中,特别是信息熵中,许多时候将各个信源符号一视同仁地对待,但是实际上各个符号有各自的语义和语用,在数值上是不同的。这当然会带来相应的局限性,信息率失真函数中的失真度量实际上可以认为是一个很好的补充,用于弥补对于语义和语用度量的缺失。比如,阴天、晴天、大雨、中雨和小雨所代表的降雨量和阳光强弱是不一样的,且有不同的幅度差异。现在信息率失真函数也用于度量损失和信息价值,实际上还可以做进一步的推广。

5.6 限失真信源编码

限失真信源编码定理指出：在允许一定失真度 D 的情况下，信源输出的信息传输率可压缩到 $R(D)$ 值，这就从理论上给出了信息传输率与允许失真之间的关系，奠定了信息率失真理论的基础。但是它并没有告诉我们如何进行编码以达到这一极限值。

一般情况下信源编码可分为离散信源编码、连续信源编码和相关信源编码 3 类。前两类编码方法主要讨论独立信源编码问题，后一类编码方法则讨论非独立信源编码问题。离散信源可做到无失真编码，而连续信源则只能做到限失真信源编码，通常将限失真信源编码简称限失真编码。

无失真编码和限失真编码本身也具有相通之处，有些方法和思想本质上可以同时用于限失真编码和无失真编码。

限失真编码采用的方法主要有矢量量化编码、预测编码和变换编码。

5.6.1 矢量量化编码

量化（quantization）就是把经过抽样得到的瞬时值的幅度离散化，即用一组规定的电平把瞬时抽样值用最接近的电平值来表示。量化一般用于连续信源的编码，但也可以用于离散信源的编码。对小数和实数进行四舍五入就是一个最简单、通俗的例子，比如通过四舍五入取整，会将区间 $[1.5, 2.5)$ 内的数值都量化为 2。

按照量化级的划分方式分，有均匀量化（uniform quantization）和非均匀量化。其中最简单的是均匀量化，也称为线性量化，它将输入信号的取值域等间隔分割量化；反之则称为非均匀量化，其范围的划分不均匀，一般用类似指数的曲线进行量化。非均匀量化是针对均匀量化提出的，为了适应幅度大的输入信号，同时又要满足精度要求，就需要增加样本的位数。但是对语音信号来说，大信号出现的机会并不多，增加的样本位数没有充分利用。为了克服这个不足，出现了非均匀量化的方法，这种方法也称为非线性量化。非均匀量化的基本想法是：对输入信号进行量化时，大的输入信号（概率小的）采用大的量化间隔，小的输入信号采用小的量化间隔。这样就可以在满足精度要求的情况下用较少的位数来表示；声音数据还原时，采用相同的规则。常见的非均匀量化有 A 律和 μ 率等，它们的区别在于量化曲线不同。均匀量化的好处就是编码和解码很容易，但要达到相同的信噪比，占用的带宽较大。现代通信系统中都使用非均匀量化。

按照量化的维数分，量化分为标量量化（scalar quantization，SQ）和矢量量化（vector quantization，VQ）。标量量化是一维的量化，一个幅度值对应一个量化结果。而矢量量化是二维甚至多维的量化，两个或两个以上的幅度值作为一个整体决定一个量化结果。以二维情况为例，两个幅度决定了平面上的一点。而这个平面事先按照概率已经划分为 N 个小区域，每个区域对应一个输出结果。由输入确定的那一点落在了哪个区域内，矢量量化器就会输出那个区域对应的码字。进行无失真信源编码时，可以看到对单个符号进行相应信源编码的压缩效果比对序列进行信源编码的效果要差。类似地，矢量量化由于考虑将一个序列当作整体来看待，可以消除序列内部相关性的影响，一般会比标量量化效率更高。

　　矢量量化中码书的码字越多,维数越大,失真就越小。只要适当地选择码字数量,就能控制失真量不超过某一给定值,因此码书控制着矢量的大小。

　　实验证明,即使各信源符号相互独立,多维量化通常也可压缩信息率。因而矢量量化引起了人们的兴趣,并成为当前连续信源编码的一个热点。可是当维数较大时,矢量量化尚无解析方法,只能求助于数值计算;而且联合概率密度也不易测定,还需采用诸如训练序列之类的方法。一般来说,高维矢量的联合是很复杂的,虽然已有不少方法,但其实现尚有不少困难,有待进一步研究。

5.6.2　预测编码

　　解除相关性的常用措施是预测和变换,其实质都是进行序列的一种映射。一般来说,预测编码有可能完全解除序列的相关性,但必须确知序列的概率特性;变换编码一般只解除矢量内部的相关性,但它具有许多可供选择的变换方法,以适应不同的信源特性。下面介绍预测编码的一般理论与方法。

　　预测编码(prediction coding)是数据压缩三大经典技术(统计编码、预测编码和变换编码)之一,它是建立在信源数据相关性之上的。由信息理论可知,对于相关性很强的信源,条件熵可远小于无条件熵。因此人们常采用尽量解除相关性的办法,使信源输出转化为独立序列,以利于进一步压缩码率。可以从预测这个词上来理解预测编码,如果一个序列后面的符号由前面的若干个符号决定,即认为前面的符号可以预测后面的符号,这样只需要发送前面的符号,后面的符号完全可以预测出来。显而易见,这种可预测性是因为符号之间具有相关性。这是一种极端的情况,实际上序列之间的相关性可能存在,但是它不足以完全决定后面符号,可能只是能够减少后面符号的不确定性。此时从信息论的角度来说,前面的符号提供了后面符号的信息,利用这种相关性也可以进行预测。再举一个例子,对于一个单一的正弦波形,一旦知道了一个周期之内的波形,就可以通过周期性重复这个波形来预测后面的波形。同样是这个例子,通过波形中的若干点可以确定整个波形,所以可以利用这些点完全地预测后面各个位置的波形。

　　预测编码的基本思想是:通过提取与每个信源符号有关的新信息,并对这些新信息进行编码,来消除信源符号之间的相关性。实际中常用的新信息为信源符号的当前值与预测值之间的差值,这里正是由于信源符号间存在相关性,所以才使预测成为可能,对于独立信源,预测就没有可能。

　　预测的理论基础主要是估计理论。所谓估计就是用实验数据组成一个统计量作为某一物理量的估值或预测值,若估值的数学期望等于原来的物理量,就称这种估计为无偏估计;若估值与原物理量之间的均方误差最小,就称之为最佳估计,基于这种方法进行预测,就称为最小均方误差预测,所以也就认为这种预测是最佳的。

　　在具体的预测编码实现过程中,编码器和译码器都存储有过去的信号值,并以此来预测或估计未来的信号值。编码器发出的不是信源信号本身,而是信源信号与预测值之差;在译码端,译码器将接收到的这一差值与译码器的预测值相加,从而恢复信号。

　　要实现最佳预测,就要找到计算预测值的预测函数,这个函数根据数据的相关性来决定。

设有信源序列：$s_{r-k}, \cdots, s_{r-2}, s_{r-1}, \cdots, k$ 阶预测就是由 s_r 的前 k 个数据来预测 s_r。可令预测值为 $s'_r = f(s_{r-1}, s_{r-2}, \cdots, s_{r-k})$。

式中函数 $f()$ 是待定的预测函数。要使预测值具有最小均方误差，必须确知 k 个变量的联合概率密度函数 $s_{r-k}, \cdots, s_{r-2}, s_{r-1}$，这在一般情况下较难得到，因而常用比较简单的线性预测方法。

线性预测 (linear prediction) 是取预测函数为各已知信源符号的线性函数，即取 s_r 的预测值为：

$$s'_r = \sum_{i=1}^{k} a_i s_{r-i} \tag{5-56}$$

其中 a_i 为预测系数。

最简单的预测是令 $s'_r = s_{r-1}$，称为前值预测，常用的差值预测就属于这类。

利用预测值来编码的方法可分为两类：一类是对实际值与预测值之差进行编码，也叫差值预测编码；另一类方法是根据差值的大小，决定是否需传送该信源符号。例如，可规定某一阈值 T，当差值小于 T 时可不传送，对于相关性很强的信源序列，常有很长一串符号的差值可以不传送，此时只需传送这串符号的个数，这样能大量压缩码率。这类方法一般是按信宿要求来设计的，也就是压缩码率引起的失真应能满足信宿需求。

实现预测编码要进一步考虑以下 3 方面的问题。

(1) 预测误差准则的选取，比如采用使预测误差的均方值达到最小作为准则，或者使绝对误差均值最小等。

(2) 预测函数的选取。

(3) 预测器输入数据的选取。

5.6.3　变换编码

预测编码认为冗余度是数据固有的，通过对信源建模来尽可能精确地预测源数据，去除数据的时间冗余度。但是冗余度有时与不同的表达方法也有很大的关系，变换编码是将原始数据"变换"到另一个更为紧凑的表示空间，去除数据的空间冗余度，可得到比预测编码更高的数据压缩。

能量集中是指对 N 维矢量信号进行变换后，最大的方差集中在前 M 个低次分量之中（$M < N$）。

变换编码 (transform coding) 的基本原理是：对于原来在空间（时间）域上描述的信号，通过一种数学变换（例如傅里叶变换等），将信号转到变换域（例如频域等）中进行描述。在变换域中，变换系数之间的相关性常常显著下降，并常有能量集中于低频或低序系数区域的特点，这样就容易实现码率的压缩，并还可大大降低数据压缩的难度。

高性能的变换编码方法不仅能使输出的压缩信源矢量中各分量之间的相关性大大减弱，而且使能量集中到少数几个分量上，而在其他分量上的数值很小，甚至为 0。因此在对变换后的分量（系数）进行量化再编码时，因为在量化后等于 0 的系数可以不传送，因此在一定保真度准则下可达到压缩数据率的目的。量化参数的选取主要根据保真度要求或恢复信号的主观评价效果来确定。

在变换编码方法中最关键的是正交变换的选择，最佳的正交变换是卡亨南·洛维变换（K-L 变换），这一变换的基本思想是由 Karhunen 和 Loève 两人分别于 1947 年和 1948 年单独提出的，主要用于图像信源的压缩。由于 K-L 变换使变换后随机矢量的各分量之间完全独立，因而它常作为衡量正交变换性能的标准，在评价其他变换的性能时，常与 K-L 变换的结果进行比较。K-L 变换的最大缺点是计算复杂，而且其变换矩阵与信源有关，实用性不强。

1968 年，出现了正交变换图像编码，H.C.Andrews 等人提出不对图像本身编码，而对其二维离散傅里叶系数进行编码和传输，称为离散傅里叶变换（DFT）。但这是一种复变换，运算量大，不易实时处理。1969 年他们发现用 Walsh-Hadamard 变换（沃尔什-哈达玛变换，WHT）取代 DFT 可使计算量明显减少。此后，又出现了更快的 HRT 变换、SLT 变换等。

1974 年，N.Ahmed 等人提出了离散余弦变换（DCT），DCT 常常被认为是图像信号的准最佳变换。DCT 是一种空间变换，其最大特点是对于一般的图像都能够将像块的能量集中于少数低频 DCT 系数上，这样就可能只编码和传输少数系数而不严重影响图像质量。DCT 不能直接对图像产生压缩作用，但对图像的能量具有很好的集中效果，为压缩打下了基础。例如，一帧图像内容以不同的亮度和色度像素分布体现出来，而这些像素的分布依图像内容而变，毫无规律可言。但是通过 DCT，像素分布就有了规律。代表低频成分的量分布于左上角，而越高频率成分越向右下角分布。然后根据人眼视觉特性，去掉一些不影响图像基本内容的细节（高频分量），从而达到压缩码率的目的。由于 DCT 具有较好的综合性能，20 世纪 80 年代后期，国际电信联盟（ITU）制定的图像压缩标准 H.261 选定 DCT 作为核心的压缩模块；随后国际标准化组织（ISO）制定的活动图像压缩标准 MPEG-1 也以 DCT 作为视频压缩的基本手段；更新的视频压缩国际标准中也用到了 DCT。

由于正交变换在块边界处存在着固有的不连续性，因此在块的边界处可能产生很大的幅度差异，这就是所谓的"边界效应"或"方块效应"，人眼对此很敏感。为了解决这个问题，可用滤波器来平滑块边界处的"突跳"，这有一定的效果，但也会或多或少地模糊图像的细节。为此，Prencen 和 Bradly 提出了一种修正的 DCT（MDCT），它利用了时域混叠消除技术来减轻"边界效应"。

下面首先介绍变换编码的基本原理，然后介绍变换编码中常用的几种变换。

1. 正交变换编码的基本原理

设信源连续发出的两个信源符号 s_1 与 s_2 之间存在相关性，如果均为 3 比特量化，即它们各有 8 种可能的取值，那么 s_1 与 s_2 之间的相关特性曲线可用图 5-7 表示。

图 5-7 中的椭圆区域表示 s_1 与 s_2 相关程度较高的区域，此相关区域关于 s_1 轴和 s_2 轴对称。显然如果 s_1 与 s_2 的相关性越强，则椭圆形状越扁长，而且变量 s_1 与 s_2 幅度取值相等的可能性也越大，两者方差近似相等，即 $\sigma_1^2 \approx \sigma_2^2$。

如果我们将 s_1 与 s_2 的坐标轴逆时针旋转 45°，变成 $y_1 O y_2$ 平面，则椭圆区域的长轴落在 y_1 轴上。此时当 y_1 取值变动较大时，y_2 所受影响很小，说明 y_1 与 y_2 之间的相关

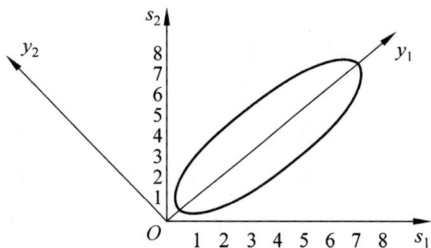

图 5-7 s_1 与 s_2 之间的相关特性曲线

性大大减弱。同时由图 5-7 可以看出：随机变量 y_1 与 y_2 的能量分布也发生了很大的变化，在相关区域内的大部分点上 y_1 的方差均大于的 y_2 方差，即 $\sigma_{y_1}^2 \gg \sigma_{y_2}^2$。

另外，由于点与坐标原点 O 的距离不变，所以坐标变换不会使总能量发生变化，所以有：

$$\sigma_1^2 + \sigma_2^2 = \sigma_{y_1}^2 + \sigma_{y_2}^2 \qquad (5\text{-}57)$$

由此可见，通过上述坐标变换，使变换后得到的新变量 y_1 和 y_2 呈现两个重要的特点：

（1）变量间相关性大大减弱，如其中一个变化时，另一个几乎不变。

（2）能量更集中，即 $\sigma_{y_1}^2 \gg \sigma_{y_2}^2$，且 $\sigma_{y_2}^2$ 小到几乎可忽略。

这两个特点正是变换编码可以实现数据压缩的重要依据，即 y_2 数据可以忽略。

上述坐标旋转对应的变换方程为：

$$\begin{bmatrix} y_1 \\ y_2 \end{bmatrix} = \begin{bmatrix} \cos\theta & \sin\theta \\ -\sin\theta & \cos\theta \end{bmatrix} \begin{bmatrix} s_1 \\ s_2 \end{bmatrix}$$

因为 $\begin{bmatrix} \cos\theta & \sin\theta \\ -\sin\theta & \cos\theta \end{bmatrix} \cdot \begin{bmatrix} \cos\theta & \sin\theta \\ -\sin\theta & \cos\theta \end{bmatrix}^{\mathrm{T}} = \begin{bmatrix} 1 & 0 \\ 0 & 1 \end{bmatrix}$，因此坐标旋转变换矩阵 $\boldsymbol{T} = \begin{bmatrix} \cos\theta & \sin\theta \\ -\sin\theta & \cos\theta \end{bmatrix}$ 是一个正交矩阵，由正交矩阵决定的变换称为正交变换。

进行正交变换的目的是使得变换后的各个分量相互独立。按照均方误差最小准则来计算相关参数，如 θ，得到的一种正交变换称为 K-L 变换。不过使用 K-L 变换需要知道信源的协方差矩阵，再求出协方差矩阵的特征值和特征矢量，然后据此构造正交变换矩阵。但求特征值和特征矢量是相当困难的，特别是在高维信源情况下甚至求不出来。即使借助于计算机求解，也难以满足实时处理的要求。

K-L 变换具有如下特性：

（1）去相关特性。K-L 变换使变换后的矢量信号 Y 的分量互不相关。

（2）使得能量集中于个别分量中。

（3）最佳特性。K-L 变换是在均方误差测度下失真最小的一种变换，其失真为被略去的各分量之和。由于这一特性，K-L 变换被称为最佳变换。许多其他变换都将 K-L 变换作为性能比较的参考标准。

除了用于数据压缩，利用 K-L 变换还可以进行人脸图像识别和人脸图像合成，这些功能与 K-L 变换的冗余控制能力和提取关键信息的能力显然是相关的。

人脸图像识别步骤如下：首先搜集要识别的人的人脸图像，建立人脸图像库，然后利用 K-L 变换确定相应的人脸基图像，再反过来用这些基图像对人脸图像库中的所有人脸图像进行 K-L 变换，从而得到每幅图像的参数向量并将其保存起来。在识别时，先对一张输入的人脸图像进行必要的规范化，再进行 K-L 变换分析，得到其参数向量。将这个参数向量与库中每幅图的参数向量进行比较，找到最相似的参数向量，也就等于找到最相似的人脸，从而认为所输入的人脸图像就是库内该人的一张人脸，完成了识别过程。

类似地,在人脸图像合成中(比如人脸表情图像合成中)可以通过有目的地控制各个分量的比例,也就是通过调整参数向量,可以将一幅不带表情的图像改变成带各种表情的图像。

2. 离散余弦变换

由于 K-L 变换没有快速求解方法,且变换矩阵随不同的信号样值集合而不同,所以人们又找出了各种实用化程度较高的变换,如离散傅里叶变换(DFT)、离散余弦变换(discrete cosine transform,DCT)和沃尔什变换(WHT)等,其中性能较接近 K-L 变换的是 DCT。在某些情况下,DCT 能获得与 K-L 变换相同的性能,因此 DCT 也被称为准最佳变换。DCT 是针对 DFT 的不足按实际需要而构造的一种实数域的变换,由于 DCT 源于 DFT,这里先讨论 DFT。

DFT 是一种常见的正交变换,在数字信号处理中得到广泛应用。DFT 的定义如下。

设长度为 N 的离散序列为 $\{f_1, f_2, \cdots, f_N\}$,DFT 定义为:

(1) 正变换:

$$F(u) = \frac{1}{\sqrt{N}} \sum_{x=0}^{N-1} f(x) \exp(-j2\pi u x/N)$$

$$= \frac{1}{\sqrt{N}} \sum_{x=0}^{N-1} f(x) W^{ux} \quad (u = 0,1,2,\cdots,N-1)$$

(2) 反变换:

$$f(x) = \frac{1}{\sqrt{N}} \sum_{u=0}^{N-1} F(u) \exp(j2\pi u x/N)$$

$$= \frac{1}{\sqrt{N}} \sum_{u=0}^{N-1} F(u) W^{-ux} \quad (x = 0,1,2,\cdots,N-1)$$

其中,$W = e^{-j2\pi/N}$。

将正变换写成矩阵形式:

$$F(u) = \boldsymbol{T} f(x) \tag{5-58}$$

其中 $\boldsymbol{T}$ 为离散傅里叶变换的变换矩阵:

$$\boldsymbol{T} = \frac{1}{\sqrt{N}} \begin{bmatrix} W^0 & W^0 & W^0 & \cdots & W^0 \\ W^0 & W^1 & W^2 & \cdots & W^{N-1} \\ \vdots & \vdots & \vdots & \ddots & \vdots \\ W^0 & W^{N-1} & W^{2(N-1)} & \cdots & W^{(N-1)(N-1)} \end{bmatrix}$$

虽然 DFT 为频谱分析提供了有力的工具,但是通常 DFT 是复数域的运算,尽管有快速傅里叶变换(FFT),在实际应用中仍有许多不便。

如果将一个实函数对称延拓成一个实偶函数,由于实偶函数的傅里叶变换也是实偶函数,只含有余弦项,因此构造了一种实数域的变换,即离散余弦变换(DCT)。DCT 的定义如下。

设长度为 N 的离散序列为 $\{f_1, f_2, \cdots, f_N\}$,其 DCT 正变换和反变换分别定义如下。

（1）正变换：

$$F(u) = a(u) \sum_{x=0}^{N-1} f(x) \cos\left[\frac{(2x+1)u\pi}{2N}\right] \quad (u=0,1,\cdots,N-1)$$

（2）反变换：

$$f(x) = \sum_{u=0}^{N-1} a(u) F(u) \cos\left[\frac{(2x+1)u\pi}{2N}\right] \quad (x=0,1,\cdots,N-1)$$

其中：

$$a(u) = \begin{cases} \sqrt{1/N} & u=0 \\ \sqrt{2/N} & u=1,2,\cdots,N-1 \end{cases}$$

将正变换写成矩阵形式：

$$F(u) = T_c f(x) \tag{5-59}$$

其中：

$$T_C = \sqrt{\frac{2}{N}} \begin{bmatrix} \dfrac{1}{\sqrt{2}} & \dfrac{1}{\sqrt{2}} & \cdots & \dfrac{1}{\sqrt{2}} \\ \cos\dfrac{\pi}{2N} & \cos\dfrac{3\pi}{2N} & \cdots & \cos\dfrac{(2N-1)\pi}{2N} \\ \vdots & \vdots & \ddots & \vdots \\ \cos\dfrac{(N-1)\pi}{2N} & \cos\dfrac{3(N-1)\pi}{2N} & \cdots & \cos\dfrac{(2N-1)(N-1)\pi}{2N} \end{bmatrix}$$

3. 沃尔什-哈达玛变换

离散沃尔什-哈达玛变换（WHT）的变换矩阵是由 +1 和 -1 组成的，因此在变换过程中只有加法和减法，计算速度快而且易于用硬件实现。

设长度为 N 的离散序列为 $\{f_1, f_2, \cdots, f_N\}$，当 $N=2^n$ 时，WHT 的正变换和反变换定义如下。

（1）正变换：

$$H(u) = \frac{1}{N} \sum_{x=0}^{N-1} f(x)(-1)^{\sum_{i=0}^{N-1} b_i(x)b_i(u)} \quad (u=0,1,2,\cdots,N-1)$$

（2）反变换：

$$f(x) = \frac{1}{N} \sum_{u=0}^{N-1} H(u)(-1)^{\sum_{i=0}^{N-1} b_i(x)b_i(u)} \quad (x=0,1,2,\cdots,N-1)$$

其中指数上的求和是以 2 为模的，$b_i(D)$ 是 D 的二进制表达式中的第 i 位的取值，例如当 $n=3$ 时，对于 $D=6=(110)_2$，有 $b_0(D)=0$，$b_1(D)=1$，$b_2(D)=1$。

比较可知，WHT 正变换和反变换只差一个常数项，所以用于正变换的算法也可用于反变换，这使得 WHT 的使用非常方便。

以上只是讨论变换的方法，一般一个完整的变换编码系统框图如图 5-8 所示。

许多信号变换方法都可用于变换编码。需要注意的是，数据压缩并不是在变换步骤实现的，而是在量化变换系数时实现的，因为在实际编码时，对应于方差很小的分量往往可以不传送，从而使数据得到压缩。对某一个给定的编码应用，如何选择变换取决于可允

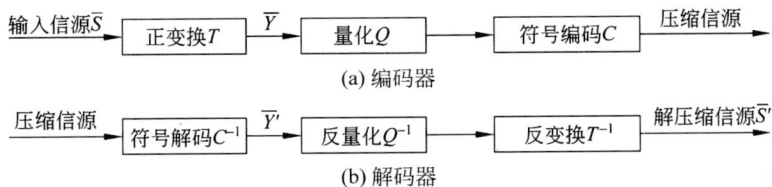

输入信源$\overline{S}$ →　正变换T　→ $\overline{Y}$ →　量化Q　→　符号编码C　→ 压缩信源

(a) 编码器

压缩信源 →　符号解码C^{-1}　→ $\overline{Y}'$ →　反量化Q^{-1}　→　反变换T^{-1}　→ 解压缩信源$\overline{S}'$

(b) 解码器

图 5-8　完整的变换编码系统框图

许的重建误差和计算要求。

变换具有将信号能量集中于某些系数的能力,不同的变换具有不同的信号能量集中能力。对常用的变换而言,DCT 比 DFT 和 WHT 有更强的信息集中能力。从理论上说,K-L 变换是所有变换中信息集中能力最优的变换,但 K-L 变换的变换矩阵与输入数据有关,所以不太实用。对于实际中使用的变换,其变换矩阵都与输入数据无关,在这些变换中,非正弦类变换(如 WHT)实现起来相对简单,但正弦类变换(如 DFT 和 DCT)更接近 KLT 的信息集中能力。DCT 的变换矩阵的基矢量近似于托伯利兹(Toeplitz)矩阵的特征矢量。由于托伯利兹矩阵能体现人类语音和图像信号的相关特性,因此对于大多数相关性很强的图像数据,DCT 是 KLT 目前最好的替代,所以称 DCT 为次最优正交变换。从变换后的能量集中程度的优劣来看,各种正交变换的由优至劣的顺序为 KLT→DCT→SLT→DFT→WHT→HRT;从运算量的大小来看,它们由小到大的顺序依次为 HRT→WHT→SLT→DCT→DFT→KLT。

近年来,由于 DCT 的信息集中能力和计算复杂性综合得比较好,而得到了较多的应用,DCT 已被设计在单个集成块上。另外,近年来得到广泛研究和应用的一些编码方法(例如子带编码、小波变换编码和分形编码等)也直接或间接地与变换编码相关。在实际应用中,需要根据信源特性来选择变换方法以达到解除相关性和压缩码率的目的。另外还可以根据一些参数来比较各种变换方法间的性能优劣,如反映编码效率的编码增益以及反映编码质量的块效应系数等。当信源的统计特性很难确知时,可用各种变换分别对信源进行变换编码,然后用实验或计算机仿真来计算这些参数,从而选择合适的编码。

哪些编码方法或思想可以同时应用于无失真编码和限失真编码?在采用无失真和限失真编码时,有哪些方法可以结合起来使用,以达到更好的压缩效果?

无失真编码对于限失真编码是否具有启示和借鉴意义?

思考题与习题

1. 信源编码和信道编码有相反的效果,是否可以同时不采用两种编码,以起到纠错的作用?

2. 限失真编码是否可以认为是无失真编码的推广?通过附加什么条件,可以将限失真编码变为无失真编码?

3. 是否可以将失真度量转换为其他的度量?限失真编码方法还可以应用于哪些信息分析和处理领域?

4. 在计算信息熵时,各个符号是同等对待的,只考虑其概率差异,从限失真编码方面思考信息论的局限性。

5. 讨论信息率失真函数可能的性质,包括你所认为的性质。

6. 设有一个二元等概率信源 $X \in \{0,1\}$, $p_0 = p_1 = 0.5$, 通过一个二进制对称信道,其失真矩阵 d_{ij} 定义为汉明失真 $d_{ij} = \begin{cases} 1, & i \neq j \\ 0, & i = j \end{cases}$, 信道转移概率为 $p_{ij} = \begin{cases} \varepsilon, & i \neq j \\ 1-\varepsilon, & i = j \end{cases}$, 试求平均失真矩阵 d 和平均失真 $\overline{D}$。

7. 一个四元对称信源为 $\begin{bmatrix} X \\ P(X) \end{bmatrix} = \begin{bmatrix} 0 & 1 & 2 & 3 \\ 1/4 & 1/4 & 1/4 & 1/4 \end{bmatrix}$, 接收符号 $Y = \{0,1,2,3\}$, 其失真矩阵为 $\begin{bmatrix} 0 & 1 & 1 & 1 \\ 1 & 0 & 1 & 1 \\ 1 & 1 & 0 & 1 \\ 1 & 1 & 1 & 0 \end{bmatrix}$, 求信源的 $D_{\max}$ 和 $D_{\min}$ 及 $R(D)$ 函数。

8. 若某无记忆信源为 $\begin{bmatrix} X \\ P(X) \end{bmatrix} = \begin{bmatrix} -1 & 0 & 1 \\ 1/3 & 1/3 & 1/3 \end{bmatrix}$, 接收符号 $Y = \begin{bmatrix} -\dfrac{1}{2}, & \dfrac{1}{2} \end{bmatrix}$, 其失真矩阵 $D = \begin{bmatrix} 1 & 2 \\ 1 & 1 \\ 2 & 1 \end{bmatrix}$, 求信源的最大失真度和最小失真度,并求选择何种信道可达到该 $D_{\max}$ 和 $D_{\min}$。

9. 某二元信源为 $\begin{bmatrix} X \\ P(X) \end{bmatrix} = \begin{bmatrix} 0 & 1 \\ 1/2 & 1/2 \end{bmatrix}$, 其失真矩阵为 $D = \begin{bmatrix} a & 0 \\ 0 & a \end{bmatrix}$, 求该信源的 $D_{\max}$、$D_{\min}$ 和 $R(D)$。

10. 设信源 $X = \{0,1,2\}$, 相应的概率分布 $p(0) = p(1) = 0.4$, $p(2) = 0.2$, 且失真函数为 $d(x_i, y_j) = \begin{cases} 0, & i = j \\ 1, & i \neq j \end{cases}$ $(i,j = 0,1,2)$, 求信源的 $R(D)$。

11. 设有离散无记忆信源 $\begin{bmatrix} X \\ P(X) \end{bmatrix} = \begin{bmatrix} x_1 & x_2 & x_3 \\ 1/3 & 1/3 & 1/3 \end{bmatrix}$, 其失真度为汉明失真度。

(1) 求 $D_{\min}$ 和 $R(D_{\min})$, 并写出相应试验信道的信道矩阵。

(2) 求 $D_{\max}$ 和 $R(D_{\max})$, 并写出相应试验信道的信道矩阵。

(3) 若允许平均失真度 $D = 1/3$, 则信源的每一个信源符号平均最少可以由几个二进制符号表示?

12. 设信源 $\begin{bmatrix} X \\ P(X) \end{bmatrix} = \begin{bmatrix} x_1 & x_2 \\ p & 1-p \end{bmatrix}$ $(p < 0.5)$, 其失真度为汉明失真度,当允许平均失真度 $D = 0.5p$ 时,每一个信源符号平均最少需要几个二进制符号来表示?

第6章

信 道 编 码

课前请先复习线性代数和离散数学的相关知识。

信道一般不是完美的,往往存在噪声。由于种种原因,数字信号在传输过程中不可避免地会产生差错。例如,在传输过程中受到外界的干扰,或在通信系统内部由于各个组成部分的质量不够理想而使传送的信号发生畸变等。当受到的干扰或信号畸变达到一定程度时,就会产生差错。信道编码顾名思义就是为了解决信道的这一问题而设计的一种编码方法,其出发点是为了改善通信系统的传输质量。广义的信道编码是以信息在信道上的正确传输为目标的编码,可分为两个层次上的问题。

(1) 如何正确接收载有信息的信号,这种编码称为线路编码,它是为了实现在特定信道上可靠地传输信息而对信号或格式进行设计的编码。

(2) 如何避免少量差错信号对信息内容的影响,对应的编码称为纠错编码(差错控制编码、纠错和检错编码,这种可以认为是狭义的信道编码)。

我们常讨论的信道编码即指纠错编码。一般而言,线路编码本身也具有一定的纠错和检错能力,但是其主旨并不在于此。本书约定信道编码即指纠错编码。

6.1 信道编码的概念

信道编码的目的是提高通信系统传输信息的可靠性,改善传输质量。研究信道编码的目标是要找出具体的构造编码的理论与方法。1948 年香农的有关"通信的数字理论"的文章给出了无差错纠错编码理论上的存在性,该文章发表后,很长一段时间内人们都在探寻编码和译码均简单有效的好码,由此形成了一整套纠错码理论。纠错编码的目的是引入冗余度,即在传输的信息码元后增加一些多余的码元(称为校验元,也叫监督元),以使受损或出错的信息仍能在接收端恢复。信道编码的任务就是构造出以最小冗余度和运算量等代价换取最大抗干扰性能的"好码"。从不同的角度出发,纠错编码可有不同的分类方法。

由于通信线路上总有噪声存在,噪声和有用信息中的结果就会出现差错,因此纠错编码有着广泛的应用。衡量信道传输性能的指标之一是误码率(PO),也有称为 SER(symbol error rate),计算公式为

$$PO=错误接收的码元数/接收的总码元数×100\%$$

目前的普通电话线路中,当传输速率在 $600\sim2400b/s$ 时,PO 在 $10^{-4}\sim10^{-6}$。对于

大多数通信系统，PO 在 $10^{-5}\sim10^{-9}$，而计算机之间的数据传输则要求误码率低于 10^{-9}。

现实中，我们可以采取什么措施减少差错并增强可靠性？

信道编码的定义为：为了与信道的统计特性相匹配，并且区分通路和提高通信的可靠性，在信源编码的基础上，按一定规律加入一些称为监督码元的新码元，以实现检错和纠错的目的。

该定义表明：①编码的方法要与通信信道的传输统计特性匹配，对于具有不同传输统计特性的通信信道，最佳的信道编码方法是不相同的；②编码的方法是加入冗余码元，这些加入的码元和信息码元之间一定要建立联系，要按一定的规律添加，以便在传输过程中出错后能被发现并且能够纠正传输中的错误；③加入的监督码元要尽量少，以便提高信息传输率。

你认为以上方法是绝对的吗？从上面的定义可以看出，可以通过增加码元来提高可靠性。显然我们可以通过无限制地加入码元以提高可靠性，但是这会增加冗余度，牺牲信息传输率，信道编码的根本任务是避免这种蛮力和无技术含量的方法，在保证数据传输率的前提下，降低误码率。信道编码本质上是在现有技术条件的限制下，高性价比地增加通信系统的可靠性，它不仅要考虑纠错的效果，而且要考虑纠错的代价；不仅要考虑编码，而且更要考虑译码；不仅要考虑无差错情况下的译码，更要考虑在有错误的情况下如何方便地进行低差错率的译码。

6.1.1 差错控制的基本方式

一般的单用户信道只能单向传递信息，多用户信道则可以双向通信，据此，可以将差错控制方式分为两大类。

一类是有反馈的控制方式，包括反馈重发（automatic repeat request）、信息反馈（information repetition request，IRQ）和混合纠错（hybrid error correction，HEC）等方式，其基本特征是信道编码构造简单，需要反馈信道。

反馈重发方式又称为检错重发。系统采用反馈重发方式工作时，发送端发送的是能够发现错误的码，收信端收到信道传输来的码字后，译码器根据编码规则，判决是否有错误，并通过专用的反馈信道把结果反馈至发送端。发送端依据反馈结果，把接收端判决有错的信息重新发送一次，直到接收端判断是正确的为止。因此，ARQ 系统要求是双向信道，并且要保证收发双方的同步，所以系统的控制和存储设备比较复杂。

信息反馈方式也称回程校验。这种模式下，接收端将接收到的码全部通过反馈信道发送回发送端；在发送端比较发送的码和反馈的码，如果有错，把错误的码再次重发，直到正确为止。这种方式纠错简单可靠，最大的缺点是发送效率低下。

混合纠错方法结合使用前向纠错和检错重发的思想，发送端发送的是兼有检错和纠错功能的编码。接收端接收到码字后，首先检查错误情况，如果差错没有超过编码的纠错能力范围，就自动纠错；否则，就通过反馈信道请求重发。因此，其性能介于反馈重发和前向纠错之间，误码率低，实时性好，设备不太复杂，应用范围比较广泛。

另一类是无反馈的控制方式，称为前向纠错（forward error correction，FEC），所谓"前向"，是指译码器根据码的规律性自动纠正错误。其优点是单向传输，不需要反馈，纠错迅速;但缺点是码的构造复杂,编码效率较低。

在未来的多媒体广播通信网络中,用户上传信息和某些数据量少、对传输错误非常敏感的多媒体服务可以采用反馈方式;而视频广播通信由于体制的特殊性只能采用 FEC 方式。

6.1.2　信道编码的分类

由于实际信道存在噪声和干扰,使发送的码字与信道传输后所接收的码字之间存在差异,称这种差异为差错。一般情况下,信道噪声、干扰越大,码字产生差错的概率也就越大。

在无记忆信道中,噪声独立、随机地影响着每个传输码元,因此接收的码元序列中的错误是独立、随机出现的。以高斯白噪声为主体的信道属于这类信道。太空信道、卫星信道、同轴电缆、光缆信道以及大多数视距微波接力信道均属于这一类信道。

在有记忆信道中,噪声、干扰的影响往往是前后相关的,错误是成串出现的。通常称这类信道为突发差错信道。实际的衰落信道、码间干扰信道均属于这类信道。典型的有短波信道、移动通信信道、散射信道以及受大的脉冲干扰和串话影响的明线和电缆信道,甚至还包括在磁记录中划痕、涂层缺损将造成成串的差错。

针对突发差错的错误集中的特点,思考如何打破集中以实现对突发差错信道的纠错编码方法。

有些实际信道既有独立、随机的差错,也有突发性成串差错,称之为混合信道,实际的移动信道即属于这类信道。

对不同类型的信道要对症下药,设计不同类型的信道编码方案,才能收到良好效果。所以有如下分类。

(1) 根据监督码元与信息组之间的关系,可以分为分组码(block code)和卷积码(convolutional code)两大类。对于卷积码可以想象一下卷铺盖,前面的对后面的会产生影响。若本码组的长度为 $n-k$ 位的监督码元与长度为 k 位的本码组的信息码元有关,而与其他码组的信息码元无关,则称为码长为 n 的分组码,记为 (n,k) 码。若本码组的长度为 $n-k$ 位的监督码元不仅和长度为 k 位的本码组的信息码元相关,而且还与本码组相邻的前 L 个码组的信息码元也有约束关系,则这类码称为卷积码,记为 (n,k,L) 码。

参考锦囊对你的启发,你认为在参数 n 和 k 相同的情况下,分组码和卷积码哪种编码的纠错效果更好?

(2) 根据码字中的信息码元是否发生变化,可分为系统码(systematic code)与非系统码。在系统码中,编码后的信息码元保持原样不变,而非系统码中信息码元则改变了原有的形式。你认为哪种编码包含的可能性更多?哪种编码的纠错效果更好?另一种编码的优势在哪里?

由于分组码的性质,在分组码情况下系统码与非系统码性能相同,因此更多地采用系统码;在卷积码的情况下有时非系统码有更好的性能。

(3) 根据构造编码的数学方法,可分为代数码、几何码和算术码。代数码建立在近代代数的基础上,理论发展最为完善。线性分组码是代数码中一类重要的码。几何码的数学理论基础是投影几何学；算术码的数学理论基础是数论、高等算术。

（4）根据监督码元和信息码元的关系，可分为线性码和非线性码。若编码规则可以用线性方程组来表示，则称为线性码（linear code）。反之，若两者不存在线性关系，则称为非线性码。线性码是代数码的一个最重要的分支。你认为哪种编码包含的可能性更多？哪种编码的效果更好？

（5）根据码的功能可分为检错码（error detecting code）、纠错码（error correcting code）以及纠正删除错误的纠删码（erasure code、erasure correction code）。

只能够检测出错误的编码称为检错码；既能检测出错误又能自动纠正错误的编码称为纠错码；能够纠正被删除了信息的错误的编码称为纠删码。但实际上这三类码并无明显区分，同一类编码可在不同的译码方式下体现出不同的功能。

（6）按照纠正错误的类型不同，可以分为纠随机差错码、纠突发差错码和纠混合差错码，统称为纠错码或者抗干扰码。前者主要用于发生零星独立错误的信道，而后者则用于对付以突发错误为主的信道。

（7）按照码字中每个码元的取值不同，还可分为二元码和多元码。二元码中，每个码元只有"0"和"1"两个取值。多元码中，码元有多个取值。现有传输系统和存储系统一般采用二进制的数字系统，所以一般提到的纠错码均指二元码。

（8）按照对每个信息元的保护能力是否相等可分为等保护纠错码与不等保护纠错码。

（9）根据码是否具有循环性可以分为循环码和非循环码。若分组码中任一码字的码元循环移位后都是码字，称其为循环码；如果循环移位后不一定再是该组的码字，称为非循环码。目前有许多广泛应用的纠错性能优越的好码是循环码。

此外还有其他分类，在此不一一列举。各种分类是相互渗透的，例如某一纠错码同时可以是线性码、分组码、随机纠错码、二元码以及代数码等。纠错码的简单分类具体如图 6-1 所示。

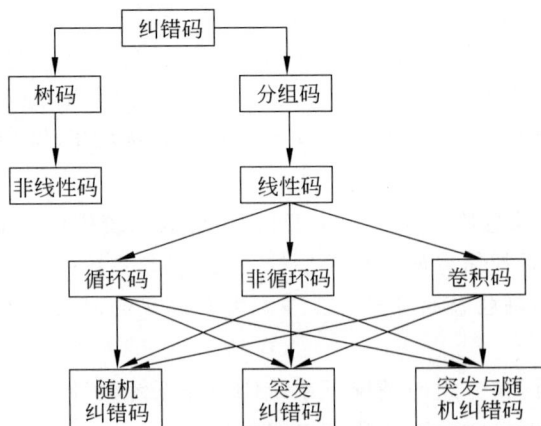

图 6-1 纠错码分类图

6.1.3　与纠错编码有关的基本概念

纠错码主要应用于实际的数字通信系统,对于信道编码,只需针对各种不同的数字信道和不同的干扰形式,研究各种纠错编码方法以纠正信道传输中带来的错误,而无须考虑信源方面的问题。因此,通信模型可简化为如图 6-2 所示。

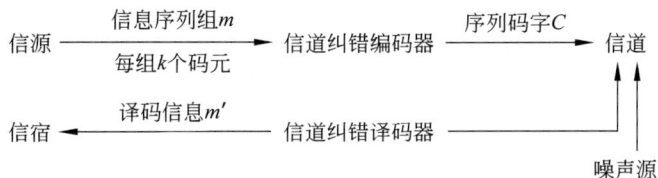

图 6-2　简化的数字通信系统

1. 码字、信息元和监督元

从图 6-2 可知,信道编码是对输入的信息序列将每 k 个信息符号分成一组,标记为 $m=(m_{k-1},m_{k-2},\cdots,m_0)$,称为信息组,其中 m_i 称为信息元。在数字通信系统中,可能的信息组共有 2^k 个。为了纠正信道中传输引起的差错,编码器按一定的规则在每个信息组中添加 r 个额外的码元,形成长度为 $n=r+k$ 的序列 $C=(c_{n-1},c_{n-2},\cdots,c_1,c_0)$,此序列称为码字、码组或码矢。码字中的每一个符号称为码元,所增加的 r 个额外的码元称为监督元或者校验元,其中 n 称为码长,k 是信息元的长度,$r=n-k$ 是监督元的长度。对于 2^k 个信息组,在信道纠错编码之后得到的码字也仍然是 2^k 个。所有码字的集合称为码 C。

在实际的编码中,一个码字可能无法清楚地分割为信息元和监督元。

2. 码字的汉明距离和汉明重量

长度为 n 的两个码字 A 和 B 之间的距离是指 A 和 B 之间对应位置上不同码元的个数,用符号 $D(A,B)$ 表示。这种码字距离(简称码距)通常称为汉明距离(又译为"海明距离",hamming distance)。

例如,有两个二元序列 $A=10111011$ 和 $B=11101101$,那么 $D(A,B)=4$。

一般在信道编码中习惯用 $C=(C_{n-1},C_{n-2},\cdots,C_0)$ 表示码字。对于二元信道,汉明距离可表达如下:

$$D(C_i,C_j)=\sum_{k=0}^{n-1}c_{i_k}\oplus c_{j_k} \tag{6-1}$$

$\oplus$ 为异或运算符。其中 $C_i=(c_{i_{n-1}}c_{i_{n-2}}\cdots c_{i_1}c_{i_0}),c_{i_k}\in\{0,1\}$;$C_j=(c_{j_{n-1}}c_{j_{n-2}}\cdots c_{j_1}c_{j_0}),c_{j_k}\in\{0,1\}$。

在码 C 中,任意两个码字的汉明距离的最小值称为该码 C 的最小距离,即

$$d_{\min}=\min\{D(C_i,C_j)\},\quad C_i\neq C_j$$

其中,C_i 和 $C_j\in C$。

最小码距是码的重要参数,该指标可以用于衡量一个码(在最差情况下)的纠错性能。

从避免码字受干扰而出错的角度出发,总是希望码字间有尽可能大的距离,因为最小码距代表着一个码组中最不利的情况。从安全角度出发,应使用最小码距来分析码的检错、纠错能力。因此,最小码距是衡量该码纠错能力的依据,它是一个非常重要的参数。

思考以下问题:采用纠错编码,考虑二进制信道,0 和 1 等概率分布,差错也是对称的,即对称信道,分别将:

- 0 编码为 00,1 编码为 11。
- 0 编码为 01,1 编码为 10。
- 0 编码为 11,1 编码为 00。
- 0 编码为 10,1 编码为 01。

请问以上编码是否等效?

如果将 0 编码为 00,并将 1 编码为 01,与以上编码是否等效? 这说明了什么问题? 对于编码有什么启示?

上述关于距离的概念也适用于任意多元信道和多元码。

码字中含非零码元的个数称为码字的汉明重量,也称为汉明势、码重,记为 $W(C)$。在二元码中,码字的汉明重量即为码字中所含"1"的个数。若二元码字 $C=(C_{n-1}, C_{n-2}, \cdots, C_0)$,则

$$W(C) = \sum_{i=0}^{n-1} c_i \quad (c_i \in [0,1]) \tag{6-2}$$

因此,二元分组码中码字 C_k 与 C_j 间的汉明距离为:

$$D(C_k, C_j) = W(C_k \oplus C_j) \tag{6-3}$$

3. 差错符号、差错比特和错误图样

纠错编码器编码输出的码字序列在信道中传输的过程中,由于噪声和干扰,接收序列中某些码元可能会发生差错。

信号差错与信息差错既有联系又有区别,分别用差错符号、差错比特来描述。通常所说的符号差错概率是指信号差错概率,而误比特率是指信息差错概率。对于二进制传输系统,符号差错等效于比特差错。

为定量地描述信号的差错,定义收、发码之"差"为差错图样(错误图样):差错样图 $E=$ 发码 $C-$ 收码 R(模 M)。若差错图样上各码位的取值既与先后位置无关又与时间无关,即差错始终以相等的概率独立发生于各码字、各码元和各比特间,则称此差错为随机差错。前后相关、成堆出现的差错则称为突发差错。

为描述差错的方便,引入错误图样(也称差错图样) $E=(e_{n-1}, e_{n-2}, \cdots, e_1, e_0)$。一般实际的数字通信系统采用二元数字通信系统,因此我们仅仅研究二元信道的情况。

在二元信道中,错误图样 E 可以表达为:

$$E=(e_{n-1}, e_{n-2}, \cdots, e_1, e_0) \quad e_i \in [0,1] \quad (i=0,1,\cdots,n-1) \tag{6-4}$$

当 e_i 取 0 值时,表示第 i 位码元无差错发生;当 e_i 取 1 值时,则表示该码元发生了差错。在分组纠错码中每个码字的码长为 n,所以错误图样的码长为 n,而信道输出的接收

序列也是长度为 n 的二元序列,表示为 $R = (r_{n-1}, r_{n-2}, \cdots, r_1, r_0), r_i \in [0, 1](i = 0, 1, \cdots, n-1)$。根据定义,码字、接收序列和错误图样三者的关系是:

$$R = C \oplus E, \quad C = R \oplus E, \quad E = R \oplus C$$

错误图样可以描述随机差错和突发差错,它们可依次定义为随机差错图样和突发差错图样。在随机差错图样 E 中,出现"1"的情况具有随机性,而出现"1"的地方表示该位码元发生了差错。在突发差错图样中,引入一个新的概念——突发长度,表示出现第一个"1"到最后一个"1"之间的长度,是信道所引起的成串成片差错的一个参数量。例如,突发差错样图 $E = (011001001000)$ 的突发长度为 8,表示第一个"1"到最后一个"1"之间的长度为 8,它只能表示发生差错的起始位置和终止位置之间的总长,并不表示这之间的每一位都发生了错误,它们也有可能是正确被传输的。但如果用来表示随机差错图样,则表示第 2 位、第 3 位、第 6 位和第 9 位发生了差错。

错误图样的汉明重量可表示为 $W(E_e) = e$,其中 E_e 表示错误图样中含 e 个"1"。例如错误图样 E_1 包含一个"1",E_2 包含两个"1"。

在通信系统中,接收到的消息序列 R 与发送的码符号序列 C 不一样,需要用一些方法来描述错误和相应编码方法的性质。

6.1.4　纠错与检错原理

在无噪无损信道上,只要对信源的输出进行适当的编码,总能以最大信息传输率 C(信道容量)无差错地传输信息。但是一般信道中不可避免地会存在噪声和干扰,信息传输会产生损失,那么在有噪信道中,这种损失是多少?怎么计算?怎么降低这种损失?这就是有噪信道编码定理所要研究的问题,也就是通信系统的可靠性问题。此即香农在 1948 年提出并且证明了的信道编码定理,即香农第二编码定理。

前面我们已经介绍了香农信道编码定理。证明过程比较复杂,这里将不给出证明。可以证明,有扰信道编码错误概率 P_e 满足如下不等式:

$$P_e < e^{-nE(R)} \tag{6-5}$$

其中 n 是码字长,R 是信息传输率,$E(R)$ 是传输可靠性函数,即误差函数。

我们将从式(6-5)和冗余度、噪声均化(随机化、概率化)两方面分析纠错检错的基本原理。

纠错检错就是寻找使 P_e 减小的方法。从式(6-5)可以知道,减小 P_e 的方法有增加码长 n 和增加可靠性函数 $E(R)$ 两种方法,而增加 $E(R)$ 的方法有加大信道容量 C 或者减小码率 R。

现实中通过增加冗余度和噪声均化可以减少差错。增加冗余度就是在信息流中插入冗余比特,这些冗余比特与信息比特之间存在着特定的相关性。这样,即使在传输过程中个别信息受损,也可以利用相关性从其他未受损的冗余比特中推测出受损比特的原形,保证了信息的可靠性。例如,如果用 2 位表示 4 种意义,是无法发现差错的。如果用 3 位来表示 4 种意义,就有可能发现差错,因为 3 位有 8 种组合,用其表示 4 种意义,还有 4 种冗余组合,如果传输差错使得收到的 3 位组合落入 4 种冗余组合中,就可以断定一定有差错位。

噪声均化就是让差错随机化,以便更符合编码定理的条件,从而得到符合编码定理的结果。其基本思想是设法将危害大并且危害集中的干扰分散开来,使其不可恢复的信息损伤最小。通过充分利用监督元监督更多的信息元,使差错分布均匀,而达到更好的纠错效果,这也符合锦囊中提出的大家庭的比喻。例如,二进制(7,4)汉明码能纠正一个差错,假设噪声在 14 个码元上产生 2 个差错,那么差错的不同分布将产生不同的后果。如果 2 个差错集中在前 7 个码元(同一码字上),该码字将出错。如果差错分散在前后两个码字上,每个码字承受一个差错,则每个码字差错的个数都没有超出其纠错能力的范围,这两个码字将全部正确译码。因此,集中的噪声干扰(称为突发差错)的危害大于分散的噪声干扰(称为随机差错)。噪声均化正是将差错均匀分摊给各个码字,达到提高总体差错控制能力的目的。注意这并不是绝对的,而是高概率地分散差错。

噪声均化的方法主要有 3 种:①增加码长 N;②采用卷积码;③采用交错(交织)的编码方法。

6.1.5 纠错方法

由于信道上存在干扰,无论我们增加多大的冗余,也不可能绝对保证可靠性,注意这一点并不违背香农第二编码定理。既然不能保证绝对正确,纠错译码的目标就只能退而求其次,让错误率尽量的低。

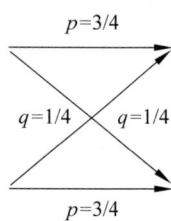

在编码方法和信源已经确定的情况下,如何进行译码才能得到最高的准确率呢?

我们知道,不同的信道对码元符号传输出现错误的概率是不同的,那么在固定的信道上,是否可以通过选择适当的译码规则来降低错误的概率呢? 我们通过几个具体的实例来说明这个问题。

在二元无记忆的对称信道中,单个符号的正确传递概率是 p,错误传递的概率 q 为 $p=1-q$,如图 6-3 所示。

图 6-3 二元对称无记忆信道

假设 $p=3/4$,如果接收到符号"0"就译码为发送的符号为"1",接收到符号"1"就译码为发送的符号为"0",按此译码规则,平均错误概率为:

$$P_E = P(0) \cdot P_e^{(0)} + P(1)P_e^1 = \frac{1}{2} \times \frac{3}{4} + \frac{1}{2} \times \frac{3}{4} = \frac{3}{4} \tag{6-6}$$

相反,如果译码规则改变为:接收到符号"1",就译为符号"1";接收到符号"0",就译为符号"0",则平均错误概率为:

$$P_E = P(0) \cdot P_e^{(0)} + P(1)P_e^1 = \frac{1}{2} \times \frac{1}{4} + \frac{1}{2} \times \frac{1}{4} = \frac{1}{4} \tag{6-7}$$

由此可见,即使是同样的信道,如果选择的编码方法不同,所得到的对码元的译码效果也是不同的。因此,这就涉及制定译码规则的问题。

设离散单符号信道的输入符号集合为 $X=\{x_i\}, i=1,2,\cdots,r$;输出符号集为 $Y=\{y_j\}, j=1,2,\cdots,t$。制定译码规则就是设计函数 $y_j=f(x_i)$,使每个输入有唯一的输出与之对应。

例 6-1 离散单符号信道的信道矩阵为：

$$\boldsymbol{P} = \begin{matrix} & y_1 & y_2 & y_3 \\ x_1 & \\ x_2 \\ x_3 \end{matrix} \begin{bmatrix} 0.6 & 0.2 & 0.2 \\ 0.3 & 0.5 & 0.2 \\ 0.1 & 0.3 & 0.6 \end{bmatrix} \tag{6-8}$$

对每一个输入 x_i，都可译码为 t 个输出 y_i 中的一个，所以总共有 t^r 种译码规则可供选择。究竟选择哪一种译码规则呢？当然是选择平均错误概率最小的那种译码规则，亦即平均正确概率最大的译码规则。

注意，译码是在收到了码后才进行的，所以此时收码 r_i 是已知条件，因此此时应该选用那个可能性最大的发码 c_j，i 已经确定，通过求最大的 $\max\{P(c_j|r_i)\}$，我们确定发码 C_j。对于每一个 r_i 得到对应的 c_j，就用这一对应规则进行译码，此时错误率最低，这种译码规则称为"最大后验概率准则"，也称"最小错误准则"，即最优译码准则。这种译码规则无可非议是最好的。但是，$P(c_j|r_i)$ 并非任何情况下都可以获得。

对于一个已知的信道，其条件转移概率矩阵（概率 $P(r_i|c_j)$）是已知的，要得到 i 已知情况下的后验概率 $p(c_j|r_i)$，由于 $p(c_j|r_i)=p(r_i|c_j)p(c_j)/p(r_i)$，还必须知道概率 $p(c_j)$，在现实中，我们往往并不知道它，所以就出现了另一种译码规则，称为最大似然译码准则。

先固定 j，通过 $\max\{p(r_i|c_j)\}$ 获得 i 和 j 的对应关系，从而进行译码。

似然可以理解为似乎是这样，看起来似乎是最好的方法，而且也是没有足够信息的前提下不得已的权宜之计。前面提到了最大熵原理，在信息缺乏的情况下，我们认为它的熵最大，对于发码，假设它的熵最大即为等概率。根据上面的等式，当输入等概率时，最大似然译码和最佳译码是相同的。

但是，这并不意味着随时都等效，可以通过极端的例子来分析。假设对于一个二元对称信道，如果发送 0 和 1 的概率悬殊，0 的概率为 0.000000001，则采用最大似然译码可靠吗？更极端一些，发送 0 的概率就是 0，用最大似然译码规则会出现什么情况？而用最佳译码会出错吗？

对于无记忆的对称二元信道，最大似然译码可以简化为最小汉明距离译码。即译码时将与收码距离最小的码认为是正确的码，比如如果收到 001，发码包含 000 和 111，则译为 000，因为它们的距离为 1。

很显然，两个码字的距离越大，说明它们的差异越大，传输后越不容易搞错二者。也就是说，错误的可能性就越小，错误概率越小。这样，在一个码中，码的最小距离越大，受干扰后平均错误概率就越小。因此，在编码时使码字间的距离越大越好。

前面介绍过信道编码定理的概要版，这里给出更具体的条件下的信道编码定理，由于证明的复杂性，这里将不赘述，可参考相关文献。

定理 6-1 有噪信道编码定理。设离散无记忆信道为 $[X, p(y|x), Y]$，$p(y|x)$ 为信道传递概率，其信道容量为 C。当信息传输率 $R<C$ 时，在码长 n 足够长的情况下，总可

以在输入 X^n 符号集中找到 $M(=2^{nR})$ 个码字组成的一组码 $(2^{nR}, n)$ 和相应的译码规则，使译码的平均错误概率任意小 $(P_E \to 0)$。

香农第二定理给信道的最佳编码方法提供了理论依据，指导并激励着诸多的科学工作者寻找最优的编码方法，以降低错误概率。在现有的一些编码方法下，错误概率在不断地接近理论极限。

定理 6-2 有噪信道编码逆定理。设离散无记忆信道为 $[X, p(y|x), Y]$，其信道容量为 C。当信息传输率 $R > C$ 时，无论码长 n 多长，也找不到一种编码 $(2^{nR}, n)$，使译码错误概率任意小。

定理 6-3 对于限带高斯白噪声加性信道，噪声功率为 P_N，带宽为 W，信号平均功率受限为 P_S，则：

（1）当 $R \leqslant C = W \log_2\left(1 + \dfrac{P_S}{P_N}\right)$ 时，总可以找到一种信道编码在信道中以信息传输率 R 传输信息，并使平均错误概率任意小。

（2）当 $R > C = W \log_2\left(1 + \dfrac{P_S}{P_N}\right)$ 时，找不到任何信道编码，在信道中以 R 传输信息而使平均错误概率任意小。

定理 6-1、定理 6-2 和定理 6-3 说明：无论是离散信道还是连续信道，其信道容量 C 是可靠的最大信息传输率。在实际的信道中，因为干扰和噪声的存在，其信道传输率只可能无限接近，但不可能达到最大信息传输率（即 C）。

香农第二定理是一个存在定理，它说明错误概率趋于零的编码是存在的。但是在完全随机且没有规律的情况下去寻找这样一种编码是难以构造和译码的；并且当码长 n 很大时，译码的码字数为 2^n，译码表就很庞大，难以实现。尽管如此，香农第二定理也是指导各种通信系统设计以及评价各种通信系统和编码效率的基本理论依据。

注意：香农给出的极限是在理想情况下的极限，实际上并不可能达到，因为它假设分组可以趋向于无穷大。但是在现实中，一个消息的长度都是有限的，更别说消息的分组可以无穷大。香农给出的第二编码定理让当时的许多人惊愕，但是香农编码定理是否违背我们的直觉依然需要辩证看待。就好比我们锦囊中的大家庭，如果是可以趋向于无穷大，根据大数定律，把救灾金额设定为一个有限值，就可以保证每一个大家庭的救灾，但是大家庭本身也不可能无穷大。

6.2 线性分组码

现实的编码设计需要考虑多方面的需要，比如前面我们已经有了译码规则，对于前面的编码，有些分组码的译码过程可以设计为一种查表过程，将明文信息 m 与信道编码后的码字 c 建成一个表，编码过程就是根据 m 查表，然后得到码字 c。同样地，对译码过程也可以用前面的一种译码规则建立对应的表，收到码字 r 后，根据查表得到对应关系，就可以译码得到码字 c，译码后再查表，可以译为明文信息 m。但是这样的查表在许多情况下不现实，我们希望编码、检错、纠错、译码过程都利于软件和硬件实现，特别是能够用比较方便的计算方法实现,所以就需要运用数学的映射方法,将明文与某些数学方法中的参数建立映射关系,从而利于相应的结论,获得好的效果。

所谓线性分组码是指分组码中信息元和监督元之间是一种线性关系并且可以用线性方程组联系起来的差错控制编码。线性分组码是最重要的一类纠错码,是研究纠错码的基础。本节首先介绍研究线性分组码的必要数学基础,然后介绍线性分组码的概念和译码以及纠错能力。

假设我们要设计一种纠错码,需要考虑哪些因素? 有哪些数学知识可以方便我们表示数据、加入监督单元、纠错和检错?

6.2.1　线性分组码的数学基础

线性分组码具有成熟并且相对容易理解的数学理论作为其基础,有助于我们理解和掌握信道编码的完整运行机制,我们在中学学习过二维和三维坐标系,实际上可以用各个坐标来表示数据,到了线性代数中,我们学习过 n 维向量和 n 维空间,其中的 n 维向量可以用来表达数据。线性代数中,如果方程组有多余的,就会影响对应矩阵的秩或行列式的值。在矩阵中,非满秩的数据就存在多余行(列),行列式为 0 对应的方程式是多余的,我们是否可以用矩阵或向量来表达纠错编码的冗余? 纠错编码后的数据由于冗余存在,它是受限制的。在线性代数中,用方程式来限制未知数构成的向量,为了简化问题,考虑齐次方程式,即常数项为 0,此时可以认为系数和未知数构成的向量的内积为 0,在 n 维空间中两个向量是垂直(正交)的。

1. 群论

对于一个非空的集合 S,以及定义在集合 S 上的一种代数运算(加法或者乘法,符号表示为"$\circ$",其中加法运算用符号"$+$"表示,乘法运算用符号"$\cdot$"表示),如果满足下列公理,就称 S 为群,标记为 $(S, \circ)$。

(1) 封闭性。对集合中的任意元素 s_i、s_j,恒有 $s_i \circ s_j \in S$。

(2) 结合性。对集合中的任意元素 s_i、s_j、s_k,恒有 $(s_i \circ s_j) \circ s_k = s_i \circ (s_j \circ s_k)$。

(3) 有单位元。对任意集合中的元素 s_i,集合 S 中存在一个单位元 e,满足 $s_i \circ e = e \circ s_i = s_i$。

(4) 可逆性。对任意集合中的元素 s_i,集合 S 中存在一个可逆元 $(s_i)^{-1}$,满足 $s_i \circ (s_i)^{-1} = (s_i)^{-1} \circ s_i = e$。

上述定义运算中,运算符"$\circ$"表示加法或者乘法运算中的一种;单位元在加法时为"0",在乘法时为"1"。但请注意这里的"0"或者"1"并不代表数值上的"0"或者"1",例如,在矩阵运算中分别代表零矩阵或者单位矩阵。集合 S 中的任意元素 s_i 的逆元 $(s_i)^{-1}$ 在加法运算中就是 $-s_i$,在乘法运算中就是 $1/s_i$。

如果群的运算符"$\circ$"取加法"$+$",则集合 S 称为加法群(加群);如果群的运算符"$\circ$"取乘法"$\cdot$",则集合 S 称为乘法群(乘群)。

在加群和乘群中,如果集合 S 中的任意两个元素 s_i 和 s_j 满足 $s_i \circ s_j = s_j \circ s_i$,则称为交换群,也就是阿贝尔群。

群中元素的个数称为群的阶。若群的阶为无限,称为无限群;否则称为有限群。

群的这种对运算进行抽象的方法对你有什么启示？你是否可以发现更多的广义化的运算，并且找到特别的用途？

2. 环、域和伽罗华域

一个群只规定了一种代数运算（加法或者乘法），而环在非空集合 R 上同时规定了两种代数运算（加法和乘法），并且满足如下条件，则称 $(R,+,\cdot)$ 为环，简称环 R。注意这里包括后面讨论的加法和乘法都是抽象（代数）运算。

（1）$(R,+)$ 是加法交换群。

（2）对乘法满足封闭性：$\forall a,b\in R$，有 $a\cdot b\in R$。

（3）对乘法满足结合律：$\forall a,b,c\in R$，有 $a\cdot b\cdot c=a\cdot (b\cdot c)$。

（4）分配律：$\forall a,b,c\in R$，有 $a\cdot (b+c)=a\cdot b+a\cdot c$，$(b+c)\cdot a=b\cdot a+c\cdot a$。

如果环 R 还满足乘法交换律：$\forall a,b\in R$，有 $a\cdot b=b\cdot a$，则称 R 为交换环。

由上述定义知道，环对乘法运算不要求存在单位元和逆元。如果环 R 对乘法还存在乘法单位元 e，则称环 R 为带幺环，或者有单位元的环。

在环 R 中，若有 $a,b\in R$，$a\neq 0$，$b\neq 0$，但 $a\cdot b=0$，则称 a 为 R 的左零因子，b 为 R 的右零因子，都简称为零因子。一个环如果无零因子，就称为无零因子环，并且称无零因子的交换环为整环。

类似环的定义，一个群只规定了一种代数运算（加法或者乘法），而域同时规定了两种代数运算（加法和乘法）。

在非空集合 F 中，规定了加法和乘法两种代数运算，并且满足如下公理：

（1）集合 F 对规定的加法运算构成交换群。

（2）集合 F 中的全体非零元素对乘法运算构成交换群。

（3）对加法和乘法运算满足分配律，即对于任意的 $f_i,f_j,f_k\in F$，满足 $f_i(f_j+f_k)=f_if_j+f_if_k$。

满足上述条件的集合 F 称为一个域。域中元素的个数称为域的阶。无限个元素的域称为无限域，有限个元素的域则称为有限域，有限域又称为伽罗华域（Galois Field）。含 q 个元素的有限域记为 $GF(q)$。

类似于群和环，子域也是一个非常重要的概念。设 $(F,+,\cdot)$ 是域，F_1 是 F 的非空真子集，若 F_1 在 F 的运算下仍是域，就称 $(F_1,+,\cdot)$ 是 $(F,+,\cdot)$ 的子域，F 是 F_1 的扩域。

3. 有限域上的线性代数

有限域上的线性空间理论是线性分组码的数学基础，实数域上的线性空间理论有很多可以借鉴，但在细节上还是有许多不同之处。

线性空间的基本概念：

举一个简单的例子，用三维坐标系表示二维数据，只需要两个向量来表示原始信息即可，为了方便，选择两个垂直的向量，它们构成了一个子空间（子空间 A 平面）。但是三维空间还剩下一维可以利用，于是选取一个垂直于前两个向量的向量，它也能够构成一个子空间（子空间 B 直线）。将编码映射到 A 平面上，可以通过检验编码是不是在平面上进行检错，该如何检验呢？该平面上的任意向量都与子空间 B 上的向量垂直，用数学表述就是内积为 0。如果不为 0，就判定发生了错误。

如果在域 F 上的非空集合 V 上定义了二元加法运算和数乘运算：

$\forall u, v \in V$，则 $u + v \in V$。

$\forall a \in F, \forall u \in V$，则 $a \cdot u \in V$。

并且满足：

（1）$(V, +)$ 是加法交换群。

（2）线性性。$\forall u, v \in V, \forall a, b \in F$，有：

$$a \cdot (u + v) = au + av, \quad (a + b)u = au + bu$$
$$(ab)u = a(bu), \quad 1u = u, \quad 1 \in F$$

则称 V 是域 F 上的线性空间，又称为矢量空间，其元素称为矢量（向量）。

实数域 R 上的 n 重数组 $\{(a_1, a_2, \cdots, a_n) | a_i \in R\}$ 在加法和数乘运算下是矢量空间，记为 R^n。

记矢量 $v = (a_1, a_2, \cdots, a_n)$，称 a_i 是矢量 v 的第 i 个分量。

定义有限域 F_q 上的 n 重数组 $\{(a_1, a_2, \cdots, a_n) | a_i \in F_q\}$ 的加法和数乘运算为：

$$(a_1, a_2, \cdots, a_n) + (b_1, b_2, \cdots, b_n) = ((a_1 + b_1) \bmod q, (a_2 + b_2) \bmod q, \cdots,$$
$$(a_n + b_n) \bmod q)$$

$$k(a_1, a_2, \cdots, a_n) = (ka_1 \bmod q, ka_2 \bmod q, \cdots, ka_n \bmod q), \quad k \in F_q$$

在上述模 q 运算下，n 重数组也是矢量空间，记为 $V(n, q)$、$V_{n,q}$ 或者 V_n。

在 $F_q[x]_{f(x)}$ 中，按如上的有限域 F_q 上的加法运算和数乘运算定义其系数的加法运算和乘法运算，则 $F_q[x]_{f(x)}$ 是矢量空间。

如果矢量空间 V 的非空子集 V_1 满足矢量空间的条件，则称 V_1 是 V 的子空间。

设域 F 上的矢量空间 V 中矢量 $v = \sum_{i=1}^{r} k_i v_i, k_i \in F, v_i \in V$，称 v 是矢量 $v_1, v_2, \cdots, v_r$ 的线性组合（或者线性表示）。

如果有 $k_1, k_2, \cdots, k_r \in F$，且不全为零，使得 $v = \sum_{i=1}^{r} k_i v_i = 0$，则称矢量 $v_1, v_2, \cdots, v_r$ 是线性相关的；否则，称其为线性无关的（或线性独立的）。

在矢量空间 V 中，如果某一子集 $S \subset V, \forall v$ 都可以由 S 中的矢量线性表示，则称空间 V 可以由 S 生成。如果 S 中的矢量是线性无关的，则称 S 中的矢量是空间 V 的基底。S 中线性无关的矢量个数称为矢量空间 V 的维数，用 $\dim V$ 表示其维数。

如果两个矢量 $\boldsymbol{u} = (u_1, u_2, \cdots, u_n), \boldsymbol{v} = (v_1, v_2, \cdots, v_n), \boldsymbol{u}, \boldsymbol{v} \in V$，则称：

$$\boldsymbol{u} \cdot \boldsymbol{v} = u_1 v_1 + u_2 v_2 + \cdots + u_n v_n$$

为 $\boldsymbol{u}$ 和 $\boldsymbol{v}$ 的内积（或点积）。如果 $\boldsymbol{u} \cdot \boldsymbol{v} = 0$，则称矢量 $\boldsymbol{u}$ 和 $\boldsymbol{v}$ 正交。

如果 V_1 是 n 维空间 V 的子空间，与 V_1 中每个矢量均正交的所有矢量的集合 V_2 称为 V_1 的正交补，也称为零空间（或者零化空间）。可以证明，此时：

$$\dim V = \dim V_1 + \dim V_2$$

6.2.2　线性分组码的基本概念

分组码的编码包括两个基本的步骤：

（1）将信源的输出序列划分为 k 位一组的消息组。

（2）编码器根据一定的编码规则将 k 位消息变换为 n 个码元的码字。

对于一个 (n,k) 分组码，如果码的数域为 $GF(q)$，也就是每个码元有 q 个可能的符号，信源可以发送的消息组共有 q^k 个。为了在接收端对码字进行唯一的译码，消息组与码字之间有一一对应的关系，因此编码器至少要存储 q^k 个码字才能实现消息到码字的变换。当 k 比较大时，这种编码器的实际应用就很困难。为了压缩编码器的存储容量，必须要对编码器做一个约束，一般是做线性的约束，使得校验位（监督位）与信息之间呈现线性关系。

当且仅当 q^k 个 n 重矢量的集合 C 构成 n 维线性空间的一个 k 维子空间时，C 称为线性分组码。

这是从线性空间角度给出的定义，它与从约束的角度所定义的线性分组码在实质上是一致的。

对于二进制的 (n,k) 线性分组码，共有 2^k 个码字。其构成 k 维子空间的主要特征在于：

（1）在加法运算下满足封闭性。

（2）2^k 个码字中只有 k 个是线性独立的。这就是说，如果只存储 k 个独立的基底码字，通过线性组合就可以得到 2^k 个两两互异的全部码字。不再需要存储 2^k 个码字，这将大大降低存储容量。

6.2.3 生成矩阵和一致校验矩阵

线性分组码是指将分组码中监督元和信息元用线性方程联系起来的一种差错控制码，线性分组码是最重要的一类码，是研究纠错码的基础。本节研究线性分组码的一般原理。

信息 $m=(m_0 m_1 \cdots m_{k-1})$ 是编码器分成的长度为 k 的一组信息，其线性组合产生 r 个监督元，输出码字 $C=(c_0 c_1 \cdots c_{n-1})(n=k+r)$，用矩阵表示为：

$$C_{1,n} = [m_0 m_1 \cdots m_{k-1}] \begin{bmatrix} g_{0,0} & g_{0,1} & \cdots & g_{0,n-1} \\ g_{1,0} & g_{1,1} & \cdots & g_{1,n-1} \\ \vdots & \vdots & \ddots & \vdots \\ g_{k-1,0} & g_{k-1,1} & \cdots & g_{k-1,n-1} \end{bmatrix} = m_{1,k} \cdot G_{k,n} \qquad (6\text{-}9)$$

考虑到数字通信系统广泛采用二元码，我们界定 $m_i \in GF(2)$，那么 $c_i \in GF(2)$。称矩阵 G 为 (n,k) 的生成矩阵。可见，生成矩阵 G 建立了消息与码矢间的一一对应关系。在矩阵 G 中，其秩不大于 k，也就是说，从空间的角度看，G 有 k 个基底矢量，选择不同的基底矢量，产生的生成矩阵是不同的。但是一旦基底矢量确定，编码器的输出就是固定的，不同的基底矢量所形成的空间都是 n 维空间的 k 维子空间 V_n^k，其检错和纠错能力是相同的。

那么生成矩阵 G 究竟如何产生的？我们先直接给出生成 G 的结论，然后再给出证明。

结论：对 (n,k) 码，所有码字均可表示为维数为 n 的 k 个线性无关(线性独立)码字的线性组合，任何一组线性无关的码字均是码空间的一个基底，一组基底所构成的矩阵就是一个生成矩阵。

从该结论可知：要寻找 (n,k) 码的生成矩阵，只需找到 k 个线性无关的 n 维矢量，即可构成一个生成矩阵。那么通过矩阵的行变换(行之间加减、交换)，必然可以使矩阵的前 k 列和前 k 行一起构成单位阵，由于运算的封闭性，变换前后的码集是相同的，此时的矩阵即为标准生成矩阵。

为什么要线性无关？如果是线性相关会出现什么情况，线性无关可以避免什么情况？

应该用直接证明还是反证法证明线性无关条件存在？

在纠错编码中，当分组码的码集一样时，一定条件下可以认为纠错的效果一样，从这个角度思考为什么做行运算和行交换是可行的？

例 6-2 以矢量 $g_0 = (1001110)$、$g_1 = (0100111)$ 和 $g_2 = (0011101)$ 作为基底，设计一个 $(7,3)$ 线性分组码。

解：由基底矢量构成的生成矩阵为 $G = \begin{bmatrix} 1001110 \\ 0100111 \\ 0011101 \end{bmatrix}$，在 $GF(2)$ 域中，消息 (m_0, m_1, m_2)

所构成的矢量共有 8 个，下面是其中一个消息矩阵 $M = \begin{bmatrix} 0 & 0 & 0 & 0 & 1 & 1 & 1 & 1 \\ 0 & 0 & 1 & 1 & 0 & 0 & 1 & 1 \\ 0 & 1 & 0 & 1 & 0 & 1 & 0 & 1 \end{bmatrix}^T$，那

么以 G 为生成矩阵的码字矩阵 C 为：

$$C = M \times G = \begin{bmatrix} 0 & 0 & 0 & 0 & 0 & 0 & 0 \\ 0 & 0 & 1 & 1 & 1 & 0 & 1 \\ 0 & 1 & 0 & 0 & 1 & 1 & 1 \\ 0 & 1 & 1 & 1 & 0 & 1 & 0 \\ 1 & 0 & 0 & 1 & 1 & 1 & 0 \\ 1 & 0 & 1 & 0 & 0 & 1 & 1 \\ 1 & 1 & 0 & 1 & 0 & 0 & 1 \\ 1 & 1 & 1 & 0 & 1 & 0 & 0 \end{bmatrix}$$

在所有的基底中，使编码器输出的前面必有 k 位与 k 位消息完全一样，这种情况下的码字称为系统码，否则称为非系统码。如果生成矩阵所产生输出的前 k 位均为消息码元，称这种生成矩阵为标准生成矩阵。

标准生成矩阵的编码器仅仅需要存储 $k \times (n-k)$(式(6-10)中的非单位分块矩阵的元素个数)个数字(非系统码需要存储 $k \times n$ 个数字，即生成矩阵需要存储的元素个数)。对应于标准生成矩阵系统码的后面 $n-k$ 位为监督元，译码时仅需对前 k 个信息位纠错即可恢复消息。因此编码和译码比较简单，而性能与其他生成矩阵产生的编码相同，所以得到了广泛的应用。标准生成矩阵用分块矩阵表示如式(6-10)所示。

$$G_{k,n} = \begin{bmatrix} 1 & 0 & 0 & \cdots & 0 & p_{0,0} & p_{0,1} & \cdots & p_{0,n-k-1} \\ 0 & 1 & 0 & \cdots & 0 & p_{1,0} & p_{1,1} & \cdots & p_{1,n-k-1} \\ \vdots & \vdots & \vdots & \vdots & \vdots & \vdots & \vdots & \vdots & \vdots \\ 0 & 0 & 0 & \cdots & 0 & p_{k-1,0} & p_{k-1,1} & \cdots & p_{k-1,n-k-1} \end{bmatrix}$$

$$= \begin{bmatrix} E_{k,k} P_{k,n-k} \end{bmatrix} \tag{6-10}$$

联合式(6-9)和式(6-10)可得：

$$c_i = m_i (0 \leqslant i \leqslant k-1) \tag{6-11}$$

$$c_i = \sum_{j=0}^{k-1} m_j p_{j,i} (k \leqslant i \leqslant n-k-1) \tag{6-12}$$

标记 $c = c_k c_{k+1} \cdots c_{n-k-1}$，式(6-12)用矩阵的形式可表达为：

$$c = m \times p \tag{6-13}$$

如果一个矩阵 H 满足：

$$H_{r,n} \cdot C_{1,n}^{\mathrm{T}} = \mathbf{0}^{\mathrm{T}} \tag{6-14}$$

或者

$$C_{1,n} \cdot H_{r,n}^{\mathrm{T}} = \mathbf{0} \tag{6-15}$$

则称矩阵 H 为码 $C(n,k)$ 的一致校验矩阵。

式(6-14)和式(6-15)所对应的齐次线性方程组称为一致校验方程。

根据生成矩阵和一致校验矩阵的定义，知道两者中的任何一个，就可求得码 $C(n,k)$ 的所有码字。那么一致校验矩阵和生成矩阵之间有无联系，是何联系？

联合式(6-9)和式(6-14)可以得到：

$$H_{r,n} \cdot C_{1,n}^{\mathrm{T}} = H_{r,n} \cdot (m_{1,k} G_{k,n})^{\mathrm{T}} = (H_{r,n} G_{k,n}^{\mathrm{T}}) m_{1,k}^{\mathrm{T}} = \mathbf{0}^{\mathrm{T}} \tag{6-16}$$

要使式(6-16)对任何输入消息 m 都成立，那么必有：

$$H_{r,n} G_{k,n}^{\mathrm{T}} = \mathbf{0}^{\mathrm{T}} \tag{6-17}$$

同理可得到：

$$G_{k,n} H_{r,n}^{\mathrm{T}} = \mathbf{0} \tag{6-18}$$

也就是说，在已知生成矩阵或者一致校验矩阵中任何一个的情况下，就能求出另外一个。

线性码也称群码。读者可以验证线性码的各个许用码组构成代数学上的群。

如果 G 是标准生成矩阵，那么式(6-17)可改写为：

$$\begin{bmatrix} H_1 \mid H_2 \end{bmatrix} \begin{bmatrix} E_k \\ \hline P^{\mathrm{T}} \end{bmatrix} = \mathbf{0}^{\mathrm{T}} \tag{6-19}$$

其中

$$H_1 = \begin{bmatrix} h_{11} & h_{12} & \cdots & h_{1k} \\ h_{21} & h_{22} & \cdots & h_{2k} \\ \vdots & \vdots & \ddots & \vdots \\ h_{r1} & h_{r2} & \cdots & h_{rk} \end{bmatrix}, \quad H_2 = \begin{bmatrix} H_2^1 \\ H_2^2 \\ \vdots \\ H_2^r \end{bmatrix} = \begin{bmatrix} h_{1,k+1} & h_{1,k+2} & \cdots & h_{1,n} \\ h_{2,k+1} & h_{2,k+2} & \cdots & h_{2,n} \\ \vdots & \vdots & \ddots & \vdots \\ h_{r,k+1} & h_{r,k+2} & \cdots & h_{r,n} \end{bmatrix}$$

E_k 表示 k 阶单位矩阵。式(6-19)可进一步改写为：

$$H_1 E_k + H_2 P^T = 0^T \tag{6-20}$$

则

$$\left[H_2 P^T \mid H_2 \right] \left[\dfrac{E_k}{P^T} \right] = 0^T \Rightarrow H_2 \left[P^T \mid E_{n-k} \right] \left[\dfrac{E_k}{P^T} \right] = 0^T \tag{6-21}$$

$$\Rightarrow \left[P^T \mid E_{n-k} \right] \left[\dfrac{E_k}{P^T} \right] = 0^T \tag{6-22}$$

因此,对于二元码,在 G 为标准系统生成矩阵的情况下, $H = \left[P^T \mid E_{n-k} \right]$。

例 6-3　二元 $(7,3)$ 码的生成矩阵 $G_1 = \begin{bmatrix} 1 & 0 & 0 & 1 & 1 & 1 & 0 \\ 1 & 0 & 1 & 0 & 0 & 1 & 1 \\ 1 & 1 & 1 & 0 & 1 & 0 & 0 \end{bmatrix}$,计算其生成的 $(7,3)$ 码。

生成矩阵是非系统阵,按式 $(6-9)$ 计算生成码字,如表 6-1 所示。

表 6-1　由 G_1 生成的 $(7,3)$ 码

信息组	000	001	010	011	100	101	110	111
码字	0000000	1110100	1010011	0100111	1001110	0111010	0011101	1101001

例 6-4　二元 $(7,3)$ 码的生成矩阵 $G_2 = \begin{bmatrix} 1 & 0 & 0 & 1 & 0 & 1 & 1 \\ 0 & 1 & 0 & 0 & 1 & 1 & 1 \\ 0 & 0 & 1 & 1 & 1 & 1 & 0 \end{bmatrix}$,计算其生成的 $(7,3)$ 码。

解:生成矩阵是系统阵,计算生成码字,如表 6-2 所示。

表 6-2　由 G_2 生成的 $(7,3)$ 码

信息组	000	001	010	011	100	101	110	111
码字	0000000	0011110	0100111	0111001	1001011	1010101	1101100	1110010

6.2.4　线性分组码的纠错能力与码最小距离的关系

重复发送可以得到更小的传输平均错误概率。在重复的分组码 $(3,1)$ 中,如果最小汉明距离 $d_{\min} = 3$,两个码字在传输后发生一位码元随机错误的接收序列是两个互不相交的集合,也就是"000"→"100, 010,001"与"111"→"110,011,101"不会产生交集。因此,根据最小距离译码准则译码就能纠正发生的一位码元的随机错误。可用几何图形来解释之。将码字看作 n 维空间中的一个点的话,则重复码 $(3,1)$ 为三维空间上的一个点,如图 6-4 所示。正方体的 8 个顶点为 8 个可能的接收序列,对角顶点 (000) 和 (111) 的汉明距离为 3,即为发送的两个码字,当某一码元发生一位错误时,则用与其相邻的顶点表

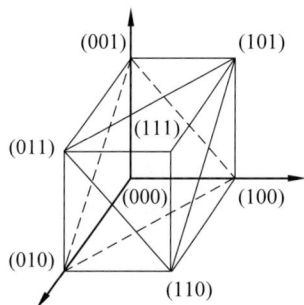

图 6-4　重复码 $(3,1)$ 的三维空间解释图

示。从图上可看到，两个码字发生一位码元错误的图形恰好是两个正三棱锥，它们是不相交的。如果发生两位或者三位码元错误，就进入另一码字对应的三棱锥内，无法做出正确的译码。这就是说，重复码 $(3,1)$ 有且仅有纠正一位码元传输错误的能力。

普通的 (n,k) 分组码 $\boldsymbol{C}$ 的纠错能力和检错能力有如下结论：

定理 6-4 对于一个 (n,k) 分组码 $\boldsymbol{C}$，其最小汉明距离为 $d_{\min}$，那么：

（1）检测 e 个随机错误的充要条件是 $d_{\min} \geqslant e+1$；

（2）纠正 r 个随机错误的充要条件是 $d_{\min} \geqslant 2r+1$。

可以用图 6-5 所示的几何图形形象地解释上述结论。

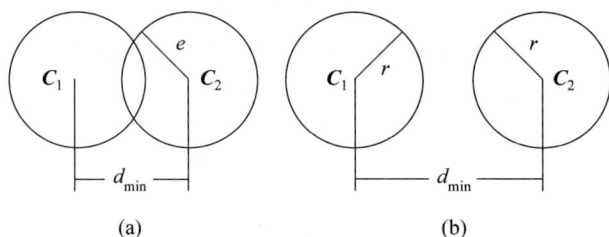

图 6-5　纠错码检错和纠错的几何描述

$\boldsymbol{C}_1$ 和 $\boldsymbol{C}_2$ 分别表示许用码字，并且是待传输的信息码字，发生 e 个错误的接收序列一定在分别以 $\boldsymbol{C}_1$ 和 $\boldsymbol{C}_2$ 为中心并以 e 为半径的球体内，要使码字 $\boldsymbol{C}_1$ 和 $\boldsymbol{C}_2$ 不相互落入对方的球体内，才能识别 e 个随机错误。因为汉明码距为自然数，所以 $\boldsymbol{C}_1$ 与 $\boldsymbol{C}_2$ 间的距离 $D(\boldsymbol{C}_1,\boldsymbol{C}_2)$ 需要满足 $D(\boldsymbol{C}_1,\boldsymbol{C}_2) \geqslant e+1$，也就是要使 $d_{\min} \geqslant e+1$。

如果要纠正 r 个随机错误，根据最小距离译码准则，则分别以 $\boldsymbol{C}_1$ 和 $\boldsymbol{C}_2$ 为球心的球不能相交，也就是要使 $D(\boldsymbol{C}_1,\boldsymbol{C}_2) \geqslant 2r+1$，即使 $d_{\min} \geqslant 2r+1$。

那么，如何构造一个最小距离为 d 的 (n,k) 线性分组码？下面的定理表明了最小距离与一致校验矩阵 $\boldsymbol{H}$ 的关系。

定理 6-5 设 (n,k) 线性分组码 $\boldsymbol{C}$ 的校验矩阵为 $\boldsymbol{H}$，码的最小距离为 d 的充要条件是 $\boldsymbol{H}$ 中任意 $d-1$ 个列向量线性无关，且有 d 个列向量线性相关。

证明： 标记码字为 $\boldsymbol{C}=(c_{n-1}c_{n-2}\cdots c_0)$，则其满足 $\boldsymbol{C}\boldsymbol{H}^{\mathrm{T}}=\boldsymbol{0}$，即

$$\sum_{i=0}^{n-1} c_i h_i = 0 \tag{6-23}$$

$h_0,h_1,\cdots,h_{n-1}$ 是 $\boldsymbol{H}$ 的 n 个列矢量。

（1）必要性。

$d(\boldsymbol{C})=\min W(\boldsymbol{C})=d$，则必有一个码字 $\boldsymbol{C}$ 有 d 个非零分量使式 (6-23) 成立，也就是矩阵 $\boldsymbol{H}$ 中必定有 d 个列矢量是线性相关的。若 $\boldsymbol{H}$ 中某 $d-1$ 个列矢量线性相关，即有不全为零的常数 $c_0,c_1,\cdots,c_{d-2}$，使式 $\sum_{i=0}^{d-2} c_i h_i = 0$ 成立。

令 $\boldsymbol{C} = (0 \cdots c_0 c_1 \cdots c_{d-1} \cdots 0)$，对矢量 $\boldsymbol{C}$，满足 $\boldsymbol{C} \cdot \boldsymbol{H}^{\mathrm{T}} = \boldsymbol{0}$，也就是矢量 $\boldsymbol{C}$ 是分组码 $\boldsymbol{C}$ 的一个码字，但其重量是 $d-1$，这将使分组码 $\boldsymbol{C}$ 的最小距离为 $d-1$，与 $d(\boldsymbol{C}) = \min W(\boldsymbol{C}) = d$ 矛盾。

故任意 $d-1$ 个列矢量线性无关。

（2）充分性。

若 $\boldsymbol{H}$ 中任何一组 $d-1$ 列线性无关，也就是其最小距离大于 $d-1$；又因为 d 列线性相关，与必要性的证明过程相类似，必有一个具有 d 个分量的非零码字，其重量为 d，所以 $d(\boldsymbol{C}) = \min W(\boldsymbol{C}) = d$。

证毕。

码 (n,k) 的校验矩阵 $\boldsymbol{H}$ 是 $(n-k) \times n$ 矩阵，其秩为 $(n-k)$，因此其任意 $(n-k)$ 列的列矢量线性无关，其 $(n-k)+1$ 列的列矢量线性相关，从定理 6-5 可知必有 $d \leqslant n-k+1$。我们称 $n-k+1$ 是最小距离 d 的辛莱顿（Singleton）限。

如果某一个码 $\boldsymbol{C}$ 的最小距离是辛莱顿限 $n-k+1$，则称该 (n,k) 线性码为极大最小距离码（maximized distance code，MDC）。MDC 码是有最大检错能力的线性码。但在二元码中，只有 $(n,1)$ 重复码是 MDC 码。

6.2.5 伴随式及标准阵列译码

1. 线性码的纠错与伴随式

本节讨论线性码应用一致校验方程发现差错的原理。

(n,k) 线性分组码发送许用码字 $\boldsymbol{C}^s = (c_{n-1}^s c_{n-2}^s \cdots c_1^s c_0^s)$，经过信道传输后，接收到的序列为 $\boldsymbol{C}^r = (c_{n-1}^r c_{n-2}^r \cdots c_1^r c_0^r)$，错误图样为 $\boldsymbol{E} = (e_{n-1} e_{n-2} \cdots e_1 e_0)$。发送的许用码字 $\boldsymbol{C}^s$ 满足式（6-14）或式（6-15），因此接收到的序列 $\boldsymbol{C}^r$ 如果也满足式（6-14）或式（6-15），就可判断其为许用码字。

已知 $\boldsymbol{C}^r = \boldsymbol{C}^s + \boldsymbol{E}$，那么：

$$\boldsymbol{C}^r \boldsymbol{H}^{\mathrm{T}} = (\boldsymbol{C}^s + \boldsymbol{E}) \boldsymbol{H}^{\mathrm{T}} = \boldsymbol{C}^s \cdot \boldsymbol{H}^{\mathrm{T}} + \boldsymbol{E} \cdot \boldsymbol{H}^{\mathrm{T}} = \boldsymbol{0} + \boldsymbol{E} \cdot \boldsymbol{H}^{\mathrm{T}} = \boldsymbol{E} \cdot \boldsymbol{H}^{\mathrm{T}} \qquad (6\text{-}24)$$

类似地：

$$\boldsymbol{H} \cdot (\boldsymbol{C}^r)^{\mathrm{T}} = \boldsymbol{H} \cdot \boldsymbol{E}^{\mathrm{T}} \qquad (6\text{-}25)$$

$$\text{标记 } \boldsymbol{S} = \boldsymbol{E} \cdot \boldsymbol{H}^{\mathrm{T}} \quad \text{或者} \quad \boldsymbol{S}^{\mathrm{T}} = \boldsymbol{H} \cdot \boldsymbol{E}^{\mathrm{T}}。 \qquad (6\text{-}26)$$

从式（6-24）可知，$\boldsymbol{S}$ 与发送的许用码字无关，仅与错误图样 $\boldsymbol{E}$ 有关，其仅包含错误图样的信息，故称 $\boldsymbol{S}$ 为 $\boldsymbol{C}^r$ 的伴随式（或者校正子）。每个错误图样对应一个伴随式，因此可根据伴随式判断出相应的错误图样，从而检测和纠正差错。

如果接收序列无错，$\boldsymbol{C}^r = \boldsymbol{C}^s$，$\boldsymbol{E} = \boldsymbol{0}$（$n$ 维的零矢量），则 $\boldsymbol{S} = \boldsymbol{0}$（$n-k$ 维的零矢量）。如果传输出错，则 $\boldsymbol{C}^r \neq \boldsymbol{C}^s$，$\boldsymbol{E} \neq \boldsymbol{0}$，$\boldsymbol{S} \neq \boldsymbol{0}$。

例 6-5 在表 6-3 的 $(7,3)$ 线性分组码中，其一致校验矩阵为：

$$H_1 = \begin{bmatrix} 1 & 0 & 1 & 1 & 0 & 0 & 0 \\ 1 & 1 & 0 & 0 & 1 & 0 & 0 \\ 1 & 1 & 1 & 0 & 0 & 1 & 0 \\ 0 & 1 & 1 & 0 & 0 & 0 & 1 \end{bmatrix}$$

表 6-3　某一 $(7,3)$ 线性分组码

信息组	000	001	010	011	100	101	110	111
码字	0000000	0011101	0100111	0111010	1001110	1010011	1101001	1110100

（1）如果传输无差错，$E_0 = (0000000)$，则 $S_0 = (0000)$。

（2）如果传输有一个码元差错，假设 $E_1 = (0100000)$，则 $S_1 = E_1 \cdot H_1^T = (0111)$。如果传送的码字分别为 $C_1^s = (0100111)$ 和 $C_2^s = (1101001)$，二者的错误样图都是 E_1，接收序列为 $C_1^r = (0000111)$ 和 $C_2^r = (1001001)$，经计算可以得到 $S_1^1 = C_1^r \cdot H_1^T = (0111)$，$S_1^2 = C_2^r \cdot H_1^T = (0111)$，$S_1^1 = S_1^2$，可见伴随式与发送码字无关，仅与错误图样有关。

另外，不难看出，当错误码字为 E_i 时，伴随式 S_i 恰好是一致校验矩阵的第 i 列矢量。

（3）如果传输有两个码元差错，假设 $E_2 = (0110000)$，可将 E_2 表示为两个一位码元差错的和，即 $E_2 = (0100000) + (0010000)$，计算可得 $S_2 = [(0111) + (1011)] (\bmod 2) = (1100)$，伴随式不为零，说明传送的码字发生了差错，并且伴随式不同于一致校验矩阵 H_1 中任一列矢量，说明差错码元大于一位；容易验证 $[(1110) + (0010)] (\bmod 2) = (1100)$，因此，我们不能确定两个错误码元的位置，只能判断发生了两位码元的错误。

表 6-3 的线性码最小距离为 $d_{\min} = 4$，根据 6.2.4 节中介绍的定理 6-4，该编码能检测到发生 3 位差错的错误；或者在纠正 1 位差错错误的同时，能检测到 2 个错误。

2. 标准阵列译码和译码表

从例 6-5 可知，不同的错误图样有可能对应相同的伴随式。原因在于：

$$E \cdot H^T = S \quad \text{或} \quad H^T \cdot E = S^T$$

错误图样的解可以有多个，即 2^k 个。

实际应用中，对于 (n,k) 线性分组码，将所有 2^n 个长度为 n 的接收序列划分为 2^k 个互不相交的子集 $D_0, D_1, \cdots, D_{2^k-1}$，并使之与许用码字 $\{C_0, C_1, \cdots, C_{2^k-1}\}$ 按最大似然译码准则一一对应，并列成表格。当接收序列 $C^r \in D_i$ 时，则译码为对应的码字 C_i^r，在实际译码中只需要查表即可。表格按最大似然译码准则排列，所得译码错误概率将最小。这个表格称为标准阵列译码表。

表 6-4 是 (n,k) 线性分组码的标准阵列表。这是一个 2^k 列、2^{n-k} 行的阵列，整个阵列包含了 2^n 个长度都为 n 的序列。

表 6-4 中，第一列是错误图样所对应的伴随式。表中，E_i 表示禁用码重量，并且满足：

$$W(E_0) \leqslant W(E_1) \leqslant \cdots \leqslant W(E_{2^{n-k}-1})$$

表 6-4　标准阵列译码表

$E_0 \Rightarrow S_0$ 伴随式	$E_0 + C_0 = 0$ 陪集首	$E_0 + C_1 = C_1$	$\cdots$	$E_0 + C_j = C_j$	$\cdots$	$E_0 + C_{2^k-1}$
$E_1 \Rightarrow S_1$	$E_1 + C_0 = E_1$	$E_1 + C_1$	$\cdots$	$E_1 + C_j$	$\cdots$	$E_1 + C_{2^k-1}$
$E_2 \Rightarrow S_2$	$E_2 + C_0 = E_2$	$E_2 + C_1$	$\cdots$	$E_2 + C_j$	$\cdots$	$E_2 + C_{2^k-1}$
$\vdots$	$\vdots$	$\vdots$	$\vdots$	$\vdots$	$\vdots$	$\vdots$
$E_{2^{n-k}-1} \Rightarrow S_{2^{n-k}-1}$	$E_{2^{n-k}-1} + C_0 = S_{2^{n-k}-1}$	$E_{2^{n-k}-1} + C_1$	$\cdots$	$E_{2^{n-k}-1} + C_j$	$\cdots$	$E_{2^{n-k}-1} + C_{2^k-1}$

观察表 6-4,有如下规律:

(1) 表中每一行都称为一个陪集,该行首位元素 $E_i(i=0,1,\cdots,2^{n-k}-1)$ 称为陪集首。表中第一行是包含所有 2^k 个许用码字的集合。以该 2^k 个许用码字为基础,把 2^n 个元素划分为陪集,并且有 2^{n-k} 个陪集。只要各个陪集首不同,则陪集互不相交。

(2) 线性分组码中,如果错误图样的重量相同,其伴随阵都相同。因此,表 6-4 中各个陪集的伴随式都相同。

(3) 表中各列以码字为基础将 2^n 个接收序列划分为不相交的子集 $D_0,D_1,\cdots,D_{2^k-1}$。每个子集 D_i 对应于同一个许用码字 C_i,它是每列子集的子集首。

列子集 D_i 中的各个元素是同一许用码字 C_i 在信道中发生若干错误得到的。同一列中各个元素对应不同的错误图样。并且列子集 D_i 中各个元素与许用码字 C_i 距离最近,即 $E_i + C_j(i=0,1,\cdots,2^{n-k}-1)$ 与许用码字的距离等于错误图样 E_i 的重量 $W(E_i)$。

例 6-6　设 (5,2) 系统线性码的生成矩阵为 $G = \begin{bmatrix} 1 & 0 & 1 & 1 & 1 \\ 0 & 1 & 1 & 0 & 1 \end{bmatrix}$,构造该码的标准阵列译码表。

解:编码 (5,2) 的信息组 $m = (00),(01),(10),(11)$;许用码字 $C = mG$,分别为 $C_0 = (00000),C_1 = (01101),C_2 = (10111),C_3 = (11010)$。由 G 可以求出一致校验矩阵 H 为:

$$H = \begin{bmatrix} 1 & 1 & 1 & 0 & 0 \\ 1 & 0 & 0 & 1 & 0 \\ 1 & 1 & 0 & 0 & 1 \end{bmatrix}$$

伴随式的个数为 $2^{n-k} = 2^3 = 8$,也就是标准阵列表有 8 行。阵列表的第 1 列按错误图样的重量分别为 $0,1,2,\cdots$ 种顺序排列,其错误图样的个数分别为 $\binom{5}{0}=1$、$\binom{5}{1}=5$、$\binom{5}{2}=10$、$\cdots\cdots$。显然,第 1 列的错误图样选择 $\binom{5}{0}=1$ 和 $\binom{5}{1}=5$ 共 6 个,再选择 $\binom{5}{2}=10$ 中的 2 个。前面 6 个容易选择,那么如何选取最后 2 个呢?

第一种方法是通过确定伴随式来确定。前面已经确定了 6 个错误图样,依次为 $E_0 =$

(00000)，$\boldsymbol{E}_1=(10000)$，$\boldsymbol{E}_2=(01000)$，$\boldsymbol{E}_3=(00100)$，$\boldsymbol{E}_4=(00010)$，$\boldsymbol{E}_5=(00001)$；其对应的 6 个伴随式依次为 $\boldsymbol{S}_0=(000)$，$\boldsymbol{S}_1=(111)$，$\boldsymbol{S}_2=(101)$，$\boldsymbol{S}_3=(100)$，$\boldsymbol{S}_4=(010)$，$\boldsymbol{S}_5=(001)$。剩下的两个伴随式为 $\boldsymbol{S}_6=(011)$，$\boldsymbol{S}_7=(110)$。

在表达式 $\boldsymbol{E} \cdot \boldsymbol{H}^{\mathrm{T}}=\boldsymbol{S}$ 或者 $\boldsymbol{H}^{\mathrm{T}} \cdot \boldsymbol{E}=\boldsymbol{S}^{\mathrm{T}}$ 中，从线性方程组的角度看，就是 5 个方程和 3 个未知数的不定方程，但已知 $\boldsymbol{H}$ 有 2 位是 1，那么可能的情况是 $\binom{4}{2}=6$ 种可能的解，将这 6 种可能的解依次进行检验，其中的错误图样 (00011) 和 (10100) 是符合要求的两个错误图样。选择 (10100) 作为需要的错误图样即可。用同样的方法可以得到 $\boldsymbol{E}_7$。所得到的标准阵列表如表 6-5 所示。

表 6-5　$(5,2,3)$ 编码标准阵列表

S_0 伴随式	$\boldsymbol{E}_0+\boldsymbol{C}_0=(00000)$ 陪集首	$\boldsymbol{C}_1=(10111)$	$\boldsymbol{C}_2=(01101)$	$\boldsymbol{C}_3=(11010)$
S_1	$\boldsymbol{E}_1=(10000)$	00111	11101	01010
S_2	$\boldsymbol{E}_2=(01000)$	11111	00101	10010
S_3	$\boldsymbol{E}_3=(00100)$	10011	01001	11110
S_4	$\boldsymbol{E}_4=(00010)$	10101	01111	11000
S_5	$\boldsymbol{E}_5=(00001)$	10110	01100	11011
S_6	$\boldsymbol{E}_6=(10100)$	00011	11001	01110
S_7	$\boldsymbol{E}_7=(10001)$	00110	11100	01010

另外，也可用填充法来确定错误图样 $\boldsymbol{E}_6$ 和 $\boldsymbol{E}_7$。首先把前面 6 行填充满，然后选择一个重量为 2 并且前面的各行中没有出现的二元序列作为 $\boldsymbol{E}_6$，用同样的方法确定 $\boldsymbol{E}_7$。然后计算对应的 $\boldsymbol{S}_6$ 和 $\boldsymbol{S}_7$ 以及各个对应的阵列元。

利用标准阵列译码时，需要将标准阵列的 2^n 个 $\boldsymbol{C}^r$ 存储在译码器中，译码器的复杂度是码字长 n 的指数函数，其使用受到限制。

因为错误图样和伴随式的对应关系，可以简化标准阵列译码表：只构造表的第 0 列和第 2 列，即 $\boldsymbol{S}_i$ 和 $\boldsymbol{E}_i$ 列，译码器存储的量为 2^{n-k} 个长度为 $n-k$ 的矢量 $\boldsymbol{S}_i$ 和 2^{n-k} 个长度为 n 的矢量。

从例 6-6 可以推断，在构造标准译码表时，当 $\binom{n}{0}+\binom{n}{1}+\cdots+\binom{n}{r}<2^{n-k}$ 时，在第 1 列中顺序存入重量为 $0,1,2,\cdots,r$ 的错误图样 $\boldsymbol{E}_i$，可以通过关系式 $\boldsymbol{E}\boldsymbol{H}^{\mathrm{T}}=\boldsymbol{S}$ 求得 $\boldsymbol{S}$ 作为第 0 列的元素。剩下的位置才需要由 $\boldsymbol{S}$ 解方程 $\boldsymbol{E}\boldsymbol{H}^{\mathrm{T}}=\boldsymbol{S}$ 求出 $\boldsymbol{E}$，然后挑选重量为 $r+1$ 的错误图样存入第 1 列剩余的位置中。

一般地，任意 (n,k,d) 线性码都有 2^{n-k} 个伴随式，可以纠正小于或等于 $t=(d-1)/2$ 个随机错误。因此，只要重量不大于 t 的错误图样都对应有唯一确定的伴随式，这样伴随

式的数目必须满足如下条件：

$$\sum_{i=1}^{t}\binom{n}{i}=\binom{n}{0}+\binom{n}{1}+\cdots+\binom{n}{t}\leqslant 2^{n-k} \tag{6-27}$$

该条件式称为汉明限。任何能纠正小于或等于 t 个错误的码都必须满足该条件。等号成立时的二元 (n,k,d) 线性码称为完备码。

6.2.6　汉明码

汉明码由汉明（Hamming）于 1950 年首先提出来，是一类可以纠正一位随机错误的高效线性分组码。现已在计算机的存储和运算系统中得到广泛的应用。可以纠正一位随机错误的完备的线性分组码为汉明码。

从定义可以知道，$t=(d-1)/2=1 \Rightarrow d=2t+1=3$，同时，由其完备性可知：

$$\sum_{i=1}^{t}\binom{n}{i}=\binom{n}{0}+\binom{n}{1}=1+n=2^{n-k} \tag{6-28}$$

标记校验元 $r=n-k$，那么码长 $n=2^{r}-1$，信息元长 $k=2^{r}-1-r$，由前述内容可知，最小码距 $d_{\min}=3$。因此，二元汉明码是 $(2^{r}-1,2^{r}-1-r,3)$ 的线性分组码，标记为 $\boldsymbol{C_H}$。

从定理 6-4 和定理 6-5 可知，要纠正一位随机错误的线性分组码，其矩阵 $\boldsymbol{H}$ 中必须有任意 2 列线性无关。

$(2^{r}-1,2^{r}-1-r)$ 二元汉明码的矩阵 $\boldsymbol{H}$ 是一个 $r\times(2^{r}-1)$ 阶矩阵，其长度为 r 的列矢量共有 $2^{r}-1$ 个，除零矢量外，长度为 r 的二元序列共有 $2^{r}-1$ 个，所以将全部非零的长度为 r 的二元序列排列为矩阵，就可以得到纠正一位错误的汉明码的一致校验矩阵。

例 6-7　取 $r=3$，构造一个 $(7,4)$ 汉明码。

解：当 $r=3$ 时，非零的长度为 3 的全部二元序列为 (001)、(010)、(011)、(100)、(101)、(110) 和 (111)。将这 7 个二元序列按序排列为列矢量，即得一致校验矩阵 $\boldsymbol{H}$：

$$\boldsymbol{H}=\begin{bmatrix}0&0&0&1&1&1&1\\0&1&1&0&0&1&1\\1&0&1&0&1&0&1\end{bmatrix} \tag{6-29}$$

调整 $\boldsymbol{H}$ 的各个列，使其为系统汉明码的一个校验矩阵 $\hat{\boldsymbol{H}}$：

$$\hat{\boldsymbol{H}}=\begin{bmatrix}0&1&1&1&1&0&0\\1&1&0&1&0&1&0\\1&0&1&1&0&0&1\end{bmatrix} \tag{6-30}$$

其对应的标准生成矩阵为：

$$\hat{\boldsymbol{G}}=\begin{bmatrix}1&0&0&0&0&1&0&1\\0&1&0&0&1&1&1\\0&0&1&0&1&1&0\\0&0&0&1&0&1&1\end{bmatrix} \tag{6-31}$$

然后利用 $C=m \cdot G$ 计算码字,所得系统码如表 6-6 所示。

表 6-6   (7,4)汉明系统码

信息组	码 字	信息组	码 字	信息组	码 字	信息组	码 字
0000	0000000	0100	0100111	1000	1000101	1100	1100010
0001	0001011	0101	0101010	1001	1001110	1101	1101001
0010	0010110	0110	0110001	1010	1010011	1110	1110100
0011	0011101	0111	0111010	1011	1011000	1111	1111111

6.3   循 环 码

在线性分组码中,循环码(cyclic code)是非常重要的一种编码。循环码具有一般线性码的基本性质,同时还有其自身独特的性质,就是它的循环性,即任意一个码组循环一位(即左移或者右移)以后,得到新的码字仍然为原码的一个码组。例如,表 6-7 中的(7,3)循环码的全部码组。表中的第 3 组右移一位得到的新码组 0010111 与原码的第 2 码组一致;表中的第 5 码组左移一位得到的新码组 0010111 与原码的第 2 码组一致。读者可以验证所有的码组循环左移或者右移一位或者若干位后,其新的码组仍为原码组中一个码组。

表 6-7   一种(7,3)循环码的全码

码组编号	信息位 $a_6a_5a_4$	监督位 $a_3a_2a_1a_0$	码组编号	信息位 $a_6a_5a_4$	监督位 $a_3a_2a_1a_0$
1	000	0000	5	100	1011
2	001	0111	6	101	1100
3	010	1110	7	110	0101
4	011	1001	8	111	0010

循环码是一种成熟的、应用广泛的线性分组码。它有以下两大特点:第一,码的结构可以用代数方法来构造和分析,并且可以找到各种实用的译码方法;第二,由于其循环特性,编码运算和伴随式计算可用反馈移位寄存器来实现,硬件实现简单。

6.3.1   循环码的多项式描述

为了运算的方便,将码矢的各分量作为多项式的系数,把码矢表示成多项式,即把一个长度为 n 的码组表示成:

$$C(x) = a_{n-1}x^{n-1} + a_{n-2}x^{n-2} + \cdots + a_1x + a_0 \qquad (6-32)$$

例如,表 6-7 的任意一个码组可以表示成:

$$C(x) = a_6x^6 + a_5x^5 + a_4x^4 + a_3x^3 + a_2x^2 + a_1x + a_0 \qquad (6-33)$$

其中,第 6 个码组可以表示成:

$$C(x) = x^6 + x^4 + x^3 + x^2 \tag{6-34}$$

在这些多项式中,x 仅仅用来标记码元的位置,没有其他意义,因此其取值大小无须关注。这种多项式 $C(x)$ 称为码多项式。

经过 i 次循环之后得到的码多项式称为循环码的多项式。码多项式循环左移 1 次表示为 $C^{(1)}(x)$,循环左移 i 次表示为 $C^{(i)}(x)$,那么循环码多项式表示为:

$$\begin{cases} C(x) = a_{n-1}x^{n-1} + a_{n-2}x^{n-2} + \cdots + a_1 x + a_0 \\ C^{(1)}(x) = a_{n-2}x^{n-1} + a_{n-3}x^{n-2} + \cdots + a_0 x + a_{n-1} \\ C^{(i)}(x) = a_{n-1-i}x^{n-1} + a_{n-2-i}x^{n-2} + \cdots + a_0 x^i + a_{n-1}x^{i-1} + \cdots + a_{n-i} \end{cases} \tag{6-35}$$

在模 2 运算中:

$$1 + 1 = 2 \equiv 0 (\text{mod } 2)$$
$$1 + 2 = 3 \equiv 1 (\text{mod } 2)$$

从数论的知识可知,一个整数 $m \equiv r(\text{mod } n)$,称 m 和 r 对 n 同余。

在码多项式中也可做类似的运算。例如:

$$x^4 + x^2 + 1 \equiv x^2 + x + 1 (\text{mod } x^3 + 1) \tag{6-36}$$

码多项式的系数取值范围属于 $GF(2)$,因 $-1 \equiv 1 (\text{mod } 2)$,或者理解为模 2 和运算时,加与减本质上是一样的,将余子式 $x^2 - x + 1$ 转换为 $x^2 + x + 1$。

循环码多项式运算的性质是:若 $C(x)$ 是一个长度为 n 的码组,则 $x^i \cdot C(x)$ 在模 $x^n + 1$ 的运算下也是该编码中的一个许用码组。即若:

$$x^i \cdot C(x) \equiv C'(x) (\text{mod } (x^n + 1)) \tag{6-37}$$

则 $C(x)$ 也是该编码中的一个许用码组。证明如下:

$$C(x) = a_{n-1}x^{n-1} + a_{n-2}x^{n-2} + \cdots + a_1 x + a_0 \tag{6-38}$$

则:

$$\begin{aligned} x^i \cdot C(x) &= a_{n-1}x^{n-1+i} + a_{n-2}x^{n-2+i} + \cdots + a_{n-1-i}x^{n-1} + \cdots + a_1 x^{1+i} + a_0 x^i \\ &= x^n(a_{n-1}x^{-1+i} + a_{n-2}x^{-2+i} + \cdots) + (a_{n-1-i}x^{n-1} + \cdots + a_1 x^{1+i} + a_0 x^i) \\ &= (x^n + 1 - 1)(a_{n-1}x^{-1+i} + a_{n-2}x^{-2+i} + \cdots) + (a_{n-1-i}x^{n-1} + \cdots + \\ &\quad a_1 x^{1+i} + a_0 x^i) \\ &\equiv a_{n-1-i}x^{n-1} + a_{n-2-i}x^{n-2} + \cdots + a_0 x^i + a_{n-1}x^{i-1} + \cdots + \\ &\quad a_{n-i} (\text{mod } (x^n + 1)) \end{aligned} \tag{6-39}$$

所以,这时有:

$$C'(x) \equiv a_{n-1-i}x^{n-1} + a_{n-2-i}x^{n-2} + \cdots + a_0 x^i + a_{n-1}x^{i-1} + \cdots + a_{n-i} \tag{6-40}$$

式(6-40)中 $C'(x)$ 正是式(6-38)中 $C(x)$ 代表的码组向左循环移位 i 次的结果。因为原已假定 $C(x)$ 是循环码的一个码组,所以 $C'(x)$ 也必为该码中一个码组。例如式 $C(x) = x^6 + x^5 + x^2 + 1$,其码长 $n = 7$,现给定 $i = 3$,则:

$$x^3 \cdot C(x) = x^3(x^6 + x^5 + x^2 + 1) = x^9 + x^8 + x^5 + x^3$$
$$\equiv x^5 + x^3 + x^2 + x (\text{mod } (x^7 + 1)) \tag{6-41}$$

其对应的码组为 0101110,它正是表 6-7 中的第 3 个码组。

由上述分析可知，一个长度为 n 的循环码必定为按模(x^n+1)运算的一个余子式。

6.3.2 循环码的生成矩阵

从 6.2 节可知，当生成矩阵 $\boldsymbol{G}$ 确定后，因为 $\boldsymbol{C}=\boldsymbol{m}\times\boldsymbol{G}$，可以由 k 个信息位得出整个码组，而设计生成矩阵 $\boldsymbol{G}$ 的关键是寻找 k 个线性无关的 n 维矢量。

在循环码中，一个 (n,k) 码有 2^k 个不同的码组。若用 $\boldsymbol{g}(x)$ 表示其中前$(k-1)$位皆为"0"的码组生成多项式，根据循环码多项式运算的性质，$\boldsymbol{g}(x)$，$x\boldsymbol{g}(x)$，$x^2\boldsymbol{g}(x)$，…，$x^{k-1}\boldsymbol{g}(x)$在模(x^n+1)条件下都是码组生成多项式，并且所对应的这 k 个码组是线性无关的。因此它们可以用来构成此循环码的生成矩阵 $\boldsymbol{G}$。

在循环码中，除全"0"码组外，不能有连续 k 位均为"0"的码组；否则在经过若干次循环移位后将得到一个 k 位信息位全为"0"但监督位不全为"0"的一个码组，这是显然不合乎要求的码组。因此 $\boldsymbol{g}(x)$ 必是一个常数项不为"0"的$(n-k)$次多项式，根据码的封闭性，而且 $\boldsymbol{g}(x)$ 还是这种(n,k)码中次数为$(n-k)$的唯一一个多项式。因为多项式系数在 $GF(2)$ 域内取值，如果有两个，那么这两个多项式相加也应该是一个码组。在 $GF(2)$ 内，求和的码组多项式的次数将小于$(n-k)$，也就是有 k 个连续的"0"。显然，这与前面的结论相矛盾，故是不可能的。这个唯一的$(n-k)$次多项式 $\boldsymbol{g}(x)$ 称为码的生成多项式，其形式为 $\boldsymbol{g}(x)=x^{n-k}+\boldsymbol{g}_{n-k-1}x^{n-k-1}+\cdots+\boldsymbol{g}_2x^2+\boldsymbol{g}_1x+1$。

一旦确定了 $\boldsymbol{g}(x)$，则整个$(n-k)$循环码就确定了。因此，循环码的生成矩阵 $\boldsymbol{G}$ 可以写成：

$$\boldsymbol{G}(x)=[x^{k-1}\boldsymbol{g}(x) \quad x^{k-2}\boldsymbol{g}(x) \quad \cdots \quad x^1\boldsymbol{g}(x) \quad x^0\boldsymbol{g}(x)]^{\mathrm{T}} \tag{6-42}$$

例 6-8 在表 6-11 所给出的循环码中，$n=7$，$k=3$，$n-k=4$。由此表可见，唯一的一个$(n-k)=4$ 次码多项式代表的码组是 0010111，与它相对应的码多项式（即生成多项式）为 $\boldsymbol{g}(x)=x^4+x^2+x+1$。将此 $\boldsymbol{g}(x)$ 代入式(6-42)，得到：

$$\boldsymbol{G}(x)=\begin{bmatrix} x^2\boldsymbol{g}(x) \\ x^1\boldsymbol{g}(x) \\ x^0\boldsymbol{g}(x) \end{bmatrix}=\begin{bmatrix} x^6+x^4+x^3+x^2 \\ x^5+x^3+x^2+x \\ x^4+x^2+x+1 \end{bmatrix} \tag{6-43}$$

或

$$\boldsymbol{G}=\begin{bmatrix} 1011100 \\ 0101110 \\ 0010111 \end{bmatrix} \tag{6-44}$$

式(6-44)不符合 $\boldsymbol{G}=[I_k P_{k\times(n-k)}]$ 的形式，所以它不是标准生成矩阵。但是可通过矩阵的线性变换将其转化成标准矩阵。

生成矩阵确定后，循环码组就确定了，码多项式也确定了，即

$$\begin{aligned} \boldsymbol{C}(x)&=\boldsymbol{m}(x)\boldsymbol{G}(x) \\ &=\boldsymbol{m}(x)[x^2\boldsymbol{g}(x) \quad x^1\boldsymbol{g}(x) \quad x^0\boldsymbol{g}(x)]^{\mathrm{T}} \\ &=\boldsymbol{m}(x)[x^2 \quad x^1 \quad x^0]^{\mathrm{T}}\boldsymbol{g}(x) \end{aligned} \tag{6-45}$$

式(6-45)表明，所有码多项式 $\boldsymbol{C}(x)$ 都可以被 $\boldsymbol{g}(x)$ 整除。

6.3.3　系统循环码

获得 (n,k) 非系统循环码的生成矩阵后,进行初等变换,就可求得标准生成矩阵 $\boldsymbol{G}=\left[\boldsymbol{I}_k \boldsymbol{P}_{k\times(n-k)}\right]$。但对于循环码,可根据其循环特性来构造系统码。这样有利于实现循环码的编码和译码。下面讨论根据循环特性构造系统码的方法。

给定一个 (n,k) 循环码的生成多项式 $\boldsymbol{g}(x)$ 后,要构造系统循环码,要求每个码字前面 k 位码元都为信息元,后面 $n-k$ 位码元为校验元。从多项式的角度讲,信息组 $\boldsymbol{m}(x)$ 应该是码多项式 $\boldsymbol{C}(x)$ 的高幂次位,用 $x^{n-k}\boldsymbol{m}(x)$ 可以求得,通过移位即可实现。

k 位消息为 $\boldsymbol{m}=(m_{k-1},m_{k-2},\cdots,m_1 m_0)$,其对应的消息多项式为 $\boldsymbol{m}(x)$:

$$\boldsymbol{m}(x)=m_0+m_1 x+\cdots+m_{k-1}x^{k-1} \tag{6-46}$$

$$x^{n-k}\boldsymbol{m}(x)=m_{k-1}x^{n-1}+m_{k-2}x^{n-2}+\cdots+m_1 x^{n-k+1}+m_0 x^{n-k} \tag{6-47}$$

那么校验元多项式 $\boldsymbol{r}(x)$ 可表示为:

$$\boldsymbol{r}(x)=r_{n-k-1}x^{n-k-1}+r_{n-k-2}x^{n-k-2}+\cdots+r_1 x+r_0 \tag{6-48}$$

码多项式可表示为:

$$\begin{aligned}\boldsymbol{C}(x)&=x^{n-k}\boldsymbol{m}(x)+\boldsymbol{r}(x)\\&=m_{k-1}x^{n-1}+m_{k-2}x^{n-2}+\cdots+m_1 x^{n-k+1}+m_0 x^{n-k}+\\&\quad r_{n-k-1}x^{n-k-1}+\cdots+r_1 x+r_0\end{aligned} \tag{6-49}$$

因为码多项式都是 $\boldsymbol{g}(x)$ 的倍式,那么:

$$\boldsymbol{C}(x)=x^{n-k}\boldsymbol{m}(x)+\boldsymbol{r}(x)\equiv 0(\bmod\ \boldsymbol{g}(x)) \tag{6-50}$$

所以:

$$\boldsymbol{r}(x)\equiv x^{n-k}\boldsymbol{m}(x)(\bmod\ \boldsymbol{g}(x)) \tag{6-51}$$

因此,系统循环码的构造步骤如下:

(1) 用信息多项式 $\boldsymbol{m}(x)$ 乘 x^{n-k}。

(2) 用 $\boldsymbol{g}(x)$ 除 $x^{n-k}\boldsymbol{m}(x)$,得到余式 $\boldsymbol{r}(x)$。

(3) 构造码字 $\boldsymbol{C}(x)=x^{n-k}\boldsymbol{m}(x)+\boldsymbol{r}(x)$。

那么,如何获得 (n,k) 系统循环码的标准生成矩阵呢? 从 6.2 节可知,生成矩阵是由一组 k 个线性无关的矢量组成的。2^n 个矢量中一定也有 k 个线性无关的矢量,将这 k 个矢量用上述方法构造所得的 k 个系统循环码的码字一定也是线性独立的码字,因此可以选择 k 个独立的 k 维矢量 $(10\cdots0),(01\cdots0),\cdots,(00\cdots1)$,其对应的信息多项式分别为:

$$m_1(x)=x^{k-1},\quad m_2(x)=x^{k-2},\quad \cdots,\quad m_{k-1}(x)=x,\quad m_k(x)=1$$

可以得到相应的 k 个线性独立的码多项式:

$$\boldsymbol{C}_i(x)=x^{n-i}+\boldsymbol{r}_i(x)\quad i=1,2,\cdots,k \tag{6-52}$$

用矩阵的形式表示为:

$$\boldsymbol{G}(x)=\begin{bmatrix}x^{n-1} & + & 0 & + & \cdots & + & r_1(x)\\ 0 & + & x^{n-2} & + & \cdots & + & r_2(x)\\ 0 & + & \ddots & + & \ddots & + & \vdots\\ 0 & + & \cdots & + & x^{n-k+1} & + & r_{k-1}(x)\\ 0 & + & \cdots & + & x^{n-k} & + & r_k(x)\end{bmatrix} \tag{6-53}$$

式中，$x^{n-i}+r_i(x)(i=1,2,\cdots,k)$是$n-k$次多项式，且是一个码字的多项式，所以$x^{n-k}+r_k(x)$就是码生成多项式$\boldsymbol{g}(x)$，即

$$\boldsymbol{g}(x)=x^{n-k}+r_k(x) \tag{6-54}$$

式(6-53)用矩阵表示为：

$$\boldsymbol{G}=[\boldsymbol{I}_k\boldsymbol{P}_{k\times(n-k)}] \tag{6-55}$$

例6-9 表6-10中的(7,4)汉明系统码也构成循环码，其生成多项式为$\boldsymbol{g}(x)=x^3+x+1$，求信息组$\boldsymbol{m}=(1101)$对应系统循环码的码字，及其系统循环码的生成矩阵。

解：信息组$\boldsymbol{m}=(1101)$对应的信息多项式为$\boldsymbol{m}(x)=x^3+x^2+1$，那么：

$$x^{n-k}\boldsymbol{m}(x)=x^3(x^3+x^2+1)=x^6+x^5+x^3$$

表示为生成多项式倍式为：

$$x^{n-k}\boldsymbol{m}(x)=(x^3+x^2+x+1)\boldsymbol{g}(x)+1$$

也就是余子式：

$$r(x)=1$$

或者表示为：

$$x^{n-k}\boldsymbol{m}(x)\equiv1(\mathrm{mod}\ \boldsymbol{g}(x))$$

所以码多项式为：

$$\boldsymbol{C}(x)=x^{n-k}\boldsymbol{m}(x)+r(x)=x^6+x^5+x^3+1$$

其对应的码字为(1101001)。

根据式(6-52)，$n=7,k=4$，那么：

$$r_1(x)=x^6\equiv x^2+1(\mathrm{mod}\ \boldsymbol{g}(x))$$
$$r_2(x)=x^5\equiv x^2+x+1(\mathrm{mod}\ \boldsymbol{g}(x))$$
$$r_3(x)=x^4\equiv x^2+x(\mathrm{mod}\ \boldsymbol{g}(x))$$
$$r_4(x)=x^3\equiv x+1(\mathrm{mod}\ \boldsymbol{g}(x))$$

所以二元系统循环码(7,4)码的生成矩阵$\boldsymbol{G}$为：

$$\boldsymbol{G}=\begin{bmatrix}1&0&0&0&1&0&1\\0&1&0&0&1&1&1\\0&0&1&0&1&1&0\\0&0&0&1&0&1&1\end{bmatrix}$$

总之，一旦循环码的生成多项式$\boldsymbol{g}(x)$确定，其标准生成矩阵就确定了。因此，(n,k)循环码的关键问题就是寻找生成多项式$\boldsymbol{g}(x)$。

6.3.4 循环码的译码

消息编码后在信道中进行传输，因为信道中存在噪声，可能会导致传输错误，因此在接收端在译码(解码)的过程中要求能进行传输错误的检错和纠错。检错的译码原理十分简单：由于任意一个码组多项式$\boldsymbol{C}(x)$都能被生成多项式$\boldsymbol{g}(x)$整除，所以在接收端将接收码组$\boldsymbol{R}(x)$除以生成多项式$\boldsymbol{g}(x)$。如果传输中没有发生错误，接收码组与发送码组相同，即$\boldsymbol{R}(x)=\boldsymbol{C}(x)$，接收码组$\boldsymbol{R}(x)$必定能被$\boldsymbol{g}(x)$整除；若码组在传输中发生错误，则$\boldsymbol{R}(x)\neq\boldsymbol{C}(x)$，$\boldsymbol{R}(x)$被$\boldsymbol{g}(x)$除时有余项，即

$$R(x)/g(x)=Q(x)+r(x)/g(x) \tag{6-56}$$

因此,通过检验余项是否为零可以判别接收码组中有无错码。

需要强调的是,从前面的知识我们知道,每种编码的检错能力是受限的。如果误码数超过了编码检错能力范围,这种情况下含有错码的接收码组也有可能被 $g(x)$ 整除。这种错误称为不可检错误。

在接收端,如果要纠正错误,译码方法必然比只需要检错复杂。为了能够纠错,要求每个可纠正的错误图样必须与一个特定余式 $r(x)$ 有一一对应关系。这里,错误图样是指式(6-56)错码行矩阵的各种具体取值,余式是指接收码组 $R(x)$ 除以生成多项式 $g(x)$ 所得的余式。因此,纠错可按下述步骤进行:

(1) 用生成多项式 $g(x)$ 除接收码组 $R(x)$,得出余式 $r(x)$。

(2) 根据余式 $r(x)$,用查表的方法或通过某种计算得到错误图样 $E(x)$。

(3) 从 $R(x)$ 中减去 $E(x)$,便得到已经纠正错码的原发送码组 $C(x)$。

这种译码方法称为捕错译码(解码)法。通常,一种编码可以有多种纠错译码的方法。错误判决的方法也有硬判决和软判决等多种方法。

上述编译码运算都可以用硬件电路实现。由于数字信号处理技术的迅速发展和应用,目前多采用软件运算实现上述编译码。

6.4 卷 积 码

6.4.1 卷积码的基本概念和描述方法

1. 卷积码的基本概念和图形描述

卷积码(convolutional code)是由伊利亚斯(P.Elias)发明的一种非分组码。通常它更适合前向纠错,因为对于许多实际情况它的性能优于分组码,而且运算较简单。在 2G 全球移动通信系统(global system for mobile communication,GSMC)中得到广泛应用。

在分组码中,编码器产生的含有 n 个码元的码组完全决定于这段时间内的 k 比特输入信息。这个码组中的监督位仅监督本码组中的 k 个信息位。卷积码则不同,卷积码在编码时虽然也是把 k 比特信息段编成 n 个比特的码组,但是监督码元不仅和当前的 k 比特信息段有关,还同前面 $m=N-1$ 个信息段有关。所以一个码组中的监督码元监督着 N 个信息段。通常将 N 称为编码约束(constraint)度,并将 nN 称为编码约束长度。一般来说,对于卷积码,k 和 n 值是比较小的整数。我们将卷积码记做 (n,k,N),码率则仍定义为 k/n。

图 6-6 示出卷积码编码器的一般原理方框图。编码器由三种主要元件构成,包括 Nk 级移存器,n 个模 2 加法器和一个旋转开关。每个模 2 加法器的输入端数目可以不同,它连接到一些移存器的输出端。模 2 加法器的输出端接到旋转开关上。将时间分成等间隔时隙,在每个时隙有 k 比特从左端进入移存器,并且移存器各级暂存的信息向右移 k 位。旋转开关每个时隙旋转一周,输出 n 比特($n>k$)。

下面将以图 6-7 所示的 $(n,k,N)=(3,1,3)$ 卷积码为例,说明卷积码编码器的工作

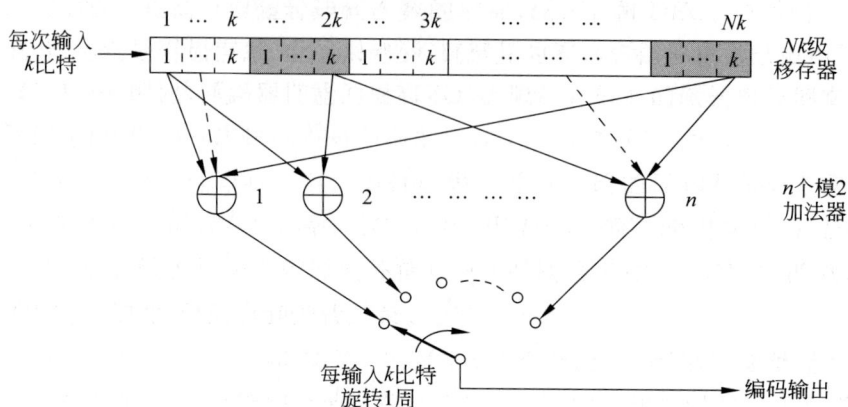

图 6-6 卷积码编码器的一般原理框图

过程。编码器由 3 触点转换开关和一组 3 位移存器及模 2 加法器组成。每输入 1 个信息比特,经该编码器处理后产生 3 个输出比特。为了分析的方便,先假设该移位寄存器的起始状态全为 0。当第一个输入比特为"0"时,输出比特为"000";若第一个输入比特为"1"时,则输出比特为"111"。当输入第二个比特时,第一个比特右移一位,此时的输出比特显然与当前比特和前一个输入比特有关。当输入第三个比特时,第一个比特和第二个比特都右移一位,此时的输出比特与当前输入比特和前两个输入比特都有关。当输入第四个比特时,原第一个输入比特已移出移位寄存器而消失,即第一个输入比特已经不再影响当前的输入比特。

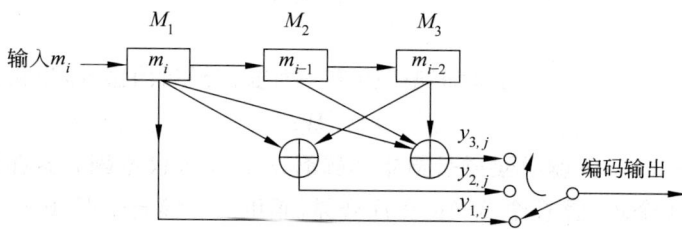

图 6-7 一种(3,1,3)卷积码编码器的框图

对于编码器在移位过程中可能产生的各种序列,可以用树状图、网格图和状态图来描述。

（1）树状图

图 6-8 给出了 $(n,k,N)=(3,1,3)$ 卷积码的树状图。按照习惯的做法,码数的起始节点位于左边;移位寄存器的初始状态取 00,取 $M_1 M_2 = 00$,用 a 表示,并将 a 标注于起始节点处。当输入码元是 0 时,则由节点出发走上支路;当输入码元是 1 时,则由节点出发走下支路。

例如,当编码器的第一个输入比特为 0 时,则走上支路,此时就将移存器的输出码"000"写在上支权的上方;当该编码器第一个输入比特为 1 时,则走下支路,此时就将移存器的输出码"111"写在图中下支权的上方。当输入第二个比特时,移位寄存器右移一位,

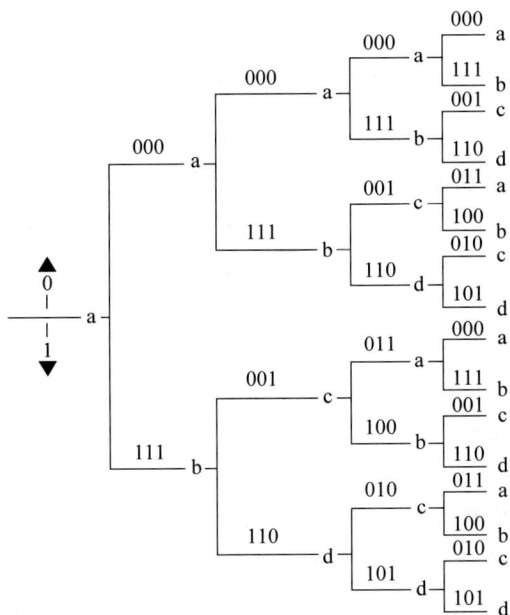

图 6-8　(3,1,3)卷积码的树状图

此时上支路情况下的移存器的状态为"00",即 a;下支路情况下的移存器的状态为"01",即 b。同时上下支路都将分为两杈。经过 4 个输入比特后,得到的该编码器的树状图如图 6-8 所示。树状图中,节点上标注的 a 表示 $M_1M_2=00$,节点上标注的 b 表示 $M_1M_2=01$,节点上标注的 c 表示 $M_1M_2=10$,节点上标注的 d 表示 $M_1M_2=11$。

（2）网格图

从树状图可以看到,对于第 j 个输入信息比特,相应出现有 2^j 条支路,且在 $j \geqslant N=3$ 时树状图出现节点自上而下重复取 4 种状态的现象。同时我们也看到,随着时间的推移,树状图的纵向尺寸越来越大。为了利用码树状态的重复性,使图形变得紧凑,提出了网格图的表示方法。上述的 $(n,k,N)=(3,1,3)$ 卷积码的网格图如图 6-9 所示。

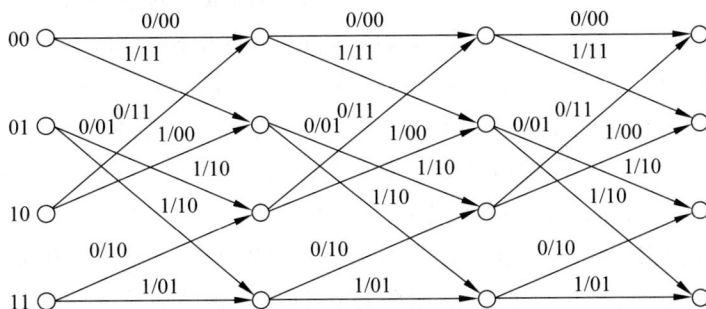

图 6-9　(3,1,3)卷积码的网格图

其中节点上的比特值表示 M_1M_2 的状态值,线路上的值分别表示输入与输出,例如 0/10 表示输入比特"0",所对应的输出是"010"。

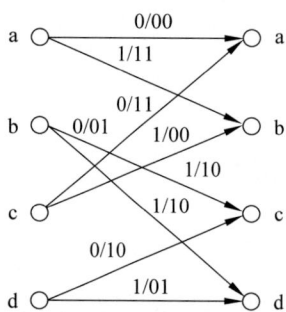

图 6-10　(3,1,3)卷积码的
状态转移图

（3）状态转移图

当网格图达到稳定状态后，取出两个节点间的一段网格图，即可得到图 6-10 所示的状态转移图。

2. 卷积码的解析表示

（1）生成矩阵。

卷积码仍然是线性码。线性码完全由监督矩阵 $\boldsymbol{H}$ 或者生成矩阵 $\boldsymbol{G}$ 所确定。卷积码的生成矩阵如何确定？这是我们所关心的问题。

仍然以上述的(3,1,3)卷积码为例。当输入第一个信息比特 m_1 时，若移位寄存器起始状态全为零，那么三个输出比特为：

$$y_{1,1}=m_1,\quad y_{2,1}=m_1,\quad y_{3,1}=m_1 \tag{6-57}$$

当输入第二个信息比特 m_2 时，m_1 右移一位，那么输出比特为：

$$y_{1,2}=m_2,\quad y_{2,2}=m_2,\quad y_{3,2}=m_1+m_2 \tag{6-58}$$

当输入第 j 个 $(j\geqslant 3)$ 信息比特 m_j 时，输出为：

$$\begin{cases} y_{1,j}=m_j \\ y_{2,j}=m_j+m_{j-2} \\ y_{3,j}=m_j+m_{j-1}+m_{j-2} \end{cases} \tag{6-59}$$

式(6-59)用矩阵形式表达为：

$$\begin{bmatrix} y_{1,j} & y_{2,j} & y_{3,j} \end{bmatrix}=\begin{bmatrix} m_{j-2} & m_{j-1} & m_j \end{bmatrix}\boldsymbol{A} \tag{6-60}$$

其中，$\boldsymbol{A}=\begin{bmatrix} 0 & 1 & 1 \\ 0 & 0 & 1 \\ 1 & 1 & 1 \end{bmatrix}$；在未稳定前：

$$\begin{bmatrix} m_1 & m_1 & m_1 \end{bmatrix}=\begin{bmatrix} m_1 & 0 & 0 \end{bmatrix}\boldsymbol{A}_1 \tag{6-61}$$

$$\begin{bmatrix} m_2 & m_2 & m_1+m_2 \end{bmatrix}=\begin{bmatrix} m_1 & m_2 & 0 \end{bmatrix}\boldsymbol{A}_2 \tag{6-62}$$

经计算可以得到：

$$\boldsymbol{A}_1=\begin{bmatrix} 1 & 1 & 1 \\ 0 & 0 & 0 \\ 0 & 0 & 0 \end{bmatrix},\quad \boldsymbol{A}_2=\begin{bmatrix} 0 & 0 & 1 \\ 1 & 1 & 1 \\ 0 & 0 & 0 \end{bmatrix}$$

因此，生成矩阵可以表示为：

$$\boldsymbol{G}=\begin{bmatrix} \boldsymbol{A}_1 & \boldsymbol{A}_2 & \boldsymbol{A} & \cdots & 0 & 0 & \cdots \\ & & & \ddots & & & \\ & & & & \boldsymbol{A} & & \\ & & & & & \boldsymbol{A} & \\ & & & & & & \ddots \end{bmatrix} \tag{6-63}$$

矩阵的空白区均为零，这是一个半无限矩阵。

（2）多项式表示。

一般情况下，输入序列可用多项式表示为：

$$\boldsymbol{M}(x)=m_1+m_2x+m_3x^2+m_4x^3+\cdots$$

x 表示延时算子,系数 m_i 为 1 或者 0。可以用多项式表示移位寄存器各级与模 2 加的连接关系。如果寄存器与模 2 加相连接,则相应多项式的系数为 1;反之为 0。例如,图 6-7 所示的 $(3,1,3)$ 卷积码编码器相应的生成多项式可表示为:

$$\begin{cases}\boldsymbol{g}_1(x)=1\\ \boldsymbol{g}_2(x)=1+x^2\\ \boldsymbol{g}_3(x)=1+x+x^2\end{cases} \tag{6-64}$$

生成多项式与输入序列多项式相乘,可以得到输出序列多项式,也就可以得到输出序列。例如,假设输入系列为 $1101010111\cdots$,其对应的输入多项式为:

$$\boldsymbol{M}(x)=1+x+x^3+x^5+x^7+x^8+x^9\cdots \tag{6-65}$$

那么:

$$\begin{cases}\boldsymbol{Y}_1(x)=\boldsymbol{M}(x)\boldsymbol{g}_1(x)=1+x+x^3+x^5+x^7+x^8+x^9\cdots\\ \boldsymbol{Y}_2(x)=\boldsymbol{M}(x)\boldsymbol{g}_2(x)=1+x+x^2+x^8+x^{10}+\cdots\\ \boldsymbol{Y}_3(x)=\boldsymbol{M}(x)\boldsymbol{g}_3(x)=1+x^4+x^6+x^9+\cdots\end{cases} \tag{6-66}$$

即有序列:

$$\begin{aligned}\boldsymbol{y}_1&=(y_{1,1},y_{1,2},y_{1,3},y_{1,4},\cdots)=1101010111\cdots\\ \boldsymbol{y}_2&=(y_{2,1},y_{2,2},y_{2,3},y_{2,4},\cdots)=1110000010\cdots\\ \boldsymbol{y}_3&=(y_{3,1},y_{3,2},y_{3,3},y_{3,4},\cdots)=1000101001\cdots\end{aligned} \tag{6-67}$$

所以输出序列为:

$$\boldsymbol{y}=111110010100001100001100\cdots$$

为方便起见,常用二进制序列来表示生成多项式,如:

$$\begin{cases}\boldsymbol{g}_1(x)=1\rightarrow\boldsymbol{g}_1=(100)\\ \boldsymbol{g}_2(x)=1+x^2\rightarrow\boldsymbol{g}_2=(101)\\ \boldsymbol{g}_3(x)=1+x+x^2\rightarrow\boldsymbol{g}_3=(111)\end{cases}$$

(3) 生成矩阵与生成多项式的关系。

仍然以图 6-7 所示的 $(3,1,3)$ 卷积码编码器为例,来说明生成矩阵与生成多项式的关系。

已知 $(3,1,3)$ 卷积码的生成序列为:

$$\begin{cases}\boldsymbol{g}_1(x)=(100)=(g_1^1 g_1^2 g_1^3)\\ \boldsymbol{g}_2(x)=(101)=(g_2^1 g_2^2 g_2^3)\\ \boldsymbol{g}_3(x)=(111)=(g_3^1 g_3^2 g_3^3)\end{cases}$$

容易得到:

$$\boldsymbol{G}_\infty=\begin{bmatrix}g_1^1 & g_2^1 & g_3^1 & g_1^2 & g_2^2 & g_3^2 & g_1^3 & g_2^3 & g_3^3 & & &\\ & & g_1^1 & g_2^1 & g_3^1 & g_1^2 & g_2^2 & g_3^2 & g_1^3 & g_2^3 & g_3^3 &\\ & & & & g_1^1 & g_2^1 & g_3^1 & g_1^2 & g_2^2 & g_3^2 & g_1^3 & g_2^3 & g_3^3\\ 0 & & & & & & & & & \ddots\end{bmatrix} \tag{6-68}$$

也可表示为：

$$\boldsymbol{G}_\infty = \begin{bmatrix} \boldsymbol{G}_1 & \boldsymbol{G}_2 & \boldsymbol{G}_3 & \boldsymbol{0} & & \cdots \\ & \boldsymbol{G}_1 & \boldsymbol{G}_2 & \boldsymbol{G}_3 & & \\ & & \boldsymbol{G}_1 & \boldsymbol{G}_2 & \boldsymbol{G}_3 & \\ \boldsymbol{0} & & & \ddots & \ddots & \ddots \end{bmatrix} \tag{6-69}$$

其中：

$$\begin{cases} \boldsymbol{G}_1 = (g_1^1 g_1^2 g_1^3) \\ \boldsymbol{G}_2 = (g_2^1 g_2^2 g_2^3) \\ \boldsymbol{G}_3 = (g_3^1 g_3^2 g_3^3) \end{cases} \tag{6-70}$$

类似地，对于图 6-6 所示的一般形式的 (n,k,N) 卷积码编码器：

$$\boldsymbol{M} = \begin{bmatrix} m_{1,1} & m_{2,1} & m_{3,1} & \cdots & m_{k,1} & m_{1,2} & m_{2,2} & m_{3,2} & \cdots & m_{1,k} & \cdots \end{bmatrix} \tag{6-71}$$

$$\boldsymbol{Y} = \begin{bmatrix} y_{1,1} & y_{2,1} & y_{3,1} & \cdots & y_{n,1} & y_{1,2} & y_{2,2} & y_{3,2} & \cdots & y_{1,n} & \cdots \end{bmatrix} \tag{6-72}$$

码的生成序列为：

$$\boldsymbol{g}_{i,j} = (g_{i,j}^1 \quad g_{i,j}^2 \quad \cdots \quad g_{i,j}^L \quad \cdots \quad g_{i,j}^N),$$
$$i = 1,2,\cdots,k; j = 1,2,3,\cdots,n; L = 1,2,3,\cdots,N \tag{6-73}$$

$g_{i,j}^L$ 表示输入寄存器的输入端（第 L 组的第 i 个寄存单元）到第 j 个模 2 加法器输入端的连线情况。如果有连接线，则 $g_{i,j}^L = 1$；如果无连接线，则 $g_{i,j}^L = 0$。由码的生成序列可以得到 (n,k,N) 码的生成矩阵为：

$$\boldsymbol{G}_\infty = \begin{bmatrix} \boldsymbol{G}_1 & \boldsymbol{G}_2 & \boldsymbol{G}_3 & \cdots & \boldsymbol{G}_N & & & & \\ & \boldsymbol{G}_1 & \boldsymbol{G}_2 & \boldsymbol{G}_3 & \cdots & \boldsymbol{G}_N & & & \\ & & \boldsymbol{G}_1 & \boldsymbol{G}_2 & \boldsymbol{G}_3 & \cdots & \boldsymbol{G}_N & & \\ & & & \ddots & \ddots & \ddots & \ddots & \ddots \end{bmatrix} \tag{6-74}$$

其中 $\boldsymbol{G}_i = \begin{bmatrix} g_{1,1}^i & g_{1,2}^i & g_{1,3}^i & \cdots & g_{1,n}^i \\ g_{2,1}^i & g_{2,2}^i & g_{2,3}^i & \cdots & g_{2,n}^i \\ \vdots & \vdots & \vdots & \ddots & \vdots \\ g_{k,1}^i & g_{k,2}^i & g_{k,3}^i & \cdots & g_{k,n}^i \end{bmatrix}$ $(i = 1,2,\cdots,N)$ 是大小为 $k \times n$ 的生成矩阵。

6.4.2 卷积码的最大似然译码——维特比（Viterbi）算法

卷积码顾名思义将多个分组"卷"在一起，一定程度上可以认为是一种更长的分组码，这使得译码比分组码困难。自从 Elias 提出卷积码的概念后，已经发展了多种译码算法，这些译码算法可以分成两大类，即代数译码和概率译码，目前广泛使用的是概率译码，特别是 Viterbi 译码算法最为著名。Viterbi 算法实际上就是卷积码的最大似然译码算法，即一种最佳的译码算法，其提出者安德鲁·维特比（Andrew J. Viterbi）是"CDMA 之父"，为著名的高通公司创始人之一。卷积码曾经受限于没有高效的译码方法，在 Viterbi 译码算法提出之后，卷积码即在通信系统中得到了广泛的应用，如 GSM、IS-95 CDMA、商业卫星通信系统等。

1. 分支度量、路径度量和最大似然译码

我们从简单的 $(2,1,2)$ 卷积码着手研究卷积码的译码,其编码原理如图 6-11 所示。

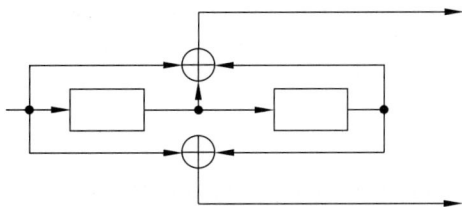

图 6-11 $(2,1,2)$ 卷积码原理图

其生成多项式矩阵为:

$$\boldsymbol{G}(x) = (1 + x + x^2, 1 + x^2)$$

其对应的网格图如图 6-12 所示。

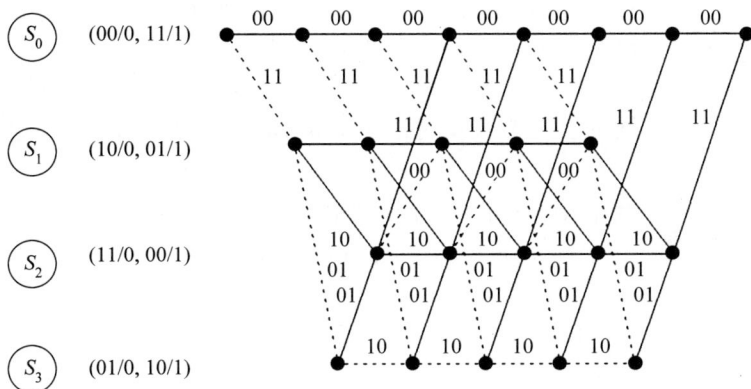

图 6-12 $(2,1,2)$ 卷积码网格图

图中信息序列长度为 $L=5$,在网格图上共有 $L+N+1=8$ 个时间点。假设编码器状态从 S_0 状态开始,并回到 S_0 状态。前面 N 个时刻对应于起始阶段,最后 N 个时刻对应于译码器返回 S_0 状态。起始阶段和返回阶段并非所有状态都可达。在网格图的其他时间部分,每个状态都可以是起始态,也可以是终止态,所以在该阶段每个状态发出 2 条分支,同时每个状态有 2 条分支终止。对一般的 (n,k,N) 卷积码,则有 2^k 条分支从每个状态出发,有 2^k 条分支终止于每个状态。

假设长度为 kL 的消息序列如下:

$$\boldsymbol{m} = (\boldsymbol{m}_0, \boldsymbol{m}_1, L, \boldsymbol{m}_{L-1}) \tag{6-75}$$

其中 $\boldsymbol{m}_i = \{m_{i,0}, m_{i,1}, \cdots, m_{i,k}\}, m_{i,j} \in \{0,1\}, j \in [1,k], i = 0,1,\cdots,L-1$。消息序列编码后的码字 $\boldsymbol{c}$ 的长度 $L_c = n(L+N)$。

$$\boldsymbol{c} = (\boldsymbol{c}_0, \boldsymbol{c}_1, \cdots, \boldsymbol{c}_{L+N-1}) \tag{6-76}$$

其中 $\boldsymbol{c}_i = \{c_{i,0}, c_{i,1}, \cdots, c_{i,n}\}, c_{i,j} \in \{0,1\}, j \in [1,n], i = 0,1,\cdots,L-1$。

码字 $\boldsymbol{c}$ 经过信道传输,接收到的序列为:

$$\boldsymbol{r} = (\boldsymbol{r}_0, \boldsymbol{r}_1, \cdots, \boldsymbol{r}_{L+N-1}) \tag{6-77}$$

$r_j \in \xi^n$，ξ^n 是接收字符表，如果是二元硬判决信道则 $\xi \in \{0,1\}$，对于无量化的高斯信道则 $\xi \in \mathbf{R}$，$\mathbf{R}$ 是实数集。

对于离散无记忆信道，在接收到 r 时，发送序列 c 的似然函数为：

$$P(r \mid c) = \prod_{i=0}^{L+N-1} P(r_i \mid c_i) \tag{6-78}$$

相应的对数似然函数为：

$$\log_2 P(r \mid c) = \sum_{i=0}^{L+N-1} \log_2 P(r_i \mid c_i) \tag{6-79}$$

采用最大似然译码算法就需要在所有可能的码字序列中选择一条，使式(6-79)中的似然函数极大的码字序列作为发送码字序列的估计，记为 $\hat{c}$，那么：

$$\hat{c} = \arg \max_{c \in \bar{c}} \log_2 P(r \mid c) \tag{6-80}$$

$\hat{c}$ 表示从 S_0 出发经过 $L+N$ 时间并且最终回到 S_0 状态的码字序列集合。$\log P(r|c)$ 称为与路径 c 有关的度量，记为 $\rho(r \mid c)$，式(6-80)中每一分量 $\log_2 P(r_i \mid c_i)$ 为分支度量，记为 $\rho(r_i|c_i)$。

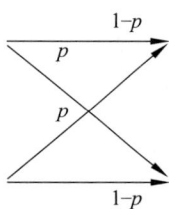

对于不同的传输信道，分支度量和路径度量的计算方法是不同的。本节仅仅讨论如图 6-13 所示的二元对称信道。此时：

$$P(r_i \mid c_i) = p^{d_i}(1-p)^{n-d_i} \tag{6-81}$$

其中，d_i 表示 r_i 和 c_i 间的汉明距离。这时分支度量为：

$$\rho(r_i \mid c_i) = d_i \log_2[p/(1-p)] + n\log_2(1-p) \tag{6-82}$$

图 6-13 二元对称信道

因此，路径度量为：

$$\rho(r \mid c) = \sum_{i=0}^{L+N-1} \rho(r_i \mid c_i)$$

$$= \left(\log_2 \frac{p}{1-p}\right) \sum_{i=0}^{L+N-1} d_i + [n\log_2(1-p)](L+N) \tag{6-83}$$

一条路径前 l 个分支所构成的部分路径度量可以表示为：

$$\rho(r \mid c) \big|_0^l = \sum_{i=0}^{l-1} \rho(r_i \mid c_i) \tag{6-84}$$

一般 $p < 0.5$，这时 $\log_2[p/(1-p)] < 0$，所以要求选择一条使接收序列的汉明总距离 $\sum_{i=0}^{L+N-1} d_i$ 最小的路径为发送序列。

2. Viterbi 译码算法

根据本节前面所述，最大似然译码要求在网格图上所有可能的路径中选一条具有最大路径度量的路径。当消息序列长度为 L 时，可能的路径数目有 2^L 条，随着路径长度的增加，可能的路径按指数增加。如果计算每条路径的度量，显然计算量太大。因此，需要寻找最大路径度量的简单方法。

从图 6-12 所示网格图可以看到，如果从 S_0 状态出发的 2 条路径在某一状态汇合后，以后一直复合在一起的话，在汇合点就可以删除掉这 2 条路径中前面部分路径度量较小的那一条。因而在任何时刻，对进入每一状态的所有路径只需要保留其中一条具有最大部分路径度量的路径,该路径称为幸存路径。卷积码的状态数为 2^N,所以任何时刻译码器最多需要保存 2^N 条幸存路径,同时保存这 2^N 条幸存路径所对应的路径度量。

例 6-10 对图 6-12 所示网格图所描述的 $(2,1,2)$ 卷积码,若接收到的二元对称信道输出序列为 $r=(00,01,10,00,00,00,00)$,要求从网格中选一条作为大似然路径。

解:对比图 6-12 中各个节点的输出路径上输出值和二元对称信道输出序列,计算各个路径上的汉明距离,并标注于其上。同时,计算各个当前节点的幸存路径的部分路径度量,并标注于节点之上。所得结果如图 6-14 所示。

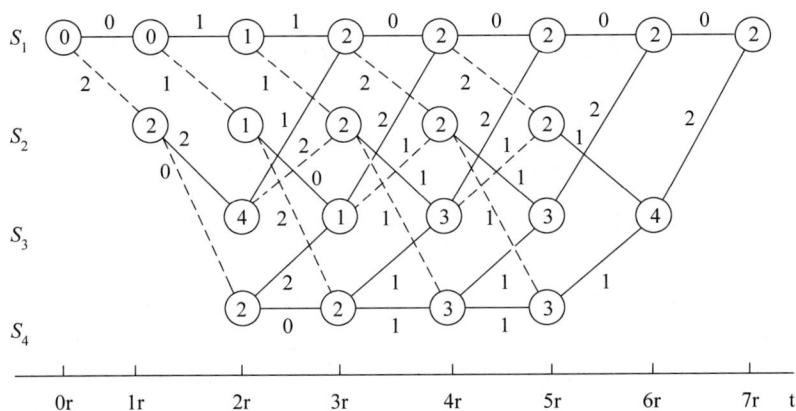

图 6-14 $(2,1,2)$ 卷积码对应的部分网格图

在每一个时刻,计算前一时刻部分路径的汉明距离,也就是前一时刻节点上所标示的到达当前节点的幸存路径的汉明距离与相应分支上的汉明距离之和,选择其和最小的路径作为对应的幸存路径。如果值相同,则要同时保留以执行下一级运算。最后到 $t=7T$ 时刻抉择出一条幸存路径为:

$$S_0 \rightarrow S_0 \rightarrow S_0 \rightarrow S_0 \rightarrow S_0 \rightarrow S_0 \rightarrow S_0$$

也就是说判定发送的是全零序列 $m=(0,0,0,0,0,0,0)$。

安德鲁·维特比(Andrew J. Viterbi)被誉为"CDMA 之父",他在"CDMA 之母"海蒂·拉玛与安塞尔发明的"扩频通信技术"的基础上,研发出 CDMA 无线数字通信系统,他也是在通信领域颇受争议且很有影响力的高通公司的创始人之一,并且是高通的首席科学家。1967 年他发明维特比算法,用来对卷积码数据进行译码。该算法已经成功应用于蜂窝电话系统、DNA 分析以及隐马尔可夫模型等诸多应用中。1985 年维特比作为参与者之一创建了 Qualcomm(高通)公司,该公司成立之初主要为无线通信业提供项目研究和开发服务,同时还涉足有限的产品制造。在维特比的推动下,第三代移动通信的三个国际标准(WCDMA、CDMA2000 和 TD-SCDMA)都采用了 CDMA 技术。高通的 CDMA 技术也已成为全球 3G 标准的核心技术,其相关专利为绕不过的门槛。如今,高通已拥有海量的包括美国和中国等各国专利,并向全球逾 130 家电信设备制造商发放了 CDMA 专利许可。2008 年 9 月,由于发明维特比算法以及对 CDMA 无线技术发展的贡献,维特比获得了美国国家科学奖章。

有一种说法是:"一流企业卖标准,二流企业卖专利,三流企业卖产品",类似不同说

法很多。在通信领域可以如是看待,高科技公司(如高通、华为等)会先朝着自己认为有前景的技术方向开发一系列的专利,然后将自己的技术作为标准提出,并且积极推动自己的标准得到国际标准化组织的认可以成为正式标准。一旦成为正式标准,自己推出的专利就成为标准的必要专利,别人将不得不使用。那些二流的企业在没有战略的情况下布置专利,很可能由于没有成为标准,不构成基本专利而打水漂。现在许多公司都积极将自己的专利塞入标准,可能其中有些并非那么必要。我国一些没有自主技术的企业在生产产品时需要向一些专利巨头缴纳大量许可费。

6.5 编码与调制的结合——TCM 码

近代通信系统中,调制解调器与纠错码编译码器是两个主要的组成部分,它们也是提高通信系统的信息传输速率和降低误码率的两个关键设备。为了满足目前对带宽要求越来越高的通信需要,为了提高单位频带内传输信息的速率,目前有两个主要的发展方向。

(1)研制频带利用率较高的调制方式,如高传输信息速率的多电平调幅和多进制调幅调相,尤其是有较好频谱特性的连续相位调制(CPF),比如软调制、最小频移键控调制(MSK)、双正交相移调制(QPSK)以及互相关移项调制等。连续相移调制的主要优点是信号本身所占的频带较窄,带外辐射很低,产生的邻道干扰也很小。

(2)提高原通信线路的数据传输速率。发展适合在有限带宽信道中高速传输信息的调制方式,如正交调幅(QAM)和多电平调制等。

Ungerboeck 和今井秀树等在 1982 年提出了一种调制和编码相结合的方法,它利用码率为 $n/(n+1)$ 的格状(Trellis)码(卷积码),并将每码段映射为有 2^{n+1} 个调制信号集中的一个信号,在接收端信号经过解调器后经反映射变换为卷积码的码序列,并送入 Viterbi 译码器进行译码。因为调制信号和卷积码都可以看成网格码,因此这种体制就称为格码或者网格码调制(Trellis Coded Modulation,TCM)。

TCM 方法在不增加带宽和相同的信息速率下可获得 $3\sim6\mathrm{dB}$ 的功率增益,因而得到了广泛的重视。本节由于篇幅的限制,仅仅讨论 TCM 的基本原理以及在实际中应用得较多的卷积码与正交调幅和连续相位调制(CPM)相结合的方式。

在具体讨论结合调制与编码的方法前,先讨论图 6-15 所示的将调制与编码作为一个整体的系统模型。

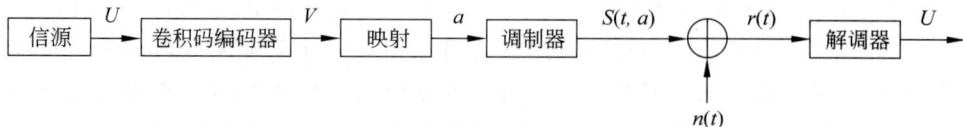

图 6-15 通信系统模型

从信源输出的是二进制随机序列 $U=(u_0,u_1,\cdots)$,经过码率为 R 的 (n_0,k_0,m) 卷积码编码器,编码器相应的输出是二进制码序列 $V=(v_0,v_1,\cdots)$。这里 $u_i=(u_i^1,u_i^2,\cdots,u_i^{k_0})$ 是信息元输至编码器的信息组,$v_i=(v_i^1,v_i^2,\cdots,v_i^{k_0})$ 是卷积码编码器输出的子码或

者子组。图中电平映射部分是把二进制序列映射成后面调制器所需要的多电平序列 $a = (a_0, a_1, \cdots)$。使用不同的映射方法,如二进制映射、格雷码映射等,对系统的性能会有不同的影响。

系统最后一级是调制器,其输出是信号 $s(t,a)$。如果信号通过 AWGN 信道,那么接收端收到的信号为:

$$r(t) = s(t,a) + n(t) \tag{6-85}$$

式中,$n(t)$ 是均值为 0,单边功率谱密度为 N_0 的高斯白噪声。在收端采用最大似然相干检测(MLSE),则解调器输出的错误概率为:

$$P(\varepsilon) = \frac{1}{S} \sum_{i=v}^{S} P(\varepsilon \mid s_i) \leqslant \frac{1}{S} \sum_{i=0}^{S-1} \sum_{\substack{j=0 \\ i \neq j}}^{S-1} Q\left(\sqrt{d_{ij}^2 \frac{E_b}{N_0}}\right) \tag{6-86}$$

其中,S 是发送端输出的信号总数,即信号的点数目;d_{ij} 是信号空间中 i 和 j 信号点之间的欧几里得距离(欧氏距离),也就是信号星座中信号点之间的几何距离;E_b/N_0 是信噪比;$Q(x)$ 定义为:

$$Q(x) = \frac{1}{\sqrt{2\pi}} \int_x^\infty e^{-\frac{t^2}{2}} dt \tag{6-87}$$

当 E_b/N_0 很大时,式(6-86)近似为:

$$P(\varepsilon) \approx CQ\left(\sqrt{d_{f\min}^2 \frac{E_b}{N_0}}\right) \tag{6-88}$$

式中,C 是与 E_b/N_0 无关的常数,$d_{f\min}^2$ 为归一化自由欧氏距离。两个信号序列 α、β 之间的归一化自由欧氏距离定义为:

$$d_{f\min}^2 = \min_{\text{所有} U_\alpha, U_\beta} \frac{1}{2E_b} \int_0^\infty [s(t,\alpha) - s(t,\beta)]^2 dt \tag{6-89}$$

式中,U_α 和 U_β 分别是输入纠错编码器的不同信息序列:

$$U_\alpha = (\cdots, u_{\alpha 0}, u_{\alpha 1}, u_{\alpha 2}, \cdots), \quad U_\beta = (\cdots, u_{\beta 0}, u_{\beta 1}, u_{\beta 2}, \cdots)$$

式(6-88)表明,系统的误码率决定于信号序列之间的自由欧氏距离 $d_{f\min}^2$,而编码的作用就是使 $d_{f\min}^2$ 增加,从而改善误码率。因此,如何针对不同的调制方式和映射规则寻找有最大 $d_{f\min}^2$ 的卷积码,是结合编码与调制的一个最关键的问题。由于用分析的方法寻找 $d_{f\min}^2$ 十分困难,因此当前都是用计算机搜索的方法来进行寻找的。

任何一个 (n_0, k_0, m) 卷积码编码器都可以用其网格图上的一条路径表示编码器的输出码序列。同样,从调制器输出的信号序列也可以用其信号网格图上的一条路径描述。如图 6-16 是利用 $(2,1,1)$ 系统码卷积编码器与 2PSK(二进制移相调制)相结合的框图,在图 6-17 和图 6-18 中分别画出了编码器的网格图和调制器的信号网格图。

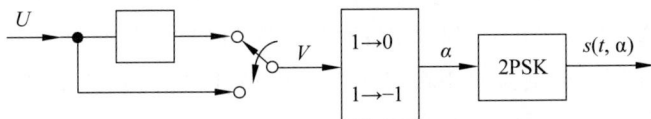

图 6-16 编码器与 2PSK 的结合框图

图 6-17 中的粗线对应于输入信息序列 $u_\alpha = (000)$ 和 $u_\beta = (110)$ 时，对应的卷积编码器输出的码序列为 $v_\alpha = (00,00,00)$ 和 $v_\beta = (01,11,10)$。图 6-18 中的两条折线即 v_α 和 v_β 相应的信号路径，从编码器的网格图可以看到，相应于 u_α 和 u_β 的两条路径，在第三个编码时间单位的 0 状态重合，在信号网格图上也相应于在第六个信道码元时间单位，在 π 状态两条信号路径重合。由此两个网格图看到，两条信号路径之间的欧几里得距离与信号序列从开始到重合时路径中的分支数目有关。不重合的分支数称为跨度，例如本例的跨度为 3。如果不经

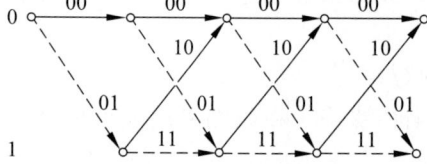

图 6-17　编码器的网格图

过编码，则 $u_\alpha = (000)$ 和 $u_\beta = (110)$ 在信号网格图上的两条路径如图 6-19 所示。可见，无编码时两个信号序列之间的欧氏距离仅为 2，进行编码后增加到 4。所以编码的作用就是使信号网格图中信号序列之间的欧几里得距离增加。TCM 设计的一个主要目标就是寻找与各种调制方式相对应的卷积码，当卷积码的每个分支与信号点映射后，会使得每条信号路径之间有最大的欧几里得距离。

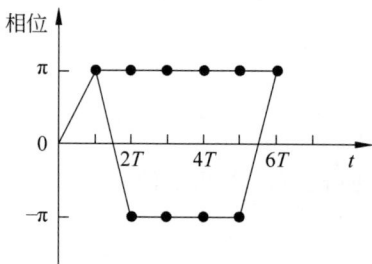

图 6-18　调制器的信号网格图

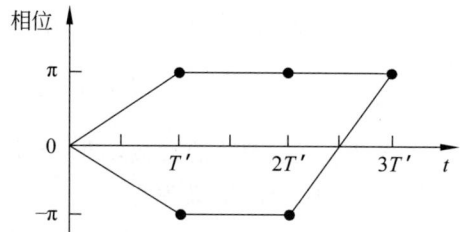

图 6-19　网格图上两条不同的路径

6.6　有应用前景的纠错码

近年来，信道编码的研究日趋完善，一些逼近香农极限的纠错编码被发现和接受，同时也有一些利用其他方面提升纠错性能的编码值得研究，并且有着很好的应用前景。

6.6.1　乘积码与级联码

理论上，只要增加码长，达到加大随机化的效果，所有的码都可以无限逼近香农极限。纠错码的构码理论的难度体现在编码上，工程实现的难度主要在译码上。编码的实现相对容易，对于 (n,k) 分组码，其复杂度与码长呈线性关系，标记为 $O(k)$ 或者 $O(n-k)$；而最佳译码或最大似然译码的工程实现的计算量与码长成指数关系，即 $O(2^k)$ 或者 $O(2^{n-k})$。因此，研究人员试探着用短码拼凑成长码，以达到兼具短码复杂度和长码性能的目的。级联码因此应运而生。

1. 串行级联码

串行级联码就是用两个短码串接构成一个长码，其结构如图 6-20 所示。

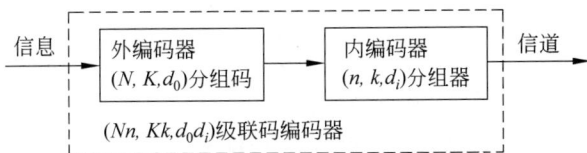

图 6-20 串行级联码

该码在发送端是两级编码,接收端是两级译码,属于两级纠错。连接信息源的叫作外编码器,连通信道的叫作内编码器。若外编码为码率 R_0 的 (N,K) 分组码,内码为码率 R_i 的 (n,k) 分组码,那么两者合起来相当于码长为 Nn、信息位为 Kk 且码率为 $R_c = R_i R_0$ 的分组长码。

Viberti 最大似然译码算法适合于约束度较小的卷积码,级联码的内码常用卷积码,外码采用分组码(如 RS 码、BCH 码等)。维比特译码是序列译码,一旦出错就是一个序列差错,也就是一个突发差错,因此常选择具有良好的纠正突发差错能力的 RS 码。如果内码是 (n,k,L) 卷积码,外码采用加 $GF(q)$ 域上的 (N,K,d) RS 码,其中 $q = 2^J$,根据 RS 码的特点,必有 $N = 2^J - 1, K = 2^J - 1 - 2t, d = 2t + 1$。卷积码最可能的差错序列长为 $L+1$,而 RS 二进衍生码纠突发差错的能力是 $(t-1)J+1$,因此一般来说 $(t-1)J+1 \geqslant L+1$,使卷积码译码差错在大多数情况下能被 RS 码纠正。符合这种关系的卷积码内码与 RS 码外码是最佳的搭配。

卷积码属于纠随机差错码,以卷积码为内码的级联码用于高斯白噪声信道。当卷积码加分组码模式的级联码用于突发差错信道时,需要采取附加措施,简单有效的方法是在译码器与信道调制器间安装交织器(interleaver),如图 6-21 所示。

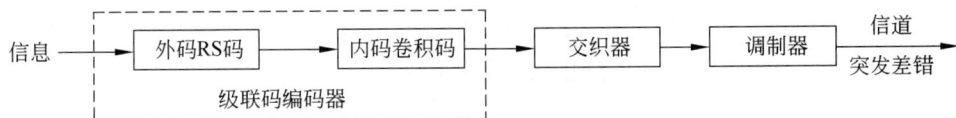

图 6-21 级联码用于突发差错信道

交织器和干扰器(扰码器)有区别,干扰器在于数据形式的随机化。交织分为周期交织和伪随机交织两种,级联码所用交织器通常是伪随机交织器,即对 N 位的数据块做伪随机的置换。为了分析方便,我们用理想的均匀交织器作为交织器的模型,理想均匀交织器定义为如下一种装置:能把重量为 ω 的输入码字以等概率 $1 \Big/ \dbinom{N}{\omega}$ 映射为全部 $\dbinom{N}{\omega}$ 个不同的置换体之一。

针对维特比译码产生突发差错的特点,如果在卷积码内码和外组外码之间插入一个交织器,则维特比译码产生的突发差错通过交织作用而随机化,外码面对的将是随机差错,可以不用针对突发差错的 RS 码等,而改用一般分组码或者 BCH 码,如图 6-22 所示。插在中间的交织器不仅使差错随机化,也使数据随机化,起着增加码长的作用。

图 6-23 是带交织器的串行级联分组(SCBC),外码、内码分别采用 (p,k) 和 (n,p) 二进制线性系统码,块交织的长度选为 $N = mp$(m 是交织块包含的外码码字数)。编码

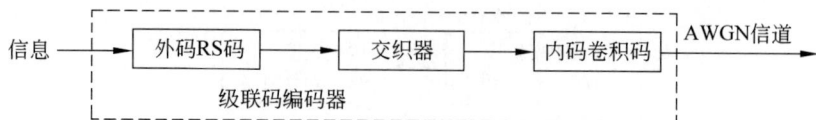

图 6-22   级联码与交织器的组合

时，mk 位信息经过 (p,k) 外编码器变为 $N=mp$ 位后送入交织器，按交织器的置换算法以不同的顺序读出。交织后的 mp 位被分隔成 m 组长度为 p 的分组送入内编码器，产生 m 个长度为 n 的码字。总体上看，mk 位信息被串行级联分组码 SCBC 编码成了 mn 个码块，是 (mn,nk) 分组码，其码率 $R=\dfrac{k}{p}\cdot\dfrac{p}{n}=\dfrac{k}{n}$，码长为 mn 位。由于 m 可以选得较大，这种码比不使用交织器的一般级联码的等效码长要大得多。

图 6-23   带交织器的串行级联分组码（SCBC）

级联码在通信系统中被广泛应用，尤其是在无线通信和移动通信中。

2. 乘积码

图 6-21 所示的针对突发差错信道的交织器对于噪声随机化很有效，但交织前的码字经过交织后不再是码字，如果直接送入信道传输会影响差错控制。如果交织块的行和列都作为编码，则码字经过行列交织后仍然是码字，纠错能力得到提高，这就是所谓的乘积码。图 6-24 所示的是典型的乘积码码阵图。水平方向的行编码采用了系统的 (n_x,k_x,d_x) 线性分组码 C_x，垂直方向的列编码采用了系统的 (n_y,k_y,d_y) 线性分组码 C_y。根据信息的性质，整个码阵分为 4 块：信息块、行校验块、列校验块、校验之校验块。

$m_{1,1}$	$m_{1,2}$	$\cdots$	m_{1,k_x}	Cx_{1,k_x+1}	Cx_{1,k_x+2}	$\cdots$	Cx_{1,n_x}
$m_{2,1}$	$m_{2,2}$	$\cdots$	m_{2,k_x}	Cx_{2,k_x+1}	Cx_{2,k_x+2}	$\cdots$	Cx_{2,n_x}
$\vdots$	$\vdots$		$\vdots$	$\vdots$	$\vdots$		$\vdots$
$m_{k_y,1}$	$m_{k_y,2}$	$\cdots$	m_{k_y,k_x}	Cx_{k_y,k_x+1}	Cx_{k_y,k_x+2}	$\cdots$	Cx_{k_y,n_x}
$Cy_{k_y+1,1}$	$Cy_{k_y+1,2}$	$\cdots$	Cy_{k_y+1,k_x}	p_{k_y+1,k_x+1}	p_{k_y+1,k_x+2}	$\cdots$	p_{k_y+1,n_x}
$Cy_{k_y+2,1}$	$Cy_{k_y+2,2}$	$\cdots$	Cy_{k_y+2,k_x}	p_{k_y+2,k_x+1}	p_{k_y+2,k_x+2}	$\cdots$	p_{k_y+2,n_x}
$\vdots$	$\vdots$		$\vdots$	$\vdots$	$\vdots$		$\vdots$
$Cy_{n_y,1}$	$Cy_{n_y,2}$	$\cdots$	Cy_{n_y,k_x}	p_{n_y,k_x+1}	p_{n_y,k_x+2}	$\cdots$	p_{n_y,n_x}

图 6-24   乘积码码阵图

乘积码有两种传输和处理数据的方法：一种是按行或者列的次序逐行或者逐列自左向右传送；另一种是按码阵的对角线次序传送数据，但两种方法所得的码是不一样的。对于按行或者按列传输的乘积码，只要行和列采用同样的线性码编码，无论是先对行编码还是先对列编码，右下角 $(n_x-k_x)\times(n_y-k_y)$ 的检验之校验位所得的数据是一样的。

若行码 C_x 和 C_y 的码长分别是 n_x 和 n_y，能够纠正的突发差错的长度分别是 b_x 和 b_y，则由 C_x 和 C_y 构成的乘积码能纠正的突发差错的长度是：

$$b \leqslant \max(n_x b_x, n_y b_y) \tag{6-90}$$

若行码 C_x 和列码 C_y 的最小距离分别为 d_x 和 d_y，则对非全零码阵而言，至少一行内有 d_x 个非零码元，因此至少有 d_x 个非全 0 的列；而每个非全 0 列码至少有 d_y 个非零码元。因此 d_x 个非全 0 的列码至少有 $d_x \times d_y$ 个非零码元，从而断定 $C_x \otimes C_y$ 乘积码的最小距离为 $d_x \times d_y$，能纠正的随机错误的个数为：

$$b \leqslant \mathrm{INT}[(d_x \times d_y - 1)/2] \tag{6-91}$$

乘积码通常用于突发差错信道，纠错能力最强的是用 Turbo 方式译码的乘积码，下一节将介绍 Turbo 码。

6.6.2 Turbo 码

香农理论证明，随机码是好码，但其译码很复杂，因此随机编码理论一直作为分析与证明编码定理的主要方法，但在如何构造码上却应用得并不多。在 Turbo 码出现之前的一些信道编码方法的增益与香农理论极限始终都存在较大的差距。当 Turbo 码在 1993 年出现后，极大缩小了这种差距，随后 Turbo 码得到广泛应用，在 3G 和 4G 中都采用了 Turbo 码。

Turbo 码又称并行级联卷积码(PCCC)，得名于整个译码过程类似于涡轮工作，它将卷积码和随机交织器结合在一起，实现了编码随机的思想，同时采用软输出迭代译码来逼近最大似然译码。

Turbo 码的优异性能并非是从理论研究的角度给出的，而是计算机仿真的结果，因此其理论基础不是很完善，但其优异的性能标志着信道编码理论与技术的研究开始了一个新的时代，结束了将信道截止速率作为实际容量限的历史。

1. Turbo 码的编码

并行级联 Turbo 编码器的构造如图 6-25 所示。

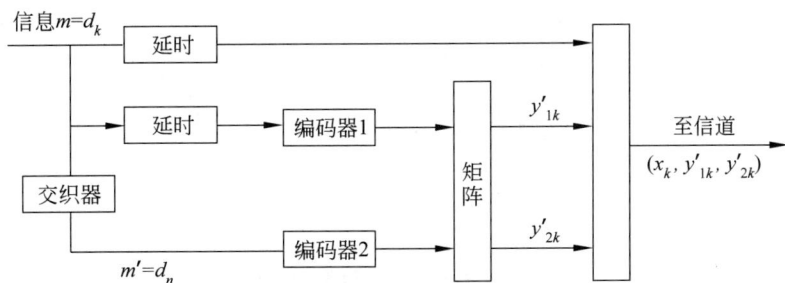

图 6-25 并行级联 Turbo 码编码器

输入信息 $m = d_k$ 被并行地分为三支，分别对其处理后得到信息码 x_k，以及删余后的校验码 y'_{1k} 和 y'_{2k}，再通过复合器合成一个信息序列发送出去。第一支是系统码的信息 $m = d_k$ 直通通道，由于未做任何处理，时间上必然比其他分支快，所以要加上一个延时，以便于后面的分支经过交织、编码处理后的信息在时间上匹配。第二支经过延时、编码、删余处理后送入复合器,编码方式大多是卷积码,也可以是分组码。第三支经过交织、编码、删余处理后送入复合器。编码器 1 和编码器 2 称为子编码器,即分量码(Component Codes),两者可以相同,也可以不同,工程实践中大多数使两者相同。交织的目的是随机化,以便改善码的重量分布。

删余就是通过删除冗余的校验位来调整码率。Turbo 码由于采用了两个编码器,因此产生的冗余比特比一般情况多一倍,因此按一定的规律轮流选用两个编码器的校验比特,以达到折中的目的。例如,采用两个码率 $R=1/2$ 的系统卷积码时,如果不删余,信息位加两个编码器的各一个校验位将产生码率为 $R=1/3$ 的码流。但如果令编码器 1 的校验流乘以一个删余矩阵 $P_1=\begin{bmatrix}1 & 0\end{bmatrix}^T$,而让编码器 2 的校验流乘以另一个删余矩阵 $P_2=\begin{bmatrix}0 & 1\end{bmatrix}^T$,就产生了在编码器 1 和编码器 2 间轮流取值的效果。此时,尽管 1 位信息仍然产生 2 位校验,但发送到信道上的只是 1 位信息和 1 位轮流取值的校验位,使码率调整为 $R=1/2$。一般情况下,设两编码器的生成矩阵分别是 G_1 和 G_2,两个编码器的输出可写作矩阵 $\begin{bmatrix}\mu G_1 \\ \mu' G_2\end{bmatrix}$,这里 μ 和 μ' 表示交织前后的信息位,μG_1 和 $\mu' G_2$ 分别是 $1\times N$ 矢量,则删余矩阵 P 为 $N\times 2$ 矩阵 $\begin{bmatrix}P_1 & P_2\end{bmatrix}$,其中 P_1 和 P_2 均为 $N\times 1$ 矢量,由 0 或者 1 值组成,分别表示对两个编码器校验位的选择情况。

借助删余码,可用简单的编码器和译码器实现较高码率的编译码,这就是在 Turbo 码中广泛应用删余技术的原因,不过 Turbo 码中级联的两个编码器必须是系统码。

2. Turbo 码的译码

Turbo 码的译码器采用反馈结构,以迭代方法译码。与 Turbo 编码器的两个分量码相对应,译码端也有两个分量译码器,两者的连接方式可以是并行级联,也可以是串行级联,其结构分别如图 6-26 和图 6-27 所示。

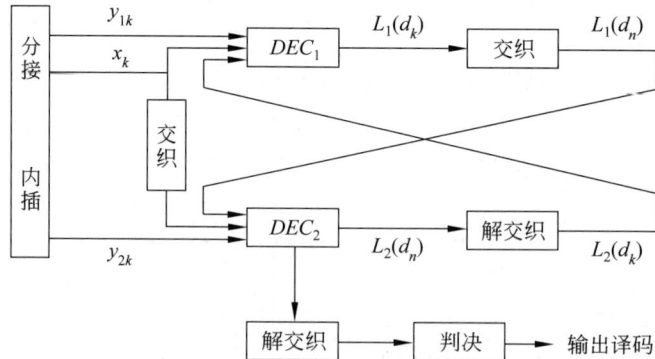

图 6-26   Turbo 码并行级联译码器

对于图 6-26 所示的并行级联 Turbo 编码器,接收到的数据流中包含三部分内容:信息码 x_k、编码器 1 产生的校验码 y'_{1k} 和编码器 2 产生的校验码 y'_{2k}。对于 Turbo 译码器,无论采用并行级联译码还是串行级联译码,在译码前都首先要进行数据的分离——与发送端复合器逆向功能的分接处理,将数据流还原为 x_k、y'_{1k} 和 y'_{2k} 三路信息。发送端子编

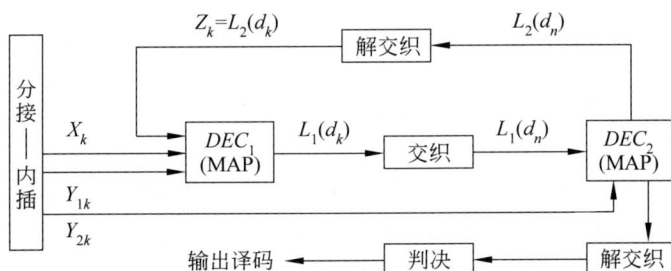

图 6-27　Turbo 码串行级联译码器

码器 1 和子编码器 2 的校验码由于删余,并未全部传送过来,y'_{1k} 和 y'_{2k} 只是 y_{1k} 和 y_{2k} 的部分信息,分接后的校验序列的部分比特位将无数据,这样必须根据删余的规律对接收的校验序列进行内插,在被除的数据位上补以中间量,以保证序列的完整性。

　　Turbo 译码器包含两个独立的子译码器,记作 DEC_1 和 DEC_2,分别与 Turbo 编码器的子编码器 1、子编码器 2 相对应,DEC_1 和 DEC_2 均采用软输入、软输出的迭代译码算法。每次迭代有三路输入信息:一是信息码 x_k,二是校验码 y_{1k} 或者 y_{2k},三是外信息,也称为边信息或者附加信息。Turbo 码的译码特点正是体现在外信息上,外信息是本征信息以外的附加信息,如何产生和应用这类信息构成不同的算法。根据 DEC_1 和 DEC_2 连接方式的不同,有并行译码和串行译码两种。

　　图 6-26 所示的并行译码方案与图 6-25 所示的 Turbo 编码器相对应,送入 DEC_1 的是 x_k 和 y_{1k},其中 $x_k = u = d_k$。送入 DEC_1 的是 y_{2k} 和交织后的 x_k,即 $u' = d_n$,完成一轮译码算法后,两个译码器分别输出对 d_k、y_{1k} 和 d_n、y_{2k} 的译码估值以及估值的可靠程度,并分别用似然度 $L_1(d_k)$ 和 $L_2(d_n)$ 表示。从图 6-25 可以看到,校验码 y_{1k} 和 y_{2k} 尽管由两个编码器独立产生并分别传输,但却是同源的,它们均取决于信息码 m。于是可以推断:DEC_1 的译码输出信息对 DEC_2 的译码有参考作用;反之,DEC_2 的译码输出信息对 DEC_1 的译码也必然有参考作用。如果将 DEC_1 的软输出送入 DEC_2,而将 DEC_2 的软输出送入 DEC_1,必然对两者都有益。事实上,DEC_1 提供给 DEC_2 的译码软输出 $L_1(d_k)$ 与 DEC_2 的另一支输入 y_{2k} 虽然从根上代表同一信息,但它们是相互独立传送的,$L_1(d_k)$ 对 y_{2k} 而言是一种附加信息,使输入到 DEC_2 的信息量增加,信息熵减少,从而提高了译码的正确性。一个译码器利用另一个译码器的软输出提供的附加信息进行译码,然后将自己的软输出作为附加信息反馈回另外一个译码器,整个译码过程可以看作两个子译码器一次次的信息交换与迭代译码,类似于涡轮机的工作原理,故称这种码为 Turbo 码。

　　由于与 DEC_2 对应的 y_{2k} 是由 $\{d_k\}$ 的交织序列 $\{d_n\}$ 所产生的,因此 DEC_1 的软输出 $L_1(d_k)$ 在送入 DEC_2 之前需要交织处理,变为 $L_1(d_n)$ 以与 y_{2k} 匹配;反之,DEC_2 的软输出 $L_2(d_n)$ 在送入 DEC_1 之前需经过解交织处理。采用这种循环迭代方式,信息可以得到最充分的利用。容易推断:DEC_2 译码时利用的 y_{2k} 信息并没有被 DEC_1 利用,将 DEC_2 的译码信息反馈到 DEC_1 必然有利于提高 DEC_1 的译码性能;另外,即使使用了一次的信息,也仅是利用了其中一部分,必然还可以两次、三次地利用。如此,整个译码器的性能可能随着迭代而逐步提高。但随着迭代次数的增加，DEC_1 和 DEC_2 的译码信息中的相互独立的成分（也就是附加信息）会越来越少，直至降为零，此时，信息量已被用尽，迭代失去意义，迭代终止。因此，译码器性能的提高不是无限的。最终的软输出经解交织和硬判决后得到译码输出 d_k。

图 6-27 所示的是串行译码方案。串行译码与并行译码的原理相同，只是 DEC_1 和 DEC_2 并非同时开始译码，而是先由 DEC_1 译码，当 DEC_1 的软输出交织后，DEC_2 才开始译码。DEC_2 的软输出解交织后形成外信息 z_k，返送给 DEC_1。DEC_1 的软输出交织后又送入 DEC_2。如此循环，直到迭代结束。

串行 Turbo 译码器 DEC_1 和 DEC_2 的译码、交织/解交织等运算必然造成延时，使 DEC_2 产生的外信息 z_k 不可能即时地反馈到 DEC_1。两次迭代的时差表现为差分变量，使得不可能有真正意义上的反馈，而是流水线式的迭代结构。

6.6.3　低密度奇偶校验码 LDPC

根据编码定理，码长越长，性能越好，然而这也使得编码和译码的运算量也越大，特别是译码运算量随着码长的增加按指数规律增加，靠无限增加码长的方法会阻碍超长码的工程应用。能否寻找到译码运算量仅随码长线性增长从而便于工程应用的编码方法？这种编码就是我们本节介绍的低密度奇偶校验码，简称 LDPC（low density parity check）码。

LDPC 码是一种具有稀疏校验矩阵的线性分组码。它于 1962 年由 Gallager 提出，三十多年间并未引起重视。直到 Turbo 码提出以后，人们才发现 Turbo 码从某种角度上来说也是一种 LDPC 码。

在前面曾经指出，分组码译码时任何一个码字应满足：

$$cH^T = 0 \tag{6-92}$$

经过传输后的接收码字为 $r=c+e$，译码的本质是根据伴随式 $s=rH^T$ 解方程组。由于分组码校验矩阵 H 是 $(n-k)\times n$ 矩阵，展开后有 $n-k$ 个方程，每个方程有 n 个系数，因此运算量与码长的平方成正比。如果校验矩阵 H 是大量 0 的稀疏矩阵，可采用适合稀疏矩阵运算的数学方法，从而减少运算量。

LDPC 码是码长 n 在数千以上的极长分组码，其校验矩阵 H 的维数也很大，但矩阵中“1”的个数很少。低密度就是指校验矩阵中“1”的密度很低。由于低密度，允许 LDPC 码采用与一般分组码不同的译码方法，其中的关键技术是 Tanner 图以及和-积译码算法，下面举例说明。

设 $(8,4)$ 分组码的校验矩阵如下：

$$H = \begin{bmatrix} 1 & 1 & 1 & 0 & 0 & 0 & 0 & 0 \\ 0 & 0 & 0 & 1 & 1 & 1 & 0 & 0 \\ 1 & 0 & 0 & 1 & 0 & 0 & 1 & 0 \\ 0 & 1 & 0 & 0 & 1 & 0 & 0 & 1 \end{bmatrix} \tag{6-93}$$

对于该码的任何一个码字 $c=(c_0,c_1,\cdots,c_7)$，必有 $cH^T=0$，写为方程组形式如下：

$$\begin{cases} c_0 + c_1 + c_2 = 0 \\ c_3 + c_4 + c_5 = 0 \\ c_0 + c_3 + c_6 = 0 \\ c_1 + c_4 + c_7 = 0 \end{cases} \tag{6-94}$$

而对于任何一个接收码 r，可计算其伴随式 $r\boldsymbol{H}^{\mathrm{T}} = s$。写成方程组形式如下：

$$\begin{cases} r_0 + r_1 + r_2 = 0 \\ r_3 + r_4 + r_5 = 0 \\ r_0 + r_3 + r_6 = 0 \\ r_1 + r_4 + r_7 = 0 \end{cases} \tag{6-95}$$

Tanner 图是由节点（node）和边（edge）构成的二分图（bipartite graph）。所谓二分图就是把节点分为两个子集，任何一条边都是一头连接一个子集的节点而另一头连接另外一个子集的节点，没有任何一条边是连接同一子集的两个节点。Tanner 图把所有变量作为一个节点子集并把所有条件作为另一个节点子集分别列在图的上下（或者两边），而用边（连线）体现两者间的关系。式（6-94）的 Tanner 图如图 6-28 所示。

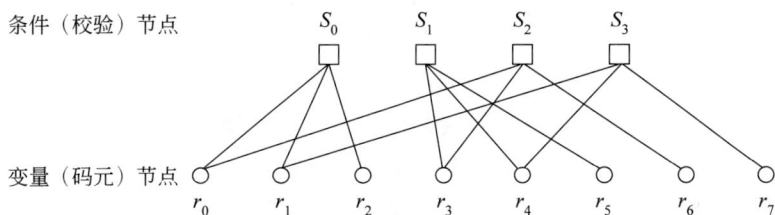

图 6-28　式（6-94）的 Tanner 图

图中圆圈表示变量节点，方块表示条件节点，条件节点代表一次校验运算，运算数据来自连接节点的边，而运算结果也通过边传向相应节点。

LDPC 编码的 Tanner 图有什么特点？你有什么好方法利用这些特点纠错吗？你还可以找到什么样的编码方法，使得其 Tanner 图具有类似的特点？

如果传输无误，接收序列就是码字，即 $r_i = c_i (i=0,1,\cdots,7)$。译码第一步先将 c_i 的值输入变量节点，使 Tanner 图中的 $r_i = c_i$。第二步令条件节点做校验运算，由式（6-95），$s_0 = r_0 + r_1 + r_2 = c_0 + c_1 + c_2 = 0$，$s_1 = r_3 + r_4 + r_5 = c_3 + c_4 + c_5 = 0 \cdots \cdots$ 计算所有 $s_i = 0$，即验证了 $c\boldsymbol{H}^{\mathrm{T}} = 0$，也就断定了变量节点的值确实是码字，输出变量值，译码结束。

如果传输有误，例如 $r_3 \neq c_3$，那么在条件节点做校验运算后，得到 $s_0 = 0, s_1 = 1, s_2 = 1$，$s_3 = 0$，也就是与 r_3 相连的节点 s_1 和 s_2 不满足约束条件。从 Tanner 图看，同时影响 s_1 和 s_2，最可能的变量节点是 r_3。所以第三步是将条件节点运算后所得的外信息通过各边返回到变量节点，变量节点根据来自条件节点的信息更改变量值，如令 r_3 加 1。第四步将变更后的变量值再次通过边送到条件节点做校验运算。如果所有条件节点均为"真"，此时的变量节点值便是译码输出；如果并非所有条件节点为"真"，则再一次将条件信息送回变量节点。如此在变量节点和条件节点间来回传递外信息，反复迭代直到满足条件或者达到一定门限。

以上描述就是一种二进制 LDPC 码的低复杂度的硬判决译码算法（比特翻转法）的思路。假设 $r(r\in\{0,1\})$ 是硬判决信道输出，比特翻转法的第 1 步是计算出伴随式 $s=rH^T$。如果伴随式是 0，则译码输出 $\hat{c}=r$，运算结束。如果非 0，将 s 中的非零元素对应到不满足校验方程的 r 元素上，通过翻转 r 的某些元素达到更改 r 的目的。这些被翻转的元素是在不满足条件的校验方程组中出现次数最多的，也就是在 LDPC 码二分图中与最多数量的不满足条件节点相连的变量节点。更改 r 后重新计算伴随式，重复迭代直到伴随式等于 0 或者达到门限。经过精心设计的 LDPC 码可达到优于 Turbo 码的性能。2001 年，Chung 等人设计了一种 LDPC 码，其性能与香农限仅差 0.0045dB。LDPC 码还具有最小距离正比于码长、译码复杂度与码长呈线性关系、适合并行译码运算等优点，具有很大的应用潜力，有取代 Turbo 码的趋势。

6.6.4　极化编码

2007 年，土耳其比尔肯大学教授 E. Arikan 基于信道极化（channel polarization）理论提出的一种对称二进制输入的无记忆信道的线性信道编码方法，即 Polar 码。该码字是迄今发现的唯一一种能够被严格证明达到信道容量的信道编码方法，并且具有较低的编码和译码复杂度。信道极化分为两个阶段，分别是信道联合（channel combining）阶段和信道分裂（channel splitting）阶段。通过信道的联合与分裂，各个子信道的对称容量将呈现两极分化的趋势：随着码长（也就是联合信道数）N 的增加，一部分子信道的容量趋于无噪信道，而其余子信道的容量趋于全噪信道。Polar 码正是利用这一信道极化的现象，在容量趋于无噪信道的 K 个子信道上传输消息比特，在趋于全噪信道的其余子信道上传输冻结比特（即收发双方已知的固定比特，通常设置为全零）或者不传递信息。由此构成的编码即为 Polar 码，码率为 K/N。

Polar 码比 Turbo 码和 LDPC 码更接近信道容量，Polar 码可以保证 5G 在任何场景下的高性能通信。2016 年在 3GPP RAN1 87 次会议的 5G 短码方案讨论中，评估了多种候选编码方案的性能、复杂度、编译码时延和功耗后，华为主推的 Polar 码（极化码）方案凭借 59 家代表的支持，战胜了美国高通主推的 LDPC（低密度奇偶校验码）和法国主推的 Turbo 2.0，成为 5G 控制信道 eMBB 场景编码方案，而高通主推的 LDPC 码成为数据信道的上行和下行短码方案。极化编码有着比较好的性能，但是出现较晚，相关研究还有待进一步深入完善。

极化编码与前面的哪些分化现象有相似性，对你有什么启示？

6.6.5　空时码与 MIMO

纠错是以增加冗余为前提的，通常表现为增加相关性。分组码是码字内码元间的相关；卷积码是码字内加码字间的相关；TCM 码是星座中信号空间的相关；Turbo 码则是交织前后两路编码的相关。纠错编码的时空概念就是码元时间上的相关。将无线通信中的分集接收的概念应用到纠错编码，就产生了所谓的空时码。

空时编码主要包括空时分组编码（space time block code，STBC）和空时网格编码（space time trellis code，STTC）及其组合等。目前应用得比较多的是正交空时分组编码,适用于非频率选择性慢衰落信道。一个简单且实用的 STC 码是采用 2 根发送天线(空间分集)和 1 根接收天线的 STC 码。从不同天线先后发出的同一信号在接收端以适当的方法叠加后,信号就增强了。

上面的 2 根天线发送和 1 根天线接收的例子是 MIMO(multiple-input multiple-output)的一部分,对 MIMO 的研究当前分为三类:波束成型技术、空间复用技术和空间分集技术。MIMO 是一项综合技术,编码只是其中的一部分。对 MIMO 感兴趣的读者可参考有关书籍和文献。

还有其他一些编码,比如数字喷泉码(digital fountain code)、无率码(rateless code)、叠加编码(superposition coding)、脏(污)纸编码(dirty paper coding)等,也值得关注和借鉴,可查阅相关资料。

以上这些新出现的信道编码给我们什么启示?如何跳出已有理论和方法的樊笼?

随着逼近香农极限的编码出现,进一步在给定信道容量条件下提升信息传输率的潜力已经变得非常有限,不宜百尺竿头更进一步,而应该在其他地方(比如提高信道容量、寻求新的通信方式、新的通信介质等领域)开展研究,以寻求更高的信息传输率。

思考题与习题

1. 信源编码减少冗余度,而信道编码增加冗余度,一般通信系统先进行信源编码,然后进行信道编码,请问是否可以同时取消两种编码,这样利用信源本身的冗余度同样可以起到纠错的效果?

2. 有一文件的大小为 2000b,在二进制的有噪声信道中进行传输,单位时间的信道容量为 500bps,请问在以下时间内是否可以使文件完整地通过信道传输过去并且错误概率为 0,并分析相应的原因和启示,讨论其结论是否与信道编码定理存在冲突:①3 秒;②4 秒;③5 秒;④10 秒;⑤10 000 秒;⑥一段有限的但是非常长的时间内。

3. 在通信中,有三人成虎的可能性吗?能够彻底解决这个问题吗?

4. 将几个分组合并的时候,码距具有累加的性质,而相关的概率却是乘积的关系;将相同的分组合并的时候,概率依分组个数而呈现幂的关系,码距则是乘积的关系。而对数恰好可以将幂降级为乘法,将乘法降级为加法。这对于我们有什么启示?

5. 一个(6,2)线性分组码的一致校验矩阵为 $\boldsymbol{H} = \begin{bmatrix} h_1 & 1 & 0 & 0 & 0 & 1 \\ h_2 & 0 & 0 & 0 & 1 & 1 \\ h_3 & 0 & 0 & 1 & 0 & 1 \\ h_4 & 0 & 1 & 1 & 1 & 0 \end{bmatrix}$。

(1) 求 $h_i(i=1,2,3,4)$,使该码的最小码距 $d_{\min} \geqslant 3$。

(2) 求该码的系统码生成矩阵 $\boldsymbol{G}$ 及其所有 4 个码字。

6. 一个纠错码消息与码字的对应关系为(00)→(00000),(01)→(00111),(10)→(11110),(11)→(11001)。

(1) 证明该码是线性分组码。

(2) 求该码的码长、编码效率和最小码距。

（3）求该码的生成矩阵和一致校验矩阵。

（4）构造该码 BSC 上的标准阵列。

（5）若在转移概率 $p=10^{-3}$ 的 BSC 上消息等概率发送，求用标准阵列译码后的码字差错概率和消息比特差错概率。

（6）若在转移概率 $p=10^{-3}$ 的 BSC 上消息 0 发送概率为 0.8，消息 1 发送概率为 0.2，求用标准阵列译码后的码字差错概率和消息比特差错概率。

（7）若传送消息 0 出错的概率为 10^{-1}，传送消息 1 出错的概率为 10^{-2}，消息等概率发送，求用标准阵列译码后的码字差错概率和消息比特差错概率。

7. 证明线性分组码的码字重量要么全部为偶数（包括 0），要么恰好一半为偶数（包括 0），另一半为奇数。

8. 考虑一个 (8,4) 系统线性分组码，其一致校验方程为 $\begin{cases} c_3=m_1+m_2+m_4 \\ c_2=m_1+m_3+m_4 \\ c_1=m_1+m_2+m_3 \\ c_0=m_2+m_3+m_4 \end{cases}$，其中 m_1、m_2、m_3 和 m_4 是信息数字，c_3、c_2、c_1 和 c_0 是校验位数字。

（1）求出该码的生成矩阵和一致校验矩阵。

（2）证明该码的最小重量为 4。

（3）若某接收序列 $\boldsymbol{R}$ 的伴随式为 $\boldsymbol{S}=[1011]$，求其错误图样 $\boldsymbol{E}$ 及发送码字 $\boldsymbol{C}$。

（4）若某接收序列 $\boldsymbol{R}$ 的伴随式为 $\boldsymbol{S}=[0111]$，请问发生了几位错误。

9. 已知循环码生成多项式为 $\boldsymbol{g}(x)=1+x+x^4$，求该码的最小码长 n 和最小码距 d。

10. 一通信系统信道是转移概率为 $p=10^{-3}$ 的 BSC 信道，求下列各码的重量分布 $\{A_i, i=0,1,2,\cdots,n\}$ 和不可检差错概率。

（1）(7,4) 汉明码。

（2）(8,4) 扩展汉明码。

11. 以太网协议所用的 CRC 码是生成如下多项式 $\boldsymbol{g}(x)$ 的二进制码：

$$\boldsymbol{g}(x)=x^{32}+x^{26}+x^{23}+x^{22}+x^{16}+x^{12}+x^{11}+$$
$$x^{10}+x^8+x^7+x^5+x^4+x^2+x+1$$

估计该码的不可检差错概率。

12. 设有一离散信道，其信道传递矩阵为 $\boldsymbol{A}=\begin{bmatrix} \dfrac{1}{2} & \dfrac{1}{3} & \dfrac{1}{6} \\ \dfrac{1}{6} & \dfrac{1}{2} & \dfrac{1}{3} \\ \dfrac{1}{3} & \dfrac{1}{6} & \dfrac{1}{2} \end{bmatrix}$，并设 $p(x_1)=\dfrac{1}{2}$，$p(x_2)=p(x_3)=\dfrac{1}{4}$，试分别按最小错误概率准则与最大似然译码准则确定译码规则，并计算相应的平均错误概率。

13. 设某二元码为 $\boldsymbol{C}=|11100,01001,10010,00111|$。

(1) 计算此码的最小距离 $d_{\min}$。

(2) 计算此码的码率 R，假设码字等概率分布。

(3) 采用最小距离译码准则，试问接收序列 10000、01100 和 00100 应译成什么码字？

(4) 此码能纠正几位码元的错误？

14. 某一信道的输入 X 的符号集为 $\left\{0, \dfrac{1}{2}, 1\right\}$，输出 Y 的符号集为 $\{0,1\}$，信道矩阵为

$$\boldsymbol{P} = \begin{bmatrix} 1 & 0 \\ \dfrac{1}{2} & \dfrac{1}{2} \\ 0 & 1 \end{bmatrix}$$

。现有四个消息的信源通过该信道传输（消息等概率出现）。若对信源进行

编码，我们选这样一种码 $C:\left\{\left(x_1, x_2, \dfrac{1}{2}, \dfrac{1}{2}\right)\right\}$，$x_i = 0$ 或 $1(i = 1,2)$，其码长为 $n = 4$。并

选取这样的译码规则：$f(y_1, y_2, y_3, y_4) = \left(y_1, y_2, \dfrac{1}{2}, \dfrac{1}{2}\right)$。

(1) 这样编码后信息传输率等于多少？

(2) 证明在选用的译码规则下对所有码字均有 $P_E = 0$。

15. $(7,3)$ 循环码生成多项式是 $\boldsymbol{g}(x) = x^4 + x^3 + x^2 + 1$，设计一个系统循环码。

16. 若循环码以 $\boldsymbol{g}(x) = 1 + x$ 为生成多项式。

(1) 证明 $\boldsymbol{g}(x) = 1 + x$ 可以构成任意长度的循环码。

(2) 求该码的一致校验多项式 $\boldsymbol{h}(x)$。

(3) 证明该码等价为一个偶校验码。

17. 计算 $(7,4)$ 系统循环汉明码的最小重量的可纠差错图案和对应的伴随式。

18. 已知 $(8,5)$ 线性分组码的生成矩阵为 $\boldsymbol{G} = \begin{bmatrix} 1 & 0 & 0 & 0 & 0 & 1 & 1 & 1 \\ 0 & 1 & 0 & 0 & 0 & 1 & 0 & 0 \\ 0 & 0 & 1 & 0 & 0 & 0 & 1 & 0 \\ 0 & 0 & 0 & 1 & 0 & 0 & 0 & 1 \\ 0 & 0 & 0 & 0 & 1 & 1 & 1 & 1 \end{bmatrix}$。

(1) 证明该码为循环码。

(2) 求该码的生成多项式 $\boldsymbol{g}(x)$、一致校验多项式 $\boldsymbol{h}(x)$ 和最小码距 d。

第7章

加 密 编 码

信息在传输过程中容易被对手截获，为了对信息进行保密，就需要采用加密编码。加密编码在不断发展和扩展的过程中形成了一门新的学问——密码学，它涉及两部分内容：密码编码和密码分析(破译)。密码学在现代特别指对与信息及其传输的保密相关的数学性质的研究，常被认为是数学和计算机科学的分支，与信息论也密切相关。著名的密码学者 Ron Rivest 解释说："密码学是关于如何在敌人存在的环境中通信。"当然一些新兴的密码学分支则可能是利用物理、生物特性等来实现信息的保密。

密码学这一名称容易让人望文生义，以为密码学就仅仅只是研究加密和解密的，这是一种片面的看法。密码学可能最初的时候还是名副其实仅限于加解密，但是后来随着公钥密码学等分支的出现，人们发现公钥密码算法反过来使用的时候可以实现数字签名，因此它后来的应用涉及数字签名和认证，后来身份认证(识别、鉴别)、信息完整性检验、数字签名、保密选举、零知识证明、安全多方计算乃至公平性等方面的内容都已经纳入密码学的版图。此时，再称之为密码学已经名不副实了。实际上，许多在现实中我们觉得非常难以实现甚至自相矛盾的需求都可以在密码学中找到它的实现方法。

此外，对于加密编码或密码学，一个初次接触它的人还可能会存在许多误解。

(1) 以为学了密码学就可以破解 QQ、邮箱密码之类的，其实这类密码和密码学的一些情况是两码事。这些密码都没有采用密码技术，而且破解密码的手法也比较简单，比如暴力破解，即一个一个地试，由于速度比较快，所以可能猜中；或者用木马记录账号和密码，更加直截了当。在另外一些情况下，使用加密或者 Hash 函数来"加密"密码，则主要应用密码学的认证技术。

(2) 学习了密码学即可用于破解银行的密码，而实际上破解这类密码一般利用的不是高深的密码学知识，相反它可能利用各种木马窃取密码。密码学是一门理论性强、安全性要求很高的学问，它所考虑的安全性非常全面，即使对于很难发生的情况也已经考虑到了。比如选择明文分析是针对密码机被截获，而且此时前面使用过的密钥就在密码机内，还来不及被销毁，而对密钥也进行了一定的保护，无法直接读取，但是密码分析者可以随意选择明文用该密钥进行加密得到对应的密文；同时密码分析者可以临时接近加密设备并利用它们进行加密。其实，即使具备了这样的条件，进行密码分析依然需要强大的计算能力和足够的时间，这对于一般人而言是不现实的。现代进行密码分析都需要高性能计算机，有时候还需要将这些高性能计算机连接成网格，可想而知它对运算量的需求。而计算机的诞生本身就是为了解决战争中密码分析的庞大计算量。

密码学的重要性和应用的广泛性实际上比人们直观想象到的还要大，甚至在一开始很少有人意识到它在战争中对于战争的转机会起到那么大的作用,包括第一次世界大战和第二次世界大战。第二次世界大战中的"狼群战术"与"闪电战"均与密码学有不解之缘。在当今,密码学是信息安全的核心,不仅数据的保密、数据的认证、访问控制等均需要利用到密码学,实际上密码学还可以应用于反病毒、防火墙和入侵检测。

在密码学中加密编码的首要目的是隐藏信息的含义,而不是隐藏信息的存在,即将消息变换为一种无法理解的形式。对于非授权者来讲,虽然他无法获知保密信息的具体内容,却能意识到保密信息的存在。与之相对的是隐写术(或称为密写术,steganography),它试图隐藏消息的存在,使得非授权者根本无从得知保密信息的存在与否。

现代的密码学除了通过加密实现机密性(confidentiality)以外,经过逐步的发展,还可以实现以下安全需求。

(1) 完整性(integrity)。从信息资源生成到利用期间保证内容不被篡改,所采取的对策是使用加密软件对信息进行加密。

(2) 可用性(availability)。对于信息资源有存取权限的人,什么时候都可以利用它们。

(3) 真实性(authenticity,或称为认证性)。保证信息资源的真实性,具有认证功能。

(4) 责任追究性(accountability,或称为可审计性)。能够追究信息资源什么时候使用、谁在使用及怎样操作和使用。

(5) 公平性。保证各方的公平,防止作弊等。这是一种被忽视的属性,但是可能具有很大的应用潜力,特别是在诚信成为社会的重要需求的当今,所以在本书中专门提及这一点。

是否存在更多的安全及相关的需求?

7.1　密码学概述

7.1.1　基本专业术语

明文(plaintext):待伪装或加密的消息(message)。在通信系统中它可能是比特流,如文本、位图、数字化的语音流或数字化的视频图像等。一般可以简单地认为明文是有意义的字符或比特集,或通过某种公开的编码标准就能获得的消息。明文常用 m 或 p 表示。

密文(ciphertext):对明文施加某种伪装或变换后的输出,也可认为是不可直接理解的字符或比特集,密文常用 c 表示。

加密(encryption)算法:将普通消息(明文)转换成难以理解的符号串(密文)的过程。

解密(decryption)算法:是与加密相反的过程,即由密文转换回明文。

加解密包含了上述两种算法,一般加密即同时指称加密(encrypt 或 encipher)与解密(decrypt 或 decipher)的技术。

加解密的具体运作由两部分决定:一个是算法,另一个是密钥。当然这是一个简单、通用的模型,在一些情况下,会有更多的可变参数或选项。密钥是一个用于加解密算法的秘密参数，通常只有通信双方拥有。

密码算法（cryptography algorithm）：也简称密码（cipher），通常是指加密和解密过程所使用的信息变换规则，是用于信息加密和解密的数学函数。对明文进行加密时所采用的规则称为加密算法，而对密文进行解密时所采用的规则称为解密算法。加密算法和解密算法的操作通常都是在一组密钥的控制下进行的。

密钥（Secret Key 或者 Key）：是密码算法中的一个可变参数，通常是一组满足一定条件的随机序列。用于加密算法的密钥称为加密密钥，用于解密算法的密钥称为解密密钥，加密密钥和解密密钥可能相同，也可能不相同。密钥常用 k 表示。在密钥 k 的作用下，加密变换通常记为 $E_k(\cdot)$，解密变换通常记为 $D_k(\cdot)$ 或 $E_k^{-1}(\cdot)$。

密码系统（cryptosystem）：是加解密参与的各个要素构成的系统，现代密码学中密码系统可以包括如下几部分。

(1) 消息空间 M（又称明文空间）：所有可能明文 m 的集合。

(2) 密文空间 C：所有可能密文 c 的集合。

(3) 密钥空间 K：所有可能密钥 k 的集合，其中每个密钥 k 由加密密钥 k_e 和解密密钥 k_d 组成，即 $k=(k_e,k_d)$。

(4) 加密算法 E：一组由加密密钥控制的从 M 到 C 的加密变换。

(5) 解密算法 D：一组由解密密钥控制的从 C 到 M 的解密变换。

以上要素合称为五元组 $\{M,C,K,E,D\}$。

从数学的角度来讲，一个密码系统就是一组映射，它在密钥的控制下将明文空间中的每一个元素映射到密文空间中的某个元素。这组映射由密码方案确定，具体使用哪一个映射由密钥决定。

使消息保密的技术和科学称为密码编码学，从事此工作的人员称为密码编码者；密码分析者是从事密码分析的专业人员，密码分析学就是破译密文的科学和技术，即揭穿伪装。作为数学的一个分支的密码学包括密码编码学和密码分析学两方面，精于密码编码学和密码分析学的人称为密码学家，现代的密码学家通常也是理论数学家。

在英文中，cryptography 和 cryptology 都可代表密码学，前者又称密码术。但更严谨地说，前者指密码技术的使用，而后者指专业性研究密码的学科，包含密码编码与密码分析。密码分析（cryptanalysis）是研究如何破解密码学的学科。但在实际使用中，通常密码编码和密码分析都称密码学（英文通常称 cryptography），而不具体区分其含义。

以上概念仅仅考虑保密性（机密性），除了提供保密性外，密码学通常还有其他的作用。

- 鉴别：消息的接收者应该能够确认消息的来源（如人、设备等）；入侵者不可能伪装成他人发送伪冒的信息。
- 完整性：消息的接收者应该能够验证在传送过程中消息没有被修改；入侵者不可能用假冒、篡改的消息代替发送者的合法消息。
- 抗抵赖：发送者事后不可能虚假地否认其发送的消息。

通过计算机、网络或者其他的手段在虚拟社会中进行通信和处理事务时，上述功能是至关重要的，这使得即使在远程通信时也如同面对面交流一样。例如，某人是否就是他自已声称的人,某人的身份证明文件(驾驶执照、医学学历或者护照)是否有效,声称从某人那里来的文件是否确实从那个人那里来的,这些事情都是通过鉴别、完整性和抗抵赖来实现的。

密码协议(cryptographic protocol)是使用密码技术的通信协议(communication protocol),又称安全协议。如果说密码学的各种算法是砖瓦、水泥和石头这样的部件,那么密码协议就是用这些部件构成的建筑,它可以达到预定的安全目的。通过密码协议,可以利用不同的密码学的算法或运算等,按照一定的步骤,借助密码协议涉及的双方或者多方实现某一或者一系列的安全目的。

协议具有以下特点:

(1) 协议中的每个人都必须了解协议,并且预先知道所要完成的所有步骤。

(2) 协议中的每个人都必须同意遵循它。

(3) 协议必须是不模糊的,每一步都必须明确定义,并且不会引起误解。

(4) 协议必须是完整的,对每种可能的情况都必须规定具体的动作。

在密码协议中,参与该协议的各方可能是朋友和互相完全信任的人,也可能是敌人和互相完全不信任的人。通过密码协议,可以达到保密性(机密性)、不可抵赖性、公平性、认证、完整性、正确性、可验证性、匿名性、隐私属性、强健性和高效性等目的。一般当需要达到多种安全目的时,必须采用一定的密码协议实现。现实中常用的密码协议有 SSL、SSH以及各种密钥交换协议等。PKI 也可以认为是一个密码协议,SET 也是一个比较有名的协议。

7.1.2 加密编码算法分类

类似于通信系统的模型,香农也建立了保密系统的模型,如图 7-1 所示。

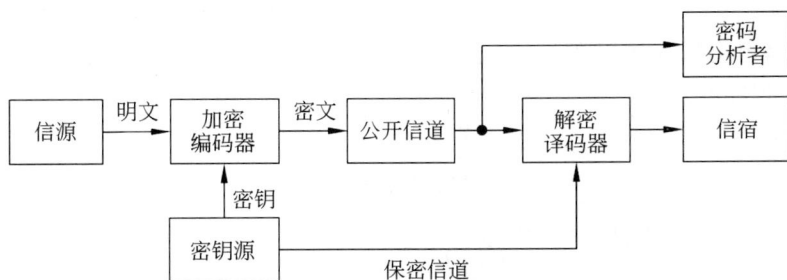

图 7-1 保密系统模型

在图 7-1 所示的通信模型中,还存在一个密码攻击者或破译者可从普通信道上拦截到的密文 c,其工作目标就是要在不知道密钥 k 的情况下试图从密文 c 恢复出明文 m 或密钥 k。如果密码分析者可以仅由密文推出明文或密钥,或者可以由明文和密文推出密钥,那么就称该密码系统是可破译的;反之则称该密码系统不可破译。保密系统设计的目的是对传送的信息进行加密处理,使除授权者以外的任何截取者即使准确地截获了发送的密文也无法恢复原来的明文消息。

密码算法也叫密码,是用于加密和解密的数学函数。通常情况下,有两个相关的函数：一个用作加密，另一个用作解密。

如果算法的保密性是基于保持算法的秘密，这种算法称为受限制的算法。受限制的算法具有历史意义，但按现在的标准，它们的保密性已远远不够。大的或经常变换的用户组织不能使用它们，因为每当有一个用户离开这个组织，其他的用户就必须改换另外不同的算法。如果有人无意暴露了这个秘密，所有人都必须改变他们的算法。另外，受限制的密码算法不可能进行质量控制或标准化。每个用户组织（通信双方）必须有他们自己的唯一算法，这样的组织不可能采用流行的硬件或软件产品，但窃听者却可以买到这些流行产品并学习算法，于是用户不得不自己编写算法并予以实现。如果这个组织中没有好的密码学家，那么他们就无法知道他们是否拥有安全的算法。尽管有这些主要缺陷，受限制的算法对低密级的应用来说还是很流行的，用户没有认识到或者不在乎他们系统中内在的问题。一些早期的密码算法就是受限制的算法，现在已经不使用，一般我们讨论的密码算法均不属于此类。

现代密码学通过密钥（key）解决了这个问题，密钥用 K 表示。K 可以是很多数值里的任意值。密钥 K 的可能取值的范围称为密钥空间。在汉语中，计算机系统或网络使用的个人账户口令（password）也常被称为密码，虽然口令也属于密码学研究的范围，但在学术意义上口令与密码学中所称的密钥（key）并不相同（即使两者间常有密切的关联），而且它们的取值方式也不相同，密钥的取值有严格的限定。

现代的密码编码和密码分析均基于柯克霍夫斯（Kerckhoffs）的假设：密码算法的安全性完全依赖于密钥的安全性。我们不能指望对手不知道我们的算法，对手完全可以截获加密的软件和硬件，通过反汇编代码和逆向工程来获知算法。公开算法具有许多的优点，首先是标准化，可以广泛应用，这样便于数据的解密，也减少软硬件开发的成本，提高通用性；另外，公开算法可以让算法接收世界上最好的密码分析家们多年的分析，对其进行鉴别和改进。

加密和解密运算都使用密钥（即运算都依赖于密钥，并用 K 作为下标表示），这样，加密/解密函数现在变成：

$$E_K(M) = C \tag{7-1}$$
$$D_K(C) = M \tag{7-2}$$

这些函数具有下面的特性（见图 7-2）：

$$D_K(E_K(M)) = M$$

图 7-2　使用一个密钥的加密/解密

有些算法使用不同的加密密钥和解密密钥（见图 7-3），也就是说加密密钥 $K1$ 与相应的解密密钥 $K2$ 不同，在这种情况下：

$$E_{K1}(M) = C \tag{7-3}$$
$$D_{K2}(C) = M \tag{7-4}$$

$$D_{K2}(E_{K1}(M)) = M$$

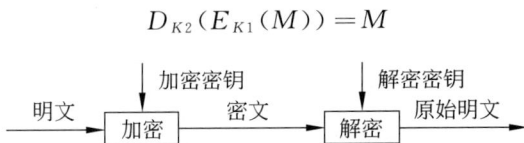

图 7-3　使用两个密钥的加密/解密

　　所有这些算法的安全性都基于密钥的安全性，而不是基于算法细节的安全性。这就意味着算法可以公开，也可以被分析，可以大量生产使用算法的产品，即使窃听者知道算法也没有关系，如果他不知道具体的密钥，就不可能阅读消息。

　　密码系统由算法以及所有可能的明文、密文和密钥组成。

　　基于密钥的算法通常有两类：对称加密算法和公开密钥加密算法。

　　对称加密算法（对称密码算法）有时又称传统密码（加密）算法、单钥密码（加密）算法、秘钥密码（加密）算法，就是加密密钥能够从解密密钥中推算出来，反过来也成立。在大多数对称算法中，加密/解密密钥是相同的。这些算法要求发送者和接收者在安全通信之前商定一个密钥。对称算法的安全性依赖于密钥，泄漏密钥就意味着任何人都能对消息进行加密/解密。只要通信需要保密，密钥就必须保密。

　　对称算法的加密和解密表示为：

$$E_K(M) = C$$
$$D_K(C) = M$$

　　对称算法可分为两类。一类算法是一次只对明文中的单个比特（有时对字节）运算的算法，称为序列算法、流密码或序列密码（stream cipher，鲜见有 sequence cipher 的译法）；另一类算法是对明文的一组比特进行运算，这些比特组称为分组（block），相应的算法称为分组算法、块算法或分组密码。现代计算机密码算法的典型分组长度为 64b——这个长度大到足以防止分析破译，但又小到足以方便使用（在计算机出现前，算法普遍地每次只对明文的一个字符进行运算，可认为是序列密码对字符序列的运算）。

　　公开密钥算法（也称为非对称算法或双钥算法）是这样设计的：用作加密的密钥不同于用作解密的密钥，而且解密密钥不能根据加密密钥计算出来（至少在合理假定的长时间内是如此）。之所以称为公钥算法，是因为加密密钥能够公开，即陌生者能用加密密钥加密信息，但只有用相应的解密密钥才能解密信息。在这些系统中，加密密钥称为公开密钥（简称公钥），解密密钥称为私密密钥（简称私钥）。私钥有时也称为秘密密钥。为了避免与对称算法的别名相混淆，此处不用秘密密钥这个名字。

　　用公钥 K 加密表示为：

$$E_K(M) = C$$

　　虽然公钥和私钥是不同的，但用相应的私钥解密可表示为：

$$D_K(C) = M$$

　　有时消息用私钥加密而用公钥解密，这用于数字签名，尽管可能产生混淆，但这些运算可分别表示为：

$$E_K(M) = C$$

$$D_K(C) = M$$

7.1.3 密码分析及其分类

密码编码学的主要目的是保持明文（或密钥，或者明文和密钥）的秘密以防止窃听者（也称对手、攻击者、截取者、入侵者、敌手或干脆称为敌人）知晓。这里假设窃听者完全能够截获收发者之间的通信。

密码分析学是在不知道密钥的情况下恢复出明文的科学。成功的密码分析能恢复出消息的明文或密钥。密码分析也可以发现密码体制的弱点，最终得到上述结果（密钥通过非密码分析方式而导致的丢失称为泄露）。

对密码进行分析的尝试称为攻击。荷兰人柯克霍夫斯最早在 19 世纪阐明密码分析的一个基本假设，这个假设就是秘密必须全都寓于密钥中。柯克霍夫斯假设密码分析者已有密码算法及其实现的全部详细资料，因为这些信息容易泄露，难以保密。

常用的密码分析（攻击）有 4 类，当然，每一类都假设密码分析者知道所用的加密算法的全部知识。

(1) 唯密文攻击（又称唯密文分析）。密码分析者有一些消息的密文，这些消息都用同一加密算法加密。密码分析者的任务是恢复尽可能多的明文，或者最好是能推算出加密消息的密钥，以便可采用相同的密钥解密出其他被加密的消息。

已知：$C_1 = E_K(P_1), C_2 = E_K(P_2), \cdots, C_i = E_K(P_i)$，推导出 $P_1, P_2, \cdots, P_i$ 和 K，或者找出一个算法从 $C_{i+1} = E_K(P_{i+1})$ 推出 P_{i+1}。

(2) 已知明文攻击。密码分析者不仅可得到一些消息的密文，而且也知道这些消息的明文。分析者的任务就是用加密信息推出用来加密的密钥或导出一个算法，此算法可以对用同一密钥加密的任何新消息进行解密。在现实中，可以根据明文的固定结构，比如文档的开头可能是固定的消息，或者从其他途径获取一定的明文，这样就可以得到已知明文-密文对，并实施相应的密码分析。

已知：$P_1, C_1 = E_k(P_1), P_2, C_2 = E_k(P_2), \cdots, P_i, C_i = E_k(P_i)$，推导出密钥 K，或从 $C_{i+1} = E_k(P_{i+1})$ 推出 P_{i+1} 的算法。

(3) 选择明文攻击。分析者不仅可得到一些消息的密文和相应的明文，而且也可选择被加密的明文。这比已知明文攻击更有效，因为密码分析者能选择特定的明文块进行加密，那些块可能产生更多关于密钥的信息，分析者的任务是推出用来加密消息的密钥或导出一个算法，此算法可以对用同一密钥加密的任何新消息进行解密。

已知：$P_1, C_1 = E_k(P_1), P_2, C_2 = E_k(P_2), \cdots, P_i, C_i = E_k(P_i)$，其中 $P_1, P_2, \cdots, P_i$ 是由密码分析者选择的。推导出密钥 K，或从 $C_{i+1} = E_k(P_{i+1})$ 推出 P_{i+1} 的算法。

这一密码分析的条件看起来不合理，似乎在这样的情况下已经知道了密钥，其实这种情况有它的特殊背景。一般加密设备（加密机）中的密钥是不可以直接读取的，强行读取会造成数据破坏，密码机中的密钥在紧急情况下是可以销毁的。在战争中，有时候对手会截获密码机，而且可能此时密钥还来不及销毁（重设），这样对手就可以选择任意明文进行加密，得到对应的密文。有时候密码分析者可以临时靠近密码机，也可以实施这类攻击。当然还有其他的情形，例如，密码分析者得到加密过的明文消息或贿赂某人去加密他所选择的消息,然后试图截获对应的密文。这种密码分析与已知明文分析具有相似性,但是在这种情况下,密码分析者会充分利用算法的脆弱点,选择最为有利的明文进行加密,因此这一分析更为有效。

(4) 自适应选择明文攻击。这是选择明文攻击的特殊情况。密码分析者不仅能选择被加密的明文,而且也能基于以前加密的结果修正这个选择。在选择明文攻击中,密码分析者还可以选择一大块加密过的明文。而在自适应选择明文攻击中,密码分析者可以选取较小的明文块,然后再基于第一块的结果选择另一明文块,以此类推。

另外还有至少 3 类其他的密码分析攻击。

(1) 选择密文攻击。密码分析者能选择不同的加密过的密文,并可得到对应的经过解密的明文,例如,密码分析者存取一个防篡改的自动解密盒。密码分析者的任务是推导出密钥。

已知:$C_1, P_1 = D_k(C_1), C_2, P_2 = D_k(C_2), \cdots, C_i, P_i = D_k(C_i)$,推导出 K。

这种攻击主要用于公钥体制。选择密文攻击有时也可有效地用于对称算法(有时将选择明文攻击和选择密文攻击合称为选择文本攻击)。

(2) 选择密钥攻击。这种攻击并不表示密码分析者能够选择密钥,只表示密码分析者具有不同密钥之间关系的有关知识。这种方法有点奇特和晦涩,不是很实际。

(3) 软磨硬泡(Rubber-hose)攻击。密码分析者威胁、勒索或者折磨某人,直到他给出密钥为止。行贿有时称为购买密钥攻击。这些是非常有效的攻击,并且经常是破译算法的最好途径。

近年来还出现了一种新的密码分析方法——旁路攻击(边信道攻击、侧信道攻击、旁道攻击,Side Channel Attack,SCA),它突破了传统密码分析的思维模式。当密码模块进行密码运算时,密码模块的运算时间、功耗、声音、电磁辐射和可见光等旁路信息与密码模块中的密钥有一定的相关性。旁路攻击是对上述旁路信息进行分析从而获得密码算法的密钥的一种密码分析技术。

Lars Knudsen 把破译算法分为不同的类别,按安全性递减的顺序依次为:

(1) 全部破译。密码分析者找出密钥 K,这样 $D_K(C) = P$。

(2) 全盘推导。密码分析者找到一个代替算法 A,在不知道密钥 K 的情况下,等价于 $D_K(C) = P$。

(3) 实例(或局部)推导。密码分析者从截获的密文中找出明文。

(4) 信息推导。密码分析者获得一些有关密钥或明文的信息,这些信息可能是密钥的几个比特或有关明文格式的信息等。

密码分析者破译或攻击密码的方法主要有穷举攻击法、统计分析法和数学分析攻击法。

(1) 穷举攻击法。穷举攻击法又称为强力或蛮力(brute force)攻击。这种攻击方法是对截获到的密文尝试遍历所有可能的密钥,直到获得了一种从密文到明文的可理解的转换;或使用不变的密钥对所有可能的明文加密,直到与截获到的密文一致为止。

(2) 统计分析法。统计分析攻击指密码分析者根据明文、密文和密钥的统计规律来破译密码的方法。

（3）数学分析法。数学分析攻击是指密码分析者针对加解密算法的数学基础和某些密码学特性，通过数学求解的方法来破译密码。数学分析攻击是对基于数学难题的各种密码算法的主要威胁。

密码分析技术的突破也往往是人们无法预料的，许多现在被认为是安全的算法往往不能从理论上严格证明其安全性，不能完全排除其他更快速的密码分析方法。

计算机技术的发展也是值得关注的问题。量子计算机可以进行并行计算，具有很强的计算能力，在量子计算机上采用特定的算法，可以很容易破解一些对称密码算法和非对称密码算法。比如，1994 年 AT&T Bell 实验室 P.W.Shor 设计出大数分解的多项式时间的量子算法，可以用于破解 RSA 之类的密码算法；1995 年 Grover 发现了量子计算机上数据库的搜索算法，计算时间从经典算法的 n 降为 n 的平方根，可以用于破译一些对称算法。这两个算法的提出意义重大，人们把它们称为"杀手应用"或"应用杀手"（killer application），因为它们从理论上说明了量子计算机的确可以解决传统计算机难以解决的实际问题，从理论上扫清了人们对量子计算能力的疑虑，从而极大地提高了人们研制量子计算机的信心。

另外，在密码学发展史上，许多被认为是不可攻破的密码算法都很快被后人用巧妙的方法攻破了，所以对密码算法的安全性评价应该充分考虑在保密期限内计算能力的增加、新的计算技术的产生以及密码分析方法的突破。

实际上，密码破译往往用到许多知识，而不仅仅是专业性的破译方法，许多时候，密码分析者也利用自己的直觉和猜测做出各种判断。

7.1.4　密码系统的安全性及其分类

一个密码系统的安全性（security，safety）主要与两方面的因素有关。

（1）系统所使用的密码算法本身的保密强度。密码算法的保密强度取决于密码设计水平和破译技术等。可以说一个密码系统所使用的密码算法的保密强度是该系统安全性的技术保证。

（2）密码算法之外的不安全因素。密码算法的保密强度并不等价于密码系统整体的安全性。一个密码系统必须同时完善技术与管理要求，才能保证整个密码系统的安全。这里仅讨论影响一个密码系统安全性的技术因素，即密码算法本身。

评估密码系统的安全性主要有 3 种方法。

（1）无条件安全性（unconditional security）。这种评价方法考虑的是假定攻击者拥有无限的计算资源，但仍然无法破译该密码系统。

（2）计算安全性（computational security）。这种方法是指使用目前最好的方法攻破它所需要的计算远远超出攻击者的计算资源水平，则可以定义这个密码体制是安全的。

（3）可证明安全性（provable security）。这种方法是将密码系统的安全性归结为某个经过深入研究的数学难题（如大整数素因式分解和计算离散对数等），数学难题被证明求解困难。这种评估方法存在的问题是它只说明了这个密码方法的安全性与某个困难问题相关，没有完全证明问题本身的安全性，并给出它们的等价性证明。

对于实际应用中的绝大多数密码系统而言，由于至少存在一种破译方法，即强力攻击

法,因此都不能满足无条件安全性,而只能提供计算安全性。密码系统要达到计算安全性(实际安全性),就要满足以下准则:

(1) 破译该密码系统的实际计算量(包括计算时间或费用)十分巨大,以至于实际上是无法实现的。

(2) 破译该密码系统所需要的计算时间超过被加密信息有用的生命周期。例如,战争中发起战斗攻击的作战命令只需要在战斗打响前保密,重要新闻消息在公开报道前需要保密的时间往往也只有几个小时。

(3) 破译该密码系统的费用超过被加密信息本身的价值。如果一个密码系统能够满足以上准则之一,就可以认为是满足实际安全性的。

另外,也可以从破译密码系统的资源角度来讨论算法的安全性。

如果不论密码分析者有多少密文,都没有足够的信息恢复出明文,那么这个算法就是无条件保密的。事实上,只有一次一密密码本才是不可破的(给出无限多的资源仍然不可破)。所有其他的密码系统在唯密文攻击中都是可破的,只要简单地一个接一个地去尝试每种可能的密钥,并且检查所得明文是否有意义即可,这种方法称为蛮力攻击。

密码学更关心在计算上不可破译的密码系统。如果一个算法(现在或将来)用可得到的资源都不能破译,这个算法则被认为在计算上是安全的(有时称为强算法)。准确地说,"可用资源"就是公开数据的分析整理。

可以用不同方式衡量攻击方法的复杂性。

(1) 数据复杂性(data complexity)。即用作攻击输入所需要的数据量。

(2) 处理复杂性(processing complexity)。即完成攻击所需的时间,这经常称为工作因素。

(3) 存储需求(storage requirement)。即进行攻击所需要的存储量。

作为一个法则,攻击的复杂性取这 3 个因素的最小化,有些攻击包括这 3 种复杂性的折中:存储需求越大,攻击可能越快。

复杂性用数量级来表示。如果算法的处理复杂性是 2^{128},那么破译这个算法也需要 2^{128} 次运算(这些运算可能是非常复杂和耗时的)。当攻击的复杂性是常数时(除非一些密码分析者发现更好的密码分析攻击),就只取决于计算能力了。在过去的半个世纪中,我们已看到计算能力的显著提高,并且没有理由认为这种趋势不会继续。许多密码分析攻击用并行处理机是非常理想的:这个任务可分成亿万个子任务,且处理之间无须相互作用。好的密码系统应设计成能抵御未来许多年后计算能力的发展。

7.1.5 加密编码的发展历程

加密编码的发展是随着破译方法的进步而不断改进和完善的一个过程,也是一个从直觉设计到专业理论设计、从艺术到科学的过程。

关于加密编码(密码学)的各种发展阶段,不同文献有不同的划分方法,主流的划分方法将密码编码学的发展划分为 3 个阶段,这种划分方法虽然是对密码学的划分,但实际上是根据加密算法的发展进行分类的。

第一阶段:1949 年之前,密码学还不是科学而是艺术,密码算法的设计者都是凭借自己的直觉设计密码算法。第一次世界大战前,重要的密码学进展很少出现在公开文献中,且一些国家还禁止密码学的相关文献公开发行,但该领域却和其他专业学科一样向前发展。直到 1918 年,20 世纪最有影响的密码分析文章——William F. Friedman 的专题论文《重合指数及其在密码学中的应用》作为私立的"河岸(Riverbank)实验室"的一份研究报告问世,其实,这篇著作涉及的工作是在战时完成的。同年,美国加利福尼亚州奥克兰的 Edward H. Hebern 申请了第一个转轮机专利,这种装置在差不多 50 年里被指定为美军的主要密码设备。第一次世界大战后,情况开始变化,完全处于秘密工作状态的美国陆军和海军的机要部门开始在密码学方面取得根本性的进展。在 20 世纪 30 年代和 40 年代,有几篇基础性的文章出现在公开的文献中,有关该领域的几篇论文也发表了,只不过这些论文的内容与当时真正的技术水平相去甚远。战争结束时,情况急转直下,几乎见不到公开的文献。到了第二次世界大战时,多表密码编制达到了顶点,也达到了终点。当年希特勒一上台就试验并使用了一种命名为"谜"的译码机,一份德国报告称:"谜"型机能产生 220 亿种不同的密钥组合,假如一个人日夜不停地工作,每分钟测试一种密钥的话,需要约 4.2 万年才能将所有的密钥可能组合试完。希特勒完全相信了这种密码机的安全性。然而,英国获知了"谜"型机的原理,启用了一位数理逻辑天才、现代计算机设计思想的创始人,他就是年仅 26 岁的阿兰·图灵(Alan Turing)。1939 年 8 月,在图灵领导下完成了一部针对"谜"型机的密码破译机,每秒钟可处理 2000 个字符,人们给它起了个绰号叫作"炸弹"(Bomb)。半年后,它几乎可以破译截获的所有德国情报。后来又研制出一种每秒钟可处理 5000 个字符的"巨人"(Colossus)型密码破译机,1943 年投入使用。

第二阶段:1949—1975 年,密码学成为科学,以 1949 年香农的《保密系统的通信理论》为标志。1967 年 David Kahn 的 The Codebreakers 以及 1971—1973 年 IBM Watson 实验室的 Horst Feistel 等的几篇技术报告是其中的代表作。这一阶段,计算机的出现使得基于复杂计算的密码成为可能,数据的安全遵循柯克霍夫斯的假设,即基于密钥而不是算法的保密。其中香农的奠基性论文《保密系统的通信理论》的贡献有:

(1) 将信息理论引入密码学,把数千年历史的密码学推向科学轨道,形成了科学的密钥密码学学科,使密码学从艺术变成了科学。

(2) 用概率统计的观点对信息源、密钥源、接收和截获的密文进行了数学描述和定量分析,提出了通用的对称密码系统模型。

(3) 用信息论的观点分析信息源、密钥源、接收和截获的密文,全面阐述了完全保密、纯密码、理论保密和实际保密等新概念,为密码学奠定了理论基础。

(4) 指出"好密码的设计问题本质上是寻找针对某些其他条件的一种求解难题的问题"。

第三阶段:1976 年以后,出现了密码学的新方向,标志性事件如下:

(1) Diffie 和 Hellman 在《密码学的新方向——公钥密码学》一文中提出了公钥密码系统的新概念,给现代密码学的理论与技术的发展带来了划时代的变革。

(2) 美国颁布了数据加密标准(Data Encryption Standard,DES),1977 年 DES 成为正式标准。

(3) 美国麻省理工学院的 Rivest Shamir 和 Adleman 于 1978 年提出了 RSA 算法。

20 世纪早期的密码学本质上主要考虑语言学上的模式。从此之后重心转移，现在密码学使用大量的数学，包括信息论、计算复杂性理论、统计学、组合学、抽象代数以及数论。密码学同时也是工程学的分支，但是与别的学科不同，因为它必须面对有智能且恶意的对手，社会工程学也是获取、破译密码的重要手段。将密码学与量子力学结合起来也是非常重要的，从理论上可以证明，量子计算机一旦实现，即可以破译某些对称和非对称密码算法。另外，以量子力学的不确定原理和量子态不可克隆为基础构建的量子密码学也被认为具有很高的安全性，甚至是不可破译的。

现代的研究主要集中在分组密码（block cipher）与流密码（stream cipher）及其应用上。分组密码在某种意义上是阿伯提的多字符加密法的现代化，它取用明文的一个分组和密钥，输出相同大小的密文分组。由于信息通常比单一分组还长，因此有了各种方式将连续的分组编织在一起。DES 和 AES 是美国联邦政府核定的分组密码标准（AES 将取代 DES）。尽管 DES 将从标准中废除，但它依然很流行（3DES 变体仍然相当安全），被使用在非常多的应用上，从自动交易机、电子邮件到远程存取。

相对于分组加密，流密码制造一段任意长的密钥流，与明文依比特或字符结合，有点类似一次一密密码本（one-time pad）。输出的串流根据加密时的内部状态而定。在一些流密码上由密钥控制状态的变化。RC4 是相当有名的流密码。

密码杂凑函数（有时称为消息摘要函数，杂凑函数又称散列函数或哈希函数）不一定使用到密钥，但和许多重要的密码算法相关。它将输入明文输出成固定长度的杂凑值，这个过程是单向的，逆向操作难以完成，而且碰撞（两个不同的输入产生相同的杂凑值）发生的概率非常小。

消息认证码或押码（Message Authentication Codes，MAC）很类似于密码杂凑函数，只不过接收方要额外使用密钥来认证杂凑值，可以认为它包含了加密与杂凑函数。

公开密钥密码学简称公钥密码学，又称非对称密钥密码学，相对于对称密钥密码学而言，其最大的特点在于加密和解密使用不同的密钥。

1976 年，Whitfield Diffie 与 Martin Hellman 发表开创性的论文，提出公钥密码学的概念：一对不同值但数学相关的密钥——公开密钥（公钥，public key）与私密密钥（私钥，private key、secret key）。在公钥系统中，由公钥推算出配对的私钥在计算上是不可行的。历史学者 David Kahn 这样描述公钥密码学："自文艺复兴的多字符取代法后最具革命性的概念。"

在公钥系统中，公钥可以随意流传，但私钥只有该人拥有。典型的用法是，其他人用公钥来加密给该接收者，接收者使用自己的私钥解密。Diffie 与 Hellman 也展示了如何利用公钥密码学来达成 Diffie-Hellman 密钥交换协定。1978 年，MIT 的 Ron Rivest、Adi Shamir 和 Len Adleman 发明了另一个公钥系统——RSA。直到 1997 年的公开文件中大众才知道，早在 20 世纪 70 年代早期，英国情报机构 GCHQ 的数学家 James H.Ellis 便已发明非对称密钥密码学，而且 Diffie-Hellman 与 RSA 都曾被 Malcolm J.Williamson 与 Clifford Cocks 分别发明于前。这两个最早的公钥系统提供优良的加密法基础，因而被大量使用。其他公钥系统还有 Cramer-Shoup、Elgamal 以及椭圆曲线密码学等。

除了加密外，公钥密码学最显著的成就是实现了数字签名。数字签名名副其实是普通签章的数字化,它们的特性都是某人可以轻易制造签章,但他人却难以仿冒。数字签名可以永久地与被签署信息结合,无法自信息上移除。数字签名大致包含两个算法:一个是签署,使用私钥处理信息或信息的杂凑值而产生签章;另一个是验证,使用公钥验证签章的真实性。RSA 和 DSA 是两种最流行的数字签名机制。数字签名是公钥基础结构(Public Key Infrastructure,PKI)以及许多网络安全机制(SSL/TLS、VPN 等)的基础。

公钥算法大多基于计算复杂度上的难题,通常来自于数论。例如,RSA 源于整数因式分解问题,DSA 源于离散对数问题。近年发展快速的椭圆曲线密码学则基于椭圆曲线相关的数学难题,与离散对数的计算复杂度相当。由于这些底层的问题多涉及模数乘法或指数运算,相对于分组密码需要更多的计算资源。因此,公钥系统通常和对称加密算法混合使用,内含一个高效率的对称密钥算法,用以加密信息,再以公钥加密对称密钥系统所使用的密钥,以增进效率。许多公钥密码分析在研究如何有效率地解出这些计算问题的数值算法。例如,已知解出基于椭圆曲线的离散对数问题比相同密钥大小的整数因式分解问题更困难。因此,为了达到同等的安全强度,基于因式分解的技术必须使用更长的密钥。由于这个因素,基于椭圆曲线的公钥密码系统从 20 世纪 90 年代中期后逐渐流行,并且被寄予厚望。

7.2　加密编码中的信息论分析

香农对信息的定义是:信息是消除不确定性的东西。对于加密而言,在让接收者获取信息的同时,希望对手能够获取的信息尽量少,这意味着一个密码系统对于对手而言的不确定性应该越大越好,可见密码系统的安全性问题可以转化为信息论中熵、条件熵和平均互信息量的问题。对于一个一般的密码系统,其加密和解密可以表示为:

$$E_K(M) = C$$
$$D_K(C) = M$$

对于对手,一般已知密文 C,欲增强密码系统的不确定性,则可以增加 K 的不确定性,或者说从互信息量的角度,通过 C 获取的关于 M(或者 K)的互信息量要小;从另一个角度来看,C 作为条件时,K 和 M 的不确定性大。

7.2.1　加密编码中的熵概念

密码学和信息论一样,都是把信源看成是符号(文字、语言等)的集合,并且它按一定的概率产生离散符号序列。前面介绍的冗余度(多余度)的概念也可用在密码学中,用来衡量破译某一种密码体制的难易程度。香农指出:多余度越小,破译的难度就越大。可见对明文先压缩其多余度,然后再加密,可提高密文的保密度。

香农在理论上提出了衡量密码体制保密性的尺度,即在截获密文后,明文在多大程度上仍然无法确定。从信息论的角度讲,如果无论截获多长的密文,都得不到任何有关明文的信息,密码体制就是绝对安全的。

所有实际密码体制的密文总是会暴露某些有关明文的信息。在一般情况下,被截获的密文越长,明文的不确定性就越小,最后会变为零。这时,就有了足够的信息唯一地确定明文,于是这种密码体制也就在理论上可破译了。注意,这是考虑语言的冗余和各种制约因素的,但是现实中的计算资源可能无法完成所有的判断和分析,比如将所有可能的明文计算出来的时间和空间复杂度需求可能超过实际所能提供的资源,因此不仅要考虑理论上的安全性,也要考虑计算上的安全性。

可将密码系统的安全问题与噪声信道问题进行类比。噪声相当于加密变换,接收的失真消息相当于密文,密码分析员则可类比于噪声信道中的计算者。从熵的角度来进行分析,熵的值代表如果消息被噪声通道隐藏或改变在密文中,那么必须知道多少位才能算出正确的消息(破译明文)。比如,明文可能是两种情况之一,则只需要 1 比特;如果明文的取值范围很大,则 1 比特是不够的。

随机变量的不确定性可以通过给予附加信息而减少,正如前面介绍过条件熵一定小于无条件熵。例如,令明文 X 是 32 位二进制整数,并且所有值的出现概率都相等,则 X 的熵 $H(X)=32b$。假设已经知道 X 是偶数,那么熵就减少了一位,因为 X 的最低位肯定是零。

在密码学中,可以称条件熵为疑义度,顾名思义,就是条件熵 $H(Y|X)$ 等于已经知道 X 的取值后对于 Y 的疑义程度或不确定性。当疑义度为 0 时,就是对 Y 值不存在怀疑,可以确定 Y 的值。在密码学中有两种疑义度。

(1) 对于给定密文 C,密钥 K 的疑义度可表示为:
$$H(K \mid C)=-\sum p(k_i,c_j)\log_2 p(k_i \mid c_j) \tag{7-5}$$

(2) 对于给定密文 C,明文 M 的疑义度可表示为:
$$H(M \mid C)=-\sum p(m_i,c_j)\log_2 p(m_i \mid c_j) \tag{7-6}$$

设明文熵为 $H(M)$,密钥熵为 $H(K)$,从信息论的角度,破译者的任务是从截获的密文中提取有关明文的信息或从密文中提取有关密钥的信息,这些可以用信息论中的平均互信息量来表征。

$$I(M;C)=H(M)-H(M \mid C) \tag{7-7}$$
$$I(K;C)=H(K)-H(K \mid C) \tag{7-8}$$

$H(M|C)$ 和 $H(K|C)$ 越大,$I(M;C)$ 和 $I(K;C)$ 越小,破译者从密文中提取出有关明文和密钥信息的可能性就越小。

对于合法的接收者,在已知密钥和密文条件下提取明文信息。由于一般情况下加密变换是可逆的,所以:
$$H(M \mid C,K)=0$$

因此有:
$$I(M;C,K)=H(M)-H(M \mid C,K)=H(M) \tag{7-9}$$

因为:
$$H(K \mid C)+H(M \mid K,C)=H(M \mid C)+H(K \mid M,C) \quad (M \text{ 和 } K \text{ 交换})$$
$$\geqslant H(M \mid C) \quad (\text{熵值 } H(K \mid M,C) \text{ 总是大于或等于 } 0)$$

将 $H(M|C,K)=0$ 代入上式得:
$$H(K \mid C) \geqslant H(M \mid C) \tag{7-10}$$

即已知密文后，密钥的疑义度总是大于或等于明文的疑义度。我们可以这样来理解，由于可能存在多种密钥把一个明文消息 M 加密成相同的密文消息 C，即满足 $C=E_k(M)$ 的 K 值不止一个；但用同一个密钥对不同明文加密而得到相同的密文则一般会造成歧义，而无法唯一地解密。

又因为：

$$H(K) \geqslant H(K \mid C)$$

所以有：

$$H(K) \geqslant H(M \mid C)$$

则：

$$I(M;C) = H(M) - H(M \mid C) \geqslant H(M) - H(K) \tag{7-11}$$

式(7-11)说明，保密系统的密钥量越少，密钥熵 $H(K)$ 就越小，其密文中含有的关于明文的信息量 $I(M;C)$ 就越大。至于破译者能否有效地将其提取出来，则是另外的问题了。作为系统设计者，自然要选择有足够多的密钥量才行，因此一般密钥空间要足够大。另外，这些密钥应该是随机选择的，现实中，我们习惯于采用一些简单的密码，这减少了密码的熵，从而使得字典攻击和猜测密码成为可能。

7.2.2　密码系统的自由度

在破译密码时，有时候会尝试用一个一个的密钥加密所有的明文，看看得到的明文是否有意义，这样就可以在一定程度上判断密钥是否正确。一个密码系统就是需要让对手看来有更大的自由度，这样他们就无法确定明文。可以认为明文冗余度是对于密码系统自由度的销蚀。

所以本节提出的密码系统自由度的概念可能更加直观，也不受传统的熵概念的限制。自由度的存在意味着密码系统有更多的选择性、不确定性、随机性、无规律性和非规则性，它们都会增强密码系统的安全性；反过来，密码系统受到的各种制约（包括存在的规律性、相关性、遵从规则和限制、冗余度和概率分布的高低）均可以认为是不利于自由度的，从而也会降低密码系统的安全性。但是对于通信双方，这种自由度应该是不存在的，这就意味着需要有东西来消除这种自由度，我们可以选择用密钥，所以笔者提出了广义密钥的概念。这个广义密钥不仅仅是加密中那个狭义的密钥参数，而且是用来确定一些其他的密码系统的自由度，比如算法和加密模式等。密码系统之所以可以分析，往往是因为有些确定的东西，比如算法等，这当然意味着不自由。

7.2.3　唯一解距离与理想保密

由于明文的高度冗余，密文越长，用错误的密钥解密得到的明文往往都不是有意义的，也就是说人们可能看到的是乱码或拼凑的文字。由于语言是建立在一定的语法基础上，而且字和词的语义应用是受限定的，加上许多约定俗成的规则或规定，语言存在很大的冗余度。我们随便找一些字拼凑起来，一般是无意义的，所以可以认为明文冗余度能够削弱密码系统自由度，而且这还可能使得密码系统的自由度完全丧失，这样一个密码分析者直接利用这种方法可以确定密钥和明文。当然这假定密码分析者拥有非常强的计算能力,并且有足够长的同一密钥以及同一算法加密的密文,还可以对文字是否有意义进行智能识别。

我们可以想象,如果一段密文 C 由两段密文 A 和 B 一次连接组成,假如它们的长度都是分组长度的倍数(如果是分组密码的话),即它们可以独立解密,如果需要 C 是有意义的,A 和 B 肯定也是要有意义的,而且还需要拼凑起来是通顺的,但是它们各自不一定需要是完整的句子。假设 A 和 B 解密明文是否有意义是独立的,则 C 是有意义的概率要低于 A 和 B 各自有意义的概率的乘积。因此显然随着密文的增加,用错误的密钥解密得到有意义的明文的概率会呈指数降低,最终可能只剩下那个正确的密钥。

香农定义了唯一解距离(unicity distance),还对其进行了有益的分析,得出密码体制理想安全(ideal secrecy)的一些结论。香农在原文中并没有严格定义唯一解距离。但是香农提出的唯一解距离顾名思义应该是对应于唯一一个有意义的明文的距离。根据实际情况来看,唯一解距离对应唯一一个伪密钥(除了正确密钥),即这个解不是原来的明文,也就是说包括正确的密钥,应该是有两个解。香农对唯一解距离进行了大量的论述,如下:

This gives a way of calculating approximately how much intercepted material is required to obtain a solution to a secrecy system. It appears from this analysis that with ordinary languages and the usual types of ciphers (not codes) this "unicity distance" is approximately.

In this case, no matter how much material is intercepted, the enemy still does not obtain a unique solution to the cipher but is left with many alternatives, all of reasonable probability. Such systems we call ideal systems.

In general we may say that if a proposed system and key solves a cryptogram for a length of material considerably greater than the unicity distance the solution is trustworthy. If the material is of the same order or shorter than the unicity distance the solution is highly suspicious.

After the unicity distance has been exceeded in intercepted material, any system can be solved in principle by merely trying each possible key until the unique solution is obtained-i.e., a deciphered message which "makes sense" in the original language. A simple calculation shows that this method of solution(which we may call complete trial and error) is totally impractical except when the key is absurdly small.

根据香农的以上描述,更容易让人相信是前者,即将正确的明文也计算在内,因为多处可以看出是唯一的解,而不是说排除了正确的明文后的唯一的解。在现有关于密码学的书籍上可以看到的也是同样的说法,比如有文献称:一个密码系统的唯一解距离是指一份有意义的相应明文的密文长度。

香农给出的唯一解距离的计算公式为:

$$U = \frac{H(K)}{D} \tag{7-12}$$

U 为唯一解距离,$H(K)$ 为密码体制的熵,D 为语言冗余度。根据以上方法得出的唯一解距离都很短。

　　笔者在文献中指出，这个唯一解距离对于解的平均数目应该是接近于 2，严格地说应该是介于 1 和 2 之间。

　　实际上，关于唯一解距离的问题还不止这么多，语言的冗余度 D 一般指的是极限熵所对应的冗余度，现实中密文的长度显然没有那么长，所以应该用唯一解距离所对应的冗余度。还有更为严重的问题在于，这里的冗余度应该是有别于信息熵意义下的冗余度。因为这里不管明文概率大小，而只管得到的"明文"是否有意义。

　　理想安全（又称理想保密，ideal secrecy）的密码体制则是指唯一解距离为无穷大的密码体制。显然理想保密的密码体制是很难找到的，主要有以下两种类型：

　　（1）密钥熵 $H(K)$ 无穷大的密码体制，比如一次一密体制。

　　（2）明文的冗余度 $D=0$，即完全随机，任意的明文都是有意义的。

　　这样，我们就得到启示：实现保密的过程实质上是使密文随机化的过程，可通过增大密钥或减少明文的冗余度来实现。

　　可以采用以下两种方法：

　　（1）直接减少冗余度，即采用信源编码的方法。

　　（2）似然减少冗余法，采用扩散和混淆的方法将信源的冗余度在更大的范围上扩散开或加以扰乱混淆，这样看起来好像冗余度减少了，明文的密文被随机化了，其实这是一种伪随机化，从整体上来看冗余度不变，比如序列加密（扩散法）和 DES（混淆与扩散）。

　　增大密钥熵也可以采用两种方法：增加密钥空间以及让密钥等概率分布。

　　同香农信息论的许多结论一样，唯一解距离只给出了存在性证明，而没有给出具体的破译方法。实际上由于自然语言的复杂性，也很难有快捷的破译方法。唯一解距离越长，密码系统越好，但是这里假设的破译的可能性是在假定分析者能利用明文语言的全部统计知识的条件下得到的，而实际上由于自然语言的复杂性，没有任何一种分析方法能够做到这一点。所以一般破译所需的密文量都远大于唯一解距离。

　　以上方法计算出来的唯一解距离与实际的唯一解距离存在差异吗？有哪些影响因素造成这种差异？这些因素中哪些会造成差异偏大，哪些会造成差异偏小？

7.2.4　完善保密与一次一密体制

　　Major Joseph Mauborgne 和 AT&T 公司的 Gilbert Vernam 在 1917 年发明了一次一密密码体制（也称为一次一密乱码本体制，简称为一次一密体制，one-time pad）。一次一密乱码本是一个大的、不重复的真随机密钥字母集，这个密钥字母集被写在几张纸上，并订成一个乱码本。发方用乱码本中的每个密钥字母准确地加密一个明文字符。加密是明文字符和一次一密乱码本密钥字符的模 26 加法。每个密钥仅对一个消息使用一次。发方对所发的消息加密，然后销毁乱码本中用过的一页或用过的磁带部分。收方有一个同样的乱码本，并依次使用乱码本上的每个密钥去解密密文的每个字符。收方在解密消息后销毁乱码本中用过的一页或用过的磁带部分。新的消息则用乱码本中新的密钥加密。例如，如果消息是 ONETIMEPAD，而取自乱码本的密钥序列是 TBFRGFARFM，那么密文就是 IPKLPSFHGQ，这是因为：

$$O + T \bmod 26 = I$$
$$N + B \bmod 26 = P$$
$$E + F \bmod 26 = K$$
$$\cdots$$

如果窃听者不能得到用来加密消息的一次一密乱码本,这个方案目前就被认为是完全保密的,给出的密文消息相当于同样长度的任何可能的明文消息,随机密钥序列与一个非随机的明文消息进行异或运算,产生一个完全随机的密文消息,即使有再强大的计算能力,一般密码分析者也无法确定明文。当然密钥字母必须是随机产生的,比如使用伪随机数发生器来产生密钥流并不值得考虑,它们通常具有非随机性。如果采用真随机源,它就是安全的。此外密钥序列不能重复使用(同样可以归结为随机性的要求)。一次一密乱码本的想法很容易推广到二进制数据的加密,只需用由二进制数字组成的一次一密乱码本代替由字母组成的一次一密乱码本,并用异或运算代替一次一密乱码本的明文字符加法运算即可。为了解密,用同样的一次一密乱码本对密文进行异或运算,其他保持不变,保密性也一样。一次一密乱码本在今天仍有应用场合,主要用于高度机密的低带宽信道。

香农定义了完善保密性(完全保密性,perfect secrecy)的概念。对于一个密码体制而言,对所有明文空间中的任一明文 x 和密文空间中的任一密文 y,都有:

$$p(m = x \mid c = y) = p_m(m = x)$$

即截获密文后,明文的概率分布不发生改变,则称该密码体制具有完善保密性,或称该密码体制是完全保密的。

香农已从理论上证明了一次一密乱码本是完善保密的。不过,这也存在一定的局限性。一次一密乱码本体制是建立在明文和密文长度相等的基础上的,实际上,这导致了明文和密文的相关性,即明文和密文受到了密码体制本身一些规定的制约,这种制约会影响安全性。比如,当我们收到密文后,与密文不等长的明文的概率就变为 0,从不确定的角度来说,原来明文的空间更大,而与密文等长度的明文空间要小许多。在极端情况下,这种体制会不安全,比如某一个长度为 L_1 的明文只有一个 M_p,当接收到的密文长度等于 L_1 时,就可以唯一地确定明文是 M_p。当然一次一密的安全性已经足够好了,如果需要进一步增强安全性,可以做填充处理。

7.2.5　具有误导功能的低密钥可信度加密算法

软磨硬泡攻击是一类没有技术含量但是却非常奏效的攻击方法。密码分析者依靠威胁、勒索或者折磨密钥持有者,直到他给出密钥为止;类似的还有行贿购买密钥攻击。这些是非常有效的攻击,并且经常是破译算法的最好途径。不仅仅是在密钥持有人受控制的情况下,有时候密钥持有人碍于情面、权威和利益,也不得不给希望得到密钥的人一个密钥。一般现代的密码算法能够解密得到有意义明文的伪密钥很少,而且很难找到伪密钥。根据香农的理论,在密钥长度固定的情况下,随着密文的增加,伪密钥的数量会逐步减少。而现代密码算法都是采用一定长度的密钥,随着密文的增加,伪密钥的数量会很少,而且这些伪密钥得到的明文可能与当时通信语境风马牛不相及而被密码分析者排除。因此真正能够让密码分析者相信的伪密钥很少,而且密码算法多以比特作为运算的单元,经过复杂的运算后，即使伪密钥存在，也很难找到它们。这就意味着采用现代的密码算法的情况下，在面对软磨硬泡攻击时，密钥持有人如果随便给出一个密钥，绝大多数情况下得到的明文是没有意义的，这样密码分析者显然很容易发现是错误的密钥。假如抵挡不住软磨硬泡攻击，则密钥持有人最终不得不交出真正的密钥来。鉴于此，笔者提出了密钥可信度的概念，设计能够很容易找到伪密钥的加密算法是非常有意义的，特别是在军事上。密码体制的密钥可信度是指在一定的条件下该密码算法寻找到能够解密得到有意义且不暴露破绽的明文的伪密钥的难易程度，本质上说，它用来衡量密码算法在已知密文和算法的情况下，逼迫一个不愿意泄漏明文的密钥持有者交出密钥的可信赖程度，假定这个密钥持有人总是尽力去找一个不暴露破绽的伪密钥来误导胁迫者。密码算法的伪密钥容易找到，则密钥可信度高。之所以命名为可信度，是因为对于伪密钥难以找到的算法，如果得到的不是真正的密钥，大多数情况下密钥解密得到的明文都是无意义的乱码；相反，如果明文有意义，则很可能这个密钥就是正确的密钥，根据明文是否有意义可以判断密钥是否是正确的。基于密钥可信度的概念和相关分析，笔者也提出了具有误导功能的加密算法。

现代密码体制力图将所有的安全性寓于密钥之中，目前对于密钥的保护依然是采用加密技术（甚至多级加密）以及硬件保护等被动性的措施。对于直接窃取密钥以及胁迫密钥持有者没有有效方法。现代密码分析学对已有的许多苛刻条件下的攻击都非常深入地进行了研究，但是对于软磨硬泡攻击以及密钥被窃取这类很容易实施的攻击却没有防范措施。目前大多数密码算法难以找到伪密钥，而且缺乏有效方法找到它们，这加大了密钥胁持或者窃取的危险。因为在这样的情况下，很难找到一个伪密钥得出有意义的明文，因此在很大程度上可以根据得出的明文是否有意义来判断密钥是否是真正的密钥，即如果得出的明文有意义，密钥就是可信的。对于一个难以找到伪密钥的密码体制，可以直接用密钥解密得出明文，看得到的明文是否有意义来判断密钥是否是真正的密钥。因此有必要建立和完善密钥可信度的概念体系，研究相关的影响因素，设计容易寻找伪密钥的低密钥可信度密码体制。

另外，许多现代密码体制（比如 DES 和 RSA）受到量子计算机的威胁，量子计算机可以在很短时间内破解这些密码算法。计算机的运算速度越来越快，现代密码算法也受到无限计算能力的威胁，即使是在唯密文攻击的情况下，由于伪密钥很少，而且得到的有意义的明文可能被密码分析者根据各种背景信息排除，最终确定密钥是某个密钥值或者是某几个密钥之一。这同样可能造成信息泄露，或者是部分泄露。

现代密码学将所有的安全性寓于密钥之中，但是在密钥可信度高（即很难找到伪密钥）的情况下，仅仅根据密文解密得到的明文是否有意义就可以排除大量的密钥，这影响了密码体制的安全性。在某些情况下，配合一些其他的条件，可以进一步缩小密钥的范围，甚至可以直接确定密钥。在计算能力有限的情况下，密码分析者也可以采用试验的方法，一旦试验到可以得到有意义明文的密钥，而且在不出现破绽并且明文符合通信语境的情况下，可以在很大程度上相信这个密钥就是真正的密钥。

这种考虑并非钻牛角尖，现代密码学对于许多很难实施的攻击都有完备的分析，比如密码机被缴获且密钥没有被销毁的情况对应选择明文攻击。当前的密码分析主要是考虑有限计算能力为主,目前对于算法的安全性研究得非常深入,考虑了各种情况下的分析,不仅有直接对算法的分析,而且有基于实现的分析,分组密码分析技术也得到了空前的发展,已经有很多这样的分析技术,如强力攻击(包括穷尽密钥搜索攻击、字典攻击、查表攻击、时间-存储权衡攻击)、差分密码分析及其推广、线性密码分析及其推广、差分-线性密码分析、插值攻击、相关密钥攻击、Multiset 攻击、reflection 攻击、自相似攻击、能量分析、错误攻击和定时攻击等。序列密码的主要分析方法有线性校验子分析方法及其改进分析方法、线性一致性测试分析、分别征服分析、最佳仿射逼近分析、快速相关分析方法、多输出前馈网络密码系统的分析、收缩序列的分析等;而公钥密码的分析方法主要是针对所采用的难题以降低其难度。这些分析方法中有许多都是在很难具备的条件下实施的(比如截获明文-密文对、截获密码机以及靠近密码机等),且研究非常深入。而考虑到利用冗余排除密钥在仅仅知道密文和密码算法的情况下就能奏效,并且这两个条件一般情况下是现代密码分析的必备条件,因为根据柯克霍夫斯的假设,加密算法是可以公开的,而且密文是密码分析不可缺少的重要对象。

1949 年香农发表文章《保密系统的通信理论》,使得密码学成为一门科学。关于伪密钥的问题,香农有非常精辟的分析和研究,他根据信息论和冗余相关理论,定义了伪密钥、唯一解距离和理想保密,而一般现实的密码体制是不能达到理想保密的,即随着密文长度的增加,伪密钥会减少到最后只剩下唯一一个密钥,这会威胁密码体制的安全。他对唯密文攻击情况下的密码分析进行了研究,指出:随着密文长度的增加,伪密钥的数量会逐步减少。虽然香农的以上分析具有很大理论价值,但是密码分析者很少沿着这方面努力,只有少量的研究是将量子密码学与一次一密体制结合起来进行研究。

密码体制的密钥可信度的度量也可以借鉴香农的理论,但是在现实中,由于条件的限制以及对背景信息的了解,密钥可信度的度量会随之不同。我们将密钥可信度定义为:密钥持有人虽然尽量找出错误的伪密钥给密码分析者,但是在当时的条件限制下,我们认为密码分析者根据明文是否有意义且是否有破绽来判断密钥持有人给出的密钥是否可信,如果发现破绽或者明文无意义,他会继续采用胁迫等手段要求密钥持有人交出真正的密钥,因此密钥持有人最终要么交出真正的密钥,要么交出无破绽的伪密钥。

可以发现,针对现代密码算法,在其他条件相同的情况下,计算能力越强,找到伪密钥的可能性越大,密钥可信度越低;密钥分析者掌握的背景信息越强,密钥可信度越高,即使密钥持有人欺骗,也更容易被发现而被继续逼问;掌握的密文越长,密钥可信度越高,而且只要超过唯一解距离较多的时候,密钥可信度就接近或者等于 1。而实际上大多数现代密码算法的唯一解距离都是较短的,比如针对现代的 256b 长密钥的分组密码算法,ASCII 文本加密算法的唯一解距离仅为 37.6 个字符,显然获得大大超过 37.6 个字符的密文的条件是很容易达到的,加之有限的计算能力以及背景信息的限制等,因此大多数条件下现代密码体制的密钥可信度都接近于 1。由此可见,对于现代密码体制而言,密钥可信度一般很容易达到上限 1,这带来了很大的隐患。

以上研究表明,现代密码体制的密钥可信度很高,是否它就是无法降低呢? 实际上并非如此,我们参考现有文献给出的伪密钥数量的计算公式(并不严格):

$$N = 2^{H(k)-nD} - 1 \qquad\qquad (7\text{-}13)$$

从这个公式可以看出,要增加伪密钥的数目,则 $H(k)$ 必须随着 n 的增加而增加,即密钥空间加大,密钥长度增加。古典密码中的一次一密体制就是这样的算法。在二进制运算的一次一密体制中,假如随便给出一个和密文(也就是和真正的明文)等长度的明文,就可以根据明文和密文的异或运算得出一个对应的伪密钥来。一次一密体制的问题在于:密钥和密文长度相等,而一味依靠增加密钥长度是不现实的,除非 QKD(量子密钥分配)投入使用。

是否存在其他的降低密钥可信度的方法呢? 伪密钥数目少源于语言的冗余,可以采用第二种方法,以多种途径减少冗余,比如数据压缩,压缩可以减少冗余,增加伪密钥数目,但是在现代密码学中却不能提供有效地找到伪密钥的方法。此外可以对所有可能的消息进行重新编码,比如将所有的消息都以某个固定长度的二进制数进行连续的编码,但是编码工作量大,这是非常不现实的。

语言的冗余与语法等语言特征有关系,因此从这个角度着手会有很多的途径有望实现低密钥可信度密码算法;而现代自然语言处理技术也有了较大的发展,为进行相关的加解密提供了一定的帮助。但是由于自然语言的复杂性,要采取一定的措施保证密文能够可靠地解密。

笔者采用类似选择题的扩充方法,设计了一种低密钥可信度的加密算法,可以有效地解决以上问题。而且伪密钥得出的明文可以完全符合通信的背景,得到的这些明文可能与原来的意义相似或相反,这样的伪密钥相对于一般的伪密钥而言更加具有意义。由于低密钥可信度的要求,该算法相对而言比较复杂,加密流程也较传统加密复杂。该方法在加密时对原文中的关键词进行填充,比如对于晴天,可以添加阴天、雨天等进行扩充,并且根据密钥加上标号,保证解密时能够还原,原来的正确明文是"今天是晴天",而采用错误的密钥可能把密文错误地解密为"明天是雨天",从而误导密码分析者。这类算法依然有它的局限性,可以做一定的改进,另外在一定的场合可以和现代的密码体制结合起来使用。

低密钥可信度的算法不仅可以用在被胁迫的时候,有时候还可以诱导对方上钩,有意识地用伪密钥来误导企图获取敏感消息的对手。当然类似的算法不仅可以用于加密,还可以有效地应用在一些特殊的情况下,比如密写等。作为一个新的领域,更多的低密钥可信度密码算法和更多的应用尚待发现,当然目前存在的算法的局限性有待于进一步发现,并且根据这些局限性进行相应的改进。密钥可信度还可能有身份认证的用途,比如密钥可信度高的算法可能用于身份认证,证明持有人是否知道真正的密钥,以及是否具有一定的授权等,当然这还需要进一步的研究,而且现代密码算法显示出来的寻找伪密钥困难的难题也可能有一些其他的新用途。随着计算能力的增强,对于密钥可信度的研究会显得越来越重要。相关的研究会带动新的问题,推动密码学和信息论进一步发展。这里提到的伪密钥的可信度问题同样存在于音频、视频数据和乐谱加密。

7.2.6　多重不确定的密码算法

现有的数据加密遵循着一些基本的规律和原则,比如,一般明文和密文是等长的(除了有时候的分组填充),明文和密文在位置上是对应的,采用单一的一种算法加密,以及采用单重加密。这种原则性的制约导致密码系统的自由度、选择性和不确定性减小了,许多本来可以不确定、不统一的对象实际上是确定的、统一的。原则上说,明文和密文的对应关系可以是任意的,加密和解密算法也可以是任意的,只要保证可逆性即可。现有的密码系统采用较为单纯的方式,整个密码系统的设计思路比较简单、容易理解,主要是采用一个确定的算法和一个随机的密钥来进行加密,将所有的不确定性完全集中在作为计算参数的密钥上,比如算法是确定的,分组长度是确定的(如果是分组密码算法),每一部分都采用相同的密钥来加密等。相对而言,这类系统加密的时间和空间复杂度较小,但是显然也制约了密码系统的安全性。对于这类密码系统,仅有密钥是不确定的,将所有的秘密都寓于密钥之中,我们称它们是单重不确定的密码体制。相对地,笔者提出多重不确定的密码体制的概念,并且进行一定的探讨。

要对一个密码系统进行分析,一般要掌握一定的条件,这种条件一般是确定的,在这里要讨论重要的密码分析及其确定性的前提条件。仔细分析现有的密码分析方法也可以很容易得出,它们都基于一定的确定性条件,特别是算法是确定的,而且密钥基本上也是不变的。如果对这些确定性的条件进行随机化,则以上密码分析将无法着手或者非常困难。大多数分组密码分析需要大量的明文-密文对,假如一个密码系统各个分组的加密算法是不同的和随机的,密码分析的这个基础就丧失了。一些密码分析有赖于确定的算法,才能得出代数方程式,对于不确定的算法将很难着手,相关密钥分析利用密钥扩展的缺陷,假如密钥扩展的函数部件是不确定的,这种密码分析方法也将失去基础。

密码体制的各种因素的确定性是对密码系统自由度和选择性的一种制约。这减少了系统的不确定性。而对于一个对手而言,密码系统的不确定性越大,系统的安全性显然越高,而不确定性的消除则意味着给对手提供了信息。

无论是从暴力破解还是从技术性的破解角度,单重不确定的密码体制都是相对脆弱的。对于一个不确定算法的密码系统,密码分析者无从破译,即使给定一个算法的选择集合,暴力破解的时间和空间复杂度都会大大增加,而且还会增加解的数目。由此可见,增加密码系统的不确定性对安全是有利的。

作者提出了广义密钥的概念,通过广义密钥将算法、加密的重数等信息隐藏起来,并采用广泛和复杂的映射关系。另外,还设计了一种密码系统,采用不确定的算法进行加密,并且将分组长度扩展为所有分组密码算法的公倍数,不泄露算法信息,也不泄露明文长度信息。而关于加密算法的信息则体现在广义密钥之中,通过广义密钥来对多重不确定的信息加以确定。作者还提出将随机函数应用于对称加密算法和杂凑函数的设计中。

对于多重不确定性,显然可以从以下角度对密码系统的确定性因素进行随机化。

(1)密码算法不确定,可以将确定的算法设计为基于随机函数的密码算法。

(2)不同分组或位置的算法变化且不确定,由密钥或者位置等信息来确定。

(3)不同分组采用变化的密钥,从而使密钥具有双重不确定性。

(4)分组长度可变且不确定,这一点会有一定的难度,需要做一定的规范化处理。

(5)进行多重加密,加密算法不确定,加密重数也不确定。

(6)流密码的对应关系不确定,比如传统的流密码用一位密钥流来加密一位明文,也可以用 X 位密钥流来加密一位(或多位)明文,其中 X 为随机变量。

以上仅仅是抛砖引玉，实际上可能有更多的因素可以随机化，不过随机化可能带来运算量的增加以及使用的不方便等，这些可能妨碍它们的应用。

由于以上的许多条件正是密码分析的确定性条件，所以多重不确定的密码体制可以有效抵御大量的密码分析方法。

多重不确定的密码体制可能具有以下优势。

(1) 多重不确定的加密体制的自由度更大，选择性更加广泛，具有更多的解，对于软磨硬泡攻击和代数攻击可能存在多解或伪密钥，从而增强安全性。软磨硬泡攻击经常是破解算法的最好途径。这类算法中的某些算法通过增加随机性以增加唯一解距离，以及对明文进行分段加密以让同一算法加密的明文长度不超过唯一解距离等手段，避免出现唯一解，可以对抗软磨硬泡攻击，或者是碍于其他的压力，包括权势、情面等情形，特别是在军事环境中有非常重要的意义。对于代数攻击和其他一些基于求解方程式的攻击，由于算法和（或）其他因素的不确定，代数方程式不确定，可能造成很难求解，而且可以肯定解的数量会增加。

(2) 通过增加更多的随机性，比如采用可变算法、分段加密、多重加密等，使得密码分析者知道的以及可以利用的线索更少，更难以分析，可以对抗无限计算能力或者很强的计算能力下的各种密码分析甚至唯密文分析。

(3) 通过改变的加密方法可以防止密码分析者获得同一算法的大量明文-密文对，从而破坏一些需要同一算法的大量明文-密文对的密码分析的前提，因为许多密码分析需要的明文-密文对都是较多的。

(4) 通过变换、不确定的加密算法可以弱化密码分析者获得单一算法的统计分析的条件，从而破坏一些密码分析的条件，因为一些密码分析是针对确定算法的一些统计分析而进行的。

(5) 通过打破和延长输出序列的周期会增强加密系统的安全性。动态、变化的算法会延长一些序列算法的周期，甚至让序列算法失去周期性，即使是确定性的动态变化，比如消除流密码的周期性。可以举一个简单的例子，让随机数发生器每次增加一个 0，输出 10100100010000…（这里只是为了说明非周期性，这个实例并不安全）。

(6) 赋予密码体制更多选择会产生更优秀的算法。多重不确定的加密体制引入更多的不确定因素，实际上给予密码系统更大的自由度，表达方式更加多样化，给加密系统以更多的选择（现有的加密体制只属于其特例），在这些更大的选择范围内可以找出安全性更好并且代价也不是很大的优秀密码系统。

(7) 实现算法的保密性与公开性、标准化、安全性的兼顾，化解其中的矛盾。现在主流的思想是：算法是需要公开的且是确定的，多重不确定的加密系统可以将系统中的所有算法公开，以利于标准化和算法接受充分的密码分析检验，但是具体每一次加密时采用什么样的算法和形式对于外人是未知的，这有利于安全。

对于密码系统的任意复杂化都可能增加计算量，这是需要避免的，而多重不确定的密码体制可能极大地增强密码系统的安全性，而同时增加的计算量几乎可以忽略。比如现有一个密码体制，采用随机函数作为算法，密钥采用为广义密钥结构，前一部分密钥作为函数的输入参数（狭义密钥），而后一部分密钥用于确定随机函数的具体形式，这里假定是算法 A,随机函数的运算量相当。加密时根据密钥的后一部分选择随机函数的具体形式,然后将前一部分狭义密钥输入随机函数的具体形式 A。这种算法相对于单独用 A 算法加密的计算量而言,加密的算法是一个比较单纯的算法,而反过来通过密文-明文对来破译密钥,则算法是不确定的,或者可以认为是一个非常复杂的算法,安全性显然是大大增加了。而采用随机函数形式增加的计算量几乎是可以忽略的,而且是一次性的。我们也可以从这里寻求启发,设计密码系统就是要设计加密形式简单而破译形式复杂的机制。

在某些情况下,多重不确定的密码体制对运算量的增加是可以忽略的。作为一个新的课题,多重不确定的密码体制尚有许多问题需要研究,同时也引出了许多新方向,比如随机函数的相关理论与应用,寻求多重不确定密码体制的破译方法,如何通过一定的数据确定函数的形式,如何防止泄露密码算法的函数具体形式的信息,以及如何在收发双方之间消除多重不确定性等。

7.3　古典密码及近代密码

7.3.1　常见古典密码

世界上最早的一种密码产生于公元前 2 世纪,是由一位希腊人提出的,人们称之为棋盘密码。其原因为该密码将 26 个字母放在 5×5 的方格里,i 和 j 放在一个格子里,具体情况如图 7-4 所示。

这样,每个字母就对应由两个数构成的字符 $\alpha\beta$,α 是该字母所在行的标号,β 是列的标号。如 c 对应 13,s 对应 43 等。如果接收到的密文为:

	1	2	3	4	5
1	a	b	c	d	e
2	f	g	h	i j	k
3	l	m	n	o	p
4	q	r	s	t	u
5	v	w	x	y	z

图 7-4　棋盘密码

43 15 13 45 42 15 32 15 43 43 11 22 15

则对应的明文为:

secure message

另一种具有代表性的密码是恺撒密码。它是将英文字母向前推移 k 位,恺撒最初将英文字母推移 3 位。例如,$k=5$,则密文字母与明文字母的对应关系如下:

a b c d e f g h i j k l m n o p q r s t u v w x y z
f g h i j k l m n o p q r s t u v w x y z a b c d e

于是对应于明文 secure message,可得密文为 XJHZW JRJXXFLJ。此时,k 就是密钥。为了传送方便,可以将 26 个字母一一对应于 0～25 的 26 个整数。如 a 对应 1,b 对应 2,……,y 对应 25,z 对应 0。这样恺撒加密变换实际就是一个同余式:

$$c \equiv m + k \bmod 26$$

其中,m 是明文字母对应的数,c 是与明文字母对应的密文字母的数。这里没有考虑英文中的空格和标点符号,如果考虑这些,可以相应地增加模数。

随后,为了提高恺撒密码的安全性,人们对恺撒密码进行了改进。选取 k 和 b 作为两个参数,其中要求 k 与 26 互素,明文与密文的对应规则为:

$$c \equiv km + b \bmod 26 \tag{7-14}$$

可以看出，$k=1$ 就是前面提到的恺撒密码。于是这种加密变换是恺撒加密变换的推广，并且其保密程度也比恺撒密码高。

以上介绍的密码体制都属于单表置换。意思是一个明文字母对应的密文字母是确定的。根据这个特点，利用频率分析可以对这样的密码体制进行有效的攻击。方法是在大量的书籍、报刊和文章中统计各个字母出现的频率。例如，e 出现的次数最多，其次是 t、a、o、i 等。破译者通过对密文中各字母出现频率进行分析，结合自然语言的字母频率特征，就可以将该密码体制破译。

鉴于单表置换密码体制具有这样的攻击弱点，人们自然就会想办法对其进行改进，来弥补这个弱点，增加抗攻击能力。法国密码学家维吉尼亚（Vigenere）于 1586 年提出一种多表式密码，即一个明文字母可以表示成多个密文字母。其原理是：给出密钥 $K=k[1]k[2]\cdots k[n]$，若明文为 $M=m[1]m[2]\cdots m[n]$，则对应的密文为 $C=c[1]c[2]\cdots c[n]$。其中 $c[i]=(m[i]+k[i])\bmod 26$。例如，若明文 M 为 data security，密钥 $K=$ best，将明文分解为长度为 4 的序列 data secu rity，对每 4 个字母，用 $K=$ best 加密后得密文为：

$$C = \text{EELT TIUN SMLR}$$

从中可以看出，当 K 为一个字母时，它就是恺撒密码。而且容易看出，K 越长，保密程度就越高。显然这样的密码体制比单表置换密码体制具有更强的抗攻击能力，而且其加密、解密均可用所谓的维吉尼亚方阵来进行，从而在操作上简单易行。

7.3.2　古典密码的分析

古代密码多数可以通过字母频率攻击来破解，以恺撒密码为例，即使在不知道移位所对应的数字是 3 的情况下（因为可以是其他数字，而要破解的关键就是要找到这个数字），可以通过检查字母出现的频率来推测，比如：

原文：p a n d a s o f t w a r e

密码：s d q g d v r i w z d u h

在这里，d 出现的次数最多，由于英语中最常出现的两个字母是 a 和 e，于是可以分别进行检验。在 e 的情况下，d 在 e 的后面第 25 位，然后用 25 来检验其他字母，出现如下情况：

密码：s d q g d v r i w z d u h

译码：t e r h e w s j x a e v i（向后 25 位）

这个字母序列没有丝毫意义，所以这次尝试不成功。再用 3 来试验，可以得到如下结果：

密码：s d q g d v r i w z d u h

译码：p a n d a s o f t w a r e（向后 3 位）

尝试成功，密码就被破解了。事实上对恺撒密码的密码分析不像破解现代密码那样困难，但许多相同的原则对两者都适用。事实证明英语（或拉丁语）的字母出现的频率彼此差异很大。对使用恺撒密码的消息进行加密不会改变消息中字母的统计分布，它只会使另外的字母以同一频率出现。也就是说，如果一种特定的恺撒密文的密钥将 E 替换为 Q，将发现一本书的加密版本中 Q 的数目和原书中的 E 一样多。

对于密钥长度确定的多表替换密码以及多字母替换密码,也可以采用类似的多维统计方法确定明文-密文的对应关系,进而确定密钥参数。

但是,用这种方法直接对像维吉尼亚密码之类的密码进行破译是无效的,因为我们根本不知道该密码的密钥长度,看起来似乎不可能破译,所以该密码曾经被称为不可破译的密码。但是重合指数法可以确定密钥的长度,它利用密钥相同时字符相同的概率的微妙差异来进行判别。

破译维吉尼亚密码的关键在于它的密钥是循环重复的。如果知道了密钥的长度,那密文就可以被看作交织在一起的恺撒密码,而其中每一个都可以单独破解。使用卡西斯基试验和弗里德曼试验可以得到密钥的长度。

1. 卡西斯基试验

弗里德里希·卡西斯基于 1863 年首先发表了完整的维吉尼亚密码的破译方法,称为卡西斯基试验(Kasiski examination)。早先的一些破译都是基于对明文的认识或者使用可识别的词语作为密钥,卡西斯基的方法则没有这些限制。而在此之前,已经有查尔斯·巴贝奇意识到了这一方法。卡西斯基试验是基于类似"the"这样的常用单词有可能被同样的密钥字母进行加密,从而在密文中重复出现。例如,明文中不同的 CRYPTO 可能被密钥 ABCDEF 加密成不同的密文:

密钥:ABCDEF AB CDEFA BCD EFABCDEFABCD

明文:CRYPTO IS SHORT FOR CRYPTOGRAPHY

密文:CSASXT IT UKSWT GQU GWYQVRKWAQJB

此时明文中重复的元素在密文中并不重复。然而,如果密钥不同的话,结果可能便为(使用密钥 ABCD):

密钥:ABCDAB CD ABCDA BCD ABCDABCDABCD

明文:CRYPTO IS SHORT FOR CRYPTOGRAPHY

密文:CSASTP KV SIQUT GQU CSASTPIUAQJB

此时卡西斯基试验就能产生效果。对于更长的段落此方法更为有效,因为通常密文中重复的片段会更多。如通过下面的密文就能破译出密钥的长度:

密文:DYDUXRMHTVDVNQDQNWDYDUXRMHARTJGWNQD

其中,两个 DYDUXRMH 的出现相隔了 18 个字母。因此,可以假定密钥的长度是 18 的约数,即长度为 18、9、6、3 或 2。而两个 NQD 则相距 20 个字母,意味着密钥长度应为 20、10、5、4 或 2。取两者的交集,则可以基本确定密钥长度为 2。这种破译方法的破译能力是受限制的。

2. 弗里德曼试验

弗里德曼试验由威廉·F.弗里德曼(William F. Friedman)于 20 世纪 20 年代发明。他使用了重合指数(index of coincidence)来描述密文字母频率的不匀性,从而破译密码。用密文异或相对其本身的各种字节的位移,统计那些相等的字节数。如果移位是密钥长度的倍数,那么超过 6% 的字节将是相等的;如果不是,则只有 0.4% 以下的字节将是相等的(假设一个随机密钥加密标准的 ASCII 文本,其他的明文将有不同的数值)。这称为重合指数。得出密钥长度倍数的最小位移就是密钥的长度。此方法只是一种估计,会随着文本长度的增加而更为精确。在实践中,会尝试接近此估计的多个密钥长度。一种更好的方法是将密文写成矩阵形式,其中列数与假定的密钥长度一致,将每一列的重合指数单独计算,并求得平均重合指数。对于所有可能的密钥长度,平均重合指数最高的最有可能是真正的密钥长度。这样的试验可以作为卡西斯基试验的补充。

一旦能够确定密钥的长度,密文就能重新写成多列,列数与密钥长度对应。这样每一列其实就是一个恺撒密码,而此密码的密钥(偏移量)则对应于维吉尼亚密码密钥的相应字母。采用与破译恺撒密码类似的方法,就能将密文破译。

古典密码的破译方法给我们什么启示? 从信息论的角度来分析利用概率不一致的特征进行破译的原理。如何发现类似特征? 这对于密码编码有什么启示?

7.3.3　近代密码

1834 年,伦敦大学的实验物理学教授惠斯顿发明了电机,这是通信向机械化和电气化跃进的开始,也为密码通信能够采用在线加密技术提供了前提条件。前面已经讲过,密码技术的成果首先被用于战争,下面的例子就是一个明证。1914 年第一次世界大战爆发,德俄相互宣战。在交战过程中,德军破译了俄军第一军给第二军的电文,从中得知第一军的给养已经中断。根据这一重要情报,德军在这次战役中取得了全胜。这说明当时交战双方已开展了密码战,又说明战争刺激了密码的发展。

1920 年,美国电报电话公司的弗纳姆发明了弗纳姆密码。其原理是利用电传打字机的五单位码与密钥字母进行模 2 相加。如若信息码(明文)为 11010,密钥码为 11101,则模 2 相加得 00111 即为密文码。接收时,将密文码再与密钥码模 2 相加得信息码(明文)11010。这种密码结构在今天看起来非常简单,但由于这种密码体制第一次使加密由原来的手工操作变为由电子电路来实现,而且加密和解密可以直接由机器来实现,因而在近代密码学发展史上占有重要地位。随后,Major Joseph Mauborgne 和 AT&T 公司的 Gilbert Vernam 在 1917 年发明一次一密密码(one-time pad,一次一密乱码本)。在太平洋战争中日本使用的九七式机械密码(又称紫密)其实是用机械的方法来实现的一种多表替代式密码(也就是用多个转轮来构造多个换字表,然后逐次使用)。1940 年,美国陆军通信机关破译了日本海军 D 号密码。在中途岛海战中,由于美国对日本的作战计划了如指掌,结果美国取得了以少胜多的关键性胜利,成为第二次世界大战中美国在太平洋战区转败为胜的转折。在瓜岛战役失败后,山本五十六决定前往南太平洋前线视察以便鼓舞士气。1943 年 4 月 14 日,代号"魔术"的美国海军情报部门截获并破译了包含山本行程详细信息的电文,包括到达时间、离埠时间和相关地点,以及山本即将搭乘的飞机型号和护航阵容。美国战斗机受命拦截并击落山本座机。德国一开始以"谜"(Enigma,恩尼格玛密码机)作为其闪电战的核心,英国得到了波兰的关于前期"谜"的解密技术后,除了原有的语言和人文学家,还加入了数学家和科学家,后来更成立了政府代码暨密码学校(Government Code and Cipher School),5 年内人数增至 7000 人。1940—1942 年是加密和解密的拉锯战,成功的解码提供了很多宝贵的情报。例如在 1940 年得到了德军进攻丹麦和挪威的作战图,以及事先获得了不列颠战役(Battle of Britain)空袭情报,化解了很多危机。但"谜"并未被完全破解,加上"谜"的网络很多,使德国一直在大西洋战役中占据上风。最后英国在一次行动中在德国潜艇上俘获"谜"的密码簿,破解了"谜"。英国以各种虚假手段掩饰对德国密码的破译,免得德国再次更改密码,并策划摧毁了德国的补给线,缩短了大西洋战役的时间。

这类密码的破译较为复杂,一般需要采用复杂的数学分析和大量的计算,计算机在诞生之初就是用于密码分析,有兴趣的读者可以阅读 E. L. Bauer 的《密码编码和密码分析:原理与方法》和 David Kahn 的《破译者》(*The Codebreakers*),均有中译本。

对于分组密码,分组长度是固定的,如何对任意长度的明文进行处理才能保证通过密文唯一地得到明文?

7.4　现代密码学

7.3 节介绍了古典密码和近代密码,它们的研究还称不上是一门科学。直到 1949 年香农发表了一篇题为《保密系统的通信理论》的著名论文,该文首次将信息论引入了密码学,从而把已有数千年历史的密码学推上了科学的轨道,奠定了密码学的理论基础。

需要提出的是,由于受历史的局限,20 世纪 70 年代中期以前的密码学研究基本上是秘密地进行的,而且主要应用于军事和政府部门。密码学的真正蓬勃发展和广泛应用是从 20 世纪 70 年代中期开始的。1977 年美国国家标准局颁布了数据加密标准 DES,用于非国家保密机关。该系统完全公开了加密和解密算法。此举突破了早期密码学的信息保密的单一目的,使得密码学得以在商业等民用领域广泛应用,从而给这门学科以巨大的生命力。密码学发展进程中的另一件值得注意的事件是,在 1976 年,美国密码学家迪菲和赫尔曼在一篇题为《密码学的新方向》的文章中提出了一个崭新的思想:不仅加密算法本身可以公开,甚至加密用的密钥也可以公开。但这并不意味着保密程度的降低,这是由于加密密钥和解密密钥不一样,而将解密密钥保密就可以了。这就是著名的公钥密码体制。若存在这样的公钥体制,就可以将加密密钥像电话簿一样公开,任何用户要向其他用户传送一个加密信息时,就可以从这本密钥簿中查到该用户的公钥,用它来加密,而接收者能用只有他才有的解密密钥得到明文。任何第三者都不能获得明文。

公钥密码学的里程碑意义在于,它有效地解决了密钥管理的难题,可以实现在不安全的信道上进行安全的通信。此外,依据它的单向性原理,还产生了数字签名。

1978 年,由美国麻省理工学院的里维斯特、沙米尔和阿德曼提出了 RSA 公钥密码体制,它是第一个成熟的、迄今在理论上最成功的公钥密码体制。它的安全性是基于数论中的大整数因式分解。该问题是数论中的一个困难问题,至今没有有效的算法,这使得 RSA 公钥加密体制具有较高的保密性。它不仅可以用于加密,也可以实现数字签名,到现在依然是流行的非对称加密算法之一。

除了信息保密外,还有另一方面的要求,即信息安全体制还要能抵抗对手的主动攻击。所谓主动攻击指的是攻击者可以在信息通道中注入他自己伪造的消息,以骗取合法接收者的信任。主动攻击还可能篡改信息,也可能冒名顶替,这就产生了现代密码学中的认证体制。该体制的目的就是保证用户收到一个信息时,能验证消息是否来自合法的发送者,同时还能验证该信息是否被篡改。在许多场合(如电子汇款)能对抗主动攻击的认证体制甚至比信息保密还要重要。除了数字签名,Hash 函数也是用于认证的主要部件。

现代的加密算法均遵循柯克霍夫斯原则:即使密码系统中的算法为密码分析者所知,也难以从截获的密文推导出明文或密钥,也就是说,密码体制的安全性仅应依赖于对密钥的保密,而不应依赖于对算法的保密。只有在假设攻击者对密码算法有充分的研究并且拥有足够计算资源的情况下仍然安全的密码才是安全的密码系统。

对于商用密码系统而言,将密码算法公开的优点包括:

(1) 有利于对密码算法的安全性进行公开测试和评估。

(2) 防止密码算法设计者在算法中隐藏后门。

(3) 易于实现密码算法的标准化。

(4) 有利于使密码算法产品进行规模化生产,实现低成本和高性能。

但是必须指出,密码设计的公开原则并不等于所有的密码在应用时都一定要公开密码算法。例如,世界各国的军政核心密码就都不会这样做。

一个提供机密性服务的密码系统是实际可用的,必须满足以下基本要求:

(1) 系统的保密性不依赖于对加密体制或算法的保密,而仅依赖于密钥的安全性。

(2) 满足实际安全性,使破译者取得密文后,在有效时间和成本范围内确定密钥或相应明文在计算上是不可行的。

(3) 加密和解密算法应适用于明文空间和密钥空间中的所有元素。如果不能适用,应该进行相应的处理,比如填充。

(4) 加密和解密算法能快速有效地执行计算,密码系统易于实现和使用。

7.4.1　对称加密算法

对称加密算法分为分组密码算法和流密码算法。目前世界上较为通用的分组加密算法有 AES、IDEA 和 DES,流密码算法有 RC4 和 A5。这类加密算法的计算速度非常快,因此被广泛应用于对大量数据的加密过程。

DES 是美国国家标准局于 1977 年公布的由 IBM 公司提出的一种加密算法,1979 年美国银行协会批准使用 DES,1980 年它义成为美国国家标准协会 ANSI 的标准,并逐步成为商用保密通信和计算机通信的最常用加密算法。密码学的危机及 DES 的公布在密码学发展过程中具有重要的意义。多年来,DES 一直活跃在国际保密通信的舞台上,扮演了十分突出的角色。但进入 20 世纪 90 年代以来,以色列的密码学家 Shamir 等人提出了一种"差分分析法",以后日本人又提出了类似的方法,可以认为是一种对 DES 进行攻击的正式算法。DES 毕竟已经公开了 20 多年,对其进行破译的研究比较充分,随着电子技术的进步,其受到的破译威胁渐成现实,DES 的历史使命已接近完成。但是了解 DES 的加密算法还是很有必要的。DES 算法的基本思想来自分组密码,即将明文划分成固定的 n 比特的数据组,然后以组为单位,在密钥的控制下进行一系列的线性或非线性的变换而得到密文,这就是分组密码(block cipher)体制。分组密码一次变换一组数据,当给定一个密钥后,将其分组变换成同样长度的一个密文分组。若明文分组相同,那么密文分组也相同。

对称加密算法存在的问题如下:

（1）在首次通信前，双方必须通过除网络以外的其他途径传递统一的密钥。

（2）当通信对象增多时，需要相应数量的密钥。例如，一个拥有 100 个贸易伙伴的企业必须要有 100 个密钥，而如果这些企业间都需要相互通信，密钥量将为 100×99/2 个，这就使密钥管理和使用的难度增大。

（3）对称加密是建立在共同保守秘密的基础之上的，在管理和分发密钥的过程中，任何一方泄露密钥都会造成信息泄露，因此对称加密算法存在着潜在的危险和复杂的管理难度。

在对称算法的设计上，扩散（diffusion）和混淆（confusion）是香农提出的设计密码体制的两种基本方法，其目的是为了抵抗对手对密码体制的统计分析。在分组密码的设计中，充分利用扩散和混淆，可以有效地抵抗对手从密文的统计特性推测明文或密钥。扩散和混淆是现代分组密码的设计基础。所谓扩散就是让明文中的每一位影响密文中的许多位，或者说让密文中的每一位受明文中的许多位影响，这样可以隐蔽明文的统计特性。当然，理想的情况是让明文中的每一位影响密文中的所有位，或者说让密文中的每一位受明文中的所有位影响。所谓混淆就是将密文与密钥之间的统计关系尽可能变得复杂，使得对手即使获取了关于密文的一些统计特性，也无法推测密钥。使用复杂的非线性代替变换可以达到比较好的混淆效果，而简单的线性代替变换得到的混淆效果则不理想。香农用"揉面团"来形象地比喻扩散和混淆，当然，这个"揉面团"的过程应该是可逆的。在密码学中，为了达到可逆性，也有一些常用的结构。乘积和迭代有助于实现扩散和混淆，选择某些较简单的受密钥控制的密码变换，通过乘积和迭代可以取得比较好的扩散和混淆效果。现代的许多分组密码算法和 Hash 函数均有多轮迭代。

随着现代密码分析和编码方法的进步，对于算法的设计和评估出现了许多非常严格量化的指标，乃至于达到雪崩效应，涉及很深的数学理论，本书对此不赘述，若有兴趣可以阅读吴文玲、冯登国、张文涛所著的《分组密码的分析与设计》和吕述望等所著的《序列密码的设计与分析》。

对称算法也不仅仅用于加密，还有许多其他的用途。它也可以起到类似于 Hash 函数的单向性效果，比如当已知明文-密文对时，密钥是在有限时间内无法推算出来的，这一性质可以广泛使用。

最早期的加密算法为 DES，目前已经不安全，现在一般用加强的 3DES。另外一个非常著名的算法 IDEA（International Data Encryption Algorithm）是 1990 年由中国密码学家来学嘉（X. J. Lai）和瑞士联邦技术学院的 Massey 提出的建议标准算法，并经过改进而成。IDEA 已由瑞士的 Ascom 公司注册专利，在申请该专利的国家以商业盈利为目的而使用 IDEA 算法必须向该公司申请专利许可，而个人使用则不受限制。

AES（高级加密标准，Advanced Encryption Standard）是一个公开的、较新的加密标准。这里以 AES 为例来介绍对称密码算法。根据作者名，该算法又称为 Rijndael 算法，是美国联邦政府用来替代原先的 DES 的加密标准，已经被多方分析且广为全世界所用。经过 5 年的甄选流程，高级加密标准由美国国家标准与技术研究院（NIST）于 2001 年 11 月 26 日发布于 FIPS PUB 197，并在 2002 年 5 月 26 日成为有效的标准。2006 年，高级加密标准已经成为对称密钥加密中最流行的算法之一。该算法为比利时密码学家 Joan

Daemen 和 Vincent Rijmen 所设计。

1. AES 算法

Rijndael 算法之所以能成为 AES,主要是因为以下特性。

（1）运算速度快,软硬件实现都表现出非常好的性能。

（2）对内存的需求非常低,很适合于受限制的环境。

（3）算法可靠,使用非线性结构 S 盒,有足够的安全性。

（4）该算法能有效抵抗差分分析攻击和线性分析攻击。

（5）Rijndael 算法是一个分组迭代密码,被设计成 128b、192b、256b 三种密钥长度,可用于加密长度为 128b、192b、256b 的分组,相应的轮数为 10、12、14,分组长度和密钥长度设计灵活。

严格地说,AES 和 Rijndael 加密算法并不完全一样(虽然在实际应用中二者可以互换),因为 Rijndael 加密算法可以支持更大范围的分组长度和密钥长度: AES 的分组长度固定为 128b,密钥长度则可以是 128b、192b 或 256b;而 Rijndael 使用的密钥和分组长度可以是 32b 的整数倍,并以 128b 为下限,256b 为上限。AES 加密有很多轮的重复和变换。加密的大致步骤如下:

（1）密钥扩展(KeyExpansion)。

（2）初始轮(Initial Round),仅进行 AddRoundKey(密钥加)运算。

（3）重复轮(又称中间轮,Round),每一轮又包括 SubBytes、ShiftRows、MixColumns 和 AddRoundKey 运算。

（4）最终轮(Final Round),和重复轮相比较,最终轮没有 MixColumns 运算。

加密过程中使用的密钥是由 Rijndael 密钥生成方案产生的。大多数 AES 计算是在一个特别的有限域内完成的。AES 加密过程是将明文分组在一个以字节为单元的 $4N_k$ 矩阵上执行,这个矩阵又称为状态(或体,state)矩阵,用 state_matrix 表示,其初值就是一个明文分组(矩阵中一个元素大小就是明文分组中的一个字节)。Rijndael 加密算法因支持更大的分组,其矩阵行数可视情况增加。类似地,针对密钥有密钥矩阵,而密钥矩阵则是指原始密钥数据所形成的矩阵,用 cipher_matrix 表示。随着输入数据个数的不同,这两个矩阵的维数可以为 4×4、4×6 或者 4×8;例如,如果输入的被加密数据为 24B(此处假定是以字节为数据单位进行加密),输入的密钥数据为 16B(假设同上),那么可以形成一个 4×6 维的 state_matrix 矩阵和一个 4×4 维的 cipher_matrix 矩阵。可见形成的矩阵的行数是固定的,都为 4。因为矩阵的形成是以每 4 个数据为一列依次构成,所以随着数据的增加,只会增加其列数而不会影响其行数。用 N_b 表示被加密数据矩阵(state_matrix 矩阵)的列数,用 N_k 表示密钥数据矩阵(cipher_matrix 矩阵)的列数。有了上述两个矩阵,就可以进行 AES 的加密过程了。

在进行加密之初,首先要生成每一轮加密的子密钥(轮密钥),而实际上原始密钥(种子密钥)是远远不够的,所以它通过密钥扩展来生成足够的轮密钥。

扩展密钥是从密钥矩阵变换而来的,之所以称为"扩展",是因为在 AES 的加密过程中,要对数据进行 N_r+1 次密钥加运算(包括一次初始密钥加运算),每次加密的密钥都不一样,将这 N_r+1 次密钥加运算过程中用到的所有密钥的集合称为扩展密钥。迭代的

轮数 N_r 是变化的,取值是根据 N_b 和 N_k 的值确定的,AES 算法中给出了它们之间的对照表,如表 7-1 所示。

表 7-1　N_r 取值表

N_r	$N_b = 4$	$N_b = 6$	$N_b = 8$
$N_k = 4$	10	12	14
$N_k = 6$	12	12	14
$N_k = 8$	14	14	14

例如,如果 $N_b = 6, N_k = 4$,那么加密过程应该进行 $N_r + 1 = 13$ 次,也就是有 13 个扩展密钥。由于这些密钥要和 state_matirx 矩阵做异或运算,所以每个扩展密钥必须转化为一个和 state_matirx 矩阵同维数的加密矩阵,然后才可以进行每个元素一对一的运算。由 N_b 和 N_r 的值,可以计算出扩展密钥的整体“长度”,这个“长度”的单位为 4B。计算公式如下:

$$N_b(N_r + 1)$$

例如,$N_b = 6, N_r = 12$,则“长度”为 78,这 78 个数据($78 \times 4B$,也就是 $78 \times 4 \times 8b$)以每 6 个数据为一个扩展密钥(因为 $N_b = 6$,所以要这样分组)。这 78 个数据是根据 KeyExpansion 的操作得到的。为了存储这 78 个数字,算法中开辟一个 $W[i]$ 数组。显然该数组的维数为 $W[N_b(N_r + 1)]$。

加密简单地说包括 3 个过程:初始密钥加运算、$N_r - 1$ 轮迭代运算和结尾轮运算。

密钥加运算就是从扩展密钥中选取和明文等长度的字节进行异或运算。

中间的迭代轮和结尾轮有一定的共同之处,下面介绍中间迭代轮包含的 4 个步骤。

(1) 字节代换(SubBytes)。通过一个非线性的替换函数,用查找表的方式把每个字节整体替换成对应的字节,也就是说这是一个 8b 的 S 盒,这个变换具有很好的非线性。替换实际上是将字节变换为 $GF(2^8)$ 上的乘法逆元,然后进行一个仿射变换。因此,它可以用查表和运算两种方法实现。解密时该步骤的逆运算是相反的,具体可以采用两种方法实现:

① 查逆表。

② 先采用仿射变换的逆变换,然后求 $GF(2^8)$ 上的逆元。

(2) 行移位(ShiftRows)。将矩阵中每一行的各个字节循环向左方位移,位移量则随着行数递增而递增。ShiftRows 是针对矩阵的每一个横列执行的步骤。在此步骤中,每一行都向左循环移位某个偏移量。在 AES 中(分组大小为 128b),第一行维持不变,第二行里的每个字节都向左循环移动一格。同理,第三行及第四行向左循环移位的偏移量分别是 2 和 3。128b 和 192b 的分组在此步骤的循环移位的模式相同。经过 ShiftRows 之后,矩阵中的每一列都是由输入矩阵中的每个不同列中的元素组成的。在 Rijndael 算法的版本中,偏移量和 AES 有少许不同;对于长度为 256b 的分组,第一行仍然维持不变,第二行、第三行和第四行的偏移量分别是 1B、3B 和 4B。除此之外,ShiftRows 操作步骤在 Rijndael 和 AES 中完全相同。解密时需要采用的逆运算显然也是类似的。

（3）列混合（MixColumns）。这是为了充分混合矩阵中各个直行的操作。这个步骤使用线性转换来混合每行内的 4B，它是 $GF(2^8)$ 上的乘法运算，其中所乘的因子是 3 个固定的数 01、03、01。解密时该步骤的逆运算也是类似的。MixColumns 函数接收 4B 的输入，输出 4B，每一个输入的字节都会对输出的 4B 造成影响。因此 ShiftRows 和 MixColumns 两个步骤为这个密码系统提供了扩散性。

（4）轮密钥加（AddRoundKey）。矩阵中的每一字节都与该轮对应的轮密钥（round key）做异或运算；每个轮密钥（子密钥）由密钥（又称加密密钥或种子密钥）通过密钥生成方案（key schedule）扩展产生。解密时该步骤的逆运算显然也是完全相同的，只是每一轮的轮密钥要按照加密的顺序颠倒过来。

结尾轮在加密循环中省略了 MixColumns 步骤。

考虑到查表比计算更快，时间复杂度更低，但这是以空间复杂度为代价的，AES 加密算法对查表做了优化：使用 32b 或更多比特寻址的系统，可以事先对所有可能的输入建立对应表，利用查表来实现 SubBytes、ShiftRows 和 MixColumns 步骤以达到加速的效果。这么做需要产生 4 个表，每个表都有 256 个格子，一个格子记载 32b 的输出；约占用 4KB（4096B）的内存空间，即每个表占用 1KB 的内存空间。如此一来，在每个加密循环中，只需要查 16 次表，做 12 次 32b 的异或运算，以及 AddRoundKey 步骤中 4 次 32b 的异或运算。

a_0	a_4	a_8	a_{12}
a_1	a_5	a_9	a_{13}
a_2	a_6	a_{10}	a_{14}
a_3	a_7	a_{11}	a_{15}

图 7-5　状态图

采用 128b 的密钥（循环次数为 10），那么每次加密的分组长为 128b（=16B），即每次从明文中按顺序取出 16B，假设为 $a_0a_1a_2a_3a_4a_5a_6a_7a_8a_9a_{10}a_{11}a_{12}a_{13}a_{14}a_{15}$，这 16B 在进行变换前先放到一个 4×4 的矩阵中，形成状态（state），如图 7-5 所示。

矩阵生成后，以后所有的变换都是基于这个矩阵进行的，到此准备工作已经完成。现在按照前面的顺序进行加密变换：初始的密钥加运算、N_r-1 轮迭代轮运算和结尾轮运算。

首先进行初始的密钥加运算。接着进行第一次循环的第一个变换：字节代换，它的查表过程如图 7-6 所示。

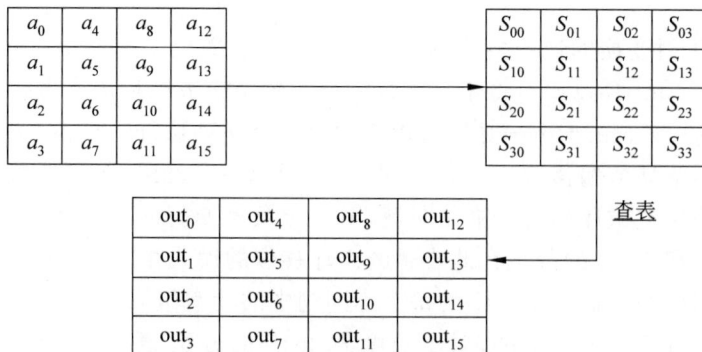

图 7-6　字节代换的查表过程示意图

表中的 S_{12} 为一字节,可以用两个十六进制数 $(XY)_{16}$ 来表示,$S_{12}=(53)_{16}$。表 7-2 是根据 XY 来建立的对应字节代换输出值的表。

表 7-2　字节代换表

X	Y															
	0	1	2	3	4	5	6	7	8	9	a	b	c	d	e	f
0	63	7c	77	7b	f2	6b	6f	c5	30	01	67	2b	fe	d7	ab	76
1	ca	82	c9	7d	fa	59	47	f0	ad	d4	a2	af	9c	a4	72	c0
2	b7	fd	93	26	36	3f	f7	cc	34	a5	e5	f1	71	d8	31	15
3	04	c7	23	c3	18	96	05	9a	07	12	80	e2	eb	27	b2	75
4	09	83	2c	1a	1b	6e	5a	a0	52	3b	d6	b3	29	e3	2f	84
5	53	d1	00	ed	20	fc	b1	5b	6a	cb	be	39	4a	4c	58	cf
6	d0	ef	aa	fb	43	4d	33	85	45	f9	02	7f	50	3c	9f	a8
7	51	a3	40	8f	92	9d	38	f5	bc	b6	da	21	10	ff	f3	d2
8	cd	0c	13	ec	5f	97	44	17	c4	a7	7e	3d	64	5d	19	73
9	60	81	4f	dc	22	2a	90	88	46	ee	b8	14	de	5e	0b	db
a	e0	32	3a	0a	49	06	24	5c	c2	d3	ac	62	91	95	e4	79
b	e7	c8	37	6d	8d	d5	4e	a9	6c	56	f4	ea	65	7a	ae	08
c	ba	78	25	2e	1c	a6	b4	c6	e8	dd	74	1f	4b	bd	8b	8a
d	70	3e	b5	66	48	03	f6	0e	61	35	57	b9	86	c1	1d	9e
e	e1	f8	98	11	69	d9	8e	94	9b	1e	87	e9	ce	55	28	df
f	8c	a1	89	0d	bf	e6	42	68	41	99	2d	0f	b0	54	bb	16

接着是 ShiftRows 步骤:将状态中的各行进行循环移位,如图 7-7 所示第 1 行(对应行值为 0)不移动,第 2 行左循环移位 1B,以此类推,S' 为移动后的字节位置。

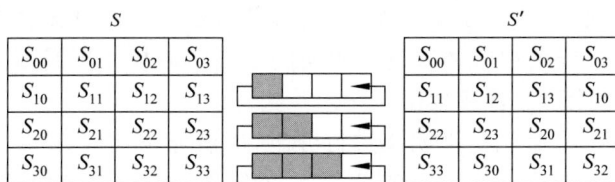

图 7-7　行移位示意图

MixColumns 步骤如下:

$$\begin{bmatrix} S'_{0c} \\ S'_{1c} \\ S'_{2c} \\ S'_{3c} \end{bmatrix} = \begin{bmatrix} 02 & 03 & 01 & 01 \\ 01 & 02 & 03 & 01 \\ 01 & 01 & 02 & 03 \\ 03 & 01 & 01 & 02 \end{bmatrix} \begin{bmatrix} S_{0c} \\ S_{1c} \\ S_{2c} \\ S_{3c} \end{bmatrix}$$

$S'_{0c}=(\{02\}\times S_{0c})\oplus(\{03\}\times S_{1c})\oplus S_{2c}\oplus S_{3c}$，但这个结果可能会超出一字节的存储范围，所以实际上还要对结果进行处理。

接着是 AddRoundKey 步骤：将密钥编排得到的对应轮的轮密钥与前面的结果进行异或运算，如图 7-8 所示。

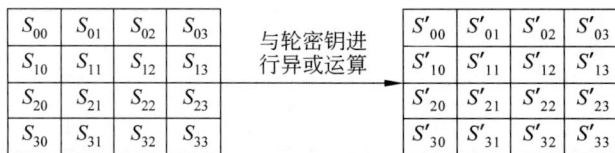

S_{00}	S_{01}	S_{02}	S_{03}
S_{10}	S_{11}	S_{12}	S_{13}
S_{20}	S_{21}	S_{22}	S_{23}
S_{30}	S_{31}	S_{32}	S_{33}

与轮密钥进行异或运算 →

S'_{00}	S'_{01}	S'_{02}	S'_{03}
S'_{10}	S'_{11}	S'_{12}	S'_{13}
S'_{20}	S'_{21}	S'_{22}	S'_{23}
S'_{30}	S'_{31}	S'_{32}	S'_{33}

图 7-8　密钥加示意图

2. 分组密码算法的工作模式

为了对长度超过密码算法分组大小的明文进行加密，将涉及分组密码的工作模式问题，简单地说就是分组块进行加密时的链接关系。也可以理解为密码算法（如 DES 和 AES 等）解决的是将一个分组长度的明文加密成密文的过程；而对于任意长度的明文的加密过程则以加密算法为基础，并在某种工作模式（又称加密模式或运行模式，workmode、ciphermode）下完成加密过程。可以认为算法只是一个工具或者部件，但是如何运用它可以有许多的方法，因而单独说此数据采用什么算法加密是没意义的。同样是 AES 加密，当模式不一样时，密文也不一样。有了密文和密钥，不知道加密模式也一样无法解密。

ECB 模式是分组密码的基础工作模式，也是最早采用和最简单的模式。它将加密的数据分成若干组，每组的大小与加密密钥长度相同，然后对每组都用相同的密钥进行加密。但是这种工作模式有它的缺陷，因此又有一些新的模式被提出。

分组密码的工作模式主要有电子密码本模式（ECB）、密码分组链接模式（CBC）、密码反馈模式（CFB）、输出反馈模式（OFB）、计数器模式（CTR）和密文挪用模式（CTS）等。

1）电子密码本模式

ECB 模式是将明文的各个分组独立地使用相同的密钥进行加密。采用这种方式加密时，各分组的加密独立进行，互不干涉，因而可并行进行。同样因为各分组独立加密的缘故，相同的明文经过分组加密之后具有相同的密文。该模式容易暴露明文分组的统计规律和结构特征。不能防范替换攻击。

其实从实现来看，ECB 只是把明文进行分组，然后分别加密，最后串在一起。当消息长度超过一个分组时，不建议使用该模式。在每个分组中增加随机位（如 128 位分组中 96 位为有效明文，32 位为随机数），则可稍微提高其安全性，但这样无疑造成了加密过程中数据的扩张。

ECB 模式的优点如下：

（1）简单。

（2）有利于并行计算。

（3）误差不会被传递。

其缺点如下：

（1）不能隐藏明文的模式。

（2）攻击者可能对明文进行主动攻击。

2）密码分组链接模式

CBC 模式的加密和解密过程如图 7-9 所示。CBC 模式将当前分组的明文与前一个分组的密文的异或运算结果作为加密算法的输入。加密后的密文继续参与下一个分组加密过程。在第一个分组加密时需要一个初始向量 **IV**，起到虚拟的第 0 个分组的密文的作用。

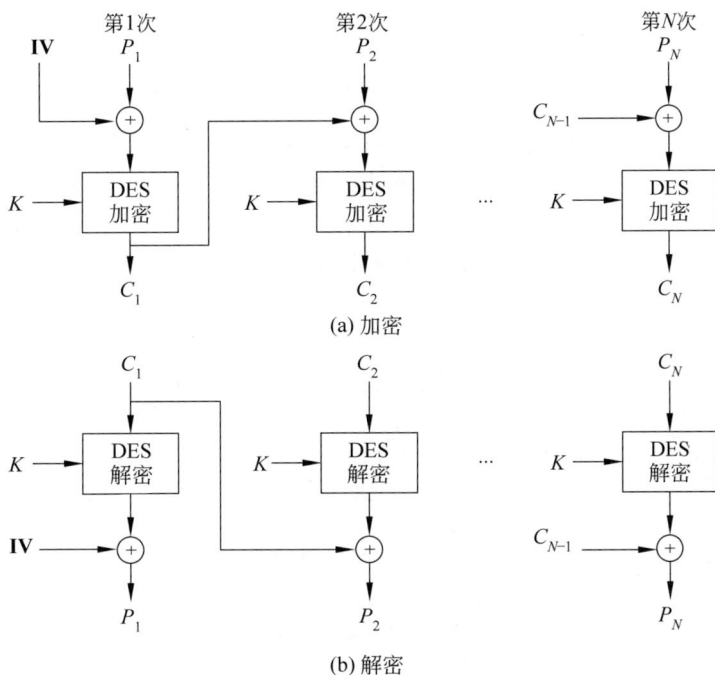

图 7-9　分组密码的 CBC 模式

$$C_1 = E_K[\mathbf{IV} \oplus P_1]$$
$$P_1 = \mathbf{IV} \oplus D_K[C_1]$$

对于这种模式，需要保护 **IV**，因为如果对手能欺骗接收方使用不同的 **IV** 值，对手就能够在明文的第 1 个分组中插入自己选择的比特值。

在 CBC 模式下，对相同的明文使用相同密钥及 **IV** 值，将产生相同的密文。改变密钥和 **IV** 值中的任何一个，密文则不同。这一性质说明 CBC 模式可以用于消息认证，即用来产生消息认证码（MAC）。将 MAC 附着在明文分组的后面，使接收消息的人可以确认消息的来源正确且中途没有被篡改过。

下面介绍 CBC 模式的自同步。由于 CBC 模式的链接属性，使密文 c_i 依赖于 m_i 以及 c_{i-1}，而 c_{i-1} 又依赖于 $i-1$ 分组的明文及 $i-2$ 分组的密文，因而 c_i 相当于依赖于 m_i 及前面所有的明文分组。因而在加密过程中，明文中一位的改变会影响后面所有密文的值；而在解密过程中，密文中一位的改变仅影响本分组以及下一个分组的解密，对于再下一个密文分组的解密则无影响。CBC 模式是自同步或密文自动密钥，对于位错误或丢失整个分组的情况，很快能恢复。但是，对于位丢失这样的分组边界错位则没办法了。

CBC 模式的优点是不容易主动攻击，安全性好于 ECB 模式，适合传输较长的报文，是 SSL 和 IPSec 的标准。

其缺点如下：

（1）不利于并行计算。

（2）误差会被传递。

（3）需要初始化向量 IV。

3）密码反馈模式

CFB（Cipher FeedBack）模式产生一个密钥流并与分组中的一部分进行运算。可以将一个大分组分成很多小部分，如将 128b 的分组分成 16 份，每份 8b 进行一次运算，可以即时输出 8b 的密文；甚至可以将分组分成 128 份，每次输出 1b，但如此一来循环次数大大增加，效率极低。

CFB 模式的加密过程与解密过程完全相同，如图 7-10 所示，不能用于公钥算法。

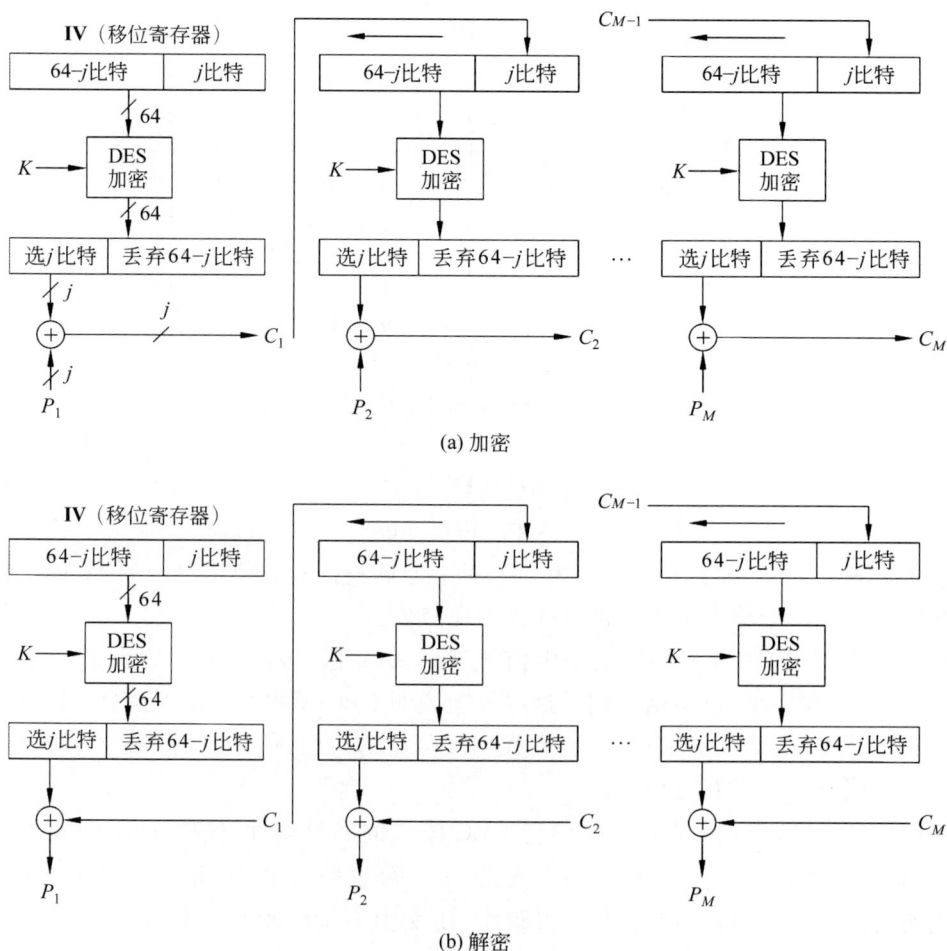

图 7-10 CFB 模式

CFB 模式的优点如下：

（1）隐藏了明文模式。

（2）分组密码转化为流模式，无须填充处理。

（3）可以及时加密传送小于分组的数据。

其缺点如下：

（1）不利于并行计算。

（2）误差会传递：一个明文单元损坏会影响多个单元。

（3）唯一的 **IV**。

4）输出反馈模式

OFB 模式与 CFB 相同的是都是利用分组密码产生流密码的密钥流，不同的是在 OFB 模式下密钥流与密文无关，而仅与 **IV** 及密钥 K 有关。

OFB(output feedback)模式的结构类似于 CFB 模式，如图 7-11 所示。不同之处是：OFB 模式是将加密算法的输出反馈到移位寄存器，而 CFB 模式中是将密文单元反馈到移位寄存器。

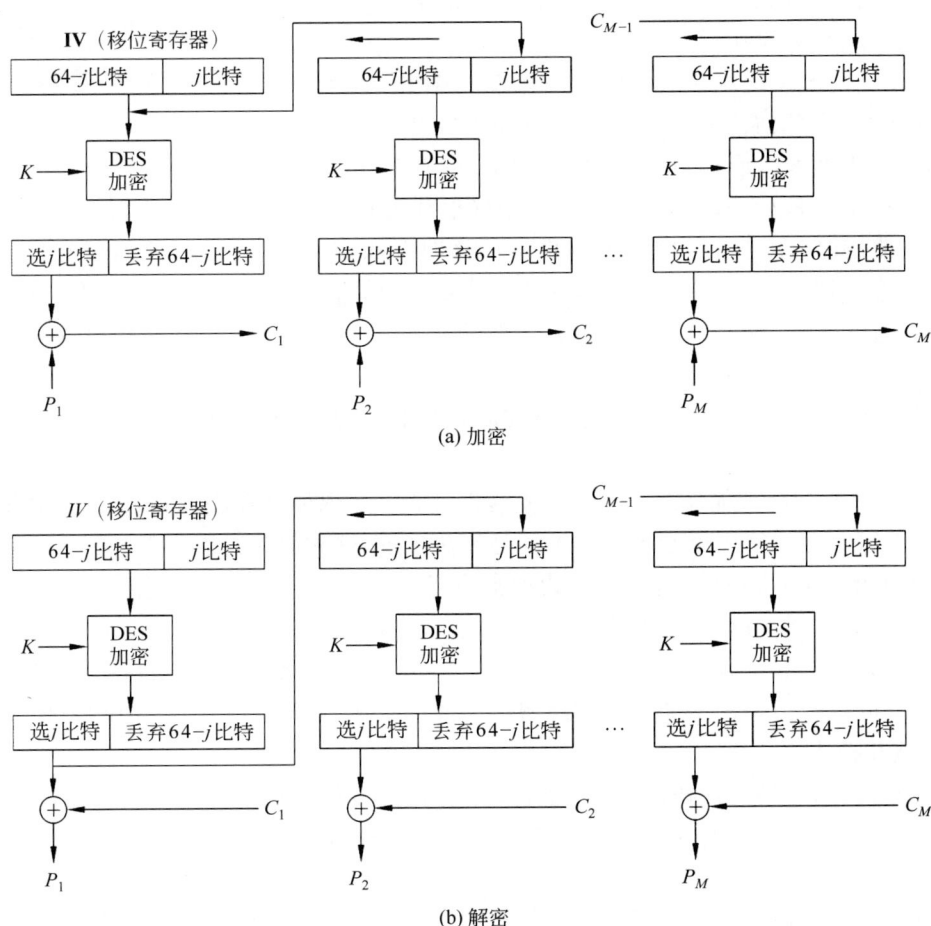

(a) 加密

(b) 解密

图 7-11　OFB 模式

OFB 模式的优点如下：

（1）隐藏了明文模式。

（2）分组密码转化为流模式。

（3）可以及时加密传送小于分组的数据。

其缺点如下：

（1）不利于并行计算。

（2）对明文的主动攻击是可能的。

（3）误差会传递：一个明文单元损坏会影响多个单元。

5）计数器模式

CTR 模式（见图 7-12）类似于 OFB 模式，其差别是构造密钥流的方式不一致：CTR 模式的密钥流是通过使用密钥 K 加密系列计数器产生的，密钥流与明文进行异或运算得到密文。对于最后的数据块，可能是长度为 u 位的局部数据块，这 u 位将用于异或运算，而剩下的 $b-u$ 位将被丢弃（b 表示块的长度）。CTR 解密与加密过程类似。这一系列的计数必须互不相同。

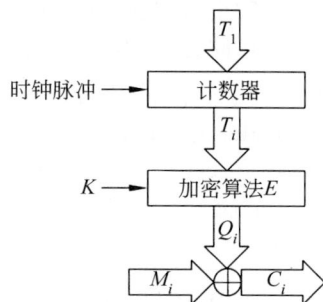

图 7-12　CTR 模式

CTR 模式被广泛用于 ATM 网络安全和 IPSec 应用中，相对于其他模式而言，CTR 模式具有如下特点。

（1）硬件效率：允许同时处理多块明文/密文。

（2）软件效率：允许并行计算，可以很好地利用 CPU 流水等并行技术。

（3）预处理：算法和加密盒的输出不依靠明文和密文的输入，因此如果有足够的保证安全的存储器，加密算法将仅仅是一系列异或运算，这将极大地提高吞吐量。

（4）随机访问：第 i 块密文的解密不依赖于第 $i-1$ 块密文，因此能提供很高的随机访问能力。

（5）可证明的安全性：能够证明 CTR 至少和其他模式（CBC、CFB、OFB 等）一样安全。

（6）简单性：与其他模式不同，CTR 模式仅要求实现加密算法，而不要求实现解密算法。对于 AES 等加密和解密本质上不同的算法来说，这种简化是巨大的。

（7）无填充：可以高效地作为流式加密使用。

除上述 5 种模式以外，还有密文挪用模式等，在此不一一赘述。

在.NET Framework 的命名空间 System. Security. Cryptography 的类库中，CipherMode 枚举指定用于加密的分组密码模式有 CBC、CFB、CTS、ECB 和 OFB。

3. 填充模式

由于明文消息长度是任意的，而分组密码算法的分组长度不一定是其倍数，所以需要进行填充处理。由于一般的明文长度是以字节作为最小单位的，所以可以字节为单位进行填充。

有些填充是可逆的，有些则是不可逆的。PKCS7 是一个可逆的填充模式（padding mode），而且属于国际标准。它的填充字符串由一个字节序列组成，每个字节填充的数值为该填充字节序列的长度。

假定分组长度为 8B,数据长度为 9B,则:

数据：FF FF FF FF FF FF FF FF FF(十六进制,两个十六进制为 1B)

PKCS7 填充：FF FF FF FF FF FF FF FF FF 07 07 07 07 07 07 07

需要注意的是,如果最后一个数据块的长度恰好等于分组长度,则需要在后面再添加一个完整的填充块,即填充的长度为分组长度。下面的例子是每 8B 为一块(一个分组),数据有 16B,需要填充 8B 的\x08。

数据：|DD DD DD DD DD DD DD DD|DD DD DD DD DD DD DD DD|

PKCS7 填充：|DD DD DD DD DD DD DD DD|DD DD DD DD DD DD DD DD|08 08 08 08 08 08 08 08|

PKCS5 填充和 PKCS7 填充的唯一区别是：PKCS5 只能用来填充 64b 的数据块,除此之外两种填充可以混用。

许多标准中的填充方式都是相似的,PKCS5、PKCS7、SSL3 以及 CMS(Cryptographic Message Syntax)有如下相同的特点：

(1) 填充的字节都是一个相同的字节。

(2) 该字节的值就是要填充的字节个数。

例如,在 Java 中：

```
Cipher.getInstance("AES/CBC/PKCS5Padding")
```

这个加密模式与 C♯ 中的以下加密模式是一样的：

```
RijndaelManaged cipher=new RijndaelManaged();
cipher.KeySize=128;
cipher.BlockSize=128;
cipher.Mode=CipherMode.CBC;
cipher.Padding=PaddingMode.PKCS7;
```

因为 AES 并没有 64b 的块,如果采用 PKCS5,那么实质上就是采用 PKCS7。

在 System.Security.Cryptography 的类库中,PaddingMode 的类型有 None、PKCS7 和 Zeros,PKCS7 为默认值,其他的模式不能保证可逆性;Zeros 填充在所有需要填充的地方都以 0 填充;None 为不填充。注意,它们都是不可逆的填充。

PHP 的 mcrypt 默认的填充值为 null('\0'),Java 或.NET 默认填充方式为 PKCS7。如果把 Java 或.NET 填充模式改为 Zeros,即可得到与 mcrypt 一致的结果。

假设所有可能的值均是等概率的,所有可能数据的最小单位分别为 bit 和 8bit,如果填充到等长度,最短编码的极限是多少？只考虑最后被填充的一个分组的数据,PKCS7 填充的编码效率为多少？

7.4.2　公钥加密算法

公钥加密算法是 1978 年由美国麻省理工学院(MIT)的 Rivest、Shamir 和 Adleman 在题为《获得数字签名和公钥密码系统的方法》的论文中提出的。它是一个基于数论的非对称(公钥)密码体制,是一种分组密码体制。该算法得名于 3 个发明者的姓名首字母。它的安全性是基于大整数素因式分解的困难性,而大整数因式分解问题是数学上的著名难题,至今没有有效的方法予以解决,因此可以确保 RSA 算法的安全性。RSA 算法是第一个既能用于数据加密也能用于数字签名的算法,因此它为公用网络上信息的加密和鉴别提供了一种基本的方法。它通常是先生成一对 RSA 密钥,其中之一是私钥,由用户保存;另一个为公钥,可对外公开,甚至可在网络服务器中注册,人们用公钥加密文件发送给个人,个人就可以用私钥解密接收。为提高保密强度,RSA 密钥至少为 500 位长,一般推荐使用 1024 位。

RSA 算法基于欧拉定理(也称费马-欧拉定理或欧拉 ϕ 函数定理),在数论中,欧拉定理是一个关于同余的性质,在密码学中有着广泛应用,它是 RSA 算法的基础。

定理 7-1　欧拉定理。若 n 和 a 为正整数,且 n 和 a 互素,则:

$$a^{\phi(n)} \equiv 1 \pmod{n} \tag{7-15}$$

其中 $\phi(n)$ 称为欧拉函数。欧拉定理实际上是费马小定理的推广,可以利用它来简化幂的模运算。

证明:(1) 引理:Z_n 和 S 为两个集合,令 $Z_n = \{x_1, x_2, \cdots, x_{\phi(n)}\}$,$S = \{ax_1 \bmod n, ax_2 \bmod n, \cdots, a\,x_{\phi(n)} \bmod n\}$,则 $Z_n = S$。

引理证明如下:

① 因为 a 与 n 互质,$x_i (1 \leqslant i \leqslant \phi(n))$ 与 n 互质,所以 ax_i 与 n 互质,因此 $ax_i \bmod n \in Z_n$。

② 若 $i \neq j$,那么 $ax_i \bmod n \neq ax_j \bmod n$。

采用反证法证明:假设 $ax_i \bmod n \equiv ax_j \bmod n$,则 $a(x_i - x_j) \bmod n = 0$,且 $x_i - x_j \neq 0 \bmod n$,由 a 和 n 互质可知 $a(x_i - x_j) \bmod n = 0$ 不可能成立,所以矛盾,假设不成立。因此有 $ax_i \bmod n \neq ax_j \bmod n$,也就是说,$S$ 的任意元素是不等的。

由于 $ax_i \bmod n$ 与 n 互质,且只有 $\phi(n)$ 个值,所以 $Z_n = S$。

(2) $a^{\phi(n)} x_1 x_2 \cdots x_{\phi(n)} \bmod n$
$\equiv (ax_1)(ax_2) \cdots (ax_{\phi(n)}) \bmod n$
$\equiv (ax_1 \bmod n)(ax_2 \bmod n) \cdots (ax_{\phi(n)} \bmod n) \bmod n$
$\equiv x_1 x_2 \cdots x_{\phi(n)} \bmod n$

对比等式的左右两端,因为 $x_i (1 \leqslant i \leqslant \phi(n))$ 与 n 互质,所以 $a^{\phi(n)} \equiv 1 \bmod n$(消去律)。

费马小定理:若正整数 a 与素数 p 互质,则有 $a^{p-1} \equiv 1 \bmod p$。由于 $\phi(p) = p-1$,代入欧拉定理即可证明。

如果 $n = pq$,p、q 分别为两个质数,$\phi(n) = (p-1)(q-1)$。当 n 和 a 互素(互质)时,有 $a^{\phi(n)} \equiv 1 \bmod n$,即 $a^{(p-1)(q-1)} \equiv 1 \bmod pq$。以上结论用于构建 RSA 算法。

欧拉定理的证明对于你有什么启示?分析互质性质有什么优势?质数与互质有什么关系?进一步分析质数有什么优势?

下面介绍 RSA 算法。

该算法基于下面的两个事实,这些事实保证了 RSA 算法在当前的安全有效性。

(1) 已有确定一个数是不是质数的快速算法。

(2) 尚未找到确定一个合数的质因子的快速算法。

RSA 工作原理如下。

(1) 任意选取两个不同的大质数 p 和 q，计算乘积 $n = pq$。

(2) 任意选取一个大整数 e，e 与 $(p-1)(q-1)$ 互质，整数 e 用作加密密钥。注意，e 的选取是很容易的，例如，所有大于 p 和 q 的质数都可用。

利用 n 的欧拉函数 $\phi(n) = (p-1)(q-1)$，在 $2 \sim \phi(n) - 1$ 中任选一个数作为加密指数 e，注意，e 与 $(p-1)(q-1)$ 互素。

(3) 确定解密密钥 d：

$$de \equiv 1 \bmod (p-1)(q-1)$$

根据 e、p 和 q 可以容易地计算出 d。

$$de \bmod (p-1)(q-1) \equiv 1$$

e 与 $(p-1)(q-1)$ 互质可以确保同余方程有唯一解。

(4) 公开整数 n 和 e，但是不公开 d。

(5) 将明文 P（假设 P 是一个小于 r 的整数）加密为密文 C，计算方法为：

$$C \equiv P^e \bmod n$$

(6) 将密文 C 解密为明文 P，计算方法为：

$$P \equiv C^d \bmod n$$

公钥包括两个参数：

- n：两素数 p 和 q 的乘积（p 和 q 必须保密）。
- e：与 $(p-1)(q-1)$ 互素。

私钥的秘密参数为 d：

$$d \equiv e^{-1} \bmod (p-1)(q-1)$$

即满足 $ed \equiv 1 \bmod (p-1)(q-1)$。

同时，私钥持有人还需要知道公开参数 n。

RSA 的加密和解密过程如下。

加密：

$$c \equiv m^e \bmod n \tag{7-16}$$

解密：

$$m \equiv c^d \bmod n \tag{7-17}$$

然而只根据 n（不是 p 和 q）和 e 要计算出 d 是不可能的。因此，任何人都可对明文进行加密，但只有授权用户（知道 d）才可对密文解密。

RSA 的签名和验证签名的过程如下。

签名：

$$c \equiv m^d \bmod n \tag{7-18}$$

验证签名：

$$m \equiv c^e \bmod n \tag{7-19}$$

由于只有 d 才能签名，公开 e 和 n 并不能够在有效时间内得出 d，所以签名不可以伪冒,而其他人可以利用公开参数验证签名。

RSA 的安全性基本上可以归结于大素数分解速度。

这里简单介绍了 RSA 及其加密和签名过程,实际上并不是所有的公钥密码算法都可以同时进行加密和数字签名。

常见的公钥加密算法有 RSA、ElGamal、背包算法、Rabin(Rabin 的加密法可以说是 RSA 方法的特例)、Diffie-Hellman(D-H)密钥交换协议中的公钥加密算法和 Elliptic Curve Cryptography(ECC,椭圆曲线加密算法)。使用最广泛的 RSA 算法是著名的公钥加密算法,ElGamal 是另一种常用的非对称加密算法,ECC 因为其需要的运算量和密钥量低而具有较好的潜力,背包算法已经被证实不安全。

在加密方面,相比于对称算法,公钥算法具有可以在不安全信道上分配密钥的优势,而由于其所要求的不对称性都是基于某些数学难题,这一般需要较大的参数和很大的运算量,所以一般用于加密密钥,而不用于加密大量的数据。现在的加密系统一般采用混合加密,即用对称算法加密大量的数据,而将对称算法的密钥用公钥密码加密,这样可以充分发挥两者的优势。

在签名方面,对称算法由于双方都拥有相同的密钥,所以无法防止抵赖,因此对称算法实现签名只能用于可信双方,或者有可信第三方的监督。

公钥加密算法也不仅仅用于加密,它有着比对称加密更多的用途,它的解密和签名对于不知道私钥的人不可行这一性质可以达到许多现实效果。

用足够长的时间思考公钥密码算法给我们的启示,以及 RSA 算法中的可借鉴之处。

7.4.3 Hash 函数

Hash 函数也称杂凑函数(算法)、散列函数或哈希算法,就是把任意长的输入消息串变换成定长的输出串的一种函数。这个输出串称为该消息的杂凑值。Hash 函数一般用于产生消息摘要和进行密钥加密等。一个安全的杂凑函数应该至少满足以下几个条件。

(1) 输入长度是任意的,这是因为明文的长度一般是任意的。

(2) 输出长度是固定的,并且要足够长,以保障安全性,根据目前的计算技术应至少取 128b 长,以便抵抗生日攻击。

(3) 对每一个给定的输入 M,计算输出杂凑值 Hash(M)是很容易的。

(4) 已知杂凑值 Hash(M)反推 X,使得 Hash(M)＝Hash(X)在计算上是不可能的(其中 X 不一定等于 M)。

(5) 给定杂凑函数的描述,找到两个不同的输入消息 M_1 和 M_2 杂凑到同一个值(即 Hash(M_1)＝Hash(M_2))在计算上不可行的,或给定杂凑函数的描述并给定一个随机选择的消息 M_3,找到另一个与该消息不同的消息 M_4 使得它们杂凑到同一个值(即 Hash(M_3)＝Hash(M_4))在计算上不可行的。

(6) 杂凑值的每一比特都与 M 的每一比特相关,并有高度敏感性。即 m 即使只改变一个比特,杂凑值都会产生巨大变化,理想情况下应该有接近一半比特会发生改变。

现在通用的算法有 MD5、SHA-1 和 SHA-256 等。

信息验证码(Message Authentication Code,MAC)是利用密钥对要认证的消息产生新的数据块并对数据块加密生成的。它可以有效地保护消息的完整性,以及实现发送方消息的不可抵赖和不能伪造。可以通过对消息的杂凑值进行加密来实现。

Hash 函数主要用于对密码的保存和验证以及数字签名。

在数字签名中一般不用非对称算法对所有的明文进行签名,而是对明文先做 Hash 压缩,对其杂凑值进行签名,原因至少有以下几点。

(1) 公钥密码算法的运算量大,对于明文直接签名的运算量也很大。

(2) 不宜对大量的明文进行签名,否则这会给密码分析提供大量的信息。

(3) 过多的签名可能为攻击者提供条件,通过明文重新拼凑实现签名的重放。

Hash 函数有着非常广泛的应用,它除了用于数字签名和密码验证以外,在安全协议中也到处可以见到它的身影,一般都是利用其单向性。有时候会利用 Hash 链,即不停地对杂凑值计算杂凑值,得到一连串的杂凑值。目前 Hash 函数除了理论上的攻击,现实中还存在一些查表攻击之类的暴力攻击方法,非常有效。比如有些黑客将所有的明文与杂凑值的对应关系存储在巨型数据库中,并且进行排序,这样只需要在数据库中查找该杂凑值所对应的明文消息即可。黑客将这种数据库一般称为彩虹表,有些彩虹表有几个 GB 大小。

近年来,我国在密码算法方面也有突破性进展,比如王小云破解系列哈希函数,我国提出的椭圆曲线密码算法标准 SM2 和标识密码算法标准 SM9 成为 ISO/IEC 国际标准。

概率的不均衡特征对于密码分析有什么用途? 对数据进行分组密码和流密码加密以后容易压缩吗? 以上几种密码技术还有什么新用途?

7.4.4　国密标准

国家非常重视自主知识产权,国家密码局认定了一批国产密码算法作为商用密码,主要有 SM1(该算法原称 SCB2)、SM2、SM3、SM4、SM7、SM9、祖冲之密码算法(ZUC)等。其中 SM1 和 SM7 的算法不公开。

SM1 为对称加密。其用于硬件,加密强度与 AES 相当。该算法不公开,调用该算法时,需要通过加密芯片的接口进行调用。

SM2 为非对称加密,基于 ECC。该算法已公开。由于该算法基于 ECC,故其签名速度与密钥生成速度都快于 RSA。ECC 256 位(SM2 采用的就是 ECC 256 位的一种)的安全强度比 RSA 2048 位高,且运算速度快于 RSA。SM2 包括 SM2-1 椭圆曲线数字签名算法、SM2-2 椭圆曲线密钥交换协议和 SM2-3 椭圆曲线公钥加密算法,分别用于实现数字签名密钥协商和数据加密等功能。SM2 算法与 RSA 算法不同的是,SM2 算法是基于椭圆曲线上点群离散对数难题,相比于 RSA 算法,256 位的 SM2 密码强度已经比 2048 位的 RSA 密码强度要高。

SM3 为哈希算法。该算法已公开。哈希值长度为 256 位。它是我国自主设计的密码杂凑算法,适用于商用密码应用中的数字签名、消息认证码的生成与验证以及随机数的生成,可满足多种密码应用的安全需求。SM3 算法比许多算法的输出更长,因此该算法的安全性要高于 MD5 算法和 SHA-1 算法。

SM4 为无线局域网标准的分组数据算法。它的对称加密、密钥长度和分组长度均为

128 位。加密算法与密钥扩展算法都采用 32 轮非线性迭代结构。解密算法与加密算法的结构相同，只是轮密钥的使用顺序相反，解密轮密钥是加密轮密钥的逆序。

SM7 为硬件实现的对称密码，是一种分组密码算法，分组长度和密钥长度均为 128 位，主要用于非接触式 IC 卡。

SM9 为标识密码算法。我们知道，公钥需要共享给别人，一般的公钥都是由一些规定的参数产生，比如涉及一些大素数，这导致我们并不能用任意的数据作为公钥，而且也会比较麻烦，难以记忆。为了降低公钥系统中密钥和证书管理的复杂性，以色列科学家、RSA 算法发明人之一 Adi Shamir 在 1984 年提出了标识密码（Identity-Based Cryptography）的理念。标识密码将用户的标识（如邮件地址、手机号码、QQ 号码等）作为公钥，省略了交换数字证书和公钥的过程，使得安全系统变得易于部署和管理，非常适合端对端离线安全通信、云端数据加密、基于属性加密和基于策略加密的各种场合。2008 年标识密码算法正式获得国家密码管理局颁发的商密算法型号：SM9（商密九号算法）。

ZUC 祖冲之算法是中国自主研究的流密码算法，用于 4G 网络。该算法体系包括祖冲之算法（ZUC）、加密算法（128-EEA3）和完整性算法（128-EIA3）三部分。

7.5　密码学的其他分支简介

在密码学中，有许多方案、协议、应用或算法具有许多特别的功能，它们不一定是关于保密性和认证性的，这些方案有些复杂，没有必要一一掌握。但是有必要了解它们的概念，当需要运用的时候，能够按照相应的关键词和名称去查阅相关的文献资料即可。在关于密码学的文献中，以 Bruce Schneier 的 *Applied Cryptography* 最为全面地介绍了众多的密码学算法与方案，该书已有对应的中文译本，引用的参考文献非常全面，需要的时候可以查阅。在密码学的各个分支中有许多看起来是不可行或者很困难的方案，但是正是这些可能对于我们的业务创新具有很大的潜力。

7.5.1　特殊数字签名

1. 盲签名

盲签名（blind signature）是由 Chaum 于 1982 年提出的。盲签名因为具有盲性（即对于签名者是不可知的）这一特点，可以有效保护所签署消息的具体内容，所以在电子商务和电子选举等领域有着广泛的应用。盲签名允许消息发送者先将消息盲化（将可知的明文变换为不可知的消息），而后让签名者对盲化的消息进行签名，最后消息的接收者对签名除去盲因子，得到签名者关于原消息的签名。它除了满足一般的数字签名条件外，还必须满足下面的两条性质：

（1）签名者对其所签署的消息是不可见的，即签名者不知道其所签署消息的具体内容。

（2）签名消息不可追踪，即当签名消息被公布后，签名者无法知道这是他哪一次签署的。

关于盲签名有一个非常直观的说明：所谓盲签名，就是先将隐蔽的文件放进信封里，而除去盲因子的过程就是打开这个信封,当文件在一个信封中时,任何人都不能读它。对文件签名就是通过在信封里放一张复写纸,签名者在信封上签名时,他的签名便透过复写纸签到文件上。盲签名在某种程度上保护了参与者的利益,但不幸的是盲签名的匿名性可能被犯罪分子所滥用。为了阻止这种滥用,人们又引入了公平盲签名的概念。公平盲签名比盲签名增加了一个特性,即建立一个可信中心,通过可信中心的授权,签名者可追踪签名。

2. 代理签名

代理签名(Agent Signature Scheme)是指用户由于某种原因指定某个代理代替自己签名。这种代理具有下面的特性:

(1) 任何人都可区分代理签名和正常的签名。

(2) 不可伪造性。只有原始签名者和指定的代理签名者能够产生有效的代理签名。

(3) 代理签名者必须创建一个能被检测为真实代理签名的有效代理签名。

(4) 可验证性。从代理签名中,验证者能够相信原始的签名者认同了这份签名消息。

(5) 可识别性。原始签名者能够从代理签名中识别代理签名者的身份。

(6) 不可否认性。代理签名者不能否认由他建立且被认可的代理签名。

3. 群签名

群签名(group signature,又称团体签名)是满足如下要求的签名:在一个群签名方案中,一个群体中的任意一个成员可以以匿名的方式代表整个群体对消息进行签名。与其他数字签名一样,群签名是可以公开验证的,而且可以只用单个群公钥来验证。群签名也可以作为群标志来展示群的主要用途和种类等。比如在公共资源的管理、重要军事情报的签发、重要领导人的选举、电子商务重要新闻的发布以及金融合同的签署等事务中,群签名都可以发挥重要作用。例如,群签名在电子现金系统中可以有下面的应用:可以利用群盲签名来构造有多个银行参与发行电子货币的、匿名的、不可跟踪的电子现金系统。在这样的方案中有许多银行参与这个电子现金系统,每一家银行都可以安全地发行电子货币。这些银行形成一个群体,受中央银行的控制,中央银行担当了群管理员的角色。

4. 不可抵赖的数字签名

不可抵赖的数字签名(undeniable signature)对一般签名的不可抵赖性进行了加强,避免了一些意外的抵赖。一般的数字签名能够被准确复制。这个性质有时是有用的,比如公开宣传品的发布,但在某些情况下就可能有问题。例如,对于具有数字签名的私人或商业信件,如果到处散布那个文件的许多副本,而每个副本又能够被任何人验证,这样可能会导致难堪或遭到勒索。最好的解决方案是数字签名能够被证明是有效的,但没有签名者的同意,接收者不能把它给第三方看。不可抵赖签名适合于这类任务。类似于通常的数字签名,不可抵赖签名依赖于签名的文件和签名者的私钥。但与通常的数字签名不同的是,不可抵赖签名没有得到签名者同意就不能被验证。

5. 指定的确认者签名

指定的确认者签名(designated confirmer signature,也称为指定证实人签名)于1994年由Okamoto等最先提出,它是在一个机构中指定一个人负责证实所署有人的签名。任何成员所签署的文件都具有不可否认性,但证实工作均由指定的确认人完成。这种签名有助于防止签名失效。例如,在签名人的签名密钥确实丢失或者在他休假、病倒或去世时,都能对其签名提供保护。指定的确认者签名是标准的数字签名和不可抵赖签名的折中。

6. 一次性签名

一次性签名(One-Time Signature)于 1978 年由 Rabin 最先提出。签名者至多只能对一个消息进行签名,否则签名就可能被伪造。在公钥签名体制中,它要求对每个签名消息都要采用一个新的公钥作为验证参数。一次性签名的优点是签名的产生和验证速度都非常快,特别适用于计算能力比较低的芯片和智能卡实现。

7.5.2　零知识证明

零知识证明(zero-knowledge proof)是由 Goldwasser 等人在 20 世纪 80 年代初提出的。它指的是证明者能够在不向验证者提供任何有用信息的情况下,使验证者相信某个论断是正确的。零知识证明实质上是一种涉及两方或更多方的协议,即两方或更多方完成一项任务所需采取的一系列步骤。证明者向验证者证明并使其相信自己知道或拥有某一消息,但证明过程不能向验证者泄漏任何关于被证明消息的信息。大量事实证明,零知识证明在密码学中非常有用,如果能够将零知识证明用于验证,将可以有效解决许多问题。

在 Goldwasser 等人提出的零知识证明中,证明者和验证者之间必须进行交互,这样的零知识证明被称为"交互零知识证明"。20 世纪 80 年代末,Blum 等人进一步提出了"非交互零知识证明"的概念,用一个短随机串代替交互过程并实现了零知识证明。非交互零知识证明的一个重要应用场合是需要执行大量密码协议的大型网络。

7.5.3　秘密共享

秘密共享的思想是将秘密以适当的方式拆分,拆分后的每一个份额由不同的参与者管理,单个参与者无法恢复秘密信息,只有若干个参与者(无须全部参与者)一同协作才能恢复秘密消息。更重要的是,当其中任何参与者出问题时,秘密仍可以完整恢复。秘密共享可以达到分散风险、防止个别人泄密、数据备份和容忍入侵的目的,是信息安全和数据保密中的重要手段。秘密共享的关键是怎样更好地设计秘密拆分方式和恢复方式。将秘密消息分成 n 部分,每部分称为秘密消息的"影子"或"份额",这样它们中的任何 m 部分都能够用来重构消息,这称为 (m,n) 门限方案。

7.5.4　秘密分割

秘密分割是将某一密码信息 k 分成 n 片($k_i,i=1,2,\cdots,n$)给 n 个人,只有当这 n 个人同时给出自己的秘密分片 k_i 时,才能恢复信息。它与秘密共享具有相似性,但是没有秘密共享的要求高,也很容易实现。比如,通过 $k_1 \oplus k_2 \oplus \cdots \oplus k_n = k$ 即可进行秘密分割。

7.5.5　阈下信道

阈下信道是指在基于公钥密码技术的数字签名、认证等应用密码体制输出的密码数据中建立起来的一种隐蔽信道,除指定的接收者外,任何其他人均不知道密码数据中是否有阈下消息存在。首先举一个"囚犯问题"的例子。假设 Alice 和 Bob 被捕入狱,Bob 被关在男牢房,而 Alice 被关在女牢房。看守 Walter 愿意让他们交换信件(消息),但不允许他们加密。同时,Walter 意识到这样他们会商讨一个逃跑计划,所以他必须要阅读他们之间的信件。Walter 也希望欺骗他们,他想让他们中的一个将一份欺诈的消息当作来自另一个人的真实消息。但 Alice 和 Bob 愿意冒这种欺诈的危险,否则他们就无法通信了,并且他们必须商讨他们的逃跑计划。为了完成这件事情,他们肯定要欺骗看守,并找出一个秘密通信的方法。他们必须建立一个阈下信道,即他们之间完全在 Walter 视野内的一个秘密通信信道,即使消息本身并不包含秘密信息。通过交换无害的签名消息,他们可以互相传送秘密消息,并骗过 Walter,即使 Walter 始终监视着所有的通信。一个简单的阈下信道可以是句子中单词的数目。句子中奇数个单词对应 1,而偶数个单词对应 0。因此,当阅读这种仿佛无关紧要的句子时,已经将信息 1010 传递给了自己的人员。不过这个例子的问题在于它没有密钥,安全性完全依赖于算法的保密性。Gustavus Simmons 发明了传统数字签名算法中阈下信道的概念。由于阈下信道隐藏在看似正常的数字签名的文本中,所以这是一种迷惑人的信息传递。事实上,无法将阈下信道签名算法与通常的签名算法区分开,至少对 Walter 是这样,Walter 不仅读不出阈下信道消息,而且也不知道阈下信道已经出现。这种阈下信道一般利用某种冗余来实现。

7.5.6　比特承诺

比特承诺(Bit Commitment,BC)是密码学中的重要基础协议,其概念最早于 1995 年由图灵奖得主 Blum 提出。比特承诺方案可用于构建零知识证明、可验证秘密分享和硬币投掷等协议,同时和茫然传送一起构成安全双方计算的基础,是信息安全领域研究的热点。比特承诺的基本思想如下:发送者 Alice 向接收者 Bob 承诺一个比特 b(如果是多个比特,即比特串 t,则称为比特串承诺),要求在第 1 阶段即承诺阶段 Alice 向 Bob 承诺这个比特 b,但是 Bob 无法知道 b 的信息;在第 2 阶段即揭示阶段,Alice 向 Bob 证实她在第 1 阶段承诺的确实是 b,但是 Alice 无法欺骗 Bob(即不能在第 2 阶段篡改 b 的值)。

经典环境中关于比特承诺的一个形象的例子是:Alice 将待承诺的比特或秘密写在一张纸上,然后将这张纸锁进一个保险箱,该保险箱只有唯一的钥匙可以打开。在承诺阶段,Alice 将保险箱送给 Bob,但是保留钥匙;到了揭示阶段,Alice 将比特或秘密告诉 Bob,同时将钥匙传给 Bob 使其相信自己的承诺。需要指出的是,保险箱不能被"暴力破解"的性质甚至允许 Alice 在揭示阶段无须向 Bob 说明承诺的比特或秘密,只要将钥匙发送给 Bob 即可。

一个比特承诺方案必须具备下列性质。

(1) 正确性。如果 Alice 和 Bob 均诚实地执行协议,那么在揭示阶段 Bob 将正确获得 Alice 承诺的比特 b。

(2) 保密性。在揭示阶段之前 Bob 不能获知 b 的信息。

(3) 绑定性。在承诺阶段结束之后,Bob 只能在揭示阶段获得唯一的 b。

以上属于两方承诺的模型,也存在三方比特承诺模型。在该模型下,承诺者由一人变为两人（例如 Alice 与 Bob），由此二人共同向第三方（例如 Chris）承诺一个比特或比特串。

7.5.7　不经意传输

不经意传输（茫然传送，oblivious transfer）的第一种形式是在 1981 年由 Michael O. Rabin 提出的。oblivious 有健忘之意，指的是发送者对于到底传输的哪一个消息是不知道的、不经意的或茫然的，现实中要达到这种茫然似乎很困难，其实可以采用加密来实现。理解这个问题比较困难，可以用 Joe Kilian 给出的一个例子来说明：密码员 Bob 正在拼命地想将一个 500b 的数 n 进行因式分解。他知道它是 5 个 100b 的数的乘积，但不知道任何更多的东西（这是一个问题。如果他不能恢复这个密钥，他就得加班工作，势必错过他和 Alice 每周一次的智力扑克牌游戏）。

现在 Alice 来了，她知道那个数的一个 100b 的因子，可惜她想做交易，要 100 美元才卖给 Bob。Bob 很感兴趣，但他只有 50 美元。Alice 又不愿降价，只愿意以一半的价格卖给 Bob 一半的比特。问题是，Alice 给了一半比特的时候，Bob 很难去验证这个一半比特是否正确，他们陷入了僵局。Alice 不能在不透露 n 的情况下让 Bob 相信她的数是 n 的一个因子，而 Bob 也不愿买一个可能毫无用处的数的 50b。Alice 传送一组消息给 Bob，Bob 收到了那些消息的某个子集，但 Alice 不知道他收到了那些消息。然而这并没有彻底解决上面的问题。在 Bob 收到那些比特的任意一半后，Alice 就还得用一个零知识证明来使他相信她发送的那些比特是 n 的部分因子。这种看起来非常不可能的不经意传输一般采用一定的交互来实现，而 Alice 和 Bob 对于消息的无知一般采用某种加密方法来实现。有些方案也采用非交互的方式来实现。

以上密码学分支有什么启示？可以用它们做一些什么创新性的工作？

密码学对于建立数字化社会的诚信具有怎样的作用？是否可以通过密码学建立电子商务中的多方面的诚信机制？

7.6　密码学理论及应用展望

从理论上来说，密码学依然有很大的发展空间，并且存在未开拓的领域；从应用上来说，密码学的应用尚未普及，政府对密码学及信息安全的重要性尚未达到应有的程度。以两次世界大战为例，之前一般人都没有意识到密码学居然可能会如此地影响战局，直到战后，才逐步意识到其重要性。

在应用上，密码学及其支撑的信息安全是一个方兴未艾的领域，特别是在产业上，还存在很大的潜力和空间。但是这涉及许多方面的问题，比如：

（1）安全性涉及国家安全，政府强制力不够，而企业和个人又不愿投入成本和付出代价。

（2）用户不习惯采取安全措施，因为这些措施通常会带来操作上的不便。

（3）许多理论研究华而不实，过于追求繁杂和钻牛角尖，而不考虑使用的便捷性。

（4）用户的安全意识和知识不足，安全软件缺乏普及，用户缺乏习惯和相关操作的培养。

（5）缺乏免费的、标准化的安全软件。在用户习惯了免费午餐的互联网时代，对于安全软件过多的限制和收费将会制约整个产业的发展。

理论研究往往与应用存在一定的偏离。比如，许多现实中应用较多的技术往往其学术性的研究并不是特别多，而且这种相关研究往往并不被认为是高水平的成果；而在一些很少应用的领域，其研究反而非常多。许多实际上过于复杂的研究成果由于实现不方便、限制多，在市场上推广几乎是不可能的，纯粹是为了学术而学术，但是一般会被当作高水平的成果。我们认为，密码学理论的发展也应当更注重实际，不仅要考虑理论指标，而且要考虑现实的接收程度、成本的制约和使用的便捷性，一些本来已经过于复杂的密码学应用（比如安全协议）在考虑某些钻牛角尖的安全隐患的情况下，依然在进一步复杂化，交互次数过多，参数过多，预置条件过多等，这对于现实应用往往是无益的。比如安全电子交易协议（SET）还不算太复杂，但是依然很难得到现实应用；再比如各种密码算法中数值越长越安全，但同时也给用户记忆、输入和管理都带来极大的不便，有些情况下可能更需要对算法进行弱化以缩短各种信息的长度。此外，一些理论上过于完美的东西往往很容易被攻击者的雕虫小技绕过，这是缺乏对现实问题进行充分考虑的结果。

在密码学及相关的信息安全产业发展方面，笔者在此提出如下的思考和建议。

（1）要重视产品的功能集成和标准化，推出支持多种标准（比如同时支持 PGP 和 PKI 的公钥标准）的安全产品。

（2）一些信息安全相关的产品应该更加多功能化、便利化和通用化，比如数字证书的通用化。第二代身份证本身也可以设计得具有更多的拓展功能，可以拓展为各种银行卡、口令卡和安全的标识等，一卡多用，这样才能避免携带太多的卡。一些安全系统的操作较为繁杂，包括需要记忆密码以及进行太多不容易理解的选择和配置等，这些可以采用多种方法来避免，包括采用一些密码的技术设计以实现既安全又不用记忆的密码。

（3）政府应该在产业的规范化、标准化和兼容性方面做出更多的工作。

（4）一个产业的推出不一定要一开始就以盈利为目标。特别是在 IT 领域，网民已经习惯了免费午餐，而在 IT 产业中，也有非常多的非直接的盈利模式，能够带来非常丰厚的利润。信息安全产业作为 IT 产业的一部分，也需要借鉴这些做法。比如，腾讯以 QQ 为中心来推广其增值产品和收费产品，最终带来不可估量的利润。信息安全产业的发展也应该以公益为先，富有远见，而实际上在某些安全领域是大有可为的。信息安全产业也需要先通过免费来培养用户的习惯。

（5）积极运用密码技术推进公益事业，特别是促进社会诚信，为人民带来福利，才会让产业真正深入人心，使技术和产品有效推广和普及。

（6）信息安全和密码产业涉及的不仅仅是个人和企业的利益，而是涉及国家的安全，政府应该承担起扶持的义务，对企业和个人的安全保护做出适当的强制性规定，否则在真正的信息战爆发的时候，我们的损失会很大。

作为一个未定型的产业，密码学具有很强的可塑性，需要在发展和规划阶段多接收各方面的意见，听取各方面的声音，不仅是来自专业人士的声音，也需要来自普通人、网民、黑客乃至"民科"的声音。

密码学的一些应用也要学习其他 IT 行业的发展模式，发展初期应该尽量免费，赋予用户更大的优惠和便利，许多用户甚至于连最基本的密码学的概念都不知道，更不用说它的一些新颖用途。只有培养用户的习惯和偏好，才可能推进产业的发展。另外，各种加密也应该与标准结合起来，特别是公钥密码学相关的标准。各种应用也要尽量衔接，比如，实现一个数字证书多用。

下面简要介绍一些被认为有前景的密码学领域作为指引，有兴趣的读者可以查阅相关资料。

7.6.1 量子密码学

量子密码学（quantum cryptography）是一个很有前途的新领域，许多国家的人员都在研究它，而且在一定的范围内进行了试验，离实际应用只有一段不那么长的距离了。量子密码体系采用量子态作为信息载体，经由量子通道在合法的用户之间传送密钥。量子密码的安全性由测不准原理和量子不可克隆定理所保证，量子密码也被认为是非常有前途的、不可破译的密码体制。

量子密码源于 1969 年 Wiesner 创造性地提出的共轭编码的概念，它奠定了量子密码学的基础，遗憾的是他的想法太新奇，论文被拒绝刊登，直到十多年后的 1983 年才得以发表。当时，Charles H. Bennett（Bennett 那个时候就知道 Wiesner 的思想）和 Gilles Brassard 拾起这个课题，他们的研究获得了丰硕的成果，先后提出了 BB84 协议和 B92 协议，并最终用一个实验原型展示了概念的技术可靠性。量子密钥分配（QKD）是一个比较成熟并且热门的课题，从方案的原理来看，QKD 协议可以分成两类：一类基于测不准原理，包括 BB84 协议和 B92 协议以及改进方案等；另一类基于 EPR 关联性，包括 Ekert 方案和偏振关联方案。我国学者也提出了一种应用伪随机序列的量子密钥分配协议以及利用 EPR 粒子对的量子加密和密钥分配协议。现实信道中的各种噪声会导致误码，少量的窃听会泄露一定的信息，为了克服这两个问题并在信道中通过获取的密钥序列提取出更加安全的密钥序列，Maurer 和 Bennett 等人提出无条件安全密钥协商协议。这个协议由 3 个步骤组成：优先提取、信息协调和保密增强，其中信息协调和保密增强可以应用于 QKD 系统。

1993 年 K. J. Blow 等人证明了所有量子密码通信方案都必须满足的一个基本原理。从该原理可以得出如下结论：为了保证安全性，所有字符方案都必须牺牲一些潜在的有效数据。S. M. Barnett 等人将所有量子保密通信方案分为非抛弃数据型（如 BB84、B92）方案和抛弃数据型（如 Ekert）方案两类，并证明对于抛弃数据型方案，为了防止阶段截断/转发窃听者，至少必须采用 3 个字符集。在此之前提出的所有单光子方案不用关联光子对，都是非抛弃数据型的。M. J. Warner 和 G. J. Milburn 则讨论了窃听者采用量子非破坏性测量方法时对保密通信的影响。他们的结论是 Bell 不等式成立与否对窃听者的探测强度极其敏感。1994 年 Ekert 对他自己提出的使用 Franson 干涉仪的实验方法进行了详尽的理论分析和讨论，同年 Ekert 还对 Bennett 方案中的各种窃听策略进行讨论并且详细地计算了各种策略下窃听者带来的误码率。1995 年 L. Goldenberg 和 L. Vaidman 又提出了一种全新的量子密码通信方案，和以往的方案不同的是，该方案基于两个正交量子态，而不是 Bennett 方案中的两个非正交量子态，同时在信道无损并且探测效率为 100% 时的理想情况下，该方案还可以直接用来传输信息。不过该方案引起了很多争议，通常不被认为是一种标准的量子密码通信方案。1996 年 M. Koashi 和 N. Imoto 指出：虽然 Bennett 证明了任意两个非正交态皆可以用于量子密码通信，但是对于混合态来说仅仅满足这个条件还是不够的，他们推导出将两个混合态用于量子密码通信的充要条件是：这两个混合态必须通过一个非正交角度的转动算符联系起来。

在实验方面，量子密钥分配（QKD）的第一个演示性实验由 Bennett 等人完成。目前有 2 个实验方向：光纤中的量子密钥分配和自由空间的密钥分配，前者的实验已经逐渐走向成熟，后者也不断取得突破。2002 年德国慕尼黑大学和英国军方下属的研究机构合作，在量子密码技术研究中也取得了重要进展，在空气中通信距离达到 23.4km。试验的成功使通过近地卫星安全传送密钥并建立全球密码发送网络成为可能。科学家希望将来可以实现 1000km 距离的量子密码传输，这样就可以利用卫星来传递信息，进行量子比特的中继与转发，并在全球范围内建立起保密的信息交换体系。

为了解决量子通信网络中的身份识别问题，已经提出了多种量子认证协议，量子位承诺协议在量子认证协议中有重要价值，所以也引起了研究者的极大兴趣。但是一些位承诺协议以及建立在此基础上的各种协议被证明是不安全的。

在量子密码网络方面，1993 年 Townsend 提出了一个一对多的方案。1994 年他又提出了一个多对多的环形网络方案，并进行了一对三的演示试验。后来 Biham 等利用量子门和量子存储器技术提出了一种新的网络方案，创新之处在于不需要专用信道，利用多个粒子之间的纠缠特性结合星形网络拓扑结构，有可能同时在多个用户间进行保密通信。量子密码还可以实现直接安全通信、量子加密和数字签名等。

由于量子密码的特殊性能，即使是有无限的计算能力都将无法进行破译，而传统的加密一般是在有限的时间和计算能力下无法破译，因此也有一些国家担心量子密码技术一旦成熟，可能会被恐怖组织和犯罪分子利用而危害社会。

当然量子密码基于测不准原理和量子不可克隆定理，但是量子力学本身是建立在一定假设的基础上的，而量子不可克隆定理也是测不准原理的推论，催生背景为量子超光速通信的争论。从理论上讲，当一个特定频率的光子在通过所有不同的（纵轴）方向的激光器（无数个激光器串联）时，无论它的偏振方向如何，总会在相应方向的激光器中产生受激辐射，从而被复制。虽然实际情况下，由于自发辐射产生的噪声干扰而导致克隆不准确，但是这并不能完全保证这一不成功地克隆的量子与被克隆的量子态之间是完全无关的，而是依然具有一定程度的因果相关性。这种相关性如果用来进行超光速通信，虽然不能进行成功的通信，从而明显地颠倒因果，但是会导致具有一定相关性的颠倒因果，这种相关性则可能说明具有相关性的因果可能被颠倒。可见想通过噪声干扰而说明量子力学与相对论不对立并不具有很强的说服力，因此量子不可克隆定理即使成立，也不能从概率上彻底避免上述的问题。

为了克服可能出现的超光速通信问题，避免与相对论产生矛盾，量子不可克隆定理被催生了。实际上量子不可克隆定理的证明并不严格，这是由于：第一，量子力学中的测不准原理本身就只是一种假说；第二，其证明并不能排除所有的克隆方法；第三，人类的测量能力总是不停发展的，当人类的认知达到了更微观的层次时，有限干扰的测量可能会变成可能；第四，无法排除量子态也存在基因；第五，自发辐射产生的噪声干扰可以控制时，可以利用受激辐射复制或近似复制。

7.6.2　同态加密

同态加密(homomorphic encryption)是 2009 年 IBM 公司的克雷格·金特里(Craig Gentry)的一项关于密码学的突破性发现：对加密的数据进行处理得到一个输出，将这一输出进行解密，其结果与用同一方法处理未加密的原始数据得到的输出结果是一样的。它使得加密信息（即刻意被打乱的数据）仍能够被进行计算和分析，而不会影响其保密性。金特里使用被称为"理想格"(ideal lattice)的数学对象，使人们可以充分操作加密状态的数据。经过这一突破，存储他人机密电子数据的信息服务提供商就能受用户委托来充分分析数据，而不用频繁与用户交互，也不必看到任何隐私数据。利用金特里的技术，对加密信息的分析能得到和未加密信息的分析一样的结果。这一突破使得加密的数据可以在云计算的环境中由不可信的用户进行计算而不泄密。这一技术显然具有很大的潜力，但是目前尚有许多问题需要解决，在应用中还有许多限制，尚不实用。

7.6.3　数字版权保护技术

在数字化时代，许多重要的产品都是数字化的，比如软件、视频文件、音频文件、各种文档等。但是目前看来这方面的保护是非常欠缺的，许多软件采取了一定的保护措施，但是却很容易就被破解了。这使得数字化作品的开发者没有动力，也没有经济能力去继续开发产品。除了从法律层面来解决问题外，我们也可以应用技术手段来限制版权的滥用。数字版权保护技术可以担此重任。

数字版权保护可以根据采用的技术分为加密技术、数字签名技术、权利描述及监督执行技术、可信计算技术、信任与安全体系、数字水印技术和数字指纹技术。加密技术主要通过加密来防止重要的信息泄露；数字签名可以实现认证和一些权限的控制来防止未经授权的访问；权利描述及监督执行技术用于实现有效的访问和权限控制，防止超越权利的操作，比如读、复制、打印、存储、传送、编辑和截屏等方面的权限控制；可信计算技术由于涉及硬件对数据的保护，有可能让攻击者无法获取有效的数据而实现破译，它可以利用非对称加密算法实现数据可以被输入但却无法被解密，但是它需要有硬件的支持，而且硬件本身必须存在无法获取数据的安全存储和运算区域；信任与安全体系则是一切安全的基础，有了它的存在，我们才能依靠它去实现各种控制，一旦这一基础被打破，所有的权限控制都可能失效；数字水印(digital watermarking)技术是将一些标识信息（即数字水印）直接嵌入数字载体（包括多媒体、文档和软件等）当中，但不影响原载体的使用价值，也不容易被人的知觉系统（如视觉或听觉系统）察觉或注意到，通过这些隐藏在载体中的信息，可以达到确认内容创建者和购买者、传送隐秘信息或者判断载体是否被篡改等目的；数字指纹技术与数字水印类似，同为信息隐藏的一个重要分支，数字指纹是将不同的标志性识别代码（指纹）嵌入到数字媒体中，然后将嵌入了指纹的数字媒体分发给用户，而在其他的场合可能数字摘要和杂凑值也会被称为是数字指纹。

数字版权保护屡屡被攻破，这是不争的事实。有些厂家的版权保护软件即使不断改进,依然一再被黑客非常轻而易举地破解,这些往往超出了版权保护系统设计者的意料,这和密码算法往往在比设计者预想的短得多的时间内就被破解很相似。

下面逐一分析数字版权保护所采用的各项技术面临的安全威胁。

可信计算技术可以通过硬件和非对称加密技术实现很好的保护,但是它需要硬件支持,而且也不普及,因此下面的分析考虑非可信计算和非硬件保护的环境。

加密技术可以防止破译者获取数字产品及受版权保护的软件的关键信息。考虑无注册信息的破译,比如用不公开的密钥加密数字产品或软件,此时加密在版权保护中往往是有效的;但是如果考虑已知注册信息的破译,则从理论上说是无效的,因为这些被加密的信息在有注册信息的情况下(如果有加密,则密钥信息也自然必须知道),至少会有一次获得相应的密钥,意味着如果破译者能够跟踪、调试数字产品及其保护软件的运行过程,就能够对保护的软件进行反汇编、解码等逆向工程,并且读取所有运算的中间和最终结果;如果读取内存信息,即可以将所有的加密信息都进行解密,即使是部分软件被加密而无法反汇编,也必然可以依次计算出各个加密密钥,可顺藤摸瓜解密这些加密的部分软件。另外,进行多重加密、非对称的加密和隐藏密钥也是无济于事的,因为各重的密钥存在,私钥必然会在某个地方被解密出来,只要这些密钥信息没有被存放在某些安全的硬件或设备中,攻击者就有机会获取这些密钥,从而解密相关信息。

数字签名固然有它的优势,但是它是有前提条件的。不考虑对数字签名算法本身的攻击,只要版权保护软件的验证数字签名的一部分被篡改,即可让数字签名完全失效。比如,可以让软件跳过数字签名的验证,或者让软件在无论是错误或正确签名的时候均报签名通过验证。此外,用于数字签名验证的公钥也可能被伪冒,攻击者可以用自己的私钥签名,并且用自己的公钥替换真正的公钥进行验证。当信任与安全体系被攻破的时候,攻击者可以为所欲为,乃至颠倒黑白,让错误签名得到通过只是其中的一个小问题。虽然我们用部件 A 可以对参与数字签名验证的软件或者部件 B 进行验证,但是这个验证部件 A 同样也可能会被篡改,以此类推,必须有一个不可被篡改的、绝对安全的安全基础来支撑功能实现。这一点可以推广到任何安全软件当中,安全软件的功能必须得到一个不可被篡改的安全内核的支持,才能保障其自身的安全性,否则这个软件就可能自身难保,比如一些病毒和木马就可能获得更高的权限级别,可以破坏杀毒软件。

以上已经提到了数字签名的验证可能失效,实际上,基于同样的道理,权利描述及监督执行的模块也完全可能失效。一些协议对版权保护采取了非常完善和周到的措施,但是假如其中的一些步骤失效,或者为对手所控制和篡改,则保护就完全失效。实际上,这些都与信任与安全体系有关系。

数字水印和数字指纹技术等信息隐藏技术只能用于事后的法律诉讼依据和追踪违法盗版者,而且目前市场上的数字水印产品在技术上还不成熟,很容易被破坏或破解,距离真正的实用还有很长的路要走。此外,数字水印是一种被动的技术,并不能防止产品被盗版和复制。

安全的版权保护往往针对一个相同的数字产品,版权所有者给不同用户分发不同的注册码,有些注册码是基于用户的一些个人信息,比如邮箱等;有些则是基于运行数字产品的设备的硬件信息,但是这些信息往往都是容易被篡改的,比如硬盘的序列号等硬件信息都是可以随意修改的。一些版权保护对时间进行了限制，但是也无法从根本上杜绝对系统时间的修改。以上这些情况都可以看作一类重放攻击。一些版权保护措施可能更加细致，会随着版权的使用而修改系统中的某些信息，比如减少可使用次数，次数降为 0 的时候不能再运行，但是这样的方法无法防止用户将系统的状态完全恢复到初次安装时的状态，比如进行系统备份和恢复，类似于重放攻击。依靠类似的方式可能去掉许多软件的保护和限制，甚至可以将整个操作系统和被保护的数字产品（附带相应的阅读软件、播放器等版权保护软件）克隆到许多主机上。

现实中的保护可能更加脆弱，更容易被破解，比如黑客可能通过各种分析方法，利用一些调试、仿真（虚拟执行）之类的技术，获取内存数据来实现对版权保护的破解。对于有些被保护的软件，在黑客没有注册码的时候，在验证环节即使黑客输入错误的或者空的注册码，内存中也会出现真正的序列号用于比较，这样就可以很容易找到软件的注册码。有些视频和音频保护的文件只是增加了验证的环节，而视频、音频编码并没有进行任何加密或者重新编码，这样的文件可以直接去掉认证部分，进行相应的编码处理即可解除保护。

数字版权保护的软件或者部件（包括一些集成在播放器和阅读器中的保护部件）一旦暴露给黑客，必然有被篡改而丧失保护功能的风险，对此，可以采用以下措施来加以改进保护：第一，采用硬件保护这些版权保护部件和密钥，比如采用智能卡、可信计算机的硬件加以保护，重要的信息可以是用公钥加密输入硬件，在硬件中被私钥解密，这样可以防止信息泄露。但是，这种方法存在硬件的成本问题，加上现在这类硬件并不普及，而且还有其他的要求，所以并不现实。第二，可以采用在线认证的方式，无论是对黑客篡改客户端的版权保护软件，还是修改软件使用的时间和次数限制，都具有一定的效果，服务器端可以对客户端的代码进行篡改检测，有篡改的时候要求客户端直接下载原版的版权保护部件才能再运行，也可以将使用的时间和次数限制直接存放在服务器端，或者采用校验的方式。其代价是需要联网，用户可能感觉不方便，服务器端也有较大的负荷。当然这也未必是完美无缺的，从理论上说，黑客也可能让篡改检测失效，客户端被篡改了，但是服务器端却不能发现。第三，针对黑客的各种攻击，采用相应的对策，比如通过各种反调试、反测试的方法。第四，加大黑客篡改的成本和代价，采用多重的校验措施进行各方面的校验，将保护部件分为多个模块形成一个系统，并且将这一系统复杂化，相互校验，进行多重的加密，增加各种分析的难度，乃至于增加反汇编和源代码分析之类的逆向工程的难度。逆向工程是破解无硬件的版权保护系统的一种比较蛮力的方法，假如其他技术性攻击的难度大于逆向工程破解的难度，那么技术性的防范措施是无意义的，因为攻击者会倾向于选择较为容易的方法。因此，在提供技术性防范措施的同时，也要提高反汇编之类的攻击难度，具体应该是在保证软件运算量不是很大的情况下，提高程序的复杂性。第五，尽量采用动态的、多状态关联的、复杂多变的加密和一些校验数据，防止一般的重放攻击。

实际上，数字版权保护是一个难题，有些在数字版权保护之外的计算机操作是很难防范的，而这些操作可以解除版权控制。比如，考虑有注册信息的攻击时，将显卡或者声卡中的数据直接录下来，这样录制的视频、音频文件已经解除了保护。还有许多非技术的拙力破解方法是完全无法防止的。比如，将视频、音频进行重新录像和录音，将图像直接截取或者拍摄下来，将文本转换为图片，或者将文本采用 OCR 识别软件进行识别，甚至人工重新编辑等。因此,数字版权保护只可能也只需要提高破译的成本即可,无须达到完全无法破解。

7.6.4　可搜索加密

越来越多的用户将数据放在云端服务器上,而云端管理员和非法用户有可能获得重要数据。为了保证数据的机密性,就需要对数据进行加密。用户需要寻找包含某个关键字的相关文件时,于是出现了可搜索加密(searchable encryption)。用户可以首先使用可搜索加密 SE 机制对数据进行加密,SE 机制可能基于对称密码和非对称密码,并在加密后将密文存储在云端服务器。当用户需要搜索某个关键字时,可以将该关键字的搜索凭证发给云端服务器。云端将接收到的搜索凭证对每个文件进行试探匹配,如果匹配成功,则说明该文件中包含该关键字。最后,云端将所有匹配成功的文件发回给用户。在收到搜索结果之后,用户只需要对返回的文件进行解密即可。云端服务器在整个搜索的过程中只能获得一些关于搜索的信息,并不知道关键字和被搜索文件的明文。

7.6.5　区块链

区块链(Blockchain)是分布式数据存储、点对点传输、共识机制、加密算法等计算机技术的新型应用模式。所谓共识机制,是指区块链系统中实现不同节点之间建立信任、获取权益的数学算法。区块链是比特币的底层技术,像一个数据库账本,记载所有的交易记录。这项技术也因其安全、便捷的特性逐渐得到了银行与金融业的关注。它是最近非常热门的一项技术,也是密码学中目前最为热门的落地应用。

一般说来,一个完善的区块链系统由数据层、网络层、共识层、激励层、合约层和应用层组成。其中:

- 数据层封装了底层数据区块以及相关的数据加密和时间戳等技术,与密码学相关的加密、签名、哈希等技术蕴含其中。
- 网络层则包括分布式组网机制、数据传播机制和数据验证机制等。
- 共识层主要封装网络节点的各类共识算法。
- 激励层将经济因素集成到区块链技术体系中来,主要包括经济激励的发行机制和分配机制等。
- 合约层主要封装各类脚本、算法和智能合约,是区块链可编程特性的基础,这为区块链的应用带来了拓展空间,但是也要求合约中的一些要素必须是数字化的,或者是转化为数据。
- 应用层则封装了区块链的各种应用场景和案例。

该模型中,基于时间戳的链式区块结构、分布式节点的共识机制、基于共识算力的经济激励和灵活可编程的智能合约是区块链技术中最具代表性的创新点。

区块链顾名思义就是由一个个区块(block)组成的链,区块很像数据库的记录,每次写入数据就是创建一个区块。由于它是一个前后相连的链,中间包含有上一个区块的哈希,所以这些数据成为一个整体,通过一定的机制防止数据被篡改。每个区块包含两部分:

（1）区块头（Head）：记录当前区块的特征值。区块头包含了当前区块的多项信息：生成时间、实际数据（即区块体）的哈希、上一个区块的哈希、时间戳等。

（2）区块体（Body）：记录当前的实际数据。

区块链有许多非常有创造性的特点，使其在电子货币上得到成功应用，在社会上风生水起，得到资本的推波助澜。这些特征包括：

- 去中心化：由于使用分布式核算和存储，不存在中心化的硬件或管理机构，任意节点的权利和义务都是均等的，系统中的数据块由整个系统中具有维护功能的节点来共同维护。而现有的绝大多数应用中，数据是中心化的，比如存储在一个服务器中。

- 开放性：系统是开放的，除了交易各方的私有信息被加密外，区块链的数据对所有人公开，任何人都可以通过公开的接口查询区块链数据和开发相关应用，因此整个系统中的信息高度透明。而现在的大多数应用的数据并不是公开的。

- 自治性：区块链采用基于协商一致的规范和协议（比如一套公开透明的算法），使得整个系统中的所有节点能够在去信任的环境中自由安全地交换数据，使得对"人"的信任改成了对机器的信任，任何人为的干预不起作用，也可以认为是一种去信任。

- 信息不可篡改：一旦信息经过验证并添加至区块链，就会永久地存储起来，除非能够同时控制住系统中超过 51% 的节点，否则单个节点上对数据库的修改是无效的，因此区块链的数据稳定性和可靠性极高。

- 匿名性：由于节点之间的交换遵循固定的算法，其数据交互是无需信任的（区块链中的程序规则会自行判断活动是否有效），因此交易对手无须通过公开身份的方式让对方自己产生信任，对信用的累积非常有帮助。

区块链本身是非常有创新性的，但是也有它的缺陷和代价，也并非绝对意义上不可篡改。它在过去数字货币的应用中非常成功，也有广泛的应用场景，但是在应用中也要注意泡沫，并非在任何时候都要用这套复杂的技术，在可以满足需求的前提下，不应该附庸风雅，应该择其简要而用。

7.6.6 后量子密码

后量子密码（Post-Quantum Cryptography）也称为抗量子计算密码、抗量子密码（quantum resistant cryptography）、后量子时代密码等，源于量子计算对现代密码学的冲击。量子计算应用了量子信息的特殊性质，比如并行性。例如，当量子计算机对一个 n 量子比特的数据进行处理时，量子计算机实际上是同时对 2^n 个数据状态进行了处理。正是这种并行性，使得原来在电子计算机环境下难以解决的一些问题在量子计算机环境下却很容易求解。比较有名的可用于密码破译的量子计算算法主要有 Grover 算法和 Shor 算法。它们分别可以破译对称密码和非对称密码。这些算法虽然提出较早，但是当时并没有有效的量子计算机。近年来量子计算机的研究取得进展，2011 年 9 月 2 日，美国加州大学圣芭芭拉分校的科学家宣布，研制出具有冯·诺依曼计算机结构的量子计算机，并成功地进行了小合数的因式分解试验。2012 年 3 月 1 日 IBM 宣布找到了一种可以大规模提升量子计算机量子位数的关键技术。2007 年 2 月加拿大 D-Wave System 公司宣布研制出世界上第一台商用 16 量子位的量子计算机。经过多次迭代发展,2013 年初又大幅度地提高到 512 量子位。目前的量子计算机尚不能对现有密码构成实际的威胁,但是随着量子计算技术的发展,有可能对现有密码构成实际威胁。面对这种威胁,学术界也开始重视研究可以对抗量子计算的密码技术,后量子密码即是研究量子计算机不擅长计算的那些难题来构造密码。2006 年在比利时鲁汶天主教大学(Katholieke Universiteit Leuven)召开了第一次后量子密码学的国际会议,在大会上对相关问题做了深入探讨。

从目前密码理论所能提供的理论和算法来看,基于数学的密码学还未走上绝路,还有几种量子计算尚不能征服的密码体制,它们包括基于 Hash 的密码(Hash-based cryptography)、基于编码(纠错码)的密码(Code-based cryptography)、基于格的密码(Code-based cryptography)、多变量二次方程密码(Multivariate-quadratic-equations cryptography)以及一些单钥密码(Secret-key cryptography)。

7.6.7 代理重加密

代理重加密(Proxy Re-Encryption)是由密码学家 Blaze、Bleumer 和 Strauss 在 Eurocrypt'98 上提出的一种密文间的密钥转换机制。在代理重加密系统中,一个半可信代理者(proxy)在获得由授权人(delegator)产生的针对被授权人(delegatee)的转换钥(即代理重加密密钥)后,能够将原本加密给授权人的密文转换为针对被授权人的密文(用被授权人的公钥加密的密文),这样被授权人只需利用自己的私钥就可以解密该转换后的密文。代理重加密能够进一步保证:虽然代理者拥有转换钥,他依然无法获取关于密文中对应明文的任何信息。代理重加密在很多场合有着广泛的应用,如数字版权保护、分布式文件系统、加密垃圾邮件过滤、云计算等。

思考题与习题

1. 杂凑函数和纠错编码都用于校验,它们有什么本质上的差别? 为什么杂凑函数只能校验,却需要经过复杂的计算,并且需要很长的杂凑值?

2. 对于密码学这个名词,你认为它主要的用途是什么? 能否在现有密码学的基础上拓展密码学的概念?

3. 密码学往往是实现一些不可思议的问题或难题,密码学的许多安全需求就是给我们出难题,这些问题对你有何启发?

4. 信息系统中压缩、纠错和加密的顺序可以是任意的吗? 试着从多方面进行分析,比如压缩的效果、运算量和安全性等。

5. 分组密码和流密码加密后的密文的压缩效果如何? 比较两种加密情况下的压缩效果,并且分析加密前后的压缩效果。

6. 在前面针对密码系统的结论中,有些只是针对常用的、简单的密码体制,对于特殊的密码体制不一定成立。寻找这些结论,并且试图打破这些结论,寻找新的密码体制,使得它具有新的安全价值。

7. 密码分析的方法有哪些？

8. 古典密码体制中加密的基本思想是什么？

9. 对称密码体制和非对称密码体制的不同点是什么？

10. 在现实中可能通过哪些方法或渠道绕过加密、数字签名和认证码之类技术的保护，而带来安全隐患？

第8章

香农信息论的局限性与发展展望

香农信息论在通信领域的应用非常成功,该理论面对的是通信问题。信息的语义可以被抛弃,因此香农抛弃了消息的意义,以便对问题进行简化和形式化,这导致信息论并不普适于所有的信息技术领域的问题。由于发现信息论被滥用,早在 1956 年香农就在 *The Bandwagon* 一文中指出:"Information theory has, in the last few years, become something of a scientific bandwagon(乐队花车或花瓶)"。虽然信息论的广泛应用值得欢欣鼓舞,但是香农也意识到了其中的危险性,认为这些理论和概念并不能解决所有的问题。他说:"Workers in other fields should realize that the basic results of the subject are aimed in a very specific direction, a direction that is not necessarily relevant to such fields as psychology, economics, and other social sciences. Indeed, the hard core of information theory is, essentially, a branch of mathematics, a strictly deductive system. A thorough understanding of the mathematical foundation and its communication application is surely a prerequisite to other applications."(意思是:在将信息论应用到其他的领域之前,应该有透彻的理解)。香农认为信息论的概念可以应用于许多领域,但不是简单地生搬硬套概念和字眼到新领域,而是需要经过耐心的假设和实验验证的漫长过程(but rather the slow tedious process of hypothesis and experimental verification)。

鉴于其局限性,香农的信息论目前也被称为狭义信息论。他的狭义信息论是存在局限性的,并不普适于所有的信息领域。

前面已经讨论了狭义信息论、一般信息论和广义信息论的划分,在本章将会更进一步讨论信息论的局限性,并且对信息论的发展进行一定的展望。

8.1 信息论现实应用的局限性

对于香农信息论的局限性已有不少讨论,比如,信息论摒弃了语义和语用等因素,也没有考虑模糊性和粗糙性等不确定性。此外,无法考虑个人在感受上的差异。香农信息论基于经典集合论,而经典集合必须满足两个条件,第一,集合中的所有元素必须与其他的元素是可以区分的;第二,对于任何给定的集合和对象,必须可以决定这个对象是否属于集合的元素。现实中的许多问题并不满足以上条件。Weaver 指出信息有 3 个层次,而香农的信息论只是解决了其中的一个层次——通信的问题。

在信息的表示中,采用的是经典的集合论,而且集合中的元素一般是同等对待的,比如完全相反的信息(概率交换),其信息量是相同的。此外,信息系统模型是针对通信系统的，目前它在信息系统中被广泛使用；而在通信系统之外的研究领域中，甚至有时候被滥用，这使得通信系统中的一些局限性被带入到一般的信息系统中。信息论以及通信系统模型的局限性体现在以下几点。

（1）把来自信源的消息当作完全可靠的和完备的，因此不考虑消息本身的可靠性和完备性，而只考虑从信源到信宿之间通信的可靠性。而在现实中，可能有多个信源，而且这些信源发送的消息可能是不可靠的和不完全的，在这样的情况下，信宿一端就需要对这些信息进行处理和融合。比如，甲因为知道丙以前考试都不好，就认为这次丙考得不好；而乙基于丙这次考试的某个题目做得好，就认为这次丙考得好。这些条件都是片面的，要得到更加可靠、全面的结论，就需要融合二者。在香农信息论中，强调信息是消除不确定性的东西，这对于通信中消息是确定的情形是适用的。但在现实中，也存在不确定的信息，比如量子态就可能具有随机性，测量的结果是不确定的。如果我们一定要针对测量的结果消除其不确定性，在这种情况下，就可能得出错误的结论。在现实中，人们会以信息的可靠性作为首选条件，宁可选择更加可靠但是不确定性高的信息，而不会选择可靠性低而确定性高的信息。

（2）信息论中没有考虑到信源提供的信息并不满足信宿需要的情况，比如信息是不完全的，或者消息只是与信宿需要的信息相关，而不是直接是信宿需要的内容。例如，信源只是提供了某学生的一部分期终考试成绩或者是他的平时成绩，而信宿需要的是他的期终考试的全部成绩。此时，信宿需要根据从某一信源得到的信息以及已经掌握的信息（包括从其他信源得到的信息）进行分析和融合。

（3）在信息论中，信息的指向是信源，只要接收的消息和信源一致，就达到了通信的目的。但是在现实中，信宿需要得到的信息往往是指向事实、真理和实际情况的。比如对于明天是否下雨的问题，人们需要知道的是明天是否下雨，而不是电视台播报明天的天气预报是否下雨。当然在不能得到更多信息的情况下，可能会权宜地相信天气预报；假如有更多的信息对于分析明天是否下雨有帮助，人们会综合考虑这些信息，以求增加信息的可靠性。

（4）在信息论中，信宿需要得到的就是信源发出的消息，但是在现实中，信宿可能需要多方面的信息，而信源提供的信息也可能是多维的、多方面的，而且提供信息的信源和信道也是多种多样的，涉及人的感官。

（5）信息论考虑单个信道的通信，即使考虑信道的串联和并联，也是相当简单的情况。由于信道的稳定性和信道矩阵中的概率为确定值，可以合并为单个信道。而现实中的信息系统还可以存在更多的信源、信道和信宿，包括中间信宿，互相以串联和并联的形式连接起来。比如，甲对乙说某一消息，乙向丙转述该消息，可以看成是信道的串联，而且转述的时候可能添油加醋，改变说法。信息从一个信源传递到中间信宿，而中间信宿又转发给一个最终信宿，而且在这个转换的过程中，信息的表示发生了改变，会引入不确定性，在这种多重传递的过程中，可能会产生多重不确定性。现实中的信息往往需要经过这种多重传递，导致多重不确定性。如果考虑前面提到的模糊集合等，这种多重不确定性将更加复杂。信息论没有考虑到信道矩阵的传递概率等参数的复杂性。现实中这种传输特性可能不是确定不变的，而可能是随机变量，甚至可能更加复杂。比如，在传递的过程中可能将 11 点半转换为中午,将温度 40℃ 转换为很热,将 3.1416 转换为 3.14 等。

(6)信源和信宿的关系并不是一成不变的,在许多情况下,信源和信宿都是相对的,信宿也可能掌握了一定的信息,它可能将这些信息反馈给信源;信宿有时候可能掌握着比信源更多、更可靠的信息,此时信宿可以同时被看成是信源。

(7)信息论中的条件相对而言是简单的,而且多是以条件概率来表示。然而现实中许多信息的条件是比较复杂的。比如,给出的条件可能是知识和规律等,在已知先验概率的情况下,又得知某一个规律,通过这个规律并不能简单得出相应的条件概率。条件概率本身也说明了概率具有不确定性和随机性,在不同的条件下,概率值是不一样的,但是在不知道条件的情况下,概率值本身就具有随机性。

(8)信息论用先验概率来表示已知的信息,然而在现实中,许多已知的信息并不一定可以用先验概率来表示,比如可能包含未知数,可能是某个约束条件,也可能是某个规律,甚至可能是完全未知的。

(9)信息论由于不考虑语义,没有考虑到信息可能本身都是不相容的和自相矛盾的。而在现实中,有大量的信息可能是不一致和矛盾的。

8.2　信息论中表征、参数和模型的制约

信息论的局限性实际上可以从它对信息的表征、参数和模型等方面的制约上进行分析。香农用概率论、经典集合论以及建立的一些模型来研究信息。下面逐一对这些方面加以介绍。

8.2.1　成也模型,败也模型

香农非常成功地通过数学模型将非常复杂的通信问题数学化,从而用数学工具解决了通信中的基本理论问题,在通信应用中获得了巨大的成功。但是当人们试图将信息论应用到更为广阔的领域时,就会发现它非常牵强,甚至有些说不通。这体现了现实问题必然与信息理论中存在不吻合的地方。

下面以通信系统的模型为例,前面已经讨论过其没有充分考虑到可能存在更为复杂的信道以及多重的、有变异的信道。实际上模型一般蕴含着参数,这些参数本身也可能是非常复杂的。

以语言的概率分布和相关性为例,首先其记忆性是非常复杂的、动态的,记忆的长度也是变化的,词内部的字的相关性最高,但是词的长度是不固定的。其次是一个句子内部的相关性比较高。再次是一个段落的相关性相对较高。在对语言的熵和冗余度进行分析时,一般实际的语言信源是无法用数学方法来描述的,或者无法用有限的参数来描述。为了简化问题,一般要经过多次简化,比如将无限记忆的信源当作有限记忆的信源,将不平稳的信源转换为平稳的信源。将非等概率的信源当作等概率的信源。实际上对于模型的简化还不止于此,甚至信源的记忆强弱和记忆的周期性都是完全不确定的。

再比如,在常用密码系统的模型中往往存在对一些对象的制约,如对加密的密码体制有制约,一般算法是不变的。如果是分组密码,则一般明文和密文是等长的,分组密码的

分组长度是固定的,明文、密文和密钥的函数关系限制在明文的一个分组内。

一个密码系统(密码体制)通常由 5 部分组成,称为五元组。

- 明文空间 M：全体明文的集合。
- 密文空间 C：全体密文的集合。
- 密钥空间 K：全体密钥的集合,$K = (K_e, K_d)$。
- 加密算法 E：$C = E(M, K_e)$。
- 解密算法 D：$M = D(C, K_d)$,D 是 E 的逆变换。

以上系统中,明文空间和密文空间都被制约在一个分组之内,不过更重要的是：明文和密文等长度,必须是一个完整分组,空间是受限制的,并不是任意的明文都可以适用。再比如一次一密体制的明文和密文等长度,算法的密钥长度受到明文的制约。这种制约其实都很影响安全性,可能从理论上证明的安全性并不与实际的安全性相吻合。

在信息论中,模型简化了问题,使得信息理论的得出成为可能;而另一方面,模型的制约也直接导致了信息论的局限性。

一种模型的建立往往需要对问题进行有意或无意的简化,特别需要注意的是有些简化是人们无法察觉到的,它们往往限制了对问题的自由表达。要解除这些限制,就是要把现实中的事物的特性更加自由地用一种数学模型来表达。

一般的密码系统应该有 $H(M \mid K, C) = 0$,但这是必然的吗? 如果这种限制可以打破,这样做可能会设计一些具有什么新颖功能的密码算法?

检查本书的所有模型是否存在局限性? 是否一定如书中所定义的那样?

8.2.2　概率论的局限性

信息论是基于概率论的,信息的表示就离不开概率,上溯到信息论的基础——概率论,可以发现这些问题也涉及概率论的局限性。概率论在许多根本性的问题上依然存在着不停的争议,比如关于概率就存在很多种主观、客观和频率等不同的解释,这些观点都存在一定的局限性,特别是贝叶斯论者与频率论者一直在争论,贝叶斯论者也分为主观和逻辑等派别。作者认为从多重随机性的角度可以看清和解释这其中的一些争议。

在信息论中,许多地方以概率作为参数,但是由于概率本身是随机的和难测的,所以有时候也要面对不可靠、不完备的概率。比如,在进行压缩时,如果采用的概率不是直接依据该文件统计出来的,则可能与该文件的统计概率相关性不大,从而导致压缩效果不理想;甚至完全有可能给定的概率与原文的概率刚好是颠倒的,在这种情况下,不仅没有压缩的效果,可能还会增加编码的长度。

实际上在信息论中,许多时候已经假定给予的概率、条件概率和联合概率是正确的、确定的。如果不确定,它应该是一个随机变量。

这里举出一个问题,其背景是对于某一事物的不了解达到了一个极端,完全没有任何背景信息,即对这个事物没有一点了解,乃至不了解相关的信息,包括概率相关的信息都没有,我们称之为完全未知问题;即假设我们对某一事物是完全未知的,没有任何线索。在信息论中,香农对于信息的表达是针对一个确定的集合,由于完全未知,没有任何知识和信息,所以我们也不知道这个集合是什么;由于完全未知,假定已经给定一个集合的情况下,集合中元素的概率分布是未知的,在完全未知的情况下,现有的理论是根据最大熵原理或者根据对称性,不知道哪个元素的概率大,哪个的小,只有权宜地选择等概率。但是这是一种不得已的做法,真实的概率一般不会恰好是等概率的,显然这时概率是不确定的,所以也是随机变量。由于完全未知,所以这个随机变量可能的取值以及相应的概率分布也是不确定的;而且既然是随机的,就需要进一步用概率来表征,由于我们面对的是完全未知的问题,完全没有任何知识和信息,所以这个概率的概率也是不确定的未知数。同样是随机变量,如此循环下去,这个问题就是一个无穷重的随机变量。从以上分析可以看出,这样的信息是无法用信息论之类的表示方法来表征的。因此,对于一些现实问题,是无法用概率论来真正完美表征的。从上面的例子可以看出,在现实的概率问题中,概率值(包括条件概率)可能是随机变量(乃至无穷重随机变量),集合本身也可能是随机变量,集合中元素的意义也可能不确定(比如有歧义)。概率论本身都具有局限性,应用它所得出的理论当然具有这样的局限性。比如在信息熵的计算中需要用到概率值,如果它是随机变量乃至更加复杂的变量,计算将无法进行,即使取随机变量的平均值来取代都未必合理。

此外,理论上讲集合一般要求其元素是互斥的,但是现实中集合的元素可能存在包含关系。

概率是用来描述随机现象的,但是概率本身也可能是随机变量。概率论中蕴含着许多的前提条件,有些虽然没有明确写出来,但是会隐含地体现在其理论中,而且人们也很难发现其存在,这样我们会不知不觉陷入其中,而不认为局限性的存在。

上面提到,概率值本身可能具有随机不确定性甚至多重不确定性,乃至无穷重的不确定性,而且集合本身也有不确定性,这些问题叠加起来将会异常复杂,甚至对这个问题都无法用有效的模型来表达。

8.2.3　参数的有限性制约

从上述例子可以看出,有时候可能无法真实地表示一些现实的问题,或者需要无限的参数。但是我们要研究问题,从数学上分析与求解,却需要减少参数,至少参数应该是有限的,不过从上面的例子可以看出真实表征概率可能需要无限的参数,类似地,表征其他的问题照样可能需要无限的参数,这当然会造成问题不可表达和不可求解。其实,即使参数有限,但是当参数足够多的时候,求解和研究许多问题都会变得几乎不可能。

8.2.4　信息量对条件的相对性

在信息论中,任何信息的度量都以一个集合作为前提条件,面对不同的集合,得到不同的信息量。比如,同样是中国人发出的声音,对于一个关注说话人所说内容的人来说,他关注的是语音对应的汉字序列。对于一个关注音频的人来说,他关注的是语音的离散或波形信号。这个人对音频关注得越精细(精确),对应的信息量就越大,如果他关注的是立体声,信息量将更大。当我们要求信息无限精确时,信息量为无穷大。对于一个关注说话人是谁的语音识别系统,它关注的是这个人的语音特征对应于本系统中的哪个人。

对于一个外在事物的图像,如果只关注它的光线强度,对应的是黑白图像的信息量;

如果还关注颜色,则对应彩色图像的信息量;如果关注全息的形状,则信息量更大。同样,对信息的失真要求越小,信息量越大。

比如,A 说:"我什么都不知道。"这句话对于不同的人具有不同的不确定度,提供的信息量也不一样。再如,B 询问 A 关于某一事件的简单信息,得到上述答案,则完全不提供信息。C 想知道 A 说了几个什么字,D 则想知道 A 是否对某个事件有了解,E 想让 A 告诉他某一事件的详细经过。对于以上情况,不同的人即使听到相同的"我什么都不知道",得到的信息量也完全不一样,B 和 E 也有微妙的差别。从信息论的角度讲还有一个问题,为什么 A 说"我什么都不知道"时,B 和 E 获取的信息量为 0? 为什么事件的先验概率不变? 这涉及信息如何融合的问题。我们认为任何信息都是相对的,没有绝对可靠的信息。

可见信息是多维度的,或者可以认为是立体的,不同的人对信息维度的视角可能不一样,关注具有选择性,但是这种关注往往也是多维的,关注的程度也是不一样的。

仁者见仁,智者见智,不同的人或者从不同的角度都可能得出不同的信息,这些信息可能都具有片面性和不可靠性,有些是近似的、相对的、有偏差的,有些是为了四舍五入,有些是因为不可靠,有些是估计,有些是条件不完全造成的。

信息论中确定性的增加或减少都是以一个确定的集合为条件的。面对不同的集合,在一个集合中是确定的问题可能在另外一个集合中是不确定的,比如当我们确定听到了某人的话"根据我的消息,这次事故的责任人完全不确定",那么对于事故的责任人只可能更加不确定。

8.2.5　信息论中研究对象的确定性

前面提到了概率值可能是不确定的,乃至多重不确定。可以将前面提到的概率多重不确定问题进行推广,其实许多参数和对象都可以是不确定的,乃至多重不确定。在研究问题的时候,一般只能针对单个模型来进行分析,但是现实中的模型本身也可能是不确定的、随机的、杂糅的。比如,一般假设函数是确定的,但是现实问题的函数完全可能是变化的,而且是随机变化的。

我们习惯于用数、参量、函数、运算符和模型等来描述现实问题,并且会无意之中把不确定的对象当作确定的对象,直观地或者是通过"严格"的数学证明得出许多结论,可能在许多人看来,这是无懈可击、准确无误的。然而,这些看似正确的结论都是有局限性的,并且有前提条件。当我们认真地考虑这些对象的不确定性时,一切看似严格的数学证明都会不再坚实,而真正绝对严格的数学证明必须考虑更加复杂的问题,引入更多的变量和对象,这样问题将会大大地复杂化。即使是用这些对象的平均值、某种折中或者期望来取代,往往通过数学推导得出的结论也未必正确。在考虑某些对象的随机性时,某些直观上正确的公理也不一定普适。和有损压缩相似,有些简化可能导致一定的改变。从一个更加广义的角度来看,任何有限个参数和对象建立的模型都可能具有一定的局限性,需要分析其中隐含的简化和限定。

在密码编码与密码分析中,许多对象是确定的,比如前面提到的算法。如果算法是随机的,甚至每一个分组的加密算法都是不同且随机的,则密码分析将会非常麻烦。

　　显然信息论将许多可能是随机的、不确定的对象假定为确定的,这给分析和研究带来了方便,但是显然给实际应用带来了局限性。

8.3　广义信息理论概述

　　香农信源熵面对的是简单的通信问题,并不能完全地度量信息的所有属性和特征,比如信息的差异。因此,有 30 多种熵的概念被提出来以推广香农熵。许多学者指出,信息论没有从更加广泛的角度关注语义和语用的问题,但是这些显然是非常重要的,G. Jumarie还提出采用洛伦兹变换的相对信息。由于信息论的局限性,考虑到信息的语义和语用,一些广义的信息理论被提出,比如 Klir 的广义信息理论、国内北京邮电大学钟义信的全信息理论、鲁晨光的广义信息论,还有随后提出的一些统一信息理论。

　　香农熵这一概念是信息论最基本的概念之一,也是对信息的最主要的度量。一个随机变量的熵是根据随机变量的概率分布来定义的,可以很好地度量随机性和不确定程度。香农的模型采用的是经典集合论作为描述语言,因此它的使用受到经典集合论的限制。广义信息论的研究也多从熵的推广和信息的度量着手,在这方面,Kolmogorov(1950) 提出了 e-熵用于测量当集合包含无限元素时的不确定性。Rényi 在 1961 年提出了 Rényi 熵,它是香农熵的推广,并且是舍去了香农熵具有的可加性要求而得出的。它有一个变量称为阶,香农熵只是其阶趋向于 1 时的一个特例,许多情况下它比香农熵具有更好的性质。在 Rényi 之后,许多研究者也提出了其他的度量方法来推广香农熵。1962 年,Brillouin 提出可用 Hartley 公式的改进形式来度量非概率信息,比如测量数据的信息。Aczél 和 Daróczy 在 1963 年提出了三角熵。Belis 和 Guaisu(1968) 提出了加权熵和效用信息,后来 Picard(1979) 推广了它。Havrda 和 Charvát(1967)、Arimoto(1971)、Sharma 和 Mittal(1975) 等也提出了他们的测度,Taneja(1989)统一了其中的一些测度。

　　在信息的差异和误差方面,信息论最初没有涉及。Kullback 和 Leibler(1951) 研究了一种信息度量,用于测度同一实验的两个不同概率分布的差异,称为差别函数,后人也将其称为交叉熵或相对信息等。Kerridge(1961) 也研究了一种不同的度量,称为误差度量,同样是针对两组概率分布。Sibson 在 1969 年也提出了另外一种类似的度量,主要是利用香农熵的一些性质,称为信息半径。后来 Burbea 和 Rao(1982) 推广了信息半径这一度量。Taneja 在 1995 年提出了新的信息差异的度量方法,并且进行了推广。

　　由于香农的理论基于经典集合论,而对模糊集、粗糙集以及信息的语义和语用方面尚未考虑。1965 年,L. A. Zadeh 提出模糊集合论,1968 年他又提出模糊事件,即模糊集合 A 中事件的概率和模糊集合的熵。De Luca 和 Termini(1972) 提出了一种方法测度一个模糊事件的不确定性,给出了测度模糊事件的信息量的模糊信息熵公式。Klir(1991) 引入了广义信息理论以在更加广泛的领域研究信息理论,而不仅限于经典集合论。在广义信息论中,主要的概念依然是不确定性,而信息也依然被定义为不确定性的消除。1975 年,H. Gottinger 提出非概率信息。此后,R. Yager、M. Higashi 和 G. Klir 等人又提出或讨论了可能不确定性测度及相应的广义熵,这类方法只采用隶属度等主观测度而不使用事件发生的概率。吴伟陵教授对广义熵和模糊信息做过探讨。我国学者钟义信针对香农信息论的熵公式只能度量概率信息的缺陷，提出了一种"广义信息函数"。1985年，他又把该公式推广到语义信息和语用信息的度量，得到了语法、语义和语用信息的综合测度公式，即所谓"全信息"的计量模型。1993年，鲁晨光提出广义信息论，指出香农信息论的局限性具体表现在不便于度量语义信息、感觉信息、信源信道可变时的信息以及单个信号的信息。鲁晨光提出了广义通信模型和可度量语义信息、感觉信息及测量信号信息的广义信息测度，讨论了预测和检测的信息准则和优化理论。George J.Klir则在模糊逻辑和不分明集这些不确定性方面做出了许多的研究。

从信息角度讲，熵概念也非常有价值，它贯穿整个狭义信息论。熵之所以能够与3种编码的极限密切相关，是因为熵和对数与长序列的渐进等分性密切相关，此外也源于序列状态数与符号长度的指数关系（反过来即为对数），这体现了香农对问题的透彻理解。然而这些并不是万能的，如果将对数和熵滥用，可能会得出一些无意义的结论。香农给出的熵及其派生的条件熵、联合熵和平均互信息量等相关结论不仅有其实际意义，而且也可以从理论上严格证明。在广义信息论中不应该生搬硬套，不同类型、不同层次的不确定性有时候不宜简单地混合起来，比如做加权平均，而是应该分别讨论。不同维度的信息需求有时候只需要相应层次的不确定性度量，而且信息的新度量应该是对实际的意义和应用进行的抽象。

8.4　信息的相对性与可靠性

前面已经讨论过，信息的可靠性在许多情况下是非常基本的问题，它比信息度量中的确定性更加重要。另外，许多信息也都是相对的，是当我们不能真正知道真实情况时采用的一种权宜之计，具有相对性和片面性。

8.4.1　信息的可靠性

信息的价值之所以存在，还是因为信息具有一定的可靠性。如果信息没有可靠性，它将一文不值。比如，某人宣称他找到了一种可以源源不断地获取具有多用途能源的方法，如果只是胡言乱语，则毫无价值，而实际上谁都可以发出这样的消息或者说出这样的话；而如果消息是真的，则其价值不可估量。我们处于信息社会，各种各样的信息在急剧增长，如何很好地利用信息，识别信息，提高信息的可靠性，将各种不完备、不可靠的信息加以利用、融合和提取，显然是非常重要的。信息的可靠性不能完全靠人工来鉴别，人工作业有其不精确性和主观性，应当尽量采用信息技术来自动解决，减少人为判断。互联网的出现使得信息不断急剧增长，人工处理这些浩如烟海的信息将是很困难、不现实的，需要建立相关的信息理论来通过计算机融合信息。

信息论的局限性很大程度上源于信息表示的局限性，即使不考虑模糊性和粗糙性，信息的表达依然不是普适的。在概率论和信息论中，概率往往被当作一个确定的值来看待，但是实际上概率值本身也可能是随机变量。比如，我们仅仅知道某种产品的一批样品的概率合格率是50%，假如我们仅仅是知道这个条件（没有任何其他的附加信息，包括任何有关产品生产的信息），则产品的合格率是一个分布在0.5附近的随机变量，而不是确定的值,并且抽样样品的数量越大,合格率的分布越是集中在 0.5 附近。我们也认为这样的抽样检测更加可靠,相应的可靠性度量无论是概率论还是信息论都是没有考虑过的。再比如,根据已有的一些不可靠的条件,得知明天下雨的概率为 0.3,但由于条件都不可靠,则结论也不可靠,所以明天下雨的概率也是一个分布在 0.3 附近的随机变量。越是可靠,这个随机变量的分布越集中在 0.3 附近,如果绝对可靠,则概率值就是确定值 0.3。还有,我们由于完全对两个人无知而得出他们之间的比赛胜负情况是等概率的,相比确切知道两个人势均力敌从而得出他们的胜负情况是等概率的,其信息的可靠性也是完全不一样的。

以上提到信息可能具有无穷重的随机性,这种情况下,信息的表达和度量将会是非常困难的,我们可以考虑双重不确定性的情况。在这样的情况下,我们考虑表示信息的概率是单重的随机变量,即其概率分布是固定的,而不是随机变量。

信息熵公式虽然可以度量不确定性,但是许多时候,概率值是连续型的随机变量。根据信息熵公式计算的结果是无穷大的,而且熵公式没有考虑不同的值应该加以区分。比如,我们得到的信息不可靠,真实的概率值可能是 0.1 和 0.99,它们的概率分布为 0.6 和 0.4,它们的差异很大;但是如果换成是真实的概率值可能是 0.989 99 和 0.99,它们的概率分布同样为 0.6 和 0.4,它们之间的差异就很小,显然这是涉及可靠性时应该考虑的因素。另外,对于不同的事物,概率差异的大小应该有不同的影响,因此我们可以定义一个不可靠性函数 $f(x,y)$,其中正确值为随机变量 X,函数 f 中 x 表示正确的值,y 代表给定的不可靠的值。当 x,y 相等时不可靠性函数 $f(x,y)$ 为 0,相近时接近于 0,并随着 x 和 y 的差异增加而连续递增。不可靠的整体度量应该也体现出一种连续性和累加性。假如将 x 对应的概率或者概率密度转移到趋近于它的一个值的时候,不可靠性度量也应该趋向于原值,即具有连续性。而且当 X 为连续型随机变量的时候,R 不应该是无穷大的,这决定了不能有熵函数中的对数部分。由此提出以下对不可靠性的度量。

假设 X 为连续型的随机变量,$d(x)$ 为 x 的概率密度函数,其不可靠性度量 R 为:

$$R = \int_{-\infty}^{\infty} f(x,y) \cdot d(x) \mathrm{d}x \tag{8-1}$$

假设 X 为离散型的随机变量,它的一切可能取值为 $x_1, x_2, \cdots, x_n$,对应概率为 $P_m = P\{X = x_m\}, m = 1, 2, \cdots, n$,其不可靠性度量 R 为:

$$R = \sum_{m=1}^{n} P_m \cdot f(x_m, y) \tag{8-2}$$

8.4.2 信息的相对性

概率的存在总是依赖于一些条件的,即使是先验的概率,也是根据某些条件得出来的,否则概率值就无法得到,而且无法知道可能有哪些结果(即集合中有哪些元素)。如果我们对事物一无所知,可能连集合中元素的个数都不知道。

但是在当前的概率论中,把先验概率和后验概率决然分开。实际上,这种先后都是相对的。例如,先验概率也是在某种情况下才能得出的,有一定的已知条件,否则概率的来源就没有基础。当然已知先验概率的分布本身也可以看成是一种条件,这个条件可以表述为：已知各种可能值的先验概率分布分别是多少。此外，还存在多个条件的情况，这时它们的先后关系是可以互换的。假如我们对一个事件一无所知，那么它有几种可能的取值都不知道，别说这些取值各自对应的概率了。可见，我们得出的先验概率也是基于已知条件的，先验概率也是一种条件概率。认识到概率是相对于相应的各种形式的条件这一性质有助于在分析中有意识地、仔细地去认定每一个存在的条件，将不同的条件区分开，而不是混为一谈，从而能够有效区分相应的各种概率。实际上有时候由于条件的隐蔽性，往往不能充分认识到许多条件的存在。

可能一个事件有许多条件，概率是随着已知条件的增加而进化的，概率值是相对于已知条件的，当然条件越完善，概率就越加完备，更加可靠。另外，就像人对事件的了解往往是从未知到已知的一样，对某事发生概率的了解大多数情况下也是从不确定到确定的。比如抛硬币的概率，如果对于当时的情况不了解，根据硬币的基本对称性，我们可以认为正、反面的概率都是 0.5；但是如果知道了抛硬币中的所有决定性因素，则其正、反面是确定的，在抛硬币的过程中，所有的作用力、初始的速度和位置、地板的情况等因素将可以决定硬币的正、反面。当然可能我们已知的条件有限，尚不能知道所有的决定性因素，这样的条件下也可能得出一个概率。大多数情况下，我们知道的条件都是不完备的，在这些条件下概率可能是随机变量（如上面实验的例子），也可能是固定的值。假如不能得到更加完备的条件，但是要去求完备条件下的概率，则此时不能不权宜地依靠条件不完备的情况下得出的概率，此时的概率至少会增加一重随机不确定性，则这个概率可能是多重随机、双重随机或者是随机变量。对事件的了解从不确定到最后确定，是因为已知的条件发生了改变，概率也随着条件发生了改变。认识到这种逐步进化的相对性，有助于我们更加深入地理解并且应用概率论，认识到从未知到已知、从不确定到确定的改变本身也是一种概率的演化。现实中，我们往往知道事件的片面的条件，所以得到的概率也是片面的，这是相对于不完备的已知条件而言的。

为了更加明确地说明问题，下面考虑在某些条件共同发生的情况下确定某一事件 m 的概率。这些条件可能与 m 的概率有关，也可能无关，我们可以选择所有的有关条件，假设其概率可以由 n 个有关的条件 $c_1, c_2, \cdots, c_n$ 来决定，则概率可以表示为：

$$P(m) = f(c_1, c_2, \cdots, c_n)$$

当然实际的情况更加复杂，而且可能呈现多种表现形式。比如有些条件并不能确定概率的值，而可以通过这些条件得出其概率呈现某一概率分布，即得到的概率不是固定的值，而是随机变量。比如仅仅知道抽样检查实验得出的概率，以此为条件，则只可能得出理论上的概率是一个以实验得出的概率分布为中心的一个随机分布，特别是在实验是不可靠的时候。为了方便，暂且用上面的简单函数式来表达，从而说明概率论中的某些问题。

当我们对 $c_1, c_2, \cdots, c_n$ 中的某些条件不了解的时候，概率 $P(m)$ 本身由于未知数的存在而并不固定，所以可以认为是变量；当我们知道的条件越多时，$P(m)$ 的变动范围就越小，得出的概率就越是可靠。

我们也可以看看现实中的一些例子。学生选课希望选择好的老师，如果学生不知道教师的情况，可能他们会根据姓名来选课；如果他们知道职称等信息，会根据这些信息来综合判断;如果他们直接很清楚地了解这个老师,就不会根据前面的信息,而是根据这种最可靠、直接的信息来做出判断和取舍。同样,假如不知道论文的内容或者无法对论文做出判断,可能我们就会根据论文发表的杂志、论文的作者等这些边缘信息来判断论文质量,这些都是一种不得已的做法。同样,有时候有些事件本身是确定的,但是我们已知条件有限,不能确定其结果,只能权宜地根据已知的有限条件做出一个该条件下的概率判断。在先验概率和后验概率同时存在的情况下,我们会选择后验概率,因为它面对更加细致、完备的条件,假如知道了更多的条件,我们又会转而选择条件更多的那个后验概率。昨天某地是否下雨是确定事件,但是假如我们不知道更多的信息,只是知道历史上每年这一天下雨的概率,那么我们可能只有采用这个概率。但是如果知道了昨天是否下雨(而且这个信息真实),我们就会选择这个确定的结果(注意确定的结果可以被不确定的结果包容)。在不能得到最正确的结果时,我们总是尽量得到相对而言最完备、最可信的结果,实际上这些结果并不是我们所需要的真正结果,但是相比之下,采用这个结果最接近我们的需要。

本书也提出了一种融合片面信息的算法,针对下面讨论的情形,得出一种权宜的结果。

可以将所有可能的消息(或者事件)看作一个集合 $\{m_1, m_2, \cdots, m_n\}$,消息之间不重复,也不存在互相包含的关系,且消息是一个完备的划分,无遗漏。条件一和条件二是相互独立的。关于条件一和条件二的独立性有如下的要求:条件一和条件二同时成立下的事件概率是完全未知的;条件一和条件二的概率是互不影响的;条件一和条件二之间不存在重复交叉。

设已知条件一的情况下事件的概率为 $p_1(m_i)$,已知条件二的情况下事件的概率为 $p_2(m_i)$。我们把消息及其对应的概率称为消息集合系统。

条件一确定的消息集合系统为:

$$X = \left\{ \begin{matrix} m_1 & m_2 & m_3 & \cdots & m_n \\ p_1(m_1) & p_1(m_2) & p_1(m_3) & \cdots & p_1(m_n) \end{matrix} \right\}$$

条件二确定的消息集合系统为:

$$Y = \left\{ \begin{matrix} m_1 & m_2 & m_3 & \cdots & m_n \\ p_2(m_1) & p_2(m_2) & p_2(m_3) & \cdots & p_2(m_n) \end{matrix} \right\}$$

根据已知的两种条件下的事件概率,可以决定一个折中的最终后验概率 $p_3(m_i)$,在此假定它们对于消息概率的决定作用强度(这里称为决定度)分别是 a 和 b,则最终的后验概率 $p_3(m_i)$ 的计算公式为:

$$p_3(m_i) = \frac{\sqrt[\frac{a}{a+b}]{p_1(m_i)} \cdot \sqrt[\frac{b}{a+b}]{p_2(m_i)}}{\sum_{j=1}^{n} \sqrt[\frac{a}{a+b}]{p_1(m_j)} \cdot \sqrt[\frac{b}{a+b}]{p_2(m_j)}} \quad \left(\sum_{j=1}^{n} \sqrt[\frac{a}{a+b}]{p_1(m_j)} \cdot \sqrt[\frac{b}{a+b}]{p_2(m_j)} \neq 0 \right)$$

(8-3)

关于决定度,也许可以通过其他的方法来确定。决定度具有累加的特点,即把条件一和条件二结合起来,作为条件三,则条件三的决定度是条件一和条件二的决定度的和,即其决定度为 $a+b$。可以证明,式(8-3)满足交换律和结合律。即如果存在第三个条件,按照不同的顺序结合依然会得到相同的结果。以上得到的只是权宜的结果，实际上，此时的概率分布应是不确定的。

8.5　信息论发展展望

"横看成岭侧成峰，远近高低各不同。"香农的狭义信息论研究有其特定的视角和维度，我们不能认为这种视角下的结论是普适的、多维度的。正如信息论中追求不确定性的消除，而许多情况下，我们会更加侧重于信息的可靠性。以上提到的可靠性应该是信息论发展的方向。信息论应该推广到更加一般化的情况，比如面对多重不确定性的信息，可能需要进行推广，而且对于这样的信息，我们可能关注不同维度的不确定性。

8.5.1　信息论与人工智能的融合

前面讨论了概率值也可能是随机变量。一旦概率值被当作随机变量，作为一个可变的量而不是固定的量，它的概率值就存在弹性，这种弹性使得信息的融合成为可能；而固定的量本身可以认为是刚性的、冲突的、不一致的，不易处理。通过允许概率值不确定，将有助于融合冲突的、片面的、不可靠的信息，让信息更加可靠和完备，这有助于信息论与人工智能、信息融合和某些信息处理技术的整合。因为在人工智能和信息融合等领域，提高信息的可靠性是最重要的前提或目标。

最大熵原理利用熵的最大化为条件来求解问题，我们可以借鉴最大熵原理，以最大的可靠性为目标或约束条件来求解、评估和处理问题。在信息论和人工智能中，提高信息的可靠性显然是最根本的目标之一，因此可以用可靠性度量或者不可靠性度量来评估某些算法，也可以用最高的可靠性度量和最低的不可靠性度量作为约束条件来求解信息问题。

现实的信息问题往往比理论中的模型和问题要复杂，存在更多的不确定性。现实中非绝对可靠的问题要远远多于绝对可靠的问题。在信息技术中，许多时候事物的真实面目是未知数，而我们往往要在受限的、非绝对可靠的背景条件下用确定的数字化信息来描述它们，并且我们的目的往往又是需要去真实、可靠地描述事物的真实面目，这必然会带来可靠性问题。信息论和人工智能在很大程度上都具有真实传递信息以及真实获取信息和知识的目标，基于对可靠性的研究，必然会使得相应的大多数关于信息技术的研究都可以纳入到相同的框架，采用类似的信息表达方式，在可靠性这一目标下融为一体。在智能问题中，我们面对的是方方面面的不确定性，如果不存在不确定性，人工智能就没有必要存在了；而信息论中不确定性也是最为重要的指标，两者的融合有着深远的意义。

8.5.2　量子信息论

量子信息（quantum information）技术是量子力学与信息科学相结合的产物，是以量子力学的态叠加原理、非定域性、相干性、测不准原理和量子不可克隆的性质为基础，它是研究信息处理的一门新兴前沿科学。量子信息技术包括量子密码、量子通信和量子计算机等几方面，近年来在理论和实验上都取得了重大的突破。

量子计算机（Quantum Computer）是一类遵循量子力学规律进行高速数学和逻辑运

算并且存储和处理量子信息的物理装置。当某个装置处理和计算的是量子信息并且运行的是量子算法时,它就是量子计算机。量子计算机的概念源于对可逆计算机的研究。研究可逆计算机的目的是解决计算机中的能耗问题。20 世纪 60 年代至 70 年代,人们发现能耗会导致计算机中的芯片发热,极大地影响了芯片的集成度,从而限制了计算机的运行速度。研究发现,能耗来源于计算过程中的不可逆操作。那么是否计算过程必须要利用不可逆操作才能完成呢? 问题的答案是:所有经典计算机都可以找到一种对应的可逆计算机,而且不影响运算能力。早期的量子计算机实际上是用量子力学语言描述的经典计算机,并没有用到量子力学的本质特性,如量子态的叠加性和相干性。与经典计算机不同,量子计算机可以做任意的幺正变换,在得到输出态后,进行测量得出计算结果。因此,量子计算对经典计算做了极大的扩充,在数学形式上,经典计算可看作是一类特殊的量子计算。量子计算机对每一个叠加分量进行变换,所有这些变换同时完成,并按一定的概率幅叠加起来并给出结果,这种计算称为量子并行计算。由于其并行性,从理论上讲,一个 250 量子比特(由 250 个原子构成)的存储器可能存储的数达 2 的 250 次方,比现有已知的宇宙中全部原子数目还要多。无论在基础理论还是在具体算法上,量子计算都是超越性的。除了进行并行计算外,量子计算机的另一重要用途是模拟量子系统,这项工作是经典计算机无法胜任的。无论是量子并行计算还是量子模拟计算,本质上都是利用了量子相干性。遗憾的是,在实际系统中量子相干性很难保持。在量子计算机中,量子比特不是一个孤立的系统,它会与外部环境发生相互作用,导致量子相干性的衰减,即消相干。因此,要使量子计算成为现实,一个核心问题就是克服消相干。而量子编码是迄今发现的克服消相干最有效的方法。几种主要的量子编码方案是量子纠错码、量子避错码和量子防错码。量子纠错码是经典纠错码的类比,是目前研究得最多的一类编码,其优点为适用范围广,缺点是效率不高。研究量子计算机的目的不是要用它来取代现有的计算机。量子计算机使计算的概念焕然一新,这是量子计算机与其他计算机(如光计算机和生物计算机等)的不同之处。量子计算机的作用远不止是解决一些经典计算机无法解决的问题。利用量子计算机的并行性,美国科学家皮特·休尔(Shor)提出了“量子算法”,它可以快速分解出大数的质因子,这意味着以大数因式分解算法为根基的密码体系在量子计算机面前不堪一击。差不多同时,另一个著名的量子算法即“量子搜寻算法”也被提出,用该方法攻击现有密码体系,经典计算需要 1000 年的运算量,量子计算机只需要不到 4 分钟的时间,从而使传统密码领域遭遇前所未有的挑战,以致有科学家宣称:“其意义不亚于核武器,……一旦有些国家拥有了量子计算机,而另一些国家却没有,当战争爆发的时候,这就犹如一个瞎子和一个睁眼的人在打架一样,对方可以把你的东西看得清清楚楚,而你却什么都看不到。”对量子计算的相关研究及量子计算机的具体研制已成为世界科学领域最闪亮的“明珠”之一。比如,美国国防部对此就给予了高度重视,国防高级研究计划署(DARPA)专门制定了名为“量子信息科学和技术发展规划”的研究计划,其对外公开宣称的目标是,若干年内要在核磁共振量子计算、中性原子量子计算、谐振量子电子动态计算、光量子计算、离子阱量子计算及固态量子计算等领域取得重大研究进展。

　　量子通信系统的基本部件包括量子态发生器、量子通道和量子测量装置。按其所传输的信息是经典还是量子而分为两类,前者主要用于量子密钥的传输,后者则可用于量子隐形传送和量子纠缠的分发。所谓隐形传送指的是脱离实物的一种"完全"的信息传送。从物理学角度，可以这样来想象隐形传送的过程：先提取原物的所有信息，然后将这些信息传送到接收地点，接收者依据这些信息，选取与构成原物完全相同的基本单元，制造出原物完美的复制品。但是量子力学的不确定性原理不允许精确地提取原物的全部信息，这个复制品不可能是完美的。因此长期以来，隐形传送不过是一种幻想而已。

量子密码学（或称量子密码术，quantum cryptography）是密码学与量子力学结合的产物，它利用了系统所具有的量子性质。根据量子力学的不确定性原理以及量子不可克隆定理，任何窃听者的存在都会被发现，从而保证密码本的绝对安全，也就保证了加密信息的绝对安全。最初的量子密码通信利用的都是光子的偏振特性，目前主流的实验方案则用光子的相位特性进行编码。目前，在量子密码术实验研究上进展最快的国家是英国、瑞士和美国。在中国，量子密码通信的研究刚刚起步，比起国外目前的水平，我国还有较大差距。量子不可克隆为量子编码的绝对安全性提供了基础，但也存在概率误差迅速发展的环节。这让我国以郭光灿、段路明教授为首的科学家独辟蹊径，避开量子不可克隆的研究方向，提出了"量子概率克隆机"，这一理论随后被国际许多著名的实验室所证明，被誉为"段-郭概率克隆机"，他们推导出的最大概率克隆效率公式被国际上称为"段-郭界限"。其原理是：量子态在超辐射的条件下会发生集体效应，能在消相干的环境下保持其相干性，这一研究成果被国际学术界称为"无消相干子空间理论"。他们运用"无消相干子空间理论"，在国际上首创了"量子避错编码原理"，从根本上解决了量子计算中的编码错误造成的系统计算误差问题。即这里"交换信息"的"量子"的克隆是一种弱"克隆"。

1993 年，6 位来自不同国家的科学家提出了利用经典与量子相结合的方法实现量子隐形传送（或称为隐形传态，quantum teleportation）的方案：将某个粒子的未知量子态传送到另一个地方，把另一个粒子制备到该量子态上，而原来的粒子仍留在原处。其基本思想是：将原物的信息分成经典信息和量子信息两部分，它们分别经由经典通道和量子通道传送给接收者。经典信息是发送者对原物进行某种测量而获得的，量子信息是发送者在测量中未提取的其余信息；接收者在获得这两种信息后，就可以制备出原物量子态的完全复制品。该过程中传送的仅仅是原物的量子态，而不是原物本身。发送者甚至可以对这个量子态一无所知，而接收者是将别的粒子置于原物的量子态上。在这个方案中，纠缠态的非定域性起着至关重要的作用。量子力学是非定域的理论，这一点已被违背贝尔不等式的实验结果所证实，因此量子力学展现出许多反直观的效应。在量子力学中能够以这样的方式制备两个粒子态，它们之间的关联不能被经典地解释，这样的态称为纠缠态，量子纠缠指的是两个或多个量子系统之间的非定域、非经典的关联。量子隐形传态不仅在物理学领域对人们认识与揭示自然界的神秘规律具有重要意义，而且可以用量子态作为信息载体，通过量子态的传送完成大容量信息的传输，实现原则上不可破译的量子保密通信。1997 年，在奥地利留学的中国青年学者潘建伟与荷兰学者波密斯特等人合作，首次实现了未知量子态的远程传输。这是国际上首次在实验中成功地将一个量子态从甲地的光子传送到乙地的光子上。实验中传输的只是表达量子信息的"状态"，作为信息载体的光子本身并不被传输。最近，潘建伟及其合作者在如何提纯高品质的量子纠缠态的研究中又取得了新突破。为了进行远距离的量子态隐形传输，往往需要事先让相距遥远的两地共同拥有最大量子纠缠态。但是,由于存在各种不可避免的环境噪声,量子纠缠态的品质会随着传送距离的增加而变得越来越差。因此,如何提纯高品质的量子纠缠态是目前量子通信研究中的重要课题。近年,国际上许多研究小组都在对这一课题进行研究,并提出了一系列量子纠缠态纯化的理论方案,但是没有一个是能用现有技术实现的。最近潘建伟等人发现了利用现有技术在实验上是可行的量子纠缠态纯化的理论方案,原则上解决了目前在远距离量子通信中的根本问题。这项研究成果受到国际科学界的高度评价,被称为"远距离量子通信研究的一个飞跃"。量子隐形传送也可以当作量子密码学的一种实现方案。我国在北京八达岭与河北怀来之间架设长达 16km 的自由空间量子信道,并取得了一系列关键性技术突破,最终在 2009 年成功实现了世界上最远距离的量子态隐形传送,证实了量子态隐形传送穿越大气层的可行性。美国国防集团公司情报研究和分析中心的研究人员马修·卢斯(Matthew Luce)称:"其通信的安全性依赖物理定律保证。现在中国拥有顶级的军事通信能力,更换了密码系统,将引发新一轮军事通信竞赛。"

　　量子信息论面对更一般化的情形,比如一个比特只可能是 0 或者 1,而一个量子比特则可能是一个 0 和 1 之间的任意叠加态。在这样的情况下,寻求各种通信的理论极限将会更加复杂,现在也建立了一些经典信息论量子化的概念,比如将经典的信息熵推广到反映体系关联(纠缠)度的冯·诺依曼熵,建立了量子信源编码和信道编码理论,但是还有许多问题有待研究。量子信息相关的技术被寄予厚望,比如量子信息技术被认为其意义不亚于核武器,量子密码被认为要取代传统的基于数学的密码,是一个值得关注的领域,但是从理论和应用层面都有一些问题依然有待解决。人类在 20 世纪能够精确地操控航天飞机和搬动单个原子,但却未能掌握操控量子态的有效方法。

　　除了量子信息论外,生物信息理论也是新的研究方向。

8.5.3　信息的表达能力

　　编码很重要的目的是有效地区分不同的信息。通过建立一个编码与其意义的对应关系,比如一个表,就可以用编码来表达不同的信息。但是,现实中的五花八门的信息不可能都完全建立对应关系表。为了识别与理解,我们实际上利用至少两种方法:查表和规则。查表即建立一种具有一一对应关系的表,比如码表,汉字的字和词对应的意义可以认为是一种查表的方法,当然,汉字的表是我们记忆在心中的,从小就已经记忆下来了,无须查字典,比如"我""爱""吃""西瓜",其中每个词都有它们对应的意义;另一种是规则,比如汉字的语法,我们知道了"我""爱""吃""西瓜"中的每一个词的意义,但是它们连接在一起是什么意义呢?这是依靠语法来实现的。这样我们无须对所有可能的消息都建立一个庞大的表。如果用邮政编码,可能就容易编码实现,但是如果要我们记下它所对应的地点,则相当困难,而冗余度较大的地名则容易为人识别。

　　在编码中,查表可能具有一定的优势,但是也有它的缺陷和代价。比如,有时候要发送表给对方,大表需要占用空间和带宽,表太大则计算量大,大表意味着只有读取完成才能了解对方发送的是什么。而一些依靠规则而进行的编码则可以一边读一边就获取部分信息。比如,学号的编码中可能规定不同的位数代表不同的信息,而这些位数之间相对独立；身份证号码也是依据一定的编码规则而确定的。

以现实中的人类语言为例，我们只要对字和词进行了定义，就可以在一定的语法规则下组合出无数的语义来。我们可以从信息论的角度来认识语言：语言可以通过简单的约定，比如只规定字、词和一定的语法，就可以利用字、词组合出各种各样的丰富语义来。甚至可以利用已经定义的语义去定义新的词汇和概念，那么它到底具有多强的表达能力，是否可以遍历所有语义，是否具有很好的可逆性，是否最为简洁，是否各种代价较低，便于计算机和人工识别等，都是值得研究的课题。这些问题的研究将有助于设计更容易为计算机理解的语言。

此外，信息的载体应该具有可区分性，信号和消息的优劣和度量也可以从区分能力的角度来衡量。比如，消息的符号数多，消息比较长，则可以表示为许多可区分的符号；如果信号可以在非常小的功率下精确测量，则区分能力强；另外如果某一信道或设备中噪声对信号的干扰也不大，则收端可以很好地区分发送过来的信号，也是区分能力强的一种表现。从区分能力的角度，任何容易表示为许多可区分状态的物质属性都可以用来荷载信息。新型通信和存储设备可以利用这样的区分能力强的物质属性。

8.5.4　信息的复杂关联性

信息是广泛关联的，在概率论中一般用条件概率来表示这种相关性，但是现实中信息的关联是非常复杂的。

不同的人读到《与陈伯之书》中的"暮春三月，江南草长，杂花生树，群莺乱飞"这样的句子会有不同的联想，对于当时的陈伯之而言，肯定是让他联想到故乡的美景、故乡的风情和亲人，生出对故乡的思念；而对于今人，则是这一则典故蕴含的意味。这些联想的产生都是基于一定的背景的。

我们在现实中获得的各种信息也各有其背景，比如科技背景、人文背景、规则背景和历史背景等。背景信息对于我们的认知具有复杂的制约，许多时候往往不是概率论所能表示的关系，比如并不是所有的背景信息与新信息都是可以用条件概率、统计相关性和后验概率来描述的。

我们之所以能够知道此事就得出彼结论或者决定，就是由于背景信息的作用，它以我们知晓的某些背景作为前提。

如果能够将这种复杂的关联关系进行梳理和研究，就会为信息的处理带来更大的方便，使得信息论名副其实地涵盖信息的主要领域。

8.6　创 新 启 示

学习信息论，使我们收获最大的未必是前人得出的那些结论，而可能是前人及其理论给我们的启示，这为以后源源不断的创新提供了通用的方法。信息论中的许多问题非常复杂，这其中包含的思想、方法和技巧非常多，值得大家去分析、总结和汲取。本节仅仅是抛砖引玉地提出一些看法。

香农通过抽象问题的方法，将非常复杂的信息问题转换为通信系统模型和信源模型，其中对于较为复杂的问题进行简化,并且对于多因素引起的问题进行了集中和归并(如噪声源的集中),充分将现实问题转换为数学问题,使得最终的模型相对简单,便于研究。

通过对前面局限性的分析,我们可以得到启示:当我们用很简单、规范、形式化的数学方法来表示、描述和解决问题时,可能会"砍去"问题的许多自由度,或者对问题进行"五花大绑",限制了它的适用范围,从而使得活生生、复杂的现实问题成为刻板、简化的问题,而且有时候往往很难被发现。不仅仅是变量和概率值,还包括模型、理论和采用的运算等其他更加复杂的对象,都可能有多重的不确定性。可见,我们既要看到简化问题带来的便利,又绝对不能忽视和忘记这样做带来的局限性。我们对于某个现实问题通过某些统计方法得出的一些概率参数可能是一种"有损压缩",无法完全表征其原有的信息和特征。另一方面,我们把这些参数放入一个概率论的模型中,将模型等同于现实问题,使得这个模型限制了现实问题的"自由",因而具有多方面的局限性。

在信息论中注重将概率不同的事物区分对待。例如,在无损压缩时,概率大的要编码短;在限失真编码时,概率大的尽量使其失真小,甚至如果概率可以足够小,则可以忽略造成的失真;在量化的时候,概率大的量化尽量细致一些。

在信息论中,香农除了解决可行的问题外,还用权宜的方法解决了许多不可能实现的问题。比如,当无条件安全不可能的时候,就用计算安全,而计算安全依赖于数学上的"难题",这为后来的非对称密码算法的提出也提供了指导。在各种编码中,当差错无法为 0 时,让错误逼近 0;当错误无法逼近 0 时,可以采用允许一定差错和失真的方法。当无法确定某些指标时,采用确定上界、下界和平均值的方法。难题的应用也非常广泛,特别是在密码学中,从实现破译难、解密难、伪造难,到实现打破公平性难等,都利用了数学难题。

在纠错编码中,一定的差错是可以容忍的,那么是否可以允许译码存在一定的差错,从而寻求一种容易计算的译码方法呢?

信息技术之所以能够获得如此广泛的应用,这是因为:

(1) 它通过抽象的方法将现实中的许多问题抽象为信息问题。

(2) 通过编码的方法,对消息的编码进行了规范化,而不是像手写字一样,同一个字可以千变万化,只要人们能够认识就行。一般来说,在计算机中的字对应确定的编码(或者说可以确定),这简化了识别,而无须用人工(或者人工智能)识别。

(3) 通过将各种编码进行编码和信号的转换,可以在每一个环节都采用最好的介质和技术。比如,当信息要存储时,使用可以海量存储的优良介质,如磁盘;当信息要进行快速读取时,利用可以高速读取的内存;当信息要远距离传输时,会选用利于快速、可靠传输的光纤;当信息需要快速计算时,采用大规模集成电路;当信息需要用于控制时,采用利于有效控制的控制器,这样用指令可以指挥控制器进行各种有效的控制。

(4) 当信息需要进行复杂、智能的处理时,还会利用各种信息处理和人工智能的算法,由于这些算法都是基于一定的数学模型,可以转换为计算,因此也非常适宜用信息技术处理。数字或者从更广泛的意义上说是指编码成为转换、传输和处理的对象,变成一切的转换中心,将所有的技术和设备联系起来。

简言之,通过编码转换和处理,将各种最好的技术和最优秀的设备都应用、集成于信息技术中,不仅可以实现人-机(未来可能是人-机-物,乃至于任何事物)之间的非常高效的通信与对话,其中通信的关键在于听到语音,而编码译码的目的是听懂语音（当然有些没有对应的码表,而是通过复杂规则乃至未知规则而得到的编码,则需要采用神经网络和人工智能等方法才能听懂）,而利用控制等技术可以让它们不仅能听懂,而且能够按照要求去做,所以才有了今天的信息社会。否则,我们很难相信：短短的一个指令即可控制、操纵万里之外的设备;鼠标轻轻一点,即可产生让原子弹爆炸的威力,这是一种新的蝴蝶效应,远远超出了古人提到的"四两拨千斤",这说明信息技术与其他的技术结合在一起时可以产生难以想象的、近似于无所不能的功能。同时,它也将大量需要人工操作处理的事务转换为计算机可以处理的问题,这样使得它可以大量取代人的操作。阿基米德说："给我一个支点和一根足够长的杠杆,我就能撬动整个地球。"或许今天我们可以说："给我一台联网的计算机,我就可以做出一连串的惊人举动,乃至影响宇宙。"

许多算法未必受理论特别是深奥理论的启发,算法的设计者也未必是本行业的大人物,但是应用却非常广泛。比如 Turbo 码和 LZ 系列压缩编码算法并不是直接以理论为指导。其中的一些思想和方法可能并不是直接在理论的指导下产生的,有时候则是凭借一种直观或直接的方法产生,比如 LZ 编码,直接分析就可以得出其压缩的效果,而如果根据香农理论来阐释其压缩机理,反而会把问题搞得更加复杂。今天 Turbo 码在通信界几乎无人不晓,Turbo 码的诞生过程却有一段引人入胜的故事。1993 年在日内瓦召开的 IEEE 通信国际会议上,两位当时名不见经传的法国电机工程师克劳德·伯劳和阿雷恩·格莱维欧克斯声称他们发明了一种编码方法,可以使信道编码效率接近于香农极限。这一消息太"轰动"了,以致多数权威认为一定是计算或实验有什么错误,许多专家甚至懒得去读完这篇论文。在此之前,人们试图提出各种编码方法,以接近香农极限,但是始终与之有很大的差距。克劳德·伯劳和阿雷恩·格莱维欧克斯的数学功底也许并不怎么样,他们没有试图从数学上找突破口,因此他们的论文在会议上被怀疑甚至忽略就不足为奇了,在这些专家看来他们根本不是"圈内"的人。凭着电机工程师的经验,他们发现在电子学中经常用到的反馈概念似乎被数学家们忽略了。也许反馈能够绕过计算复杂性问题,于是他们设计了一套新的办法,摈弃了"纯粹"的数字化概念,并且改变了编码器的结构,引入了反馈。直到其他小组对他们的论文重复检验的结果验证了他们方案的正确性,Turbo 码才被认可。与 Turbo 码齐名,同样能够逼近香农极限的 LDPC 编码提出得更早,却被认可得更晚,它于 1962 年由 Gallager 提出,之后很长一段时间没有受到人们的重视。直到 1993 年 Turbo 码提出,人们发现 Turbo 码从某种角度上说也是一种 LDPC 码,这样才使 LDPC 码得到重视,近几年人们重新认识到 LDPC 码所具有的优越性能和巨大的实用价值。1996 年 MacKay 和 Neal 的研究表明,采用 LDPC 长码可以达到 Turbo 码的性能。Turbo 码的产生过程使我们对创新有了更深刻的了解。如果我们从事的研究都必须是当时科学家认可的项目,类似 Turbo 码这样的创新就不可能产生。如果一切研究都要经过审批才能立项,那重大的创新就几乎不可能出现。如果什么都靠计划和规划,许多伟大的科学家和发明家就不可能产生,因为科技史上的革命性突破很多是事先没有规划或计划到的。越是重大的创新,在专家评议中可能越会得到负面的结论,国内甚至还流传着能够拿诺贝尔奖的项目反倒不适合申报国家自然科学基金之类项目的说法。实际上许多国家都意识到那种同行专家评议的制度对于重大的创新是有扼杀性的,对于这类非共识项目都出台了特别的扶持和激励措施,对于重大创新项目采取了灵活的评审机制,并且进行特别的强调和支持。近世代数的两大创始人阿贝尔和伽罗华的理论在编码中有着广泛应用,但这两位数学家的成就至死都不被学界认可,寄给大数学家的论文不被理解或弃于垃圾堆,均英年早逝。这些成果在多年之后才被认可,推迟了科学发展的进程。

颠覆性新技术的发现往往是在模型上的突破。信息论中讨论的信源模型采用简单的符号之间的概率相关性,消除相关性的冗余比较烦琐,而且也不太符合实际情况。用香农信息论的模型来研究语言的压缩,由于语言的复杂性,应用信息论的模型要么太复杂而导致无法用数学描述(比如用无限长、不平稳、无规律、有记忆的信源),要么不符合实际(比如平稳信源、马尔可夫信源和独立信源等),这些模型并没有很好地反映语言冗余的规律性。实际上语言有它自己的规律性,比如以不等长度的词为整体的重复,句子和片段的重复都比较多。而 LZ 编码则充分考虑了这种冗余特性,从而进行有效的压缩。其他一些新型且实用的压缩算法也充分利用了语言的其他冗余特性。Turbo 码在设计上也采用了与前人迥异的方法。

专业化和理论化有时候很有用,但是它们只是提供了更多的选择性和更多的视角,有时候许多问题不一定非得从非常专业的角度来分析和解决,比如 LZ 编码和 Turbo 码的设计就不是直接用已有理论为指导。LZ 编码虽然也符合香农理论,但是其中的冗余的体现更容易用一段话的重复来分析,而难以用这段话相邻序列各个符号之间的相互概率上的相关性来分析的。如果要用信息论来解释,比直观的分析更烦琐,所以有时候不受制于理论的直观分析也是值得提倡的。实际上,语言用语法结构来建立信源模型可能更能够体现语言的冗余特点,依此可能设计出相应的信源编码方法。这也告诉我们,同一问题可能受制于不同的规律,从所有的这些规律的角度都可能建立模型,而获得解决问题的不同方法。

信息技术能够有如此广泛的应用,应该说是将现实中问题的部分或者全部进行了信息化的抽象,通过信息技术,极大地延伸了我们的手臂和语言,强化了我们的大脑,敏锐了我们的五官,这其中信号不停地发生改变,而信息的本质没有改变。此外,现代信息技术对信息做了许多简化和规范化的工作,这使得对信息的理解比自然语言理解要容易得多。

由于信息是对现实问题的抽象,因此信息具有的强大表达能力使得它可以将文字、图像和视频都用二进制数据表达出来,并使得信息交互成为许多事务处理的桥梁,它能够将不同的设备、部件、人、机、物有效地连接或组合起来。它使得设备模仿人成为可能,不仅允许人-机之间能够通话,让计算机能够"听话",而且可以让计算机自己进行思考,计算机之间也可以通话和协调,这为高科技特别是高智能的发展奠定了很好的基础。

思考题与习题

1. 在信源编码、信道编码和加密编码中,采用长序列进行编码各具优势,这是为什么? 给我们什么启示?

2. 谈谈自己对信息论与编码的发展的新看法。

3. 检查本书中所有的定义、参数及其他给定的对象,是否可能不确定? 是否存在局限性？

4. 在通信与信息的处理过程中，除了通信的可靠性、安全性和有效性外，还存在哪些需求？是否可以建立相关理论？

5. 根据已经分析出的局限性与制约，尝试推广信息论。

6. 无失真编码方法是否可以为限失真编码和信道编码所借鉴？

7. 对于信息的可靠性、安全性和有效性，除了前面已经讨论的方面以外，还存在新的需求吗？

第 9 章

信息论与编码技术的实现与应用

学习理论知识只是为应用提供一定的基础,实际上理论知识与应用知识并不能完全相互代替。此外,有些时候理论知识与应用知识是独立的,比如一些算法,我们甚至可以在不知道其原理的情况下就调用相关的函数和类库等,只要知道这些函数如何调用以及有哪些参数和接口就行了。对于一些算法的软件实现(如果实现不是为了学习算法的目的,而是要真正使用该软件),我们建议无须自己按照算法一步一步去写代码,而是直接调用比较出名的函数和类库,它们不仅对一些现实问题提供了很好的解决方案,而且代码也比较优化,同时避免了一些错误。一个好的程序员应该学会读代码,而且要多读代码,并善于引用别人的代码。大型系统中的代码量很大,许多复杂的实现不可能自己一一去写代码,借鉴、整理和组合他人的代码是最好的方法。在实现与应用中,书本上的知识未必特别有用,而且许多教材对于应用中必然遇到的问题都缺乏必要的说明,这是有违于本科生的就业背景的。本章提供了一些相关的应用知识或在应用方面给予指引。

关于信息论的应用,主要是用于理论研究方面,比如应用于密码算法安全性度量,最大熵原理也是信息论派生的一种应用。在应用香农三大极限定理时应该注意的是,它们依然有变数,包括模型的选择以及一些参数的确定。以信源编码为例,在语言的压缩过程中,符号之间的相关性不规则,相关性的强弱与位置的关系也是变动的,比如词中的字符相关性一般比较强,但是词的长度是变化的,将信源符号序列以较长分组为一个整体进行压缩可以消除分组内部符号间的相关性。但是也存在代价,比如有些符号(符号序列)与码字的对应关系需要发给对方,这也是需要付出代价的,有时候这些代价又是相互消长的关系,这就涉及如何考虑实际情况并选取合理参数的问题。这告诉我们,许多编码中的参数具有可变性。当然实际上如果去掉条件模型制约,还会有更多动态的、可变的参数,它们会使得问题更加复杂。这需要进行综合分析,同时结合实际情况进行抉择。参数的确定问题在本章不涉及。

熵作为一个重要的概念也在管理学等方面得到了应用。熵本身是不确定性和无序的度量,在管理活动的某些方面,我们希望各种活动是有序的,是确定地遵循某些规章制度和标准运作的。但是,随着时间和环境的变化,组织结构变得不再适合企业的发展,各职能部门不断增加,层级变得越来越多,组织日益复杂起来,内部结构性摩擦系数增大,相互之间的冲突越来越多,协调和整合越来越困难,组织内的有效能量衰退,反应能力低下;而且由于组织复杂庞大,信息渠道延长,节点增多,经常出现信息失真和迟滞现象,影响组织的正常决策。这种现象与信息和热力熵问题具有相似性,于是不同的学者从不同的角度出发定义了管理熵。有学者认为管理熵是管理的信息与概念系统在管理信息的传递过程中的传递效率与阻力损失的度量,即对管理系统输入的物质、能量与信息转化成管理功能的转化率的度量;也有学者认为管理熵是指任何一种管理的组织、制度、政策和方法等,在相对封闭的组织运行过程中,总呈现出有效能量逐渐减少而无效能量不断增加的一个不可逆的过程。这也是组织结构中的管理效率递减规律。从战略管理系统的角度体现出的管理熵则来源于后者的定义。战略管理作为一种管理方式,也存在熵增效应,即效率递减规律。主要原因有两方面:一是外部环境因素的变化带来的战略管理的不适应性,导致管理熵增加;二是在内部组织结构、人员、政策和制度等本身的产生、成长、放大、膨胀和老化的过程中,管理熵会增加,管理效率会递减。因此,战略管理系统的功能在这两个过程中会逐渐地老化和衰退。

关于应用方面,读者更应当查阅专利文献和网络上的文章。专利文献非常强调对于本专业人员的可实现性,专利相关的规定要求专利说明文件必须达到这一要求;网络上有许多文章都非常通俗易懂,不拘一格,并且附带截图、视频、实例和代码。而一些论文和书籍一般都做不到这一点。

在信息技术这个行业,如果能够发掘潜在产业,可能会带来巨大的财富。在信息技术领域,可以用非常低廉的投入获取非常巨大的收益,而且这些收益的来源甚至都不是直接的收费,而是具有许多非常广泛的、巧妙的盈利模式。有时候,只需要一台简单的计算机作为服务器,连接互联网,编写一些代码,就能为大量的客户提供具有很高价值或附加值的服务。可以多了解一下搜狐、百度、腾讯和淘宝等 IT 业巨头的发展史。

9.1　密码算法编程实现指引

密码算法的相关实现要求善于寻找方法,现在各类加密算法很多,可以满足不同的需要,我们没有必要去研究和了解每一个算法。对于实际应用和开发,首先应该考虑的是,系统是否附带了相应的功能。比如 EFS 加密系统在一般的系统中都是附带的,只需要使用即可;安全套接字(SSL)在浏览器中一般都有集成,只需要在目录安全性中做相应的配置即可;虚拟专用网(VPN)在许多操作系统中也是集成的,其服务器端和客户端都只需要进行相应的配置即可。

如果没有这样的条件,则可以考虑自己编程实现。但是在编程实现过程中依然要充分利用前人的成果。

(1)利用前人建立的加密算法代码库。许多代码是开源免费或非商业应用免费的,不存在版权等方面的风险,如 GNU Crypto 和 Cryptlib 等。

(2)调用相关的 API 和函数。比如,加密可以用 cryptapi。

(3)利用一些类库、框架,如.NET 的 system.security.cryptography 和 Java 的安全框架 spring security 和 shiro。

(4)有些诸如 OpenSSL 之类的软件包也提供相应的函数,可以调用相关的加密函数。

(5)参考一些公开的源代码,比如 PGP 的代码就是公开的。

一般来说,一些类集成了许多的实现过程,用集成度高的加密类库更方便,不要从底层开始编写已有的功能。在实现过程中会遇到各种各样的来自各方面的问题,有时候甚至是别人的错误。许多问题的解决方法是无法从书本上学习到的,需要自己去摸索和解决,并且充分利用网络资源。在实现过程中,许多书本上没有明确规定的问题也需要自己想办法去选择和解决。

在密码系统中,有时候存在许多数据块,需要存放在一个或者多个文件中。如果将不同的数据存放在一起,依然需要考虑如何对这些数据划界,比如指定数据块的大小、打标记、采用压缩包或者采用特别的格式等。

我们依然需要注意的是,并不是完全依靠书本知识就可以直接实现加密算法,比如对于分组密码,由于明文长度不一定是分组长度的倍数,一般是需要填充的,而且需要保证解密的时候能够确定填充的长度,以保证可逆性。我们需要选择填充的方法,还需要选择加密的工作模式。

在网络上可以找到大量关于算法的源代码,所以如果需要了解算法在各种语言下的具体实现,可以查阅网络资源以及上面提到的一些库和相关书籍。

9.2　压缩编程实现指引

对于无损的数据压缩,有一些类库可以调用。网络上也有一些已经写好的代码可供参考和引用,特别是一些开源代码中的压缩实现。从.NET 2.0 开始,Microsoft 公司提供了一个 System.IO.Compression 命名空间,其下含有 GZipStream 和 DeflateStream,都具有压缩和解压缩功能,但是不支持 ZIP 和 RAR 等常用的压缩文件。

对于 RAR 格式,可以直接利用 WinRAR 提供的 rar.exe/unrar.exe(此文件在 WinRAR 的安装目录下,是一个控制台程序),调用方法可以参考帮助文件。其常规的命令行语法描述如下:

winrar<命令>-<开关 1>-<开关 N><压缩文件><文件…><@列表文件…><解压缩路径\\>

相关的命令和开关请参考 WinRAR 的帮助文档中的命令行模式下的内容。

对于 ZIP 格式,C♯类库包含两个类 ZipClass 和 UnZipClass,可以实现 ZIP 文件的压缩和解压缩,也可以使用开源免费的 SharpZipLib。

Java 下也有相关的压缩类,比如 ZIP 压缩、JAR 压缩和 GZIP 压缩。

有损压缩在某些时候有针对性,而且有时候涉及格式的改变,比较复杂,纠错编码一般在应用中无须额外补充,所以它们的相关资源要少很多,不过有一些具有针对性的转换文件格式的有损压缩工具。

信道编码在许多情况下是必需的,一般都在基础设施中解决了,所以一般它并不是用户可以选择的,因此往往不需要个人去编程实现,比如现行的二维码由读取设备和微信程序纠错,光盘由设备纠错,移动通信依靠相应的系统纠错,由于必须纠正错误,所以已经强制地体现在相应的标准和设备中。

9.3　字　符　编　码

信息论的编码主要考虑压缩和可靠性问题，但是现实的字符编码则需要考虑一些现实的制约因素。按照压缩的原理，我们对于文字、字符等应该是采用变长编码，而且会尽量短，现实中实际上并非如此。考虑到实现方便和运算速度，许多时候采用等长编码，有时候为了满足处理需要，会增加一定的冗余度，让编码长度为 8 位（1 字节）的倍数。在应用软件或者编程时，经常会遇到各种字符编码，下面将介绍字符的各种编码。在数据加密时，也会需要将基于任意二进制的字节流转换为字符流，这就涉及字符编码的选择。

9.3.1　ASCII 码

ASCII 码全称为美国信息交换标准代码（American Standard Code for Information Interchange），这是计算机上最早使用的通用编码方案。由于当时没有考虑到使用多语言符号，所以包含的字符很少。这种编码占用 7 位，实际在计算机中考虑计算机存储的最小单位是字节，所以占用 8 位，最高位未用，通信时有时用作奇偶校验位。因此 ASCII 编码的取值范围实际上是 0x00～0x7f，只能表示 128 个字符。后来发现 128 个字符不够用，就做了扩展，称为 ASCII 扩展编码，用足 8 位，取值范围变成 0x00～0xff，能表示 256 个字符。其实这种扩展意义不大，因为用 256 个字符表示一些非拉丁文字远远不够，而用于表示拉丁文字又用不完。

9.3.2　ANSI 编码

ANSI 码的全称为美国国家标准学会（American National Standards Institute）的标准码。ANSI 字符集定义了 ASCII 的字符集，以及由此派生并兼容的字符集，如 GB2312 等。

每个非拉丁语系的国家和地区制定自己文字的编码规则，并得到了 ANSI 的认可，符合 ANSI 的标准，全世界在表示对应国家的文字时都通称这种编码为 ANSI 编码。换句话说，中国的 ANSI 编码和日本的 ANSI 编码的意思是不一样的，因为分别代表自己国家的文字编码标准。比如，中国的 ANSI 码对应的是 GB2312 标准，日本的是 JIT 标准，中国香港和台湾地区对应的是 BIG5 标准等。Microsoft 公司从 Windows 95 开始就使用自己研制的一个标准 GBK。GB2312 中只有 6763 个汉字和 682 个符号，所以确实有时候不够用。GBK 一直能和 GB2312 相互混淆并且相安无事的一个重要原因是，GBK 全面兼容 GB2312，所以没有出现任何冲突，用 GB2312 编码的文件通过 GBK 编码去解释一定能获得相同的显示效果。在 ANSI 编码中，为使计算机支持更多语言，通常使用 0x80～0xFF 范围的 2 字节来表示 1 个字符。对于 ANSI 编码而言，0x00～0x7F 之间的字符依旧是 1 个字节代表 1 个字符。这一点是 ANSI 编码与 Unicode（UTF-16）编码之间最大也最明显的区别。比如"A 君是第 131 号"，在 ANSI 编码中，占用 12 字节，而在 Unicode（UTF-16）编码中占用 16 字节。因为 A 和 1、3、1 这 4 个字符在 ANSI 编码中只各占 1 字节，而在 Unicode（UTF-16）编码中各需要占 2 字节。在 ANSI 的标准中保留了 ASCII

的编码,其余部分可以任由不同国家对自己的文字进行编码,而且可以采用多个字节。

不同的国家和地区制定了不同的 ANSI 编码标准,不同 ANSI 编码之间互不兼容,当在国际交流信息时,无法将属于两种语言的文字存储在同一段 ANSI 编码的文本中,所以才会有 Unicode。

ANSI 编码的正式名称为 MBCS(Multi-Byte Character System,多字节字符系统),通常也称为 ANSI 字符集。在编程中一般使用 MBCS 这一名称。

9.3.3 MBCS

MBCS 意为多字节字符系统,在 MBCS 编码中,有一些 1 字节长的字符,而另一些字符大于 1 字节的长度,即 1 字节和 2 字节(或更多)混合使用。同时能表示西文字符和中文字符(当然也可以表示别的国家字符,根据 CodePage 码而定),这是为了兼容不同国家的文字编码方案。为了区别不同长度的字符,将非 ASCII 码字符的最高位置为 1。

在基于 GBK 的 Windows 中,不会超过 2 字节,所以 Windows 这种表示形式又称为DBCS(Double-Byte Character System,双字节字符系统),其实 DBCS 是 MBCS 的一个特例。

C 语言默认就是使用 MBCS 格式存放字符串,从原理上来说,这是非常经济的一种方式。

9.3.4 CodePage

CodePage 译为代码页,最早来自 IBM 公司,后来被 Microsoft、Oracle 和 SAP 等公司广泛采用。因为 ANSI 编码在每个国家都不统一和不兼容,可能导致冲突,所以一个系统在处理文字时,必须要告诉计算机在本系统中使用的 ANSI 是哪个国家和地区的标准,Microsoft 公司将这种国家和标准的代号(其实就是字符编码格式的代号)称为CodePage,其实它和字符集编码的意思是一样的,声明了 CodePage 本质上就是声明了编码格式。但是不同厂家的 CodePage 可能完全不同,哪怕是同样的编码,比如 UTF-8 字符编码在 IBM 公司对应的 CodePage 是 1208,在 Microsoft 公司对应的是 65001,在 SAP公司对应的是 4110,所以它也存在不兼容、不统一的问题。

9.3.5 Unicode 编码

Unicode(统一码、万国码或单一码,Universal Code)是一种在计算机上使用的字符编码,它是为了解决前面述及的一些编码的兼容性问题而推出的。它为每种语言中的每个字符设定了统一并且唯一的二进制编码,以满足跨语言、跨平台进行文本转换和处理的要求。Unicode 从 1990 年开始研发,于 1994 年正式公布。随着计算机工作能力的增强,Unicode 也在面世以来的十多年里得到普及。Unicode 的相关标准可以从 unicode.org 网站获得,它其实只是一张巨大的编码表。要在计算机上实现,也出现了几种不同的方案,也就是如何表示 Unicode 编码的问题,包括 UTF-8、UTF-16 和 UTF-32。UTF 是 UCS Transformation Format 的缩写,可以翻译成 Unicode 字符集转换格式。UTF-8(UCS Transformation Format 8bit)以 8 位(即 1 字节)为单位来标识文字,注意这并不是说一个文字用 8 位标识,而是用 8 位的倍数来标识。它其实是一种可变字节的 MBCS 方案,到底需要几个字节表示一个符号,要根据这个符号的 Unicode 编码来决定,最多 4 字节。UTF-8 的特点是对不同范围的字符使用不同长度的编码。对于 0x00～0x7F 之间的字符,UTF-8 编码与 ASCII 编码完全相同。类似地,UTF-16 以 16 位无符号整数为单位。现在计算机上的 Unicode 编码一般指的就是 UTF-16。UTF-32 则全部采用 4 字节,但是冗余度太大了。现在绝大部分计算机实现在 Unicode 时还是采用 UTF-16 的方案,当然也有一些系统采用 UTF-8 的方案。比如 Windows 用的就是 UTF-16 方案,而不少 Linux 用的是 UTF-8 方案。

编码的存储上也存在两种不同的方法。

(1) LE(little endian,小字节字节序)。意思是一个单元在计算机中按照低位在前(低地址)、高位在后(高地址)的模式存放。

(2) BE(big endian,大字节字节序)。和 LE 相反,BE 是高位在前、低位在后。比如一个 Unicode 编码为 0x006C49,如果是 LE,那么在文件中的存放顺序应该是 49 6c 00;如果是 BE,则顺序应该是 00 6c 49。

为了便于检测到底采用什么编码,Unicode 对每种格式和字节序规定了一些特殊的编码,这些编码在 Unicode 中是没有使用的,所以不会发生冲突。这种编码称为 BOM(Byte Order Mark)头,意思是字节序标志头,通过它基本能确定编码格式和字节序。但是这个 BOM 头只是建议添加,而不是强制的,所以不少软件和系统没有添加这个 BOM 头(因此有些软件格式中可以选择带或不带 BOM 头),就可能会出错。

通过以上的编码比较,可以看出 Unicode 标准是具有很好兼容性的编码,不会造成乱码等问题。

关于更详细的信息,可以参考 softman11 的《彻底搞懂字符编码》(http://blog.csdn.net/softman11/article/details/6124345)。

以上字符编码主要是为了将各种文字都编入到一个统一的编码体系中,方便各种文本、语言的处理。而为了一些特殊用途,我们还经常用到 Base64 编码,它的源可能是各类数据(不一定是文本、字符),经过编码后变成字符。

9.3.6　Base64 编码

我们经常会在打开一些文件的时候看到乱码和空格,这是因为这些字符有些以冷僻字符的形式显示,有些甚至没有对应的显示形式,这些空格未必对应于空信息,也未必对应于相同的二进制数据。为了让数据以可见、可打印的方式显示,或者以字符形式写入文件,就需要采用一定的编码转换。Base64 编码是一种常用的将二进制数据转换为可打印或者可在显示器中识别的字符的编码,其原理为将数据对应于 ASCII 码中可以打印的 64 个字符。与 HEX 显示相比,Base64 占用的空间较小。Base64 编码在 RFC3548 中定义,可用于在 HTTP 环境下传递较长的标识信息。例如,在 Java Persistence 系统的 Hibernate 中,就采用 Base64 将一个较长的唯一标识符(一般为 128 位的 UUID)编码为一个字符串,用作 HTTP 表单和 HTTP GET URL 中的参数。在其他应用程序中,也常常需要把二进制数据编码为适合放在 URL(包括隐藏表单域)中的形式。

Base64 要求把每 3 个 8 位的字节转换为 4 个 6 位的字节（3×8＝4×6＝24），然后把每个 6 位再添加两个高位 0，组成 4 个 8 位的字节，也就是说，转换后的字符串理论上要比原来的长 1/3，会带来一定的数据冗余。然后根据这个数字查表即得到结果。原文的字节数如果不是 3 的倍数，可以用全 0 来补足，转换时 Base64 编码用等号（＝）来代替。

标准的 Base64 并不适合直接放在 URL 里传输，因为 URL 编码器会把标准 Base64 中的"/"和"＋"字符变为形如"％××"的形式，而这些"％"符号在存入数据库时还需要再进行转换，因为 ANSI SQL 中已将"％"符号用作通配符。为解决此问题，可采用一种用于 URL 的改进 Base64 编码，它不在末尾填充等号，并将标准 Base64 中的"＋"和"/"分别改成了"＊"和"－"，这样就免去了在进行 URL 编码和解码以及进行数据库存储时所要做的转换，避免了编码信息长度在此过程中的增加，并统一了数据库和表单等处对象标识符的格式。另有一种用于正则表达式的改进 Base64 变种，它将"＋"和"/"改成了"！"和"－"，因为"＋"和"＊"以及在 IRCu 中用到的"["和"]"在正则表达式中都可能具有特殊含义。此外还有一些变种，它们将"＋/"改为"_－"或"._"（用作编程语言中的标识符名称）或".－"（用于 XML 中的 Nmtoken）甚至"_:"（用于 XML 中的 Name）。

Base64 编码可用于在 HTTP 环境下传递较长的标识信息。在其他应用程序中，也常常需要把二进制数据编码为适合放在 URL（包括隐藏表单域）中的形式。在 MIME 格式的电子邮件中，Base64 可以用来将二进制的字节序列数据编码成 ASCII 字符序列构成的文本。在使用时，可在传输编码方式中指定 Base64。Mozilla Thunderbird 和 Evolution 用 Base64 来保密电子邮件密码。PGP 中也使用 Base64 编码来达到可打印的目的。

Base64 也会经常用作简单的"加密"来保护某些数据，而真正的加密通常都比较烦琐。垃圾信息传播者用 Base64 来避开反垃圾邮件工具，因为那些工具通常都不会解码 Base64 的信息。在 LDIF 文件中，Base64 用作编码字串。

我们在电子邮件、数据加密等应用开发中，经常需要用到 Base64 编码，在许多程序语言中，Base64 编码都有相应的类库和函数可供调用，比如 C♯语言使用.NET 中的库类和函数，实现如下：

```
/// <summary>
/// Base64 编码
/// </summary>
/// <param name="Message"></param>
/// <returns></returns>
public string Base64Code(string Message)
{
    byte[] bytes=Encoding.Default.GetBytes(Message);
    return Convert.ToBase64String(bytes);
}
/// <summary>
/// Base64 解码
/// </summary>
```

```
/// <param name="Message"></param>
/// <returns></returns>
public string Base64Decode(string Message)
{
    byte[] bytes=Convert.FromBase64String(Message);
    return Encoding.Default.GetString(bytes);
}
```

9.4 图 形 码

人们千百年来沿用的文字符号已经约定俗成，这些文字符号构成的图像存放的信息量怎么样？有何不足？人与机器设备对信息的识别和获取能力上有何差异？用设备识别信息有何优点？

字符编码是为了方便人和电脑识别信息，特别是文本信息。但是随着摄像头、扫描设备的出现，人们设计了更利于设备识别的图形码，比如条形码。随着扫描设备的进一步发展，又出现了更加复杂并且可以包含更大信息量的二维码，目前二维码应用已经越来越广泛，让手机、扫描设备或摄像头代替人去读取信息成为一种趋势。

9.4.1 条形码

条形码（barcode）技术最早产生在风声鹤唳的 20 世纪 20 年代，诞生于威斯汀豪斯（Westinghouse）的实验室里，由于只利用一个维度上的信息，也称为一维码。一位名叫约翰·科芒德（John Kermode）的性格古怪的发明家"异想天开"地想对邮政单据实现自动分拣，那时候对电子技术应用方面的每一个设想都使人感到非常新奇。他的想法是在信封上做条码标记，条码中的信息是收信人的地址，就像今天的邮政编码。为此科芒德发明了最早的条码标识，设计方案非常简单，即一个"条"表示数字"1"，两个"条"表示数字"2"，以此类推。然后，他又发明了由基本元件组成的条码识读设备：一个扫描器（能够发射光并接收反射光）、一个测定反射信号条和空的方法（即边缘定位线圈）和使用测定结果的方法（即译码器）。科芒德的扫描器利用当时新发明的光电池来收集反射光。白纸上的"空"基本上不吸收光，反射回来的是强光；黑色的"条"会吸收光，所以反射回来的是弱光。开关由一系列的继电器控制，"开"和"关"由打印在信封上的"条"的数量决定。通过这种方法，条码符号直接对信件进行分检。此后不久，科芒德的合作者道格拉斯·杨（Douglas Young）在科芒德码的基础上做了些改进。科芒德码是等距离分割空间，所包含的信息量相当少。而杨提出的码使用更少的条，但是利用条之间空的尺寸变化，就像今天的 UPC 条码（Universal Product Code，统一商品编码）符号使用四个不同的条空尺寸。不仅仅条的距离是可变的，而且条的宽度也是可变的，新的条码符号在同样大小的空间可以存放的信息量大大增加。直到 1949 年诺姆·伍德兰（Norm Woodland）和伯纳德·西尔沃（Bernard Silver）发明的全方位条形码符号技术才在专利文献中首次公开了条形码技术，为了方便不同朝向下的解码，诺姆·伍德兰和伯纳德·西尔沃的想法是利用科芒德和杨的垂直的"条"和"空",并使之弯曲成环状,扫描器通过扫描图形的中心,能够对条形码符号解码。

目前条形码的应用主要是对商品进行编码。其中 UPC 码(Universal Product Code)是最早大规模应用的条码,其特性是一种长度固定、连续性的条码,目前主要在美国和加拿大使用,由于其应用范围广泛,故又称为万用条码。UPC 码仅可用来表示数字,故其字码集为数字 0~9。UPC 码共有 A、B、C、D、E 五种版本。为了国际上通用,由欧洲国家发展出 EAN 码,EAN 码由国际物品编码协会制定,编码中包含有国家码,可以区分不同国家。EAN 码符号有标准版(EAN-13)和缩短版(EAN-8)两种。标准版表示 13 位数字,又称为 EAN13 码,缩短版表示 8 位数字,又称 EAN8 码。为了检错,条形码往往添加了校验位。两种条码的最后一位为校验位,由前面的 12 位或 7 位数字计算得出。EAN 码由前缀码、厂商识别码、商品项目代码和校验码组成。另外,图书和期刊作为特殊的商品也采用了 EAN13 表示 ISBN 和 ISSN。

现在快递、图书编码、医院挂号、医院病历管理甚至资产管理等都广泛应用条形码。条形码具体的编码可以查阅相关网络资源。

你认为还有方法增加条形码的信息量吗?是否存在其他可以在同样空间下存储更大信息量的编码呢?

条形码有什么优势,带来了什么好处?是否可以将一维码推广到多维,最合适的是几维?

9.4.2 二维码

条形码是一维的,可以存储的信息量少。二维码(2-dimensional bar code)是用某种特定的几何图形按一定规律在平面(二维方向上)分布的黑白相间的图形记录数据符号信息的图形码。常用的码制有 Data Matrix、Maxi Code、Aztec、QR Code、Vericode、PDF417、Ultracode、Code 49 和 Code 16K 等。

二维条码/二维码可以分为堆叠式/行排式二维条码和矩阵式二维条码。

(1)堆叠式/行排式二维条码。堆叠式/行排式二维条码又称堆积式二维条码或层排式二维条码,其编码原理建立在一维条码基础之上,按需堆积成两行或多行。它在编码设计、校验原理、识读方式等方面继承了一维条码的一些特点,识读设备与条码印刷与一维条码技术兼容。但由于行数增加,需要对行进行判定,其译码算法与软件也不完全相同于一维条码。具有代表性的行排式二维条码有 Code 16K、Code 49、PDF417 和 MicroPDF417 等。

(2)矩阵式二维条码。矩阵式二维条码(又称棋盘式二维条码)是在一个矩形空间通过黑、白像素在矩阵中的不同分布进行编码。在矩阵的相应元素位置上,用点(方点、圆点或其他形状)的出现表示二进制"1",点的不出现表示二进制"0",点的排列组合确定了矩阵式二维条码所代表的意义。矩阵式二维条码是建立在计算机图像处理技术、组合编码原理等基础上的一种新型图形符号自动识读处理码制。具有代表性的矩阵式二维条码有 Code One、MaxiCode、QR Code、Data Matrix、Han Xin Code 和 Grid Matrix 等。

你认为以上哪一类编码包含的信息量更大,为什么?

二维码在现实生活中的应用越来越普遍,比如我们现在离不开微信和支付宝的扫码,现在大量的二维码都是源于日本的 Quick-Response Code（简称 QR Code），顾名思义，它有很快的解码速度。QR Code 于 1994 年由日本 DW 公司发明，该公司已经承诺放弃从相应专利中收取许可费用，这也加速了它的流行。

QR Code 能够存储大容量信息，支持所有类型的数据，可在更小空间内存储信息，有效存储和处理各种字母，对变脏和破损以及各种破坏具有很强的纠错能力，可以从任意方向读取，支持数据合并等，同时它还能设定不同的纠错能力。

二维码本身可以包含一些链接，可能将我们引到某个恶意软件或病毒，所以扫码依然需要注意安全。

有什么方法可以防止恶意的二维码链接？

以上两类二维码编码方法充分利用了图像空间的信息吗？是否存在在同样面积下信息量更大的二维编码方法？是否存在三维编码方法？

以上编码考虑了哪些因素？你认为还有哪些因素值得考虑？

9.5　常用密码系统

9.5.1　PGP

PGP（Pretty Good Privacy）是一款非常完善的加密和签名系统，可以让电子邮件、磁盘、文件夹或文件具有保密和认证功能。它提供了强大的保护功能，可以将文档加密后再传送给他人，加密后的信息看起来是一堆无意义的乱码，除了拥有解密密钥的人看得到以外，没有人可以解读。

PGP 是 20 世纪 80 年代中期由 Hil Zimmermann 提出的方案，其创造性在于把 RSA 公钥体系的方便和传统加密体系的高速结合起来，公钥采用 RSA 加密算法，实施对密钥的管理；分组密钥采用了 IDEA（International Data Encryption Algorithm，国际数据加密算法），实施对信息的加密，并且在数字签名和密钥认证管理机制上有巧妙的设计。因此 PGP 几乎成为最流行的公钥加密软件包。PGP 应用程序的一个特点是它的速度快、效率高；另一个显著特点就是其可移植性出色，它可以在多种操作平台上运行。PGP 主要具有加密文件、发送和接收加密的电子邮件以及数字签名等功能。它采用了以下技术：审慎的密钥管理、一种 RSA 传统加密的杂合算法、用于数字签名的邮件文摘算法和加密的杂合算法，用于数字签名的邮件往往在加密前进行压缩，它还有一个良好的人机会话设计。它的功能强大，速度快，而且前期是开源免费的，现在已被赛门铁克（Symantec）公司收购，不再免费。

PGP 的主要功能如下：

（1）使用 PGP 对邮件加密和签名，以防止非法阅读、伪冒或者篡改。

（2）能够对文件进行数字签名。

（3）能够安全清理磁盘上的信息，防止通过数据恢复软件恢复已删除的信息。

（4）能够加密文件。

（5）能够设置虚拟的加密盘，将文件都存储到一个加密的文件中，并且可以加载为一个虚拟磁盘。

（6）全盘加密，也称完整磁盘加密。该功能可将整个硬盘上所有数据加密，甚至包括操作系统本身。提供极高的安全性，没有密码之人绝无可能使用你的系统或查看硬盘里面存放的文件、文件夹等数据。即便将硬盘拆卸并安装到另外的计算机上，该功能仍将忠实地保护你的数据。加密后的数据维持原有的结构，文件和文件夹的位置都不会改变。

（7）即时消息工具加密。该功能可将支持的即时消息工具（IM，也称即时通信工具、聊天工具）所发送的信息完全经由 PGP 处理，只有拥有对应私钥和密码的对方才可以解开消息的内容。

（8）PGP 压缩包。该功能可以实现类似其他压缩软件的加密打包压缩，但是它的安全性高。

（9）网络共享。可以使用 PGP 安全地接管你的共享文件夹以及其中的文件。

（10）创建可移动加密介质（USB/CD/DVD）产品：PGP Portable。曾经独立的该产品已包含在其中，但使用时需要另购许可证。

（11）其他非常周到的安全考虑和便捷功能。

上面列出了比较全的功能，不同的版本功能不尽相同，有些版本的安全功能非常完善，包括远距离监控显示器电磁辐射的安全性（可以监控屏幕画面）。

9.5.2　加密文件系统 EFS

EFS（Encrypting File System，加密文件系统）是 Windows 2000 及以上版本中附带的 NTFS 文件加密系统。EFS 采用透明加密技术，其好处是授权的用户无须进行任何加密和解密操作。加密对于用户来说好像是未知的，它工作于 Windows 的底层，通过监控应用程序对文件的操作，在打开文件时自动对密文进行解密，在写文件时自动将内存中的明文加密并写入存储介质。从而保证存储介质上的文件始终处于加密状态。而其他非授权用户试图访问加密过的数据时，就会收到"访问被拒绝"的错误提示。EFS 是通过 Windows 用户来识别用户合法性的，验证过程是在登录 Windows 时进行的，只要登录到 Windows，就可以打开任何一个被授权的加密文件。

类似于 PGP，EFS 加密是基于公钥和私钥算法混合加密的。在使用 EFS 加密一个文件或文件夹时，系统首先会生成一个由伪随机数组成的 FEK（File Encryption Key，文件加密密钥），然后利用 FEK 和数据扩展标准 X 算法创建加密后的文件，并把它存储到硬盘上，同时删除未加密的原始文件。随后系统利用 Windows 用户的公钥加密 FEK，并把加密后的 FEK 存储在同一个加密文件中。而在访问被加密的文件时，系统首先利用当前用户的私钥解密 FEK，然后利用 FEK 解密出文件。在首次使用 EFS 时，如果用户还没有公钥/私钥对（统称为密钥），则会首先生成密钥，然后加密数据。如果用户登录到了域环境中，密钥的生成依赖于域控制器，否则依赖于本地机器。

补充：一般我们将经过权威机构签名认证过的公钥称为数字证书，不过有时候这个概念会泛化。之所以称为证书，是因为它的作用是标识用户的身份；从另一个角度来说，它经过了权威机构的签名认证。公钥之所以能够起到标识用户身份的作用，是在于公钥密码体制可以用来执行加密和签名，这样只需要知道通信一方的公钥，即可验证其签名，而且也可以加密数据,保证只有公钥对应的人(因为他也是私钥的唯一持有人)才能解密。

一个从未采用 EFS 加密的用户在登录后,在 Internet Explorer 浏览器的菜单中选择"工具"→"Internet 选项"命令,选择"内容"标签,单击"证书"按钮,然后就可以看到 Internet Explorer 浏览器已经信任了许多"中级证书颁发机构"和"受信任的根证书颁发机构"。在个人一栏中的证书就是用户个人的,一般没有做一些公钥算法的操作时,个人栏是没有证书的。但是在经过第一次 EFS 加密后,就有了一个证书(未经签名的公钥在严格意义上不是证书),实际上系统自动生成了一个公钥/私钥对。其中的私钥对于解密 EFS 加密的文档是必需的,私钥利用用户身份信息加密,所以用户需要备份。否则,一旦用户的用户名或密码丢失,则经过加密的文档在计算机中将不再是透明的。

1. EFS 加密

右击 NTFS 分区中的一个文件,在快捷菜单中选择"属性"命令,在出现的对话框中单击"常规"选项卡,然后单击"高级"按钮,在出现的对话框中选中"加密内容以便保护数据"复选框,单击"确定"按钮即可。

也可使用 DOS 命令 cipher 进行加密。

cipher 的功能是在 NTFS 卷上显示或改变文件的加密。如果执行不带参数的 cipher 命令,将显示当前文件夹及其所含文件的加密状态。cipher 命令的语法为:

```
cipher [{/e|/d}] [/s:dir] [/a] [/i] [/f] [/q] [/h] [/k] [/u[/n]] [PathName [···]] |
[/r:PathNameWithoutExtension] | [/w:PathName]
```

参数的功能如下。

/e:加密指定的文件夹。文件夹做过标记后,以后添加到该文件夹中的文件也会被加密。

/d:将指定的文件夹解密。文件夹做过标记后,以后添加到该文件夹的未加密文件不会被加密,加密的文件则会被解密。

/s:dir:在指定文件夹及其全部子文件夹中执行所选操作。

/a:执行文件和目录操作。

/i:即使发生错误,仍然继续执行指定的操作。默认情况下,cipher 遇到错误时将停止。

/f:对所有指定的对象进行加密或解密。默认情况下,cipher 会跳过已加密或已解密的文件。

/q:只报告最基本的信息。

/h:显示带隐藏属性或系统属性的文件。默认情况下,这些文件是不加密或解密的。

/k:为运行 cipher 的用户创建新的文件加密。如果使用该选项,cipher 将忽略所有其他选项。

/u:更新用户文件的加密密钥或将代理密钥恢复为本地驱动器上所有已加密文件中的当前文件(如果密钥已经改变)。该选项仅随/n 一起使用。

/n:防止密钥更新。使用该选项可以查找本地驱动器上所有已加密的文件。该选项仅随/u 一起使用。

PathName：指定文件、文件夹或它们的匹配模式。

/r：PathNameWithoutExtension：生成新的恢复代理证书和私钥，然后将它们写入文件（该文件的名称在 PathNameWithoutExtension 中指定）。如果使用该选项，cipher 将忽略所有其他选项。

/w：PathName：删除磁盘卷上的未使用部分的数据。PathName 表示所要求卷上的任何目录。如果使用该选项，cipher 将忽略所有其他选项。/w 在删除可以访问的卷的部分数据后将不把存储空间分配给文件或目录。由于它不锁定驱动器，所以其他程序可以获取该卷上的空间，此空间 cipher 无法删除。由于该选项在卷的大部分空间执行写入操作，所以要全部完成将花费较长时间，应该只在必要时使用。

/?：在命令提示符状态下显示帮助。

以上 DOS 命令的各参数之间必须有空格。

经过加密后的加密文件名的颜色变成了绿色，当其他用户登录系统后打开该文件时，就会出现"拒绝访问"的提示，这表示 EFS 加密成功。而如果想取消该文件的加密，只需取消选中"加密内容以便保护数据"复选框即可。注意，EFS 加密只针对 Windows 2000 及以上版本中磁盘格式为 NTFS 的文件加密，而所有家庭版（Home）和入门版都不支持 EFS 加密。

2. EFS 在特定情况下的解密

对文件进行解密有如下几种情况。

（1）其他人想共享经过 EFS 加密的文件或文件夹。

（2）由于重装系统后，SID（安全标识符）的改变会使原来由 EFS 加密的文件无法打开，所以为了保证别人能共享 EFS 加密文件或者重装系统后可以打开 EFS 加密文件，必须要备份证书。

选择"开始"→"运行"菜单命令，在出现的对话框中输入 certmgr.msc，按 Enter 键后，在出现的"证书"对话框中依次展开"证书—当前用户"→"个人"→"证书"选项，在右侧栏目里会出现以用户名为名称的证书。右击该证书，在快捷菜单中选择"所有任务"→"导出"命令，打开"证书导出向导"对话框。

在向导进行过程中，当出现"是否要将私钥跟证书一起导出"提示时，要选择"是，导出私钥"选项，接着会出现向导提示要求设置密码的对话框。为了安全起见，可以设置证书的安全密码。当选择好保存的文件名及文件路径后，单击"完成"按钮即可顺利将证书导出，此时会发现在保存路径上出现一个以 PFX 为扩展名的文件。

当其他用户或重装系统后欲使用该加密文件时，只需记住证书及密码，然后右击该证书，在快捷菜单中选择"安装证书"命令，即可进入"证书导入向导"对话框。按默认状态单击"下一步"按钮，输入正确的密码后，即可完成证书的导入，这样就可顺利打开所加密的文件。

3. 设置 Windows 恢复代理

下面以 magic 用户为例介绍设置 Windows 恢复代理的步骤。

（1）以 magic 用户账号登录系统。

（2）在"运行"对话框中输入 cipher /r：c:\magic（magic 可以是其他任何名字），按

Enter 键后,系统要求输入一个密码,随后就会在 C 盘中出现 magic.cer 和 magic.pfx 两个文件。

（3）安装 magic.pfx 证书。输入刚才设置的保护证书的密码,连续单击"下一步"按钮就完成了证书的安装。

（4）选择"开始"→"运行"命令,在"运行"对话框中输入 gpedit.msc,打开组策略编辑器,依次选择"计算机配置"→"Windows 设置"→"安全设置"→"公钥策略"→"正在加密文件系统",右击鼠标,在弹出的快捷菜单中选择"添加数据恢复代理"命令,打开"添加故障恢复代理向导"对话框,打开 magic.cer,然后连续单击"下一步"按钮就完成了恢复代理的设置。最后,就可以用 magic 这个用户名来解密那些加密过的文件了。

另外一种备份密钥的方式是在浏览器中选择"工具"→"Internet 选项"→"内容"→"证书",在个人一栏直接找到对应的证书（一般以 administrator 命名）,进行导出即可备份。

4. 禁止 EFS 加密

如果想设置禁止加密某个文件夹,可以在这个文件夹中创建一个名为 desktop.ini 的文件,然后用记事本打开该文件,在其中添加如下内容:

```
[Encryption]Disable=1
```

保存并关闭这个文件。这样以后要加密该文件夹时就会收到错误信息,除非删除这个文件。

如果想在本机上彻底禁用 EFS 加密,则可以通过修改注册表实现。

5. EFS 加密注意事项

（1）只有 NTFS 格式的分区才可以使用 EFS 加密技术。

（2）第一次使用 EFS 加密后应及时备份密钥。

（3）如果将未加密的文件复制到具有加密属性的文件夹中,这些文件将会被自动加密。若将加密数据移出来,则有两种情况:若移动到 NTFS 分区上,数据依旧保持加密属性;若移动到 FAT 分区上,这些数据将会被自动解密。

（4）被 EFS 加密过的数据不能在 Windows 中直接共享。

（5）NTFS 分区中不能同时使用加密和压缩功能。

（6）Windows 系统文件和文件夹无法加密。

（7）加密文件系统不能防止文件被其他用户删除。如果要防止文件被其他用户删除,可以使用 NTFS 提供的权限功能。

（8）删除用户后,再次创建相同用户名和密码的账户也无法解密被 EFS 加密的文件。

（9）用 ghost 恢复系统可能造成加密文件无法解密,这是因为备份系统的操作可能是在第一次加密文件之前执行的,此时 EFS 的各级密钥尚未产生。

9.5.3 Bitlocker

在新版的 Windows 操作系统（比如 Windows Server 2008、Windows 7、Windows 8、

Windows 10)中都自带了一个名为 BitLocker 的加密程序,该程序能够通过加密逻辑驱动器来保护重要数据,还提供了系统启动完整性检查的功能。

该程序的使用非常简单,选择逻辑盘,并在右键快捷菜单中选择启用 BitLocker 即可。它只能加密整个逻辑盘,不能加密文件和一般的文件夹,它通过加密整个 Windows 操作系统卷来保护数据。如果计算机安装了兼容 TPM(Trusted Platform Module 的简称,是指符合 TPM(可信赖平台模块)标准的安全芯片,通过安全芯片可防止黑客访问其保护的数据),BitLocker 将使用 TPM 锁定保护数据的加密密钥。因此,在 TPM 已验证计算机的状态之后,才能访问这些密钥。因为解密数据所需的密钥保持由 TPM 锁定,因此攻击者无法通过只是取出硬盘并将其安装在另一台计算机上来读取数据。在启动过程中,TPM 将释放密钥,该密钥仅在将重要操作系统配置值的一个哈希值与一个先前所拍摄的快照进行比较之后才会解锁所加密的分区。

在实际操作中,BitLocker 会要用户输入一个密码,并且还可以用 U 盘或者其他介质存储一个恢复密钥的文件。一定要保存好密码和恢复密钥的文件,如果两者都丢失,将无法恢复文件。

9.5.4　Truecrypt 和 VeraCrypt

TrueCrypt 是一款免费、开源的支持 Windows Vista/XP/2000 和 Linux 的绿色虚拟加密磁盘工具,可以在硬盘上创建一个或多个虚拟磁盘,所有虚拟磁盘上的文件都会被自动加密,需要通过密码来进行访问。TrueCrypt 提供多种加密算法,如 AES-256、Blowfish (448-bitkey)、CAST5、Serpent、Triple DES 等,其他特性还包括支持 FAT32 和 NTFS 分区、隐藏卷标和热键启动。TrueCrypt 团队已经不再更新软件,于是出现了基于 TrueCrypt 的 VeraCrypt,VeraCrypt 在增强了其加密算法的同时,还在不断修复漏洞,它目前仍在开发和更新中,所以安全性方面会变得更好。

9.5.5　其他应用软件附带的加密功能

大多数的压缩软件也提供对文件的加密。PDF 提供不同层次的加密,比如对文本进行加密防止复制文本,对打印加密,对文件进行打开的加密。FileGee 文件备份软件提供了加密功能,可以对文件夹中的文件内容和文件名进行加密。

学会了加密算法就能实现以上加密功能吗? 还需要用到哪些知识?

9.6　常用压缩标准与软件

9.6.1　常用压缩软件和压缩文件特征

目前常用的无损压缩软件有 WinZIP、WinRAR、7-Zip、好压、快压和 360 压缩等,这些软件都非常容易使用,而且已经为许多人熟知,所以这里不再赘述。在一些高级的文件处理中,需要识别文件的压缩方法。很多压缩过的数据中或多或少都保留了与压缩编码相关的一些特征,根据这些特征能快速识别压缩数据使用的压缩编码。表 9-1 和表 9-2

列出了一些常见的压缩编码特征。

表 9-1　压缩编码的数据特征

数据开头的特征码	后　缀　名	压缩编码名称
37 7A BC AF 27 1C	7Z	7-Zip
42 5A	BZ2、TAR.BZ2、TBZ2、TB2	bzip2
1F 8B	gz	Gzip
50 4B 03 04	zip	Pkzip
4F 67 67 53 00 02 00 00 00 00 00 00 00 00	OGA、OGG、OGV、OGX	Ogg
52 61 72 21 1A 07 00	Rar	WinRAR
2D 6C 68	LZH、LHA	LZH

表 9-2　压缩编码的字符串特征

程序中的字符串信息	压缩编码名称
"unzip 0.15 Copyright 1998 Gilles Vollant"、"unzip32.dll"	Pkzip
"4/6/1989 Haruhiko Okumura"	LZSS

也可以通过以下特征来判断文件是否进行过压缩。

（1）许多压缩算法包含了字典压缩，使用字典压缩算法压缩的数据开头部分有明文数据，越往后的数据越不可识别。

（2）由于经过压缩，数据中间没有大段的空隙。

（3）普通二进制文件数据中一般都有大段重复的类似 0x00、0xFF 这样的数据，而压缩过的数据中出现大段重复数据的概率极小。

（4）每段压缩过的数据结尾有时会有相同的标记，当然加密的数据也有类似的不重复的特征。

9.6.2　常用媒体文件的有损压缩标准

有损压缩的限失真一般是针对不同的媒体类型定义的，比如对于声音、视频和图片，人们各自有不同的失真标准，所以有损压缩一般针对相应的媒体类型进行压缩。也有许多工具软件，一般需要根据媒体类型确定软件。对于这些类型的文件，一般有相应的压缩标准。

补充知识：一个视频序列包含一定数量的图片，通常称为帧（frame）。相邻的图片通常很相似，也就是说包含了很多冗余。运动补偿是一种描述相邻帧（"相邻"在这里表示在编码关系上相邻，在播放顺序上两帧未必相邻）的差别的方法，具体来说是描述前面一帧的每个小块怎样移动到当前帧中的某个位置上。比如，视频前后两个时刻的图片运动对象的位置可能发生了位移，但是其形状的变化不大，所以存在冗余。这种方法经常被视频压缩/视频编解码器用来减少视频序列中的时域冗余。它也可以用来进行去交织

(deinterlacing)以及运动插值(motion interpolation)的操作。最早的运动补偿设计只是简单地从当前帧中减去参考帧,从而得到通常含有较少能量(或者称为信息)的"残差",以便用较低的码率进行编码。解码器可以通过简单的加法完全恢复编码帧。一个稍微复杂一点的设计是估计一下整帧场景的移动和场景中物体的移动,并将这些运动通过一定的参数编码到码流中去。这样预测帧上的像素值就是由参考帧上具有一定位移的相应像素值生成的。这样的方法比简单的相减可以获得能量更小的残差,从而获得更好的压缩比。当然,用来描述运动的参数不能在码流中占据太大的部分,否则就会抵消复杂的运动估计带来的好处。通常,图像帧是一组一组进行处理的。每组的第一帧(通常是第一帧)在编码时不使用运动估计的办法,这种帧称为帧内编码帧(Intra frame)或者 I 帧。该组中的其他帧使用帧间编码帧(Inter frame),通常称为 P 帧。这种编码方式通常被称为 IPPPP,表示编码时第一帧是 I 帧,其他帧是 P 帧。在进行预测时,不仅可以从过去的帧来预测当前帧,还可以使用未来的帧来预测当前帧。当然在编码时,从时序上未来的帧必须比当前帧更早地编码,也就是说,编码的顺序和播放的时间顺序是不同的。通常当前帧(B 帧)是使用过去的 I 帧和未来的 P 帧同时进行预测的,称为双向预测帧。这种编码方式的编码顺序的一个例子为 IBBPBBPBBPBB。

以上编码方法给我们什么启示?是否可以发现类似的压缩方法?

目前视频流传输中最为重要的编解码标准有国际电信联盟下属的远程通信标准化组(ITU Telecommunication Standardization Sector,ITU-T)的 H.261 和 H.263、活动静止图像专家组的 M-JPEG 和国际标准化组织活动图像专家组的 MPEG 系列标准。此外,在互联网上被广泛应用的还有 RealNetworks 的 RealVideo、Microsoft 公司的 WMT 以及Apple 公司的 QuickTime 等。

1. 国际电联的 H.261、H.263 和 H.264 标准

(1) H.261

H.261 又称为 P * 64,其中 P 为 64kb/s 的取值范围,是 1~30 之间的可变参数。它最初是针对在 ISDN 上实现电信会议应用(特别是面对面的可视电话和视频会议)而设计的。H.261 实际的编码算法类似于 MPEG 算法,但不能与后者兼容。

(2) H.263

H.263 是 ITU-T 的一个标准草案,是为低码流通信而设计的。但实际上这个标准可用在很宽的码流范围,而非只用于低码流应用,它在许多应用中被认为可用于取代H.261。H.263 的编码算法与 H.261 一样,但做了一些改善和改变,以提高性能和纠错能力。H.263 标准在低码率下能够提供比 H.261 更好的图像效果。H.263 的压缩算法为运动补偿帧间预测(单双向预测)及 DCT。H.263 主要用于通用电话交换网和局域网的视频通信,它基本上已经取代了 H.261。

(3) H.264

H.264 是 ITU-T 的 VCEG(视频编码专家组)和 ISO/IEC 的 MPEG(活动图像编码专家组)的联合视频组(Joint Video Team,JVT)开发的一个新的数字视频编码标准,它既是 ITU-T 的 H.264,又是 ISO/IEC 的 MPEG-4 的第 10 部分。1998 年 1 月开始草案征集,1999 年 9 月完成第一个草案,2001 年 5 月制定了其测试模式 TML-8,2002 年 6 月的

JVT 第 5 次会议通过了 H.264 的 FCD。H.264 和以前的标准一样，也是 DPCM 加变换编码的混合编码模式。但 H.264 采用"回归基本"的简洁设计，不用众多的选项，获得比 H.263++ 好得多的压缩性能。H.264 加强了对各种信道的适应能力，采用"网络友好"的结构和语法，有利于对误码和丢包的处理。H.264 应用目标范围较宽，以满足不同速率、不同解析度以及不同传输（存储）场合的需求。H.264 的基本系统是开放的，使用时无须版权。在技术上，H.264 标准中包括统一的 VLC 符号编码、高精度和多模式的位移估计、基于 4×4 块的整数变换以及分层的编码语法等。这些措施使得 H.264 算法具有很高的编码效率，在相同的重建图像质量下，能够比 H.263 节约 50% 左右的码率。H.264 的码流结构对网络的适应性强，增加了差错恢复能力，能够很好地适应 IP 和无线网络的应用。H.264 在压缩算法上只是做了局部优化，更注重编码效率和可靠性。

2. M-JPEG

M-JPEG(Motion-Joint Photographic Experts Group)技术即运动静止图像（或逐帧）压缩技术，广泛应用于非线性编辑领域，可精确到帧编辑和多层图像处理，把运动的视频序列作为连续的静止图像来处理。这种压缩方式单独完整地压缩每一帧，在编辑过程中可随机存储每一帧，并可进行精确到帧的编辑。此外 M-JPEG 的压缩和解压缩是对称的，可由相同的硬件和软件实现。但 M-JPEG 只对帧内的空间冗余进行压缩，不对帧间的时间冗余进行压缩，故压缩效率不高。采用 M-JPEG 数字压缩格式，当压缩比为 7∶1 时，可提供相当于 Betecam SP 图像质量的节目。M-JPEG 标准所依据的算法基于 DCT（离散余弦变换）和可变长编码。M-JPEG 的关键技术有变换编码、量化、差分编码、运动补偿、哈夫曼编码和游程编码等。M-JPEG 的优点是可以很容易做到精确到帧的编辑，设备比较成熟；缺点是压缩效率不高。

此外，M-JPEG 这种压缩方式并不是一个完全统一的压缩标准，不同厂家的编解码器和存储方式并没有统一的规定格式。这也就是说，每个型号的视频服务器或编码板有自己的 M-JPEG 版本，所以服务器之间的数据传输以及非线性制作网络向服务器的数据传输都根本是不可能的。

3. MPEG 系列标准

MPEG 是活动图像专家组（Moving Picture Exports Group）的缩写，于 1988 年成立，是为数字视频/音频制定压缩标准的专家组，目前已拥有 300 多名成员，包括 IBM、SUN、BBC、NEC、Intel 和 AT&T 等世界知名公司。MPEG 组织最初得到的授权是制定用于"活动图像"编码的各种标准，随后扩充为"活动图像及其伴随的音频"及组合编码。后来针对不同的应用需求，解除了"用于数字存储媒体"的限制，成为现在制定"运动图像和音频编码"标准的组织。MPEG 组织制定的各个标准都有不同的目标和应用，目前已提出 MPEG-1、MPEG-2、MPEG-4、MPEG-7 和 MPEG-21 标准。

（1）MPEG-1 标准。

MPEG-1 标准于 1993 年 8 月公布，用于传输 1.5Mb/s 数据传输率的数字存储媒体运动视频图像及其伴随语言的编码。该标准包括 5 部分：第一部分说明了如何根据第二部分（视频）以及第三部分（音频）的规定，对音频和视频进行复合编码；第四部分说明了检验解码器或编码器的输出比特流符合前 3 部分规定的过程；第五部分是一个用完整的 C

语言实现的编码和解码器。MPEG-1 标准从颁布起,就取得了一连串的成功,如 VCD 和 MP3 大量使用它,Windows 95 以后的版本都带有一个 MPEG-1 软件解码器以及可携式 MPEG-1 摄像机等。压缩算法为运动补偿帧间预测(单向预测 + 双向预测)及 DCT。MPEG-1 可应用于 VCD、MP3 和局域网视频传输。

(2) MPEG-2 标准。

MPEG 组织于 1994 年推出 MPEG-2 压缩标准,以实现视频/音频服务与应用互操作的可能性。MPEG-2 标准是针对标准数字电视和高清晰度电视在各种应用下的压缩方案和系统层的详细规定,编码率为 3～100Mb/s,标准的正式规范在 ISO/IEC13818 中。MPEG-2 不是 MPEG-1 的简单升级,它在系统和传送方面做了更加详细的规定和进一步的完善。MPEG-2 特别适用于广播级的数字电视的编码和传送,被认定为 SDTV 和 HDTV 的编码标准。MPEG-2 图像压缩的原理利用了图像中的两种特性:空间相关性和时间相关性。这两种相关性使得图像中存在大量的冗余信息。如果能将这些冗余信息去除,只保留少量非相关信息进行传输,就可以大大节省传输频带。而接收机利用这些非相关信息,按照一定的解码算法,可以在保证一定的图像质量的前提下恢复原始图像。一个好的压缩编码方案就是能够最大限度地去除图像中的冗余信息。压缩算法为运动补偿帧间预测(单双向预测)及 DCT,具有可伸缩性并且前向兼容。MPEG-2 可应用于 DVD、DVB 和 HDTV。

MPEG-2 标准在广播电视领域中主要应用于以下几方面:①视频和音频资料的保存;②电视节目的非线性编辑系统及其网络;③卫星传输;④电视节目的播放。

(3) MPEG-4 标准。

活动图像专家组 MPEG 于 1999 年 2 月正式公布了 MPEG-4(ISO/IEC14496)标准的第一个版本。同年年底 MPEG-4 第二版亦告拟定,且于 2000 年年初正式成为国际标准。MPEG-4 与 MPEG-1 和 MPEG-2 有很大的不同。MPEG-4 不只是具体的压缩算法,它是针对数字电视、交互式绘图应用(影音合成内容)、交互式多媒体(WWW、资料撷取与分散)等整合及压缩技术的需求而制定的国际标准。MPEG-4 标准将众多的多媒体应用集成于一个完整的框架内,旨在为多媒体通信及应用环境提供标准的算法及工具,从而建立起一种能被多媒体传输、存储和检索等应用领域普遍采用的统一数据格式。

MPEG-4 标准同以前标准的最显著的差别在于它是采用基于对象的编码理念,即在编码时将一幅景物分成若干在时间和空间上相互联系的视频和音频对象,分别编码后再经过复用传输到接收端,然后再对不同的对象分别解码,从而组合成所需要的视频和音频。这样既方便对不同的对象采用不同的编码方法和表示方法,又有利于不同数据类型间的融合,并且这样也可以方便地实现对于各种对象的操作及编辑。例如,可以将一个卡通人物放在真实的场景中,或者将真人置于一个虚拟的演播室里,还可以在互联网上方便地实现交互,根据自己的需要有选择地组合各种视频、音频以及图形和文本对象。由于其增加了交互内容,所以具有非常广泛的应用空间。

(4) MPEG-7 标准。

MPEG-7 标准被称为"多媒体内容描述接口",为各类多媒体信息提供一种标准化的描述,这种描述将与内容本身有关,允许快速和有效地查询用户感兴趣的资料。它将扩展现有内容识别专用解决方案的有限能力,特别是它还包括了更多的数据类型。换而言之,MPEG-7 规定一个用于描述各种不同类型多媒体信息的描述符的标准集合。该标准于 1998 年 10 月提出。MPEG-7 的目标是支持多种音频和视觉的描述,包括自由文本、N 维时空结构、统计信息、客观属性、主观属性、生产属性和组合信息。对于视觉信息,描述将包括颜色、视觉对象、纹理、草图、形状、体积、空间关系、运动及变形等。

（5）MPEG-21 标准。

前面介绍的标准对于不同网络之间用户的互通问题没有提供成熟的解决方案。为了解决以上问题,MPEG-21 致力于为多媒体传输和使用定义一个标准化的、可互操作的和高度自动化的开放框架,这个框架考虑到了数字版权管理的要求、对象化的多媒体接入以及使用不同的网络和终端进行传输等问题,它还可以在一种互操作的模式下为用户提供更丰富的信息。MPEG-21 标准其实就是一些关键技术的集成,通过这种集成环境对全球数字媒体资源进行增强的管理,实现内容描述、创建、发布、使用、识别、收费管理、版权保护、用户隐私权保护、终端和网络资源撷取及事件报告等功能。

4. 其他视频压缩编码标准

（1）Real Video。

Real Video 是 RealNetworks 公司开发的在窄带（主要的互联网）上进行多媒体传输的压缩技术。

（2）WMT。

WMT 是 Microsoft 公司开发的在互联网上进行媒体传输的视频和音频编码压缩技术,该技术已与 WMT 服务器/客户机体系结构结合为一个整体,使用 MPEG-4 标准的一些原理。

（3）QuickTime。

QuickTime 是一种存储、传输和播放多媒体文件的文件格式和传输体系结构,所存储和传输的多媒体通过多重压缩模式压缩而成,传输是通过 RTP 实现的。

5. JPEG

JPEG 是 Joint Photographic Experts Group（联合图像专家组）的缩写,文件扩展名为.jpg 或.jpeg,是最常用的图像文件格式。它由一个软件开发联合会组织制定,是一种有损压缩格式。JPEG 压缩编码算法的主要步骤如下。

（1）正向离散余弦变换（FDCT）。

（2）量化（quantization）。

（3）Z 字形编码（zigzag scan）。

（4）使用差分脉冲编码调制（Differential Pulse Code Modulation,DPCM）对直流系数（DC）进行编码。

（5）使用游程编码（Run-Length Encoding,RLE）对交流系数（AC）进行编码。

（6）熵编码（entropy encoding）,如哈夫曼编码。

对于经过数字化的图像（一般也是一个有损压缩过程）也可以进行无损编码。比如 GIF（Graphics Interchange Format）格式,它的原意是"图像互换格式",是 CompuServe 公司在 1987 年开发的图像文件格式。GIF 文件的数据是一种基于 LZW 算法的连续色调的无损压缩格式,其压缩率一般在 50% 左右。GIF 图像文件的数据是经过压缩的,而且采用了可变长度等压缩算法。GIF 格式的另一个特点是其在一个 GIF 文件中可以保存多幅彩色图像,如果把存于一个文件中的多幅图像数据逐幅读出并显示到屏幕上,就可构成一种最简单的动画。在早期,GIF 所用的 LZW 压缩算法是 CompuServe 公司开发的一种免费算法。然而令很多软件开发商感到意外的是,GIF 文件所采用的压缩算法忽然成了 Unisys 公司的专利。据 Unisys 公司称,他们已注册了 LZW 算法中的 W 部分。如果要开发生成(或显示)GIF 文件的程序,则需向该公司支付版税。由此,人们开始寻求一种新技术,以减少开发成本。PNG(Portable Network Graphics,便携网络图形)标准就在这个背景下应运而生了。PNG 使用从 LZ77 派生的无损数据压缩算法进行压缩。

由于 DVD 涉及视频和音频压缩国际标准 MPEG-2,因此被国外专利联盟按每台设备征收 2.5 美元专利费,几乎将企业生产利润压缩为零。为了降低对国外知识产权的依赖,我国开发了一种可以挑战 MPEG-4 和 H.264 并具有自主知识产权的音频与视频压缩技术标准——广播电视先进音视频编解码(AVS+),它是一种具备自主知识产权的信源编码标准,包括系统、视频、音频和数字版权管理这 4 个主要技术标准和符合性测试等支撑标准。

9.6.3　常用媒体文件格式与扩展名的对应关系

在现实中,我们往往直接接触到的是文件扩展名。本节对常用媒体文件的格式及扩展名进行简单介绍。

1. MPEG

MPEG(Moving Picture Expert Group,活动图像专家组)格式是 MPEG-1、MPEG-2 和 MPEG-4 等视频格式的总称,VCD、SVCD 和 DVD 就是这种格式。MPEG 的压缩方法保留相邻两幅画面中绝大多数相同的部分,而把后续图像中与前面图像有冗余的部分去除,从而达到压缩的目的。

2. DivX/XviD

常用扩展名:.avi。

常用领域:计算机视频、压缩碟。

DivX 是由 MPEG-4 衍生出的一种视频编码(压缩)标准,即通常所说的 DVDRip 格式,它采用了 MPEG-4 的压缩算法,同时又综合了 MPEG-4 与 MP3 各方面的技术,即使用 DivX 压缩技术对 DVD 盘片的视频图像进行高质量压缩,并用 MP3 或 AC3 对音频进行压缩,然后再将视频与音频合成,并加上相应的外挂字幕文件而形成视频格式。其画质非常接近于 DVD,而体积只有 DVD 的几分之一。XviD 与 DivX 几乎相同,是开源的,不收费;而使用 DivX 要收费。

3. AVI

常用扩展名:.avi。

常用领域:计算机。

AVI(Audio Video Interleaved,音频视频交错)格式于 1992 年由 Microsoft 公司推出,所谓"音频视频交错",就是可以将视频和音频交织在一起进行同步播放。这种视频格式的优点是图像质量好，可以跨多个平台使用；但其缺点是体积过于庞大，而且压缩标准不统一，因此经常会遇到高版本 Windows 媒体播放器播放不了采用早期编码编辑的 AVI 格式的视频，而低版本 Windows 媒体播放器又播放不了采用最新编码编辑的 AVI 格式的视频。

4. nAVI

常用扩展名：.avi。

常用领域：计算机。

nAVI 是 newAVI 的缩写，是一个名为 ShadowRealm 的地下组织发展起来的一种新视频格式。它是由 Microsoft ASF 压缩算法修改而来的。nAVI 为了追求压缩率和图像质量目标，改善了原始的 ASF 格式的一些不足，可以拥有更高的帧率（frame rate）；当然，这是以牺牲 ASF 的视频流特性作为代价的。概括来说，nAVI 就是一种去掉视频流特性的改良型 ASF 格式，也可以被视为是非网络版本的 ASF。

5. WMV

常用扩展名：.wmv。

常用领域：计算机视频、网络流媒体。

WMV（Windows Media Video）是 Microsoft 公司推出的一种采用独立编码方式并且可以直接在网上实时观看视频节目的文件压缩格式。WMV 格式的主要优点包括本地或网络回放、可扩充的媒体类型、可伸缩的媒体类型、多语言支持、环境独立性、丰富的流间关系以及可扩展性等。

6. Real

常用扩展名：Media、.rm、.ra、.ram。

常用领域：计算机视频、网络流媒体。

RealNetworks 公司所制定的音频和视频压缩规范称为 Real Media，Real Media 可以根据不同的网络传输速率制定出不同的压缩比率，从而实现在低速率的网络上进行影像数据实时传送和播放。

7. RMVB

常用扩展名：.rmvb、.rm。

常用领域：压缩影碟。

RMVB 是一种由 RM 视频格式升级而延伸出的新视频格式，它的先进之处在于打破了原先 RM 格式那种平均压缩采样的方式，在保证平均压缩比的基础上合理利用比特率资源，即静止和动作场面少的画面场景采用较低的编码速率，这样可以留出更多的带宽空间，而这些带宽会在出现快速运动的画面场景时被利用。这样在保证了静止画面质量的前提下，大幅地提高了运动图像的画面质量，从而使图像质量和文件大小之间就达到了微妙的平衡。这种视频格式还具有内置字幕和无须外挂插件支持等独特优点。

8. Flash

常用扩展名：.swf、.flv。

常用领域：计算机视频、网络流媒体。

随着 Flash MX 的推出，Macromedia 公司开发了属于自己的流式视频格式——

FLV。这种格式是在 Sorenson 公司的压缩算法的基础上开发出来的,Sorenson 公司也为 MOV 格式提供算法。FLV 格式不仅可以轻松地导入 Flash 中,几百帧的影片只需两秒钟,同时也可以通过 RTMP 协议从 Flashcom 服务器上流式播出。

9. MOV

常用扩展名:.qt、.mov。

常用领域:计算机视频、网络流媒体。

MOV 是美国 Apple 公司开发的一种视频格式。具有较高的压缩比率和较完美的视频清晰度等特点,但是其最大的特点还是跨平台性,支持多种操作系统。

10. ASF

常用扩展名:.asf。

常用领域:计算机视频、网络流媒体。

ASF 是 Advanced Streaming Format 的缩写,由其字面意思"高级流格式"就能看出这个格式的用处。ASF 是 Microsoft 公司为了和 Real 竞争而发展出来的一种可以直接在网上观看视频节目的文件压缩格式。由于它使用了 MPEG-4 的压缩算法,所以压缩率和图像的质量都很不错。ASF 的图像质量比 VCD 稍差,但比同是视频"流"格式的 RM 格式要好。

11. DV-AVI

常用扩展名:.avi。

常用领域:摄像机。

DV(Digital Video)是由索尼、松下、JVC 等多家厂商联合提出的一种家用数字视频格式,目前非常流行的数码摄像机就是使用这种格式记录视频数据的。它可以通过计算机的 IEEE 1394 端口传输视频数据到计算机,也可以将计算机中编辑好的视频数据回录到数码摄像机中。这种视频格式的文件扩展名一般也是.avi,所以我们习惯地称它为 DV-AVI 格式。

12. H.261、H.263/H.263+和 H.264/AVC

常用扩展名:.3gp。

常用领域:手机。

13. VP6/7

常用扩展名:.avi。

常用领域:影碟机。

VP6 是在 H.264 的基础上发展出来的。VP6 的特性和 DivX/XviD 非常接近,在低码率下表现也不错,我国的 EVD 采用的就是这种编码方式。VP6 是由 On2 Technologies 公司开发的编码器,号称在同等码率下视频质量超过了 Windows Media 9、Real 9 和 H.264。

14. M-JPEG

常用扩展名:.avi。

常用领域:手机、多媒体终端。

M-JPEG(Motion-Join Photographic Experts Group)技术即运动静止图像(或逐帧)

压缩技术,广泛应用于非线性编辑领域。它把运动的视频序列作为连续的静止图像来处理,这种压缩方式单独完整地压缩每一帧,在编辑过程中可随机存储每一帧,可进行精确到帧和多层图像的编辑。此外 M-JPEG 的压缩和解压缩是对称的,可由相同的硬件和软件实现。但 M-JPEG 只对帧内的空间冗余进行压缩,而不对帧间的时间冗余进行压缩,故压缩效率不高。

15. JPEG

常用扩展名:.jpg。

常用领域:计算机、相机等。

JPEG(Joint Photographic Experts Group)是由国际标准化组织(International Standardization Organization,ISO)和国际电话电报咨询委员会(Consultation Committee of the International Telephone and Telegraph,CCITT)为静态图像制定的第一个国际数字图像压缩标准,也是至今一直在使用的、应用最广的图像压缩标准。JPEG 由于可以提供有损压缩,因此压缩比可以达到其他传统压缩算法无法比拟的程度。

另外,还有常用的 MP3 文件,其扩展名为.mp3。MP3 的全称为 MPEG Layer 3,是 VCD 影像压缩标准 MPEG 的一个组成部分。MP3 最大的特点是音质好,数据量小。

9.7 信息技术下的盈利模式

在互联网和信息技术领域,许多免费午餐颠覆了我们"便宜没好货"的观念。在信息技术蓬勃发展的时代,特别是互联网得到广泛应用的今天,许多过去未曾想见、现在也难以置信的盈利模式得到非常成功的应用。我们现在依然广泛地享受着互联网时代的免费午餐,但是免费午餐的提供者却也能一夜暴富。我们希望读者能够学有所用,用能利人,基于此,这里讨论信息技术的盈利模式,为信息技术更好、更低成本地服务于社会,为大众能够享受更多的免费信息服务和成果,为在信息技术领域更好地创业,提供一定的分析探讨。俗话说:小赢靠智,大赢靠德。这是对于提供免费服务却可暴富的现象的最好诠释。在互联网时代,由于边际成本比较低,我们完全可以拔一毛而利天下,而在利天下的同时,我们可以从中获得更好的回报,比如广告收入、其他的一些捆绑推广和软件推广安装等,而且这些收益的天文数字往往是让人惊讶的。在 IT 行业,往往那些第一个吃螃蟹的人以及肯于提供免费服务的企业都成为本领域的巨富和巨头,如搜狐、百度、淘宝、奇虎 360 和腾讯。在国外也是如此,我们看到重要的压缩软件 WinZIP 和加密软件 PGP 均是免费起家,发展得也很好。在盈利模式上,IT 行业是非常多元化的,比如在线广告、VIP 收费用户、增值服务、竞价排名、产品招商、网站推广、付费推荐、抽成盈利、销售产品、企业信息化服务、搜索引擎优化、彩铃彩信发送、歌曲下载、短信发送、预付款利息、网络游戏与虚拟产品等。

可见在 IT 行业要创业,先免费或者从公益事业开始,不要吝啬,要舍得为公益而付出,这样才能得到众多网民的支持。在盈利模式上,IT 行业也往往是表面公益,间接盈利。比如淘宝,可以直接从现金存款的利息中得到巨大的利润。点击率、增值业务也是这个行业的重要盈利方式。IT 行业不像其他实体产业那样高门槛,高准入,依赖大笔投资,依赖背景,而是只要有了服务器和网络,都可以参与竞争,这就决定了"得网民心者存",用户对你有了黏度,收入自然会源源不断。几次互联网的免费与收费之争最终都以免费者胜出。

究其原因,我们认为这与信息技术的优势是密不可分的,它具有成本低、低耗等优势,特别是边际成本非常低,常常无须付出实物成本。对于一个网站或者系统,增加一个用户和一个访问者,增加的成本非常低;一个软件可以被无限复制而几乎无须增加成本。这使得一个 IT 企业可以拔一毛而利天下。

在信用缺乏的社会,通过信息技术(包括密码技术)来构建一种可信赖的、公开的、让劣质者淘汰的机制,为不敢消费的人们消除了顾虑,完全可以更有效地取代漫天飞的广告,实际上无形中为社会提供了一种增值,这种增值也存在巨大的盈利空间。这种诚信机制以及在此基础上为一些产品和企业提供诚信保障的服务在未来将会在很大程度上取代广告,鉴于市场上的广告投入经费均非常高,所以这种新型的诚信服务或"产品"可以获得巨额的收益。

当然我们也强调技术只是给予我们更多的选择而已,而在更多的选择中,我们只会选择更好的。至于技术对我们到底是有害还是有利,很大程度上取决于人在应用技术时的心态和目的——到底是要更好地利人还是相反。事实也证明,信息技术可以让许多后果放大,其中有些则是不好的后果。

在此,我们也提出一种新的增值业务和盈利模式,即信用服务。通过对一些企业和产品的信用监管,使得它们可以得到用户的信赖,而这种信用监管是建立在一种顾客可以信赖的、公开透明的基础上的,企业会承担相应的失信赔偿责任。这将为那些愿意诚信经营的企业提供一种好的环境,避免出现劣币驱逐良币的乱局。由于这种服务比广告更可信赖,所以它也完全可以替代广告,获得非常高的广告收入。

以上这些现实中的以及未来可能出现的基于诚信机制的盈利方式,对于一些过度追求私利、损人利己、缺乏奉献精神和远见的企业和行业,也是一种警示。

思考题与习题

1. 思考在各种编码的实现过程中需要解决哪些问题?
2. 现有的编码方法都具有一定的前提和制约条件,分析这些编码方法的局限性,并且尝试去改进,并加以实现。
3. 编码考虑到什么样的性质? 常用的编码考虑了哪些因素?
4. 自己摸索使用 PGP,了解其实现原理,并总结对自己的启示。
5. PGP 的设计中有许多人性化的功能或隐含功能,请试用并加以总结,分析有哪些功能对自己设计系统有帮助。
6. 试用各种编码相关软件,发现其各方面的优势。
7. 给出某一编码技术的创新与创业思路,并分析其可能的盈利模式。

附录

寄语及学习研究的经验和方法分享

请扫描二维码查看。

参 考 文 献

参考文献,请扫描二维码查看。

图书资源支持

感谢您一直以来对清华版图书的支持和爱护。为了配合本书的使用,本书提供配套的资源,有需求的读者请扫描下方的"书圈"微信公众号二维码,在图书专区下载,也可以拨打电话或发送电子邮件咨询。

如果您在使用本书的过程中遇到了什么问题,或者有相关图书出版计划,也请您发邮件告诉我们,以便我们更好地为您服务。

我们的联系方式:

地　　　址:北京市海淀区双清路学研大厦 A 座 714

邮　　　编:100084

电　　　话:010-83470236　010-83470237

客服邮箱:2301891038@qq.com

QQ:2301891038(请写明您的单位和姓名)

资源下载:关注公众号"书圈"下载配套资源。

资源下载、样书申请

图书案例

书圈

清华计算机学堂

观看课程直播